农民技能提升培训系列教材

NONGMIN JINENG TISHENG PEIXUN XILIE JIAOCAI

水稻栽培

编审委员会

主　任　叶军平
副主任　刘佩红　费　强
委　员　朱建华　叶正文　夏海云　沈富林　张根玉
　　　　丰东升　黄　辉　孙月星　陆　军　曹　云

编审人员

主　编　管培民
副主编　刘寅飞　贾晴晴
编　者　顾　啸　单鑫蓓　董洋阳　计天岑　陈　珺　王艳秋
主　审　顾玉龙

中国劳动社会保障出版社

图书在版编目（CIP）数据

水稻栽培/上海市农业广播电视学校组织编写. -- 北京：中国劳动社会保障出版社，2020

农民技能提升培训系列教材

ISBN 978-7-5167-4236-5

Ⅰ. ①水… Ⅱ. ①上… Ⅲ. ①水稻栽培-技术培训-教材 Ⅳ. ①S511

中国版本图书馆 CIP 数据核字（2020）第 019839 号

中国劳动社会保障出版社出版发行

（北京市惠新东街1号　邮政编码：100029）

*

三河市华骏印务包装有限公司印刷装订　新华书店经销

787 毫米×1092 毫米　16 开本　9.5 印张　175 千字

2020 年 3 月第 1 版　2020 年 3 月第 1 次印刷

定价：32.00 元

读者服务部电话：（010）64929211/84209101/64921644

营销中心电话：（010）64962347

出版社网址：http://www.class.com.cn

版权专有　　侵权必究

如有印装差错，请与本社联系调换：（010）81211666

我社将与版权执法机关配合，大力打击盗印、销售和使用盗版图书活动，敬请广大读者协助举报，经查实将给予举报者奖励。

举报电话：（010）64954652

内容简介

本教材由上海市农业广播电视学校依据上海水稻栽培职业技能鉴定细目组织编写。教材从强化培养操作技能、掌握实用技术的角度出发，较好地体现了当前最新的实用知识与操作技术，对于提高从业人员基本素质、掌握水稻栽培核心知识与技能有直接的帮助和指导作用。

本教材在编写中根据本职业的工作特点，以能力培养为根本出发点，采用模块化的编写方式。全书共分为4章，内容包括水稻基础知识、水稻栽培技术、水稻主要病虫草害发生与防治、肥料与农药使用。

本教材可作为水稻栽培的农民技能提升培训与鉴定考核教材，也可供全国中高等职业技术院校相关专业师生参考使用，以及相关职业从业人员培训使用。

前　言

　　大力开展农民技能培训，提升广大农民技能素质，加快培养一批专业型、技能型、创新型劳动者和高技能人才，培育一支"爱农业、懂技术、善经营"的高素质农民队伍，将为实施乡村振兴战略、推进现代绿色农业发展提供人才支撑，促进农民收入持续增长。

　　为更好地满足农业产业发展需要，近年来，上海市农业农村委员会在种植、畜牧、水产、农机、农产品安全等领域，积极开展农业新业态、新技能培训项目开发，广泛开展农业从业人员实用技术培训，提高优质农产品生产水平和农业专业化服务能力，围绕家庭农场、农民专业合作社、农业龙头企业等新型农业经营主体，以农业高技能人才培养基地为平台，发挥农民技能培训辐射带动作用，形成了规模化农民技能培训的示范效应。

　　为配合农民技能提升培训工作的需要，上海市农业农村委员会、上海市农业广播电视学校组织了农业领域的专家、技术人员共同编写了农民技能提升培训系列教材。本系列教材严格按照鉴定考核细目进行编写，以产业发展为立足点，以生产技能和经营管理能力提升为主线，注重知识和技能的针对性和有效性，实用性强，适应农民技能培训和自身学习需要，是广大农民增收致富的好帮手。

　　本系列教材在编写过程中得到了上海市、区两级相关农业技术推广部门与农业院所有关专家的关心指导和大力支持，在此谨表示最诚挚的谢意。

　　由于水平有限，不当之处在所难免，恳请读者指正。

农民技能提升培训系列教材　编委会

目 录

第1章 水稻基础知识

知识要求

1.1 水稻的分类与生产概况 ················ 2
 1.1.1 水稻的分类 ····················· 2
 1.1.2 水稻的生产概况 ················ 4

1.2 水稻栽培的生物学基础 ··············· 6
 1.2.1 水稻的生育期 ··················· 6
 1.2.2 水稻器官的生长 ················ 8

1.3 水稻产量的形成 ······················· 25
 1.3.1 产量构成因素 ·················· 25
 1.3.2 产量构成因素的决定时期 ····· 26
 1.3.3 产量构成因素之间的关系 ····· 28

1.4 水稻三性及其在生产上的应用 ······ 29
 1.4.1 水稻三性 ······················· 29
 1.4.2 晚稻三性的特点 ··············· 30
 1.4.3 水稻三性在生产上的应用 ···· 31

1.5 水稻生产的土、肥、水条件 ········· 32
 1.5.1 土壤 ···························· 32
 1.5.2 养分 ···························· 33
 1.5.3 水 ······························ 36

本章测试题 ································· 39
本章测试题参考答案 ······················ 42

第2章 水稻栽培技术

知识要求

- 2.1 机插稻栽培技术 …………………………………… 44
  - 2.1.1 机插稻育秧 …………………………………… 44
  - 2.1.2 插秧 …………………………………………… 49
  - 2.1.3 大田管理 ……………………………………… 49
  - 2.1.4 适时收获 ……………………………………… 51
- 2.2 直播稻栽培技术 …………………………………… 51
  - 2.2.1 直播稻简介 …………………………………… 51
  - 2.2.2 直播栽培 ……………………………………… 53

技能要求

- 水稻浸种 ……………………………………………… 57
- 水稻播种 ……………………………………………… 61

本章测试题 ……………………………………………… 62

本章测试题参考答案 …………………………………… 64

第3章 水稻主要病虫草害发生与防治

知识要求

- 3.1 水稻病害 …………………………………………… 66
  - 3.1.1 稻瘟病 ………………………………………… 66
  - 3.1.2 水稻条纹叶枯病 ……………………………… 68
  - 3.1.3 水稻纹枯病 …………………………………… 70
  - 3.1.4 稻曲病 ………………………………………… 71
  - 3.1.5 水稻恶苗病 …………………………………… 72
  - 3.1.6 水稻胡麻斑病 ………………………………… 73

3.2 水稻虫害 …………………………………………… 75
　　3.2.1 纵卷叶螟 ………………………………… 75
　　3.2.2 二化螟 …………………………………… 77
　　3.2.3 大螟 ……………………………………… 79
　　3.2.4 稻飞虱 …………………………………… 80
3.3 水稻草害 …………………………………………… 85
　　3.3.1 稻田杂草分类 …………………………… 85
　　3.3.2 稻田主要杂草 …………………………… 86
　　3.3.3 稻田杂草防除技术 ……………………… 90
3.4 水稻病虫害绿色防控技术 ………………………… 92
　　3.4.1 技术要点 ………………………………… 92
　　3.4.2 增产增效情况 …………………………… 96
本章测试题 ……………………………………………… 96
本章测试题参考答案 …………………………………… 98

第4章 肥料与农药使用

知识要求

4.1 肥料使用 ………………………………………… 100
　　4.1.1 肥料基础知识 …………………………… 100
　　4.1.2 合理施肥 ………………………………… 106
4.2 农药使用 ………………………………………… 109
　　4.2.1 农药基础知识 …………………………… 109
　　4.2.2 合理用药 ………………………………… 111
　　4.2.3 农药安全使用 …………………………… 111

技能要求
　　配制 1.5 L 异丙隆水剂 600 倍液 ………………………… 112
　　手动喷雾器的组装与使用 ………………………………… 114
本章测试题 ……………………………………………………… 117
本章测试题参考答案 …………………………………………… 118

● **理论知识考试模拟试卷及参考答案** ………………… 119

● **操作技能考核模拟试卷** ………………………………… 129

第 1 章

水稻基础知识

1.1 水稻的分类与生产概况　　　　/2
1.2 水稻栽培的生物学基础　　　　/6
1.3 水稻产量的形成　　　　　　　/25
1.4 水稻三性及其在生产上的应用　/29
1.5 水稻生产的土、肥、水条件　　/32

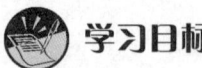

学习目标

- ◆ 了解水稻的分类与生产概况
- ◆ 了解水稻产量的形成
- ◆ 熟悉水稻栽培的生物学基础
- ◆ 熟悉水稻生产的土、肥、水条件
- ◆ 掌握水稻的发育特性及其生产应用

1.1 水稻的分类与生产概况

水稻是稻属谷类作物，原产于中国，七千年前中国长江流域的先民们就曾种植水稻。水稻在中国广为栽种后，逐渐传播到印度，中世纪引入欧洲南部。

稻米（收获的稻粒称为稻谷，碾去外壳等物质后称为稻米或大米）营养价值高，一般含碳水化合物75%~79%、蛋白质6.5%~9%、脂肪0.2%~2%、粗纤维0.2%~1%。与其他粮食相比，稻米所含粗纤维少，淀粉粒小，各种营养成分的消化率和吸收率较高。

碾米产生的副产品——米糠可用作饲料，也可加工提炼出油（既可作为食品，也可用于工业）。稻米可用于酿酒，提取酒精。稻壳、稻草可用作燃料、填料、饲料、肥料，稻草经加工后还可制成纤维板、纸等包装材料，甚至服装。随着现代加工技术的不断提高，稻谷、稻草的加工产品将在工农业生产上有更广泛的用途。

水稻是一种稳产、高产作物，抗逆性强，适应性好，在我国绝大多数地区均可种植。在生长季节较长、灌溉水源充足的条件下，不论酸性红壤、盐碱土、重黏土还是低洼沼泽地，一般都可种植水稻。充分利用土地和水源，大力发展水稻生产，对增加粮食产量、促进国民经济发展、改善人民生活具有极其重要的意义。

1.1.1 水稻的分类

1. 水稻系统分类

根据稻种的起源、演变、生态特性、栽培发展过程等划分，水稻系统分类有以下几种。

(1) 籼稻和粳稻。籼稻和粳稻是我国主要的两大水稻种植类型。籼稻、粳稻在特征和特性上存在明显的差别。一般来说，籼稻的株型较松散，叶片较宽，叶毛多，叶色较淡；谷粒狭长略扁，颖毛短而稀；抗寒性、抗旱性较弱；分蘖力较强，耐肥性弱，易倒伏；易落粒，碾米时出米率低，碎米多；米粒黏性小（直链淀粉含量为25%~30%），胀性较大。粳稻的株型较紧凑，叶片短直，叶毛少，叶色较浓；谷粒短圆，颖毛长而密；抗寒性、抗旱性较强；分蘖力较弱，较耐肥抗倒；难脱粒，碾米时出米率较高，碎米少；米粒黏性大（直链淀粉含量为20%或更低），胀性较小。

(2) 早稻、中稻和晚稻。无论籼稻还是粳稻，都有早稻、中稻、晚稻之分，这是在一定自然条件和栽培制度下按生育期长短划分的。早稻的全生育期（从播种到成熟）为125天以下。中稻的全生育期为125~150天。一季晚稻的全生育期为150天以上。早稻、中稻、晚稻根据不同品种生育期的长短差异，又可分为早熟、中熟、晚熟品种。

早稻和晚稻的根本区别在于对日照长短的反应特性不同。早稻对日照长短没有严格要求，只要温度等条件适宜，即使在长日照条件下也可以进入幼穗发育阶段并抽穗。晚稻对短日照很敏感，必须在短日照条件下才能进入幼穗发育阶段并抽穗，若在长日照条件下，则生育期将延长，甚至不能抽穗成熟。

(3) 黏稻和糯稻。黏稻和糯稻的主要区别在于淀粉组成和米粒颜色不同。黏米呈半透明，含支链淀粉70%~80%、直链淀粉20%~30%，煮的米饭黏性小，胀性大。糯米呈乳白色，所含淀粉几乎全部为支链淀粉，煮的米饭黏性大，胀性小。

2. 水稻品种分类

水稻品种是在一定地区和栽培条件下，经过长期人工选择和自然选择形成的栽培稻的基本单位，它具有一定的遗传特性。同一品种中的个体之间具有较一致的特征和特性，对其生长地的生态环境和耕作制度有较强的适应能力。

(1) 按熟期分类。按熟期（在当地生育期的长短）划分，水稻可分为早熟、中熟、晚熟品种。在不同的生态环境或耕作制度下，选用不同熟期的品种进行合理搭配有利于获得较佳的经济效益和生态效益。

(2) 按株型分类。按株型（茎秆长短）划分，水稻可分为高秆、中秆和矮秆品种。一般来说，茎秆长度在100 cm以下的为矮秆品种，在100~120 cm范围内的为中秆品种，在120 cm以上的为高秆品种。矮秆品种一般耐肥抗倒，但其生物产量低，难以获得高产，而高秆品种不耐肥，生物产量虽高，但因易倒伏而不易获得高产。因此，当前水稻生产主要采用矮秆偏高品种或中秆品种。

(3) 按穗型分类。按穗型划分，水稻可分为大穗型和多穗型品种。大穗型品种一般秆粗，叶大，分蘖少，每穗粒数多；多穗型品种一般秆细，叶小，分蘖多，每穗粒数少，且易受环境和栽培条件的影响。因此，在栽培上，对于大穗型品种，要在保证一定成穗数的基础上主攻大穗，以发挥其穗大、粒多的优势而达到高产目的；对于多穗型品种，要在争取足够茎蘖数的基础上提高成穗率而达到高产目的。

（4）按稻种繁殖方式分类。按稻种繁殖方式划分，水稻可分为常规稻和杂交稻。常规稻是通过选育、提纯后保持本品种的特征和特性，可以留种且后代特征和特性不分离的水稻品种。杂交稻是选用两个在遗传上有一定差异且其优良性状能互补的水稻品种进行杂交，将其具有杂种优势的第一代杂交种（F1代）用于生产后形成的水稻品种。杂交稻具有杂交优势，根系发达，分蘖力强，穗型大，通常产量较高，但其自留种（F2代）种植后出现特征和特性分离现象，从而影响产量。

（5）按稻米品质分类。按稻米品质划分，水稻可分为优质稻、中质稻和劣质稻。由于多数常规优质稻品种产量普遍不高，因此当前水稻种植以中质稻品种为主。随着人们生活水平的不断提高，对优质稻米的需求越来越多，相关部门为此加快了高产优质稻品种选育进展，优质稻种植面积将不断扩大。

1.1.2 水稻的生产概况

1. 世界水稻生产概况

水稻是世界上种植范围较广的作物之一，除南极洲外，各大洲均有种植。据联合国粮食及农业组织（FAO）统计，2014年世界水稻播种面积约为16 325万公顷，总产量约为74 096万吨，平均单产约为每公顷4 539 kg。中国水稻总产量居世界第一，平均单产也领先于其他国家。目前，我国水稻种植面积为3 000万公顷左右，年产量达2亿吨以上。

2. 中国水稻生产概况

水稻是我国主要的粮食作物，播种面积占粮食作物播种面积的1/4，稻谷产量超过粮食总产量的1/3。20世纪60年代以来，由于育种和栽培技术水平的提高，水稻平均单产和总产量得到显著提升。其中，平均单产由1961年的每亩136 kg提高至2017年的每亩460.8 kg；总产量由1961年的5 364万吨提高至2017年的20 856万吨。水稻总产量的提升呈现两个阶段：一是1964—1997年，随着平均单产的提高，总产量呈现逐年上升的趋势，最高年份总产量达到20 000多万吨；二是1998—2013年，由于种植面积有所减少，总产量总体稳定。

我国水稻种植区域辽阔，南至海南岛，北至黑龙江，东至台湾，西至新疆，但主要的种植区域是南方。结合我国气候生态区的划分，水稻种植有6个稻作区：①华南湿热双季稻稻作区；②华中湿润单、双季稻稻作区；③西南高原湿润单、双季稻稻作区；④华北半湿润单季稻稻作区；⑤东北半湿润早熟单季稻稻作区；⑥西北干燥单季稻稻作区。

3. 上海水稻生产概况

（1）经营方式。上海水稻生产的经营方式由1983年以前的以生产队为基本单位的"统一集体经营"模式向"分田到户、家庭联产承包责任制"模式转变。至20世纪末21世纪初，随着农村劳动力的转移和生产力发展的需求，上海水稻生产的经营方式逐步向种植大户、粮食生产专业合作社、集体农场、家庭农场等多种规模经营模式转变。至2017年，上海水稻规模经营面积占全市水稻总面积的85%以上。

（2）茬口模式。从1985年起，种植业结构调整，原来的粮田"一年三熟制"逐步调整为"一年两熟制"，早稻、后季稻种植面积减少，单季晚稻种植面积扩大。至1990年，上海单季晚稻种植面积比例达80%以上，基本以"一年两熟制"生产为主，"麦—稻""油菜—稻""绿肥—稻"等种植茬口模式一直沿用至今。至2018年，上海推广"一茬一养"生态耕作模式，种植茬口以"绿肥—稻""冬翻休养—稻"为主。

（3）栽培技术。20世纪90年代，上海开始推广抛秧稻、人直播稻等水稻现代农艺（轻型栽培）技术，以往人工育苗、人工移栽等传统种植方式逐步被替代，至1995年，抛秧稻、人直播稻面积占全市单季晚稻总面积的70%以上。21世纪初，机插稻栽培技术的推广与普及，以及机直播（穴播、条播）栽培技术的示范与应用，使水稻机械化种植技术得到了有效提升，人直播稻面积逐渐下降。至2017年，水稻机械化种植面积占全市单季晚稻总面积的93%左右，栽培技术基本以机全插稻、机直播稻为主。

（4）水稻品种。1985年以来，随着熟制的调整，上海水稻种植类型逐步由籼稻转为粳稻，至1990年，上海粳稻种植比例提高到了97%左右，至1992年，籼稻种植基本退出上海。同时，随着上海第一个杂交粳稻品种——"寒优湘晴"的选育成功，以及之后"闵优系列""申优系列""秋优金丰"等多个杂交粳稻品种的相继育成，1985—2007年上海累计推广种植杂交粳稻580.05万亩。从2004年起，在市良种补贴及种子统供政策的扶持下，上海水稻品种得到了有序更新，基本实现了平均四五年更换一次的目标，对有效促进大面积平衡增产发挥了重要作用。

（5）种植面积与单产水平。改革开放40多年来，随着粮食生产熟制的改革，农村经济、城市规模的发展，以及生产技术水平的进步，上海水稻种植面积呈减少趋势，但单产水平得到明显提高。

1）种植面积。改革开放40多年来，上海水稻种植面积呈减少趋势。这种递减趋势依据递减幅度大体可分为两个阶段：一是锐减阶段（1978—2003年），上海水稻种植面积从1978年的514.5万亩锐减至2003年的159万亩；二是基本稳定阶段（2004年至今），在国家宏观政策调控下，上海水稻种植面积减少趋势得到遏制，基本稳定在

160万亩左右。

2) 单产水平。改革开放40多年来,上海水稻单产水平实现了三次突破。第一次依靠熟制改革,1985年起,上海粮食生产改"一年三熟制"为"一年两熟制",1986年上海水稻平均单产达每亩408 kg,实现了亩产超400 kg的目标;第二次依靠栽培技术进步,随着水稻直播、抛秧等现代农艺的推广应用,1994年上海水稻平均单产达每亩525.5 kg,实现了亩产超500 kg的目标;第三次依靠新品种推广和高产栽培技术的集成应用,随着"水稻高产群体质量栽培技术"的研究和应用,以及新品种或新组合的示范与推广,2009年上海水稻平均单产达每亩553.1 kg,实现了亩产超550 kg的目标。

1.2 水稻栽培的生物学基础

1.2.1 水稻的生育期

水稻的一生在栽培学上是指从种子萌发到新种子成熟。水稻生育过程包括两个彼此紧密联系而又性质互异的生长发育时期,即营养生长期和生殖生长期。水稻的生育期根据水稻不同时期的生长发育特点又分为幼苗期、分蘖期、孕穗期、灌浆结实期,如图1-1所示。

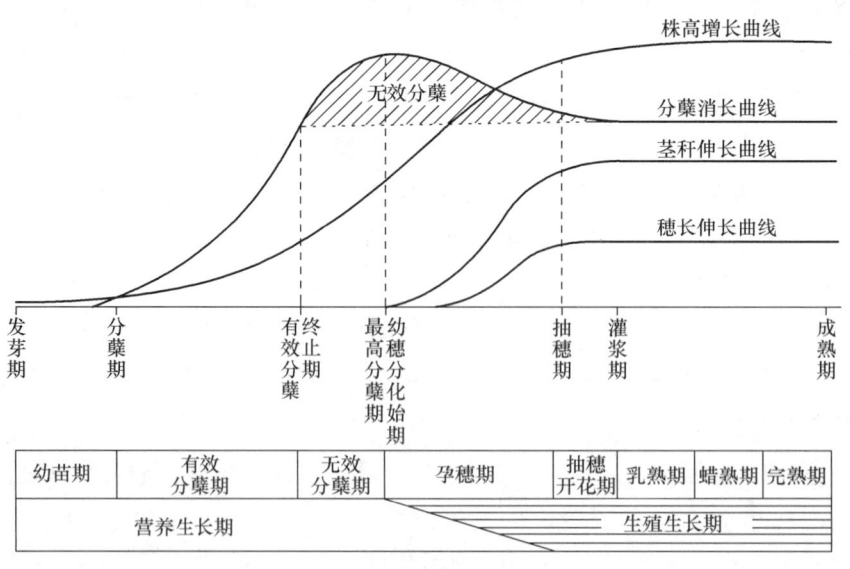

图1-1 水稻的生育期

1. 水稻营养生长期

营养生长期是指从种子萌发到幼穗开始分化的时期，是水稻营养体增长阶段，包括种子发芽，以及根、茎、叶、蘖的生长，分为幼苗期和分蘖期。营养生长期为生殖生长积累必要的养分。

（1）幼苗期。幼苗期是指从种子萌发、出苗到第三张完全叶完全展开的时期。这一时期是幼苗从依靠自身胚乳营养生长的异养阶段，转为依靠自身叶片的光合作用和根系吸收的养分进行独立生长的自养阶段的转折期。三叶期后，幼苗抗逆性下降，易发生僵苗甚至青枯死，因此生产上常施用一次氮肥，即"断奶肥"，以帮助幼苗度过这一危险时期。

（2）分蘖期。分蘖期是指从第四叶出生、开始萌发分蘖，到基部第一个节间开始伸长的时期。对于田间群体，超过50%的幼苗出现分蘖即进入分蘖期。水稻分蘖是保证水稻穗数的重要基础，但并非所有发生的分蘖最终都能成穗。水稻分蘖在拔节后向两极分化：一部分出生较早的分蘖继续生长，最终抽穗结实，称为有效分蘖，从分蘖发生至达到穗数苗的阶段为有效分蘖期；另一部分出生较迟的小分蘖生长逐渐停滞而消亡，称为无效分蘖，从达到穗数苗至水稻拔节的阶段为无效分蘖期。在实际生产中，通过合理有效的栽培措施，争取更多的有效分蘖，减少无效分蘖，保证在一定面积内达到适宜的有效分蘖数，是夺取高产穗数的关键。因此，水稻分蘖期是决定穗数多少的关键时期。

2. 水稻生殖生长期

生殖生长期是指从幼穗分化开始到谷粒成熟的时期，是水稻结实器官生长阶段，包括稻穗的分化、形成和开花结实，分为孕穗期和灌浆结实期。这个时期不仅包括生殖器官的分化、形成和成熟，还包含营养器官的生长。此时期，水稻需要吸收大量的营养物质来满足生长发育的养分要求。因此，该时期是生产上取得高产的重要阶段。

（1）孕穗期。孕穗期是指从幼穗分化开始到出穗为止的时期，一般为30天左右，是营养生长和生殖生长并进时期。此时期，植株节间迅速伸长，因此生产上也常将其称为拔节孕穗期。但是，拔节起始时间和幼穗分化起始时间并非都是完全一致的，不同的品种、播栽期等会有所差异，一般情况下分为三种类型，即重叠型（幼穗分化早于拔节）、衔接型（两者同时发生）、分离型（拔节早于幼穗分化）。

1）重叠型。营养生长和生殖生长有一部分重叠，长穗先于拔节，幼穗开始分化，分蘖还在继续发生，为重叠型。凡地上部仅有3~5个伸长节间的早熟品种均属于这一类型。对于营养生长和生殖生长为重叠型的水稻，在栽培上应注意促前期，从壮苗出发，培育健壮个体，这是高产的关键。

2）衔接型。茎秆拔节即开始幼穗分化，营养生长与生殖生长基本衔接，为衔接型。具有6个及以上伸长节间的中熟品种属于这一类型。上海地区的"国庆稻"品种绝大部分属于衔接型。对于营养生长和生殖生长为衔接型的水稻,在栽培上宜促控结合。

3) 分离型。营养生长和生殖生长略分离,在茎秆拔节之后,经 10~15 天幼穗才开始分化,为分离型。具有 7 个及以上伸长节间的晚熟品种属于这一类型。目前,上海地区种植的单季晚稻品种绝大部分属于分离型。对于营养生长和生殖生长为分离型的水稻,在栽培上应采取"控前促中、促控结合"的管理措施,确保安全成熟。

(2) 灌浆结实期。灌浆结实期是谷粒成熟的时期,分为抽穗开花期、乳熟期、蜡熟期和完熟期,主要特点是开花受精和灌浆结实。该时期是夺取高产的关键阶段,在栽培上要重视肥、水、气的协调,延长根系和叶片的功能期,防止早衰,提高干物质积累转化率,从而提高千粒重和结实率。

1.2.2 水稻器官的生长

1. 水稻种子的萌发和幼苗生长

(1) 水稻种子的形态与结构。水稻种子主要由颖(稻壳)和颖果(糙米)两部分组成,如图 1-2 所示。

1) 颖。水稻种子的颖由内颖、外颖、护颖和颖尖(颖尖伸长为芒)四部分组成。外颖比内颖略长而大,内、外颖沿边缘卷起成钩状,互相钩合包住颖果,起保护作用。颖的厚薄与水稻的类型、品种、栽培及生长条件,以及水稻种子的成熟及饱满程度等因素有关。一般来说,成熟、饱满的水稻种子,其颖薄而轻;未成熟的水稻种子,其颖富于弹性和韧性,不易脱除。粳稻的颖比籼稻的颖薄,且结构疏松,易脱除。早稻的颖比晚稻的颖薄而轻。一般来说,籼稻的颖毛稀而短,散生于颖面上;粳稻的颖毛多,密集于棱上,且从基部到顶部逐渐增多,顶部的颖毛也比基部的长,因此粳稻的表面一般比较粗糙。内、外颖基部的外侧各生有一枚护颖,托住颖果,起保护内、外颖的作用。外颖的尖端生有芒,内颖一般不生芒。粳稻有芒者居多,而籼稻大多无芒(即使有芒,也多是短芒)。水稻种子的形状,颖壳及颖尖的颜色,芒的有无,颖毛的数量、长短、分布等特征,是鉴别品种的主要依据。

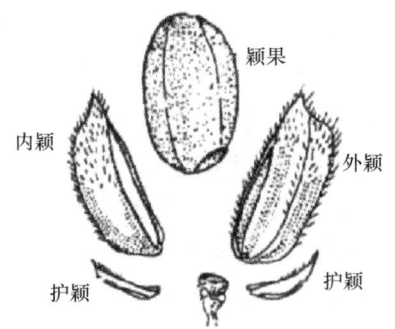

图 1-2 水稻种子的结构

2) 颖果。颖果由果皮、种皮、糊粉层、胚乳、胚等部分组成。

①果皮。果皮是由子房壁老化干缩而成的一薄层。

②种皮。种皮在果皮的内侧,极薄。有的水稻种子种皮内含色素,使颖果呈现不同的颜色。

③糊粉层。糊粉层为胚乳的最外层,与胚乳结合紧密,是由胚乳分化而成的。

④胚乳。胚乳为薄皮细胞,是富含复合淀粉粒的淀粉体。胚乳占颖果的90%左右。胚乳主要由淀粉细胞构成,淀粉细胞的间隙填充蛋白。填充蛋白较多,胚乳结构则紧密而坚硬,使米粒呈半透明;填充蛋白较少,胚乳结构则疏松,使米粒呈不透明。

⑤胚。胚位于颖果的下腹部,富含脂肪、蛋白质、维生素等。由于胚中含有大量易氧化酸败的脂肪,因此带胚的米粒不易储藏。胚与胚乳联结不紧密,在碾制过程中,胚容易脱落。

水稻种子发芽时,上皮细胞和糊粉层会分泌一些酶类,把胚乳中的淀粉、蛋白质等分解为可溶性养分,并将这些养分吸收转运到正在生长的胚中。水稻种子内贮藏的养分越丰富,发芽时供给胚生长的养分就越充足,长出的幼苗也就越健壮。

(2) 水稻种子的萌发能力。水稻种子的萌发能力主要与其休眠状态、成熟度、贮藏条件和时间有关。水稻种子在休眠期上的品种差异很大,绝大部分籼稻品种无明显休眠期,部分粳稻品种如早粳品种有不太长的休眠期(1~4周)。结实期间,若气温低,则种子的休眠期长;反之则短。一般来说,种子成熟度越高,发芽率就越高,发芽也就越快而整齐。开花授粉后的第7~10天,胚的分化基本完成,具有一定的发芽能力。开花授粉后的第14天,水稻种子的发芽率明显提高,至蜡熟期就具备完全的发芽能力。种子收获后进行晒干处理,可提高其发芽率。水稻种子属易贮藏的种子,一般情况下,安全贮藏的含水率要求为:籼稻低于13%,粳稻低于14.5%。水稻种子的萌发能力随贮藏时间的延长而降低,降低种子含水率有助于延长种子保持活力的时间。

(3) 水稻种子萌发

1) 水稻种子萌发需要的环境条件。水稻种子成熟以后,在一定的水分、温度和氧气条件下就可萌发。

①足够的水分。当吸水量达到本身干重的25%时,水稻种子开始萌发;达到本身干重的40%时,水稻种子正常发芽。

②适宜的温度。粳稻种子发芽的最低温度为10℃,籼稻种子发芽的最低温度为12℃,适宜生长温度为28~32℃,最高温度为40℃左右。温度高低不仅影响发芽的快慢,而且对发芽整齐度也有很大的影响。在温度为35℃左右时,发芽快而整齐;在温度低于20℃或高于40℃时,发芽慢而不整齐。

③充足的氧气。水稻种子萌发需要有充足的氧气。

2) 水稻种子萌发过程。水稻种子萌发过程可分为吸胀、萌动、发芽三个阶段。

①吸胀阶段。将水稻种子放入水中,其就能很快吸胀,直到细胞内部水分达到饱和状态才停止吸水。随着吸水量的增加,水稻种子内部的新陈代谢活动逐渐活跃起来,加强了物质转化过程和呼吸作用。

②萌动阶段。由于内部酶活性的提高，呼吸作用不断加强，水稻种子内贮藏的物质不断地转化为糖类和氨基酸等可溶性物质，并转运到胚细胞中。胚芽与胚根细胞的迅速分裂和伸长使胚突破外颖，生产上称之为"破胸"或"露白"，如图1-3所示。

③发芽阶段。水稻种子"露白"后，胚继续生长，当胚根长度与谷粒长度相等且胚芽长度达到谷粒长度的一半时，就称之为"发芽"，如图1-4所示。

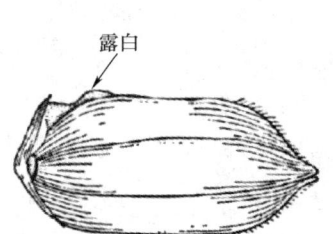
图1-3 水稻种子"露白"

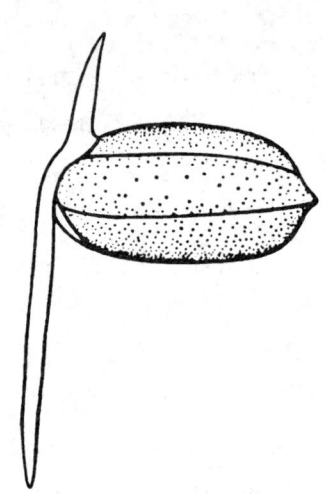
图1-4 水稻种子"发芽"

（4）幼苗生长。幼苗生长过程如图1-5所示。

水稻种子发芽后，胚根突破胚根鞘继续生长，形成种子根。幼芽最先出现的是芽鞘，芽鞘不含叶绿素。芽鞘伸长终止时，就向种子弯曲并出现一个裂口，从中抽出不完全叶。不完全叶用肉眼看只能看到叶鞘，不能看到叶片。不完全叶含有叶绿素，其出现后秧苗开始见绿，生产上称之为"出苗"。

"出苗"后，在不完全叶内长出的第1片既有叶鞘又有明显叶片的叶称为第1叶。在第1叶刚抽出时，芽鞘节上开始长出2条不定根。此时，不定根尚短，幼苗"扎根立苗"全靠种子根。因此，在催芽及播种过程中，应注意不要碰断种子根，从而影响幼苗"扎根立苗"。在采用机械直播时，催芽要求以"露白"或出短芽为主。

当第1叶完全抽出时，芽鞘上已生长出5条不定根。这些不定根短壮粗白，形如鸡爪，生产上称之为"鸡爪根"。在第2叶至第3叶抽出期间，幼苗无新的不定根发生。当第3叶抽出时，胚乳的养分基本耗尽，幼苗进入"离乳期"，从依赖自身胚乳营养满足生长的异养阶段，转变为靠自身叶片产生光合作用和根系吸收养分进行生长的自养阶段。因此，播种后，保持湿润、松软的土壤，促进幼苗"扎根立苗"，以及适时追施"断奶肥"，对培育壮秧有着重要作用。

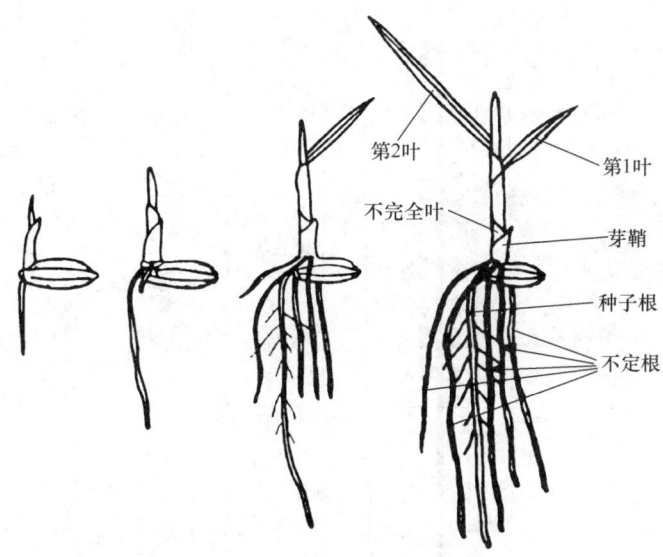

图1-5 幼苗生长过程

2. 水稻根的生长

（1）根的构造与功能

1）根的构造。水稻根系属于须根系，一般由种子根和不定根组成。种子根和不定根上发生分枝，分枝根上再分枝，在土壤通透性好的情况下，最多可发生5~6级分枝。大分枝根多，分枝级数多，则稻株生长健壮；反之，则稻株生长较差。

水稻根的横切面由表皮、皮层和中柱三部分组成。水稻根的纵切面从根尖到基部可分为根冠、分裂区、伸长区、根毛区、分枝区等部分，如图1-6所示。根尖和根毛是根系吸收水分和养分的主要部位，根毛和分枝根越多，根系吸收范围就越大。因此，生产上通过"湿润出苗""适时搁田"等管理措施来不断促进新根和分枝根的发生，以扩大根系分布范围，增强根系的吸收能力。

2）根的功能。水稻根主要有三个方面的功能。

首先，水稻根的主要功能是吸收水分和养分。根系吸收水分的最活跃部位是根端的根毛区。根系吸收养分的最活跃部位是根冠、顶端分生组织及根毛发生区。根系的养分吸收功能包括两部分：一是根系对土壤养分的主动"截获"；二是在植株生长与代谢活动（如蒸腾、吸收）的影响下，土壤中的养分向根系迁移，称为"质流"和"扩散"。"截获"是依靠不断生长出的新根系从其所接触的土壤中直接吸收养分。"质流"是由于植株的蒸腾作用，根际水势下降，溶解在土壤里的养分随水分迁移到水稻根部的过程。"扩散"是养分通过自由流动迁移到水稻根部的过程，这种养分流动速度慢，距离短。

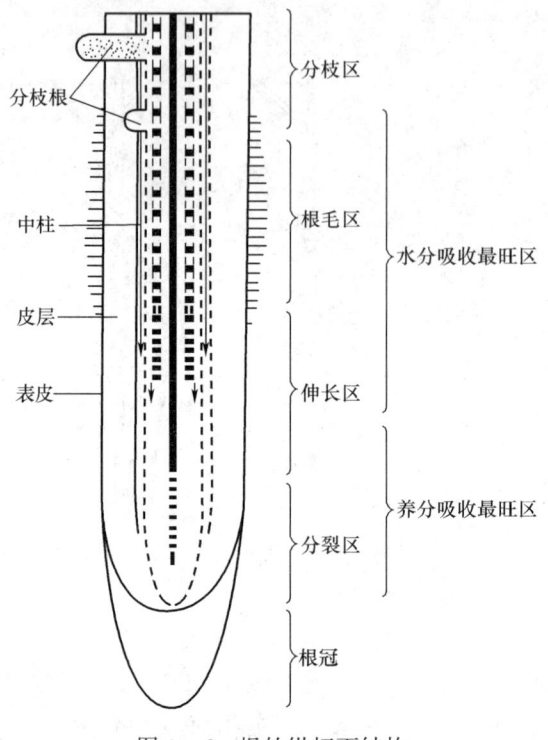

图 1-6　根的纵切面结构

其次，水稻根具有固定和支撑的功能。一是将水稻地上部固定在土壤上，二是将茎、叶支撑起来，更好地接收阳光。

最后，水稻根具有合成的功能。水稻根能进行一系列有机化合物的合成转化，其中包括能组成蛋白质的氨基酸和细胞分裂素类。因此，根系对维持叶片的蛋白质含量、防止早衰有极其重要的作用。若欲延长叶片寿命，提高灌浆结实期的光合能力，则必须提高根系后期活力。提高根系后期活力的措施一般是：前期提高稻田耕整质量；中期分次搁田，增施穗肥；后期间歇灌溉且不过早断水等。

（2）根的发生与生长发育。水稻种子根仅有一条，它是种子发芽时由胚根直接发育形成的。水稻不定根发生于分蘖节上，数量多，是水稻根系的主体。

1）根的发生。根的发生与出叶有一定的关系。当某一叶开始抽出时，该节位开始分化根原基，随着不断分化发育，约经过 3 个出叶周期即突破茎节（出根），根伸出后，再经过 1 个出叶周期即可发生分枝根。根的发生与出叶的关系可概括为（"≈"表示差不多同时发生）：

| 第 n 叶抽出 | ≈ | 第 $n-3$ 节出根 | ≈ | 第 $n-4$ 节根发生二级分枝根 | ≈ | 第 $n-5$ 节根发生三级分枝根 |

2) 根的生长发育。水稻根在土壤中的分布及发展情况因土壤条件和栽培措施的不同而有所变化。一般来说，水稻根在生育初期（这里指出苗至分蘖初期）向横斜下方伸展，分布在土壤耕作层，根群呈扁圆形；至分蘖盛期前后，部分根开始向纵深伸展；自穗分化开始，分布于土壤表层和深层的根系不断增加，根群呈倒卵圆形，如图 1-7 所示。水稻根系主要分布在离土表 0~10 cm 的土层中（约占80%），特别是在离土表 0~5 cm 的土层中分布较多，耕作层以下分布很少。

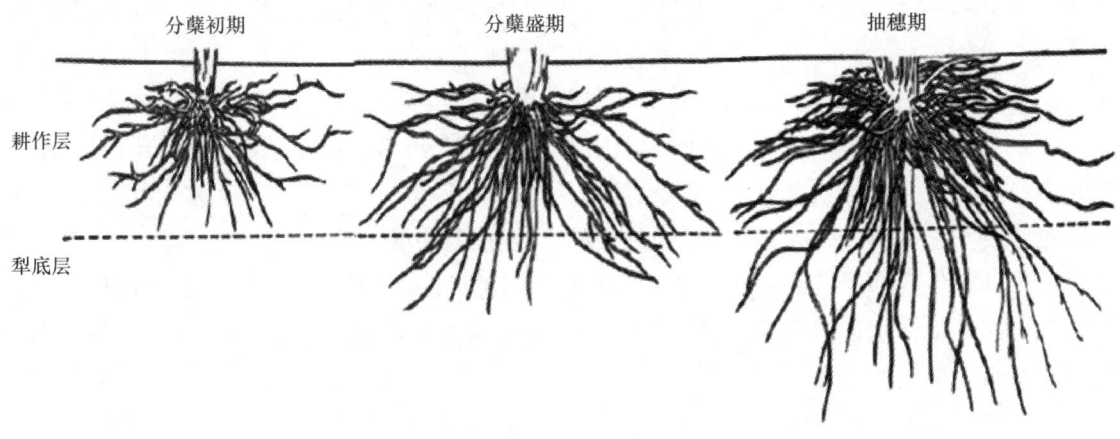

图 1-7 根的生长发育

3) 生产措施对根生长发育的影响

①施肥。在氮、磷、钾三大肥料要素中，氮对根生长的影响最大。氮供应过少时，根发生量小；氮供应适中时，根发生量大；氮供应过多时，根发生量也小，表现为根长变短，分布变浅。磷、钾可促使根的长度增加，扎向较深的土层。在生产上，应保持氮、磷、钾供给平衡，使水稻根的发生与生长发育达到旺盛水平。

②灌溉。灌溉方式对土壤的含水量和通气性影响较大，从而影响水稻根的生长发育。合理的灌溉使土壤含水量适宜，通气性好，水稻发根量大，分枝根多，向下也扎得深。脱水过久时，土壤过于干燥，水稻根表面易木质化，不利于根生长。较长期深水灌溉时，水稻根只能在表土层生长，分枝根少，根毛少，扎根不好，同时由于土壤通气性差，氧气不足，许多有机物在缺氧状态下分解产生还原性有毒物质，如硫化氢、甲烷、有机酸等，致使根系发黄甚至发黑霉烂，影响吸收。

③耕作。生产实践证明，土壤耕作层的深浅对根生长发育的影响非常大。加深土壤耕作层能促使水、肥、气、热协调，从而使根系生长健壮，分布广，吸收水、肥的范围扩大，同时又能改善耕作层的理化性状和生物特性，促进土壤熟化，提高肥力。因此，加深

土壤耕作层能使根系生长良好。

3. 水稻茎的生长

（1）茎的构造与功能。

1）茎的构造。水稻茎着生叶的部位是节，上下两节之间称为节间。在茎的基部，有7~13个节间密集而生，这些不伸长的节间称为根节或分蘖节。茎的上部有若干个节间可以伸长，形成地上部茎秆。水稻茎的节间部位呈圆筒形，中空，横切面呈环形。茎中间的空腔称为髓腔。环形四周为茎壁，茎壁的结构包括表皮、机械组织、薄壁组织和维管束。

2）茎的功能。水稻茎主要有输导、支撑、贮藏等功能。

①输导。水稻茎可以把根从土壤中吸收的水分和养分运输到地上部，同时还可以把叶片光合作用的产物（糖类和氧气）运输到水稻的各个部位。一般来说，茎越粗壮，输送的养分越多，水稻的穗型越大，总粒数也越多。氧气在茎中的运输一般为就近运输，茎和下部叶片中的氧气容易向根部运输，而上部叶片离根部的距离较远，其产生的氧气难以运输到根部。因此，在水稻抽穗灌浆阶段保持中下部叶片的活力可以防止根系早衰，对提高产量有非常重要的实践意义。

②支撑。水稻茎有支撑叶片和穗部的作用，使它们向四面伸展并合理分布，充分利用光能并提高光合作用效率。茎还能支撑植株，抵御风、雨等不利自然条件的侵袭。

③贮藏。水稻茎内贮藏淀粉等有机物质，前期可供叶片、根系、分蘖的发生生长。而在抽穗开花以后，茎中贮藏的营养物质更是幼穗生长和谷粒灌浆的物质来源之一，有20%~30%的贮藏物质转运到稻穗中。

（2）茎的生长发育。水稻茎的生长发育是由下至上、逐个节间（包括节）分化而成，每个节间的分化和物质消长过程可分为四个时期，即节与节间分化形成期、节间伸长期、物质充实期和物质输出期。

1）节与节间分化形成期。水稻茎的节与节间分化形成期在水稻生育的分蘖期内。茎在节与节间分化形成期的生长发育情况除与稻苗本身的健壮程度有关外，还与土壤的供氮情况关系很大。土壤氮素供应充足能有效促进节的分生组织活动，明显增加茎的维管束数量和粗度。因此水稻在分蘖期生长发育不良，不仅影响穗数，而且不利于形成壮秆。

2）节间伸长期。当水稻茎的居间分生组织开始生长，第1节间伸长至1 cm左右时，称为拔节。在生产上，当全田50%的茎基部第1节间伸长至1 cm左右时，称为拔节期。水稻拔节是从最基部节间开始依次向上进行，即下一节间伸长快结束时，上一节间正处于伸长盛期，再上一节间开始慢慢伸长。水稻品种不同，其单株茎的节间数量、长度和粗度也存在很大差异。一般来说,生长期短、成熟早的品种的节间数量较少,反之则较多。例如,水稻早熟品种的伸长节间数一般为3~4个,中熟品种的伸长节间数一般为5~6个,晚熟品种的伸长节间数一般为6~7个。

3)物质充实期。在节间伸长的后期,机械组织由上至下增厚,表皮开始迅速沉积硅酸,薄壁组织由下至上大量积累淀粉。整个茎各节间的物质充实顺序和伸长顺序一样,由下至上地逐一进行,到抽穗期前后达到最大值。茎中积累的淀粉是谷粒灌浆物质的来源之一。机械组织增厚的程度和表皮沉积硅酸的数量对茎抗倒能力的影响最大。

4)物质输出期。在水稻抽穗开花后,茎中贮藏的淀粉开始逐步分解成可溶性糖并向幼穗转移。水稻生育后期根、叶的旺盛活动,以及充足的水分和适宜的温度,是贮藏物质顺利向穗粒转移的不可缺少的条件。因此,在生产上,水稻成熟期断水不宜过早。

(3)茎的抗倒能力

1)茎与倒伏的关系。水稻倒伏主要与茎的节间长度和茎的强度有关。

①茎的节间长度。茎的节间长度,特别是水稻基部第1、2节间的长度,是影响水稻倒伏与否的重要因素。凡倒伏的水稻,其折倒的部位通常为基部第1、2节间,且其基部第1、2节间都较为细长,而不易倒伏的水稻,其基部第1、2节间都较为粗短。

②茎的强度。茎的强度是茎物质充实度的反映。倒伏的水稻通常田间密度高,茎秆柔软,内在干物质积累少,而不易倒伏的水稻通常田间密度适宜,茎秆粗硬,内在干物质积累多。

2)增强茎抗倒能力的措施。水稻倒伏通常发生在灌浆结实期,但根据水稻茎的生长特点,应在水稻生产整个过程中做好"精量播种、适时搁田、控氮增磷钾、巧施穗肥"等措施,促使水稻茎生长健壮(粗、硬、短),从而增强其抗倒能力。

首先,水稻茎要"变粗"。在壮苗的基础上,要施足分蘖肥,且以氮肥为主,以促进茎(节)居间分生组织的活力,从而增加分化的维管束数量及茎的粗度。

其次,水稻茎要"变硬"。在分蘖中后期,要采取搁田、控肥等措施,以控制地上无效分蘖,改善稻株个体生长环境,提高中下部叶片的光合作用效率,增强中下部茎秆及叶鞘的强度,同时促进地下根系生长,增强根系的吸收能力,为茎部物质充实提供保障。

最后,水稻茎要"变短"。在拔节初期,要继续适当搁田,抑制基部第1、2节间的伸长。当第1节间定长(0.8~1.2 cm)、第2节间开始伸长时,施用拔节孕穗肥(第一次施用),且以复合肥为主,不宜用速效肥如尿素,防止第2节间过于伸长。

4. 水稻叶的生长

(1)叶的形态与结构。水稻叶可分为芽鞘、不完全叶和完全叶三种。完全叶可分为叶鞘和叶片两大部分,在其交界处有叶枕、叶舌和叶耳,如图1-8所示。

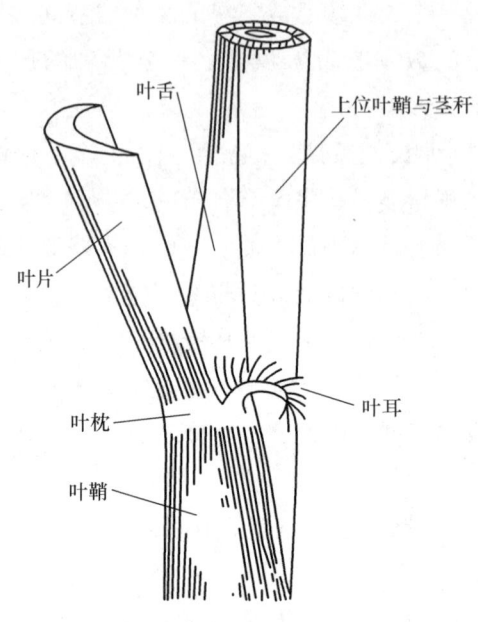

图 1-8 叶的结构

1) 叶鞘。叶鞘卷抱着茎,两缘重叠而不愈合,中央厚,往两缘渐薄。着生在分蘖节上的叶,其叶鞘横切面呈三角形;着生在伸长节上的叶,其叶鞘横切面呈圆形。叶鞘基部包围茎节的鼓起部分称为叶节,这一部分的构造与叶鞘的其他部分相比,组织更紧密,细胞间隙更小,机械组织更发达,角质化程度更高。因此,叶节机械强度大而富有弹性。

2) 叶片。水稻的第 1 片绿叶用肉眼看只见叶鞘不见叶片,但放大观察仍可看到有一片很小的叶片,该叶片在栽培学上称为不完全叶,一般不计算在主茎总叶片数内。除了不完全叶外,各叶片均为长披针形。上部几片叶近叶尖处有一个"缢痕",此处叶脉向内弯曲,这是幼叶在生长过程中受下叶叶枕箍勒所致。

随着叶位的高低变化,叶片的长短也有所变化。一般从第 1 叶开始向上,叶长由短到长,至倒数第 2~4 叶,叶长又由长到短。品种不同,叶形也有明显的差异,特别是第 1 叶。一般来说,粳稻的第 1 叶较短而宽,籼稻的第 1 叶则较长而窄。

水稻叶片互生于茎的两侧。主茎上的叶片数与茎节数一致,与品种生育期有直接关系。一般,早稻有 10~13 片叶,中稻有 14~16 片叶,晚稻有 16 片以上的叶。同一水稻品种的栽培条件不同,若生育期延长,出叶数通常也增加;若生育期缩短,出叶数通常也减少。

3) 叶枕、叶舌和叶耳

①叶枕。在叶鞘与叶片交界处有一白色带状部分,这部分称为叶枕。叶枕感病或衰老

时，组织萎缩，叶片下垂。

②叶舌。从叶枕内面、叶鞘上端伸长的顶部分叉的舌状膜片称为叶舌。叶舌能封闭叶鞘与茎秆或心叶之间的缝隙，使茎秆或心叶的细嫩部分不失水，同时又能防止雨水等顺着叶面流下而集积于叶鞘与茎秆或心叶之间。

③叶耳。在叶枕的两侧有一对从叶片基部分生出的弯钩状小片，称为叶耳。叶耳上生有茸毛。稗草没有叶耳，这是稗草与水稻的主要区别之一。

（2）叶的分化与生长

1）出叶的五个时期。水稻叶的出生过程可分为五个时期：叶原基分化形成期、叶的组织分化期、叶的伸长期、叶的成熟期、叶的衰老期。

①叶原基分化形成期。在生长锥（茎端生长点）的基部，原体细胞分裂增殖形成一个小突起状的叶原基。

②叶的组织分化期。叶原基的分生组织不断分裂，长成风雪帽状的幼叶，其顶端继续伸长并逐渐分化出叶片、叶耳、叶舌及叶鞘。

③叶的伸长期。在叶鞘分化开始后，叶片生长加速，叶内组织自上而下（从叶尖到叶枕）逐渐分化形成。随着叶鞘迅速伸长，叶片从其下一叶的叶鞘内逐渐抽出，同时叶片内细胞充实，开始进行光合作用。

④叶的成熟期。叶片完全展开后，叶鞘停止伸长，全叶伸长结束，叶片的光合作用强度进入最旺盛的时期。

⑤叶的衰老期。叶的蛋白质趋向分解，原生质逐渐破坏，叶片枯黄死亡。

2）出叶的顺序。水稻叶的出生保持着较稳定的顺序：当第 n 叶的叶片抽出时，第 $(n+1)$ 叶处于叶伸长期；第 $(n+2)$ 叶处于叶组织分化后期，呈笔套状；第 $(n+3)$ 叶处于叶组织分化前期，呈风雪帽状；第 $(n+4)$ 叶为叶原基突起状。也就是说，叶片伸长在先，当叶片伸长达到高峰时，叶鞘开始伸长，上一叶的叶片与下一叶的叶鞘同时伸长。例如，当第 5 叶的叶鞘伸长定型而露出叶枕时，第 6 叶的叶尖也同时露出，此时第 6 叶的叶片基本定长，但大部分被包含在第 5 叶的叶鞘内，随着第 6 叶的叶鞘不断伸长，第 6 叶的叶片最终全部抽出。

3）出叶的速度。水稻的出叶速度（间隔时间）随着生育期的进程而延长：幼苗期前后出生的 3 片叶的出叶间隔时间为 3 天左右，分蘖期的出叶间隔时间一般为 5~6 天，生殖生长期出生的最后 3 片叶的出叶间隔时间为 7~9 天。同时，出叶速度的快慢因环境条件的不同而有很大的变化，其中温度对出叶速度的影响最明显。在 32℃ 以下，温度越高，出叶越快。

4）叶的寿命。从叶片抽出到枯黄一半以上所经历的时间称为叶的寿命。叶的寿命随叶位的上升而逐渐变长，最先出生的 3 片叶的寿命有 10 多天，其后出生的叶的寿命渐次递增，剑叶的寿命最长，可达50天以上。矿物质营养缺乏、光照弱、根系衰弱都会缩短叶的寿命。在缺肥、过度密植或徒长的情况下，叶的寿命变短，下位叶提早枯死，绿叶数减少，对水稻的正常生长十分不利。

（3）叶的功能。水稻的叶片是进行光合作用的重要器官，是制造有机物的重要基地。叶片光合作用与蒸腾作用的强弱关系到整个稻株的健壮与否及后期产量的高低。叶鞘是重要的贮藏器官之一，叶鞘内贮藏物质的情况与水稻的结实及抗倒能力有很大的关系。此外，叶色、叶长及叶形对环境条件的反应比较敏感，因而是看苗诊断的重要指标。

1）叶片的光合作用。影响水稻叶片光合作用的外部环境因素很多，主要有光照强度、空气（二氧化碳）、温度、水分、矿物质营养等。在生产中，合理的管理措施可改善外部环境，从而增强水稻叶片的光合作用。

①光照强度。在一定的光照强度范围内，水稻叶片的光合作用随光照强度的增大而增强，但达到某一水平后，光合作用就不再随光照强度的增大而增强。而当光照强度减弱到一定程度时，叶片的光合作用量与呼吸作用量相等，光合作用的效果等于零。因此，水稻生长过分茂盛会减弱水稻群体下部的光照强度，使水稻下部的叶片不再生产有效的光合作用产物，对水稻正常生育和水稻产量不利。

②空气（二氧化碳）。水稻的光合作用强度随着空气中二氧化碳浓度的提高而增大。水稻群体内空气中的二氧化碳含量往往要低于一般空气中的二氧化碳含量，而风可以加速水稻群体内空气的流通，从而增加水稻群体内空气中的二氧化碳含量，提高水稻群体的光合作用强度。因此，在生产中，应采取精量播种、合理施肥、适时搁田等措施来控制高峰苗，建立合理的水稻群体，达到透光、通风，以增强水稻群体光合作用量，促使水稻健壮生长，提高水稻产量。

③温度。通常情况下，温度对水稻的光合作用影响不大。然而，当温度低于18℃时，水稻光合作用过程中的酶反应变慢；当温度高于35℃时，叶绿素的结构受到破坏，酶钝化，光合作用减弱。因此，在生产上，应采取适时早播、"日上水、夜排水"等措施避开或降低温度对光合作用的影响。

④水分。水是光合作用的原料。在水分欠缺时，一开始并不是因为用于光合作用的水分不足而直接影响光合作用强度，而是因为缺水后叶片气孔关闭，使二氧化碳向稻株体内的扩散受阻，同时物质的转运也受阻，从而影响光合作用。只有当土壤含水量下降到80%以下时，叶片的光合作用才明显受到削弱。因此，在生产上，应采取"由轻到重、分次搁田"，反对一次性重搁田。

⑤矿物质营养。氮、镁、铁等是合成叶绿素的必需元素。磷参与光合作用中间产物的转变和能量的传递，直接影响光合作用。钾参与碳水化合物的代谢和转运，间接影响光合

作用。因此，矿物质营养的供应情况直接影响水稻的光合作用，在生产上要合理施肥，配方施肥。

2）叶片的蒸腾作用。蒸腾作用是水分从水稻植株体内散发到体外的过程，主要通过叶片进行。叶片的蒸腾作用有三个功能：一是为水分的吸收和运输提供主要动力；二是使营养物质随水分的吸收和流动而被吸入并分布到稻株的各部分中去；三是降低叶片的温度，防止因太阳光照射引起叶温过高而使叶片被灼伤。

水稻叶片的蒸腾作用随光照强度的增大而增强。空气湿度的降低和温度的提升也会增强叶片的蒸腾作用，加大养分的消耗。因此，在水稻生产的中后期，若遇高温干燥天气，应采取"日上水、夜排水"等措施来改善田间小气候。

3）叶鞘的贮藏作用。叶鞘是水稻的主要贮藏器官之一。叶鞘的贮藏物质主要是淀粉，它是水稻生育后期灌浆物质的重要来源。在水稻生育中期，若氮素供应水平过高，会造成光合作用产物过量而转化为含氮化合物，用于新器官的生长（徒长），而茎与叶鞘内的贮藏物质（淀粉）就会减少。因此，在生产上，拔节孕穗肥提倡使用水稻专用配方肥或复合肥。

另外，叶鞘包裹着茎，有保护分蘖芽、幼叶、嫩茎，以及增强茎秆强度、支撑植株的作用。

5. 水稻分蘖的生长

（1）分蘖的生长发育。分蘖是由茎基部的腋芽（即分蘖芽）在适宜的条件下长出来的。水稻茎的每一个节上都有一个分蘖芽，但因节位不同，其萌发成分蘖的能力不同。芽鞘节的分蘖原基在胚发育后期就停止生长而休眠。不完全叶节的分蘖原基绝大多数在发芽后停止生长，一般都不能长成分蘖。通常，最早发生分蘖的节位是第1完全叶节，最迟发生分蘖的节位（即最高分蘖节位）是伸长节间下方的第1个节。

分蘖的分化发育是伴随叶的分化进行的。在适宜的环境条件下，稻株一般在第1完全叶的叶腋（叶鞘与茎的连接部分）处开始发生分蘖。主茎上第1个分蘖的第1叶和主茎的第4叶同时伸出；主茎上第2个分蘖的第1叶和主茎的第5叶同时伸出……以此类推，主茎上第 $n-3$ 分蘖的第1叶与主茎的第 n 叶同时伸出，即是叶、蘖同伸关系。分蘖上也可以发生分蘖，其同伸关系与主茎和分蘖的同伸关系一样。

$$\boxed{\text{第 } n \text{ 叶抽出}} \approx \boxed{\text{第 } n-3 \text{ 分蘖的第1叶抽出}}$$

（2）影响分蘖生长的因素。分蘖芽的分化发育及伸出生长受幼苗的营养和外部环境的影响很大。

1）幼苗的营养。分蘖芽分化发育所需的营养主要由上位叶通过光合作用提供，若分蘖芽的上位叶枯死或受严重损伤，供应分蘖芽的养分就不足，幼苗就不会发生分蘖或迟缓发生分蘖。因此，在生产上，要培育壮苗，适时移栽。

2）温度。水稻分蘖生长的适宜气温是30～32℃，适宜水温是32～34℃。当气温≤15℃、水温≤16℃，或气温≥38℃、水温≥40℃时，分蘖停止生长。在田间条件下，日平均温度达20℃以上，分蘖发生才会比较顺利。因此，在生产上，要适时播种。

3）光照。光照弱时，光合作用减弱，幼苗生长纤弱，分蘖发生迟缓或不能发生。当稻田群体（基本苗）过大，植株间相互遮阴，光照条件会削弱，不利于分蘖发生。一般来说，当稻田叶面积指数达到4.0时，分蘖终止。因此，在生产上，播种要精量、均匀，合理密植。

4）水分。若分蘖期遭遇干旱，幼苗体内各种生理功能均将受阻，光合能力将下降，水稻母体对分蘖和分蘖芽的营养供应也将大为减少，分蘖将不能发生或迟缓发生。干旱还会直接损伤幼嫩的分蘖芽与小分蘖，使其停止发育而死亡。即使旱情解除，幼苗短期内也将不发生分蘖，因而造成穗数不足，影响产量。

若分蘖期灌水过深，幼苗受淹，叶片的光合作用减弱，同时灌水过深导致的缺氧影响根系的生长，致使幼苗柔弱，抑制了分蘖的发生。因此，在生产上，分蘖前中期的水浆管理要"浅水分蘖"，分蘖后期要搁田控苗。

5）土壤养分。地肥或施肥多时，土壤养分丰富，分蘖发生早而快，分蘖期长；反之，地瘦或施肥少时，土壤养分不足，分蘖发生迟且停止早，分蘖期短。在氮、磷、钾三大肥料要素中，氮对促进分蘖发生的作用最大。因此，在生产上，要施足基肥，分蘖肥提倡使用速效肥如尿素。

6）栽插深度与密度。浅栽有利于分蘖的发生。浅栽时，土表温度高且通气性好，故分蘖发生早。深栽不但使土壤环境恶化，而且使分蘖节间伸长（将分蘖节送至较浅的土层后才能发生分蘖），而拔长一个地下节间需要5～7天，浪费许多营养。因此，深栽使得分蘖发生的时间大大延迟，分蘖数也减少，如图1-9所示。

栽插密度影响幼苗个体的光照条件和土壤营养条件。栽插密度高，幼苗个体的光照条件和土壤营养条件均恶化，幼苗个体的分蘖发生就会推迟，且分蘖少。

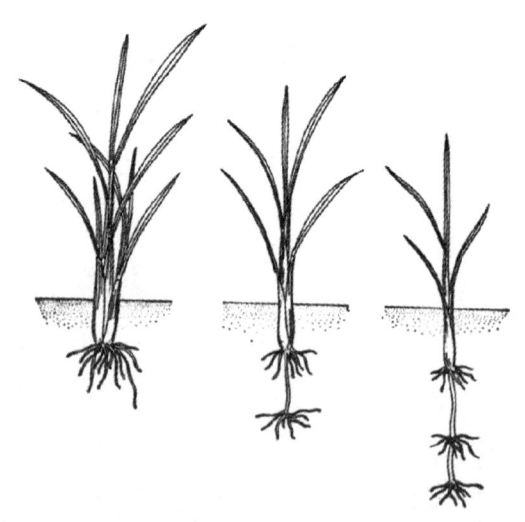

图1-9 栽插深度对分蘖的影响

(3) 有效分蘖与无效分蘖。分蘖在主茎拔节后向两极分化：较大的分蘖继续生长，抽穗结实，并正常成熟，称为有效分蘖；较小的分蘖生育减缓至停止，最后死亡，称为无效分蘖。

主茎拔节时，不同分蘖的成穗情况不同。仅有1~2片叶的分蘖因得不到主茎充足的营养供应，往往很快就停止生长，不能成穗。具有4叶（3叶1心）的分蘖已有较多的根和绿叶面积，可以独立生长，不会因主茎对分蘖的养分供应减少而停止生长，往往能够生长成穗。具有3叶（2叶1心）的分蘖受拔节前后的土壤营养条件和光照条件的影响很大。拔节前后，若肥力不足，大部分具有3叶的分蘖（甚至更大的分蘖）都会停止生长，并逐渐枯死；反之则可生长成穗。拔节前后，若水稻群体过大，一些具有3叶的小分蘖也会因光照不足而陆续死亡。因此，在生产上，要通过合理施用拔节孕穗肥、适时早搁田等措施来提高分蘖成穗率，促成秆壮、穗大、粒饱。

6. 水稻穗的发育

（1）穗的形态与结构。稻穗为圆锥花序，由穗轴（主梗）、一次枝梗、二次枝梗、小穗梗和小穗组成，如图1-10所示。一个稻穗从穗颈节到退化生长点的部分是穗轴，穗轴上一般有8~15个穗节，每个穗节上长出一个枝梗。穗节上长出的枝梗称为一次枝梗，一次枝梗上再长出的枝梗称为二次枝梗。枝梗上长出小穗梗，小穗梗的末端着生一个小穗（颖花）。一、二次枝梗的多少决定了每穗的总粒数。

栽培学上往往把1个小穗称为1朵颖花，每朵颖花有副护颖、护颖各2个，内颖、外颖各1个，雄蕊6枚，浆片2片，雌蕊1枚。雄蕊由花药和花丝两部分组成，花药着生在花丝末端。雌蕊位于颖花的中央，由子房、花柱、柱头组成，柱头二分叉为羽状，有利于接受大量花粉。小穗的结构如图1-11所示。

（2）穗的分化。水稻经适宜的日照长度诱导后，茎端生长点在生理和形态上发生转变，不再分化叶原基，而分化出第一苞原基，随后经一系列内部分化和形态变化形成稻穗。习惯上将稻穗的分化发育过程划分为8个时期，即第一苞分化期、一次枝梗原基分化期、二次枝梗原基及颖花原基分化期、雌雄蕊形成期、花粉母细胞形成期、花粉母细胞减数分裂期、花粉内容充实期、花粉完成期。

（3）影响穗分化的因素。稻穗分化的情况首先取决于稻穗分化前稻株的生长量和生理状态。稻株生长健旺，碳氮代谢协调，是形成大穗的基础。穗分化期间的环境条件对稻穗分化也有十分重要的影响。

1）土壤营养。氮对稻穗分化发育的影响最大。雌、雄蕊分化之前追施氮肥能明显增加分化颖花数，其中以苞分化前后施肥作用最大。雌、雄蕊分化之后追施氮肥已没有促进颖花分化的作用，但能有效减少颖花退化，起保花增粒、增加颖壳容积的作用。钾能提高稻株的光合作用效率，穗肥中增加钾肥效果更好。因此，在生产上，拔节孕穗肥的施用一般

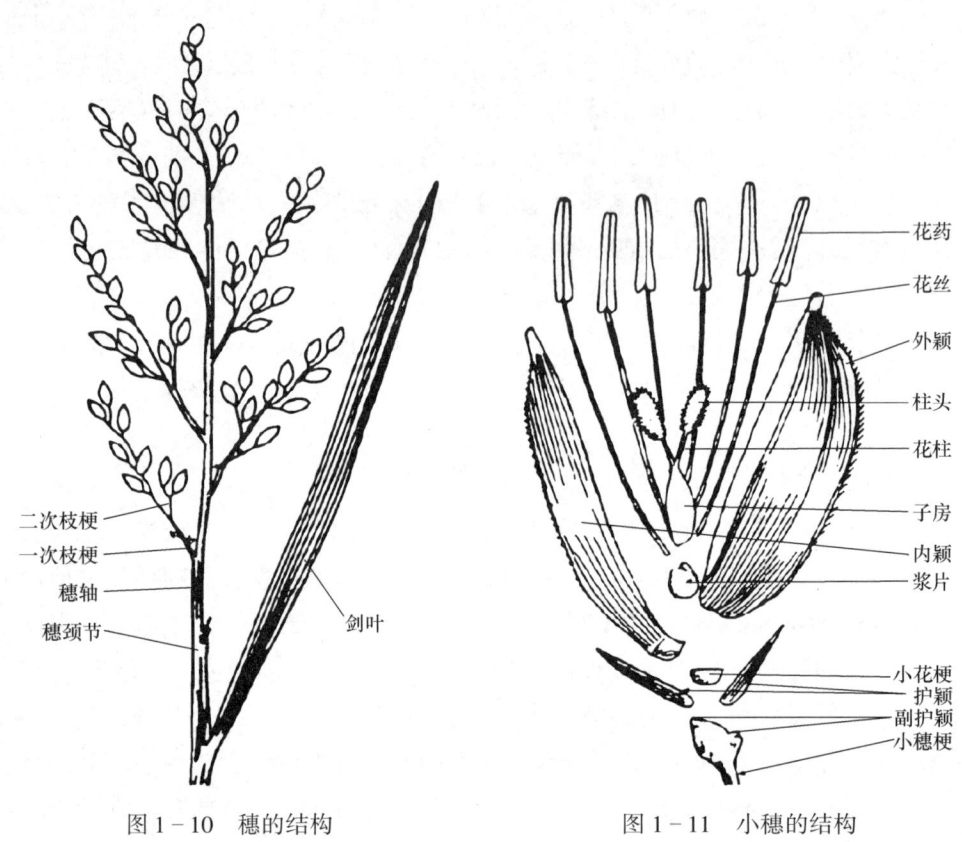

图 1-10　穗的结构　　　　图 1-11　小穗的结构

分两次：第一次施用复合肥，既能促进穗分化，又能防止下部节间拔长；5~7天后，第二次施用尿素，起到保花增粒的作用。

2）温度。稻穗分化的适宜温度为30℃左右。较低的温度（粳稻日平均温度为19℃）能使枝梗和颖花分化周期延长2~3倍，起到增加颖花数、促成大穗的作用。但是，温度过低会影响穗的发育。当日最低温度在15~17℃时，穗分化受到影响，且持续天数越多，影响越严重。因此，在生产上，要掌握适时播种，避免低温对稻穗分化造成影响。

3）光照强度。日照越充足，越有利于穗的分化发育。在水稻孕穗期遇连绵阴雨对幼穗发育极为不利。

4）土壤水分。在孕穗期的水稻对土壤水分亏缺反应最敏感，若遇干旱，颖花大量退化并产生不孕花，减产将十分严重。为此，田间应保持水层，不能断水，但较长时间的田间持水对保持根系活力不利。因此，在生产上，水稻孕穗期的水浆管理应以浅水灌溉为主。

7. 开花结实

（1）开花

1）抽穗开花。穗上部颖花的花粉和胚囊成熟后的1~2天，穗顶即露出剑叶叶鞘，即为始穗（抽穗）。从始穗到全穗需要5天左右，温度高则抽得快，温度低则抽得慢。颖花露出叶鞘的当天或1~2天后开始开花，全穗开花需经5~7天。

2）开花的顺序。同株各蘖次间，一般是主茎和早发的低位分蘖先抽穗开花。同一穗中，一般是顶端最先抽出，顶端枝梗上的颖花先开花，然后随穗的抽出自上而下依次开花，基部枝梗上的颖花最后开；一次枝梗上的开花顺序与整穗顺序有所不同，首先是顶端第一粒颖花先开，然后是基部颖花再开，再顺序向上依次开花，最后是顶端的第二粒颖花开花；二次枝梗也遵循一次枝梗的开花顺序，如图1-12所示。

同一穗中，早开的颖花有获得灌浆物质的优势，称为强势花；迟开的颖花在获得灌浆物质上处于劣势，称为弱势花。同株各穗间，也是抽穗开花早的穗灌浆能力强，抽穗开花迟的穗灌浆能力弱。

（2）传粉。花药开裂是传粉的先决条件。花室内壁细胞的细胞壁除了和表皮接触的一面外，都发生条纹状的次生木质化加厚，形成不均匀细胞壁，当花药伸出颖壳时，细胞失水，其内侧收缩小，外侧收缩大，使花药壁裂开并向外展开，花粉散出。由于在开花的同时就裂药散粉，花粉极易散落于自身的柱头上，因此水稻大多同花自交，天然异交率极低。

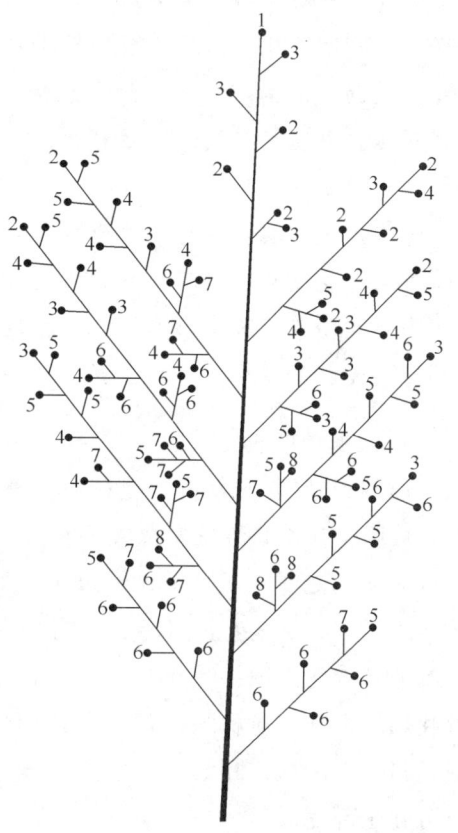

图1-12 穗的开花顺序

（3）受精。花粉散落在羽状的柱头上后，花粉萌发，伸出花粉管，伸长进入胚囊，并将两个精核释放在胚囊中。一个精核与卵细胞接触并进入卵细胞，雌、雄核仁融为一体，形成合子，卵细胞的受精过程完成。另一个精核先后与两个极核接触融合，形成初生胚乳核，极核的受精过程完成。这个双受精过程一般在开花后的5~6 h内全部完成。

> **相关链接**
>
> **影响开花受精的环境因素**
>
> ● 温度
>
> 在通常的田间条件下，温度对开花受精的影响最大。一般温度低于23℃或高于35℃时，开花受精就会受到影响。此外，温度对开花受精的影响程度还因持续时间的长短而有所变化。因此，水稻开花受精受温度影响的程度主要取决于日平均温度和持续天数两个因素。在生产上，应提倡适时早播，防止过早播种造成花期遇高温影响，或过迟播种造成花期遇低温影响。
>
> ● 湿度
>
> 在温度适宜、相对湿度为50%~90%时，水稻都可以开花受精。在较低温度下，湿度高对开花受精明显不利，所以花期遇阴雨低温会明显降低结实率。过分干燥对花粉发芽和花粉管伸长有影响，但可通过稻田水层灌溉增加田间空气湿度来减少干燥气候对开花受精的影响。

（4）米粒形成

1）胚与胚乳的发育。受精后，整个子房将发育成1粒颖果。其中，受精卵（合子）发育成胚，初生胚乳核发育成胚乳。

①胚。受精卵（合子）经过4~6 h的短暂休眠后即开始分裂，并迅速进行组织分化：约4天后，原始茎生长点形成；约5天后，胚根原基和胚芽鞘分化出现；约6天后，不完全叶原基分化出现；约8天后，第1完全叶原基分化出现；约10天后，第2完全叶原基分化出现，胚根冠和胚根鞘也分化出现，连接盾片（子叶）与胚芽的维管束分化基本完成；11~12天后，胚的形态分化基本完成，已具有良好的发芽力；约14天后，胚中各器官分化全部完成。

②胚乳。初生胚乳核形成（约在开花后3~3.5 h）后开始分裂，胚乳核迅速增加，并在胚囊内壁整齐排列成两层。经过3~4天，靠近胚的胚乳核开始进行细胞壁分化，并形成胚乳细胞。随着表层胚乳细胞的不断分裂，胚乳细胞数目迅速增加，从四周向胚囊中央空腔推挤。5天后，胚囊内已充满胚乳细胞，但表层胚乳细胞继续分裂，胚乳细胞数量仍在逐渐扩大。经过9~10天，胚乳细胞分裂结束，但由于胚乳细胞仍在长大，胚乳的体积继续增大。水稻胚乳中90%以上的贮藏物质是淀粉，淀粉粒在胚乳细胞形成的初期形成，并随细胞的增大而增大，逐渐充满整个细胞。

2）米粒的生长与成熟。米粒由受精后的子房发育而来。开花受精后，子房就开始纵向伸长，其后略斜向内颖的一侧迅速伸长并加宽，5~7天后，其先端到达颖顶。此后，长度生长停止，宽度、厚度继续增大，逐渐充实填满内、外颖之间的空间。

根据外观和充实物的性状变化，一般把米粒的成熟过程分为乳熟期、蜡熟期和完熟期。乳熟期，胚乳含水量很高，约为86%，呈白色乳浆状，米粒与谷壳仍为绿色。蜡熟期，米粒内部由乳浆状变成蜡状，含水量为40%~50%，谷壳开始发黄，但米粒仍是绿色。完熟期，米粒继续失水，含水量为20%~25%，稻谷逐渐变为金黄，米粒变成透明硬实状，此时是水稻收割适期。

3）影响米粒发育的因素

①肥水。抽穗前茎鞘的物质贮藏和抽穗后的光合作用产物是米粒灌浆的物质基础，对米粒发育的影响很大。因此，在生产上，要合理进行肥水管理。在水稻生长前期，要保证"群体合理、个体壮"；在水稻生长后期，要保证"青秀活熟"，防早衰。

②温度。在自然条件下，日平均温度在21~26℃且昼夜温差大时最适合灌浆结实。温度过低，灌浆速度减慢；温度过高，组织老化快，易造成米粒发育不良，粒重降低。

③光照。在自然条件下，灌浆期间的光照量越大，结实率往往也越高。因此，在生产上，一是要适时播种，使水稻灌浆期恰好在平均温度为21~26℃、日照充足的季节；二是要精量播种，适时搁田，建立合理群体，改善通风透光条件。

综上所述，对于增产，水稻的各个生育期既有其相对独立的作用，又有彼此相互联系的影响。前一个生育期是后一个生育期的基础；后一个生育期又是在前一个生育期的基础上，按其自身规律和具体条件继续发展的。因此，要夺取水稻高产，必须了解不同茬口的具体水稻品种各个生育期的大体时间，并在各生育期充分发挥其对增产的作用。

1.3 水稻产量的形成

水稻产量形成的本质是通过光合作用将太阳辐射（光能）转化成光合作用产物（化学能）并积累在有机体中。水稻产量可分为生物产量和经济产量。生物产量是指水稻生育期间生产、积累有机物质的总量，即地上部植株所有干物质的收获量；经济产量是指农业生产所需要的产品器官（即稻谷）的收获量。通常所说的亩产量是指经济产量。

1.3.1 产量构成因素

水稻产量受单位面积内的有效穗数（每亩有效穗数）、每穗平均总粒数（颖花数）、结实率和千粒重四个因素所影响，即：

$$水稻产量 = \frac{每亩有效穗数 \times 每穗平均总粒数 \times 结实率 \times 千粒重}{1\,000 \times 1\,000}$$

水稻产量各构成因素的形成过程也是各部分器官的生成过程，以及群体的物质生产、运输和积累过程。产量构成因素的形成过程可分为紧密联系的三个步骤：第一，形成吸收、转运养分和进行光合作用的营养器官，即形成以根、茎、蘖、叶等生产碳水化合物的器官为主的生产系统，也就是每亩有效穗数的构成阶段；第二，形成稻穗、颖花等生殖器官和"产量容器"，决定产量的容纳能力，也就是每穗平均总粒数的构成阶段；第三，"产量内容物质"的生产、积累和向穗粒的转运，也就是结实率和千粒重的构成阶段。

1.3.2 产量构成因素的决定时期

1. 穗数的决定时期

（1）穗数的决定。每亩有效穗数是构成水稻产量的第一个因素，也是其他三个因素形成的基础。单位面积上的穗数由基本苗、单株分蘖数和分蘖成穗率三者决定。基本苗取决于播种（或移栽）密度，单株分蘖数和分蘖成穗率与幼苗生长的壮弱有密切关系，因此穗数的确定期在分蘖期，基础在幼苗期。

（2）增加穗数的措施。水稻的各个分蘖因分蘖节位和环境不同，其穗的大小差异很明显。弱株小穗对产量贡献不大，且会影响群体通风透光条件，增加病虫害发生程度。因此，提高有效分蘖、培育大穗是增产的主要途径。

1）适时早播，精量播种。适时早播，可延长营养生长期，促进分蘖早生快发，在水稻拔节孕穗之前生长3~4张叶片和较多的根系，进入自养过程，从而成为有效分蘖。精量播种，可建立适宜基本苗，为实现合理群体打好基础。

2）加强田间管理。在肥料施用上要"施足基肥、早施分蘖肥（活棵肥）"，在水浆管理上要"湿润出苗、浅水分蘖"，机插稻要"浅插"移栽，从而促使分蘖早发，争取低位分蘖。另外，要在分蘖后期控制追肥并适时进行搁田，控制高节位的无效分蘖，使养分集中在早发的有效分蘖上，提高分蘖成穗率。

2. 穗粒数的决定时期

（1）穗粒数的决定。每穗平均总粒数是构成水稻产量的第二个因素。粒数是在幼穗分化发育期确定的。每穗粒数的多少主要取决于幼穗分化形成的颖花数和颖花的成育率及结实率。颖花数的多少与植株茎秆的粗细、营养水平的高低成正比，所以分化前的分蘖期是奠定粒数的基础时期。

（2）增加穗粒数的措施。增加穗粒数（颖花数）有两个途径：一是促进颖花分化，二是减少颖花退化。为此，可采取以下措施。

1）加强营养生长期的田间管理。施足基肥、早施分蘖肥、浅水分蘖、适时搁田等合理的技术措施可促使低节位早分蘖，建立合理群体，培育健壮个体。

2）施好拔节孕穗肥。增施氮肥能有效促进颖花分化，但会降低结实率，且易引起基部节间显著伸长，降低碳水化合物含量，使植株容易倒伏。因此，穗肥施用应延迟到颖花分化后期，以减少颖花退化，达到增加穗粒数的目的。穗肥施用提倡分两次进行：第一次在水稻茎秆第 1 节间基本定长（0.8~1.2 cm）、第 2 节间开始伸长时施复合肥；第二次在 5~7 天后施尿素。

3）以水调温，提高结实率。在抽穗开花期若遇高温或低温，可通过灌水来调节田间小气候，减少高温或低温带来的伤害，提高结实率。

3. 结实率与千粒重的决定时期

穗数和穗粒数的乘积即构成容纳产量的"仓库"，"仓库"基本确定后，接下来的问题就是如何完整有效地充实这个"仓库"，这就涉及结实率与千粒重。

（1）结实率的决定和提高

1）结实率的决定。水稻结实率是指饱满谷粒占总粒数的百分率，是构成产量的一个重要因素。决定结实率高低的时期大致为穗分化期开始到抽穗后，而影响最大的时期是花粉发育期、开花期和灌浆初期。

2）影响结实率的因素

①气候不良。首先是温度，水稻开花时遇高于 35℃ 或低于 23℃ 的气温，容易出现受精不良，形成空粒。其次是雨水，大雨或连绵阴雨会冲刷掉柱头分泌物，使花粉吸水破裂，造成空粒增加。最后是光照，连续阴天、光照不足影响光合作用，使碳水化合物积累变少，造成灌浆不良，形成秕粒。

②栽培措施不当

a. 播种期把握不当。播种期把握不当会使水稻抽穗开花期遭遇高温或低温。

b. 群体密度设置过大。群体密度设置过大会造成光照不足，通风不好，光合作用产物少，不能满足幼穗分化、生长发育对营养物质的需要，进而导致结实率低。群体密度过大还会加重病虫害，影响结实率和千粒重。

c. 肥水管理不当。偏施氮肥，会使水稻营养生长过旺，造成营养生长与生殖生长矛盾，结实率下降。氮、磷、钾配比不当，重氮轻磷、钾会破坏糖分代谢和运输，转运到穗部的糖分相应减少，使穗分化、灌浆迟缓，甚至遭到破坏，造成结实率降低。施肥量过少，会造成早衰，光合作用弱，营养不良，从而导致结实率低。生殖生长期缺水，会使花发育不良，遇到高温、干旱同时出现的情况，结实率会降低。

d. 病虫害防治不当。特别是在水稻生育期的中后期，病虫害严重会大大地降低结实率。

在孕穗期，病虫害会造成幼穗不能正常分化，抽不出穗或抽出"白穗"；在抽穗开花期，病虫害会造成空粒、秕粒大量增加；在灌浆结实期，病虫害会影响灌浆结实，形成大量秕粒。

3）提高结实率的措施

①适时、精量播种。一是要根据水稻的品种、生育期等来确定适宜的播种期，播种期不宜过早或过迟，应使水稻的抽穗开花期尽可能避开高温（35℃以上）或低温（23℃以下）天气；二是要精量播种，基本苗应适宜，以建立"个体健壮、群体适宜"的水稻生殖生长群体。

②加强田间管理。一是营养生长阶段要以"促早分蘖、控高峰苗、壮个体"为管理目标，水浆管理上要"湿润出苗、浅水分蘖、够苗搁田"，肥料施用上要"施足基肥、早施分蘖肥（氮肥）、挑施平衡肥"。二是生殖生长阶段要以"促花保花、矮秆养根"为管理目标，水浆管理上要"浅水勤灌不脱水、日灌（大水）夜排降高温"，肥料施用上要"巧施穗肥"，即先施复合肥后施氮肥，分两次施用。

③加强病虫害防治。按照"预防为主，综合防治"的方针，以农业防治为基础，做好病虫害预测预报，加强药剂防护，保持水稻后期茎秆健壮无病，功能叶"青秀完整"。

（2）千粒重的决定和提高

1）千粒重的决定。千粒重是由谷壳体积和胚乳发育情况两个因素决定的。谷壳体积的大小在稻穗内、外颖形成的时候就受影响，特别是在减数分裂期，营养不足或遇不良环境条件时受影响最大，这是千粒重的第一次决定期。抽穗以后，谷壳的体积大小已经固定，胚乳的充实程度（即灌浆程度）决定千粒重，这是千粒重的第二次决定期。决定千粒重的时期也是决定结实率的时期，水稻产量就在这些时期基本确定了。

2）提高千粒重的措施。一是从增大谷壳体积的角度出发，选用千粒重高的水稻品种，并在栽培技术上注重"壮个体"，加强孕穗期的田间管理，特别是要注重穗肥的合理施用。二是从增大谷壳内部充实程度的角度出发，即增强稻谷灌浆强度并延长灌浆时间。为此，生产管理上要注重"养根保叶"，加强水浆管理（干湿交替、断水不宜过早）和病虫害防治。

1.3.3　产量构成因素之间的关系

四个产量构成因素之间是相互联系、相互制约和相互补偿的关系，并非单位面积内的有效穗数越多（或每穗平均总粒数越多，或结实率越高，或千粒重越大），产量就越高。实际上，当单位面积内的有效穗数超过一定数量时，每穗平均总粒数、结实率和千粒重并不增加，反而有所下降；单位面积内的有效穗数不足时，即使每穗平均总粒数较多，结实率较高，千粒重较大，也不能获得高产。只有各个因素协调增长，全田总实粒数达到最高，粒重相对稳定或有所提高的情况下，才能获得高产。从另一角度看，在产量构成因素中，有效穗数是由群体发展所决定的，而群体是由个体所组成的，群体发展反过来影响个体发育，影响个体的每穗粒数和粒重。因此，产量构成因素之间的关系也是群体与个体对立统一关系的反映。

据研究，这四个产量构成因素中，千粒重是相对比较稳定的因素，其他三个因素则变化较大。在四者的相互关系中，仅结实率与千粒重呈显著正相关，其他产量构成因素间均呈负相关。其中，每亩有效穗数与每穗平均总粒数呈极显著负相关，每穗平均总粒数与结实率呈显著负相关。也就是说，当每亩有效穗数超过一定范围后，随着其数值的上升，每穗平均总粒数呈极显著的下降趋势；当每穗平均总粒数超过一定范围后，随着其数值的上升，结实率呈显著的下降趋势。因此，生产上调整产量构成因素的相互关系时，应以这两对呈负相关的产量构成因素为重点，以适宜的穗数为基础，在提高单位面积颖花数的同时提高结实率，这样才能获得高产。

以上两对因素的相互制约关系较强，在产量形成中，只要每亩有效穗数或每穗平均总粒数的增加能补偿或超过因每穗平均总粒数或结实率下降而造成的损失，即表现为增产。目前，生产上采用的增产途径大体有三种，即大穗增产途径、穗粒兼顾增产途径、穗数取胜增产途径。这些增产途径主要利用了穗粒互补关系，根据不同品种、不同季节与不同栽培条件选择适宜的产量构成因素组合，从而获得高产。

1.4 水稻三性及其在生产上的应用

1.4.1 水稻三性

水稻起源于热带和亚热带的沼泽地带，在其系统发育过程中，形成了适应高温、短日照、多湿等气候条件的特性。这种因温度的高低或日照的长短而影响稻株从营养生长向生殖生长转变的特性称为水稻的发育特性，主要表现为感光性、感温性和基本营养生长性，简称水稻三性。

1. 水稻的感光性

水稻因日照时间缩短而加速发育转变，使生育期缩短；或因日照时间延长而延缓发育转变，使生育期延长，甚至长期处于营养生长状态而不抽穗开花。这种因日照长短的变化而影响发育转变，缩短或延长生育期的特性，称为水稻的感光性。

2. 水稻的感温性

在适于水稻发育的温度范围内，高温可加速水稻的发育转变，使其提早抽穗；而低温可延缓水稻的发育转变，使其延缓抽穗，生育期延长。这种因温度高低的变化而影响发育转变，缩短或延长生育期的特性，称为水稻的感温性。

3. 水稻的基本营养生长性

在适于水稻发育的短日照、高温条件下，水稻品种也要经过一个必不可少的、最低限度的营养生长期才能进行生殖生长，开始幼穗分化。这个不受短日照、高温影响而缩短的营养生长期称为基本营养生长期，这种特性称为水稻的基本营养生长性。基本营养生长期的长短因水稻品种的不同而不同。

总之，水稻三性是水稻遗传特性的反映，依品种而异。在不同地区和不同栽培季节，水稻品种生育期的长短基本取决于其三性的综合作用。早稻品种绝大多数感光性弱，感温性中等，基本营养生长期短至中等；中稻品种多数感光性较弱，感温性中等至强，基本营养生长期较长；晚稻品种感光性强，感温性强至中等，基本营养生长期短至中等。早稻、中稻、晚稻的三性如图1-13所示。

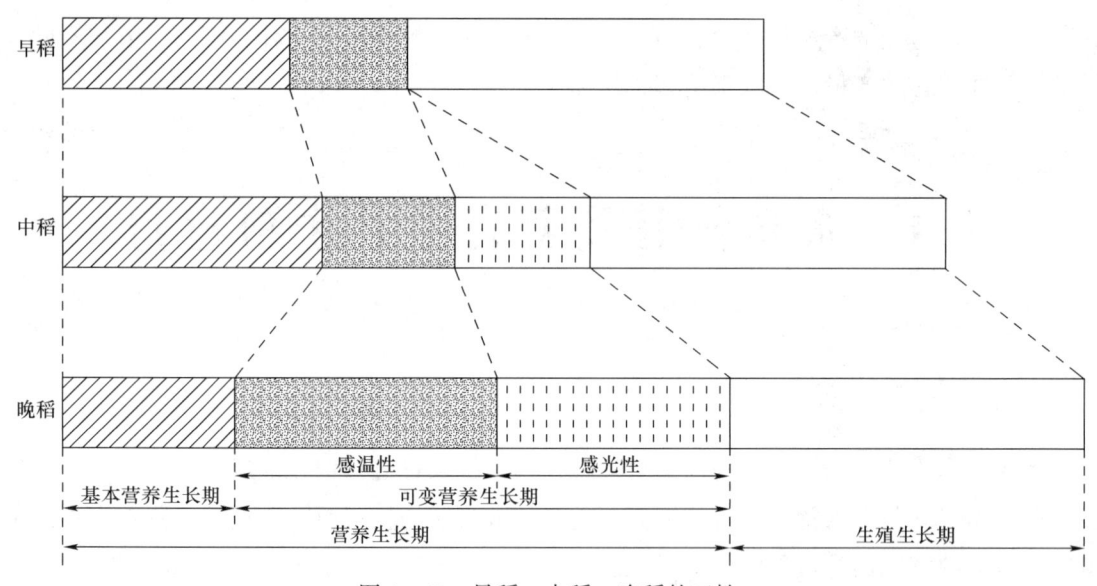

图1-13 早稻、中稻、晚稻的三性

1.4.2 晚稻三性的特点

晚稻品种三性的特点是基本营养生长期短，感光性、感温性均较强。晚稻品种生育期的长短主要取决于日照的长短，同时又受温度高低的影响，光温反应很明显，只能在短日照、高温条件下完成发育转变，开始幼穗分化。包括上海在内的长江中下游地区栽培的单季稻和后季稻都属于此类型，不论播种迟早、温度高低，其都要在短日照条件下才能抽穗。因此，正确掌握各品种的发育特性对指导水稻生产具有积极的作用。

1.4.3 水稻三性在生产上的应用

1. 在引种上的应用

从外地引种首先要考虑品种的光温反应特性。一般来说，对于光温反应不敏感、适应范围广的品种，只要不误栽植季节，能满足品种所要求的有效积温，引种就比较容易成功。

不同纬度地区之间的引种分北种南引和南种北引。北种南引时，由于原产地水稻生长期间日长较长、温度较低，而引种至南方后，生长期间日长变短、温度增高，因而生长发育快，生育期一般都会缩短，因此北种南引一般不宜引用早熟品种，因其对高温反应敏感，发育快易出现早穗、穗小、粒少现象，从而导致减产。南种北引时，由于水稻生长期间的光温条件由短日照、高温，变为长日照、低温，导致品种发育迟缓，生育期延长，因此引用感光性弱的早稻品种较易成功，而引用感光性强的晚稻品种则较难成功。

纬度相近而海拔不同地区之间的引种分低种高引和高种低引。低种高引即从低海拔地区向高海拔地区引种，由于高海拔地区水稻生长期间温度较低，品种发育将延迟，生育期也将相应延长，因此引用早熟品种为宜。高种低引即从高海拔地区向低海拔地区引种，由于低海拔地区水稻生长期间温度较高，品种发育将加快，生育期也将相应缩短，因此引用晚熟品种为宜。

在纬度、海拔大体相同的东西地区之间引种时，由于两地光温条件大体相同，相互引种后品种生育期变化小，因此引种较易成功。

2. 在栽培上的应用

为满足各种耕作制度对水稻品种搭配、播栽期安排等的要求，以保证稳产、高产，需要考虑水稻品种的光温特性。

在品种搭配上，以南方三熟制双季稻地区为例，早稻栽培应选感光性弱、感温性中等、基本营养生长期长的迟熟早稻品种，而早熟品种感温性强，基本营养生长期较短，作为早稻栽培易造成早穗而减产；感光性强的晚稻品种因对短日照条件要求严格，早播也不能在早季抽穗、成熟，只能作为晚稻栽培。

在播栽期安排上，感温性较强的品种宜适当早播，培育适龄壮秧，以充分利用温度较低的早季前期进行基本营养生长，从而提高产量，若迟播会缩短基本营养生长期，引起早穗，影响产量；感光性较强的晚稻品种虽不能作为早稻栽培，但作为晚稻栽培时也应适当早播，若迟播易造成基本营养生长期不足，影响产量的提高，甚至不能安全齐穗或造成灌浆不足。

正确掌握水稻品种的光温反应特性是做好品种搭配、合理安排播栽期和制定相应栽培管理措施的重要依据。

3. 在育种上的应用

在进行杂交育种时，为使两亲本花期相遇，可根据亲本的光温反应特性加以调控。例如，对感光性弱的亲本可以适当迟播，或者对感光性强的亲本进行适当遮光处理，促使提早抽穗、开花；同样，也可采取延长光照时间的措施，使抽穗、开花延迟。另外，为缩短育种进程或加速种子繁殖，育种工作者多利用海南省秋、冬季节的短日照高温条件进行"南繁"。

1.5　水稻生产的土、肥、水条件

1.5.1　土壤

1. 水稻土的基本特点

水稻土是在一定的自然环境和人为的水旱交替耕作管理条件下，经历物质的氧化还原，有机质的分解、积累，矿物质的淋溶与淀积等过程而形成的，具有熟化层（即前文所述的耕作层）、犁底层、渗育层、水耕淀积层、潜育层的特有剖面构型的土壤。

在耕种过程中，水浆管理的灌水和排水过程使水稻土发生还原与氧化的交替。稻田灌水后，耕作层为水饱和状态，土壤中空气（氧气）含量降低，氧化还原电位（Eh值）降低，呈还原状态；在排水、搁田和冬季旱作期，土壤中空气（氧气）含量提高，Eh值增高，呈氧化状态。土壤处于较轻的还原状态，对于减少肥料损失、提高土壤养分溶解度、调节土壤酸碱度是有利的，但若还原作用过强，会产生大量还原物质，对水稻体内含铁的氧化还原酶的活性产生抑制作用，使根受到毒害，妨碍呼吸作用和养分吸收，严重时会使稻根发黑死亡。

水稻土中的氮素主要来自有机质的分解，其含氮物质大多数呈有机态，无机态仅占全氮的2%～4%。这些含氮物质在土壤缺氧的状况下，经过一系列生物化学反应，最终释放出铵离子（NH_4^+），这是最适于水稻吸收的氮素形态。

水稻适宜于微酸到中性的土壤，稻田淹水后，pH的高低可以得到平衡调节并趋向中性。

2. 水稻生长对土壤的要求

（1）良好的土壤结构。一是要求具有肥厚松软的耕作层（厚 15～18 cm），因为水稻的根系 80% 集中于耕作层；二是要求具有紧密适度的犁底层（厚 5～7 cm），以利于保水、保肥；三是要求土壤剖面层次鲜明，垂直节理明显，以利于水分下渗并使土壤处于氧化状态；四是要求地下水位在 80 cm 以下，以保证土壤的水分浸润和通气状况良好。

（2）适量的有机质和较高的养分含量。水稻生育所需氮的 59%～84%、磷的 58%～83%、钾的全部都来自土壤。肥沃水稻土的标准是：pH 为 6.0～7.0，有机质含量为 25～40 g/kg，全氮含量为 0.15%～0.25%，全磷含量为 0.11% 以上，速效钾（K_2O）含量大于 100 mg/kg，有较高的阳离子代换量和较高的盐基饱和度，不缺微量元素。

（3）适当的渗漏量和适宜的地下水位。水稻土必须有适当的渗漏量，以利于氧气随渗漏水进入土壤中。渗漏量过大，不仅浪费水，而且养分也随之淋失；过小则渗水缓慢，土壤通气不良。适宜的地下水位是保证适宜渗漏量和适宜通气状况的重要条件。肥沃高产的水稻土灌一次水能保持 5～7 天。

3. 水稻土的培肥管理

水稻根系约 80% 分布于 0～10 cm 厚的耕作层中，因此，在生产上创造良好的土壤条件，为根系营造良好的生长环境，是夺取水稻高产的基础。

一是做好农田基本建设。这是进行水稻土水层管理和培肥管理的先决条件。

二是增施有机肥料，合理使用化肥。水稻土的腐殖质含量较高，一般比旱地土壤的高，但水稻的营养主要来自土壤，所以增施有机肥，包括种植绿肥在内，是水稻土培肥管理的基础措施。另外，为保证土壤营养，可合理使用化肥，全面考虑养分种类，开展测土配方施肥。

三是做好水旱轮作与合理灌排。这是改善水稻土的温度、Eh 值及保证养分有效释放的首要土壤管理措施。

1.5.2 养分

水稻为了正常生育必须吸收各种营养元素。了解这些营养元素的吸收量和生理功能是确定水稻肥料种类和施用数量的关键。

1. 水稻必需的营养元素

试验结果表明，水稻要正常生长发育，必须吸收氮、磷、钾、钙、镁、硫、铁、锰、锌、硼、钼等十几种矿物质元素。其中，氮、磷、钾、钙、镁、硫等矿物质元素因水稻需要量较大，称为大量元素；铁、锰、锌、硼、钼等矿物质元素因水稻需要量较小，称为微量元素。水稻吸收最多的元素是氮、磷、钾。各营养元素有其特殊的功能，不能相互替代，但它们在水稻体内并不是孤立地起作用，而是通过有机物的形成与转化相互联系。

（1）氮。氮是蛋白质、核酸、磷脂、叶绿素、激素和维生素的基本组成元素，对分蘖发生，根、茎、叶生长，以及产量结构起决定作用。水稻缺氮时，一般表现为生长缓慢，植株矮小，叶片发黄。下部老叶先开始发黄，渐渐向上扩展到幼叶，叶片先从叶尖开始发黄，后沿中脉扩展到整个叶片；前期分蘖减少，后期植株早衰；根系生长不旺盛，白根数量减少，根系发黄；成熟期提早，成穗率低，有效穗少，穗型小，每穗粒数少，产量降低。氮肥施用过量时，水稻徒长，叶片深绿、宽大、下披，茎秆软弱，分蘖大量发生，田间密度增大，通风、透光不好，易发生病害，如水稻纹枯病，甚至发生倒伏，造成水稻贪青迟熟，空、秕粒增多，导致减产。过多的氮素还会消耗大量碳水化合物，影响稻米的品质。

（2）磷。磷能促进光合作用，促进水稻的生长发育和其他生理进程，增强抗性，促进优质高产。水稻缺磷时，一般表现为僵苗，植株矮小，生长缓慢，稻丛成簇状。叶片直挺而不披，叶片和茎秆呈暗绿色，逐步发展后呈暗紫色，严重时，叶片沿中脉呈环状卷曲，叶片萎缩；分蘖延迟而明显减少；根系发育不良，新根少；穗数和每穗粒数都较少，千粒重下降，成熟延迟。磷肥施用过量时，磷与锌反应产生难溶性的磷酸锌或氢氧化锌沉淀，从而降低锌的有效性，造成水稻因缺锌而减产。

（3）钾。钾能促进蛋白质合成，促进碳水化合物转运、聚合，调节光合作用和呼吸作用。水稻缺钾时，一般表现为生长缓慢，植株矮小，叶片变窄，叶色增浓，分蘖少。严重缺钾时，水稻根系生长受阻，节间短，易倒伏，抽穗困难，成穗率低，结实率低，穗型小，籽粒不饱满。增施钾肥能使水稻体内木质素和纤维素含量提高，茎秆坚韧，抗倒能力增强，同时有利于淀粉累积，增加稻谷产量。对于水稻而言，钾肥施用过量没有害处，但也无明显增产效果。

2. 水稻需肥规律

水稻的生育期分为营养生长期和生殖生长期。营养生长期主要是营养体（根、茎、叶）生长的时期，并为生殖生长积累养分。此阶段以氮素旺盛吸收、扩大型代谢为主，施肥目的在于促进分蘖，形成壮苗，确保单位面积内有足够的穗数。生殖生长期主要是生殖器官形成、长大和开花结实的时期。此阶段，扩大型代谢逐渐减弱，贮藏型代谢逐渐增强至旺盛，即以碳素同化作用为主，施肥应以促穗大、粒多、粒饱为中心。这两个时期是相互联系的，只有在良好的营养生长基础上才能有良好的生殖生长。因此，只有掌握水稻各生育期的生长、营养特点及其与环境之间的相互关系，据此进行合理施肥，才能获得高产。

水稻在不同生育期对氮、磷、钾的吸收规律如下。分蘖期，由于苗小，稻株同化面积小，干物质积累较少，因此养分吸收量也较少。这一时期，氮的吸收率（吸收率指某一时期某元素的吸收量占该元素全生育期吸收量的比例，下同）为30%左右，磷的吸收率为16%~18%，钾的吸收率为20%左右。因为早稻的吸收率要比晚稻的高，所以在早稻生产上强调"重施基肥、早施分蘖肥"，这是符合早稻需肥规律的。幼穗分化至抽穗期，水稻叶面积逐渐增大，干物质积累相应增多，这是水稻一生中养分吸收量最多和吸收强度最大的时期。这一时期，氮、磷、钾的吸收率为50%左右。水稻抽穗至成熟期，由于根系吸收能力减弱，养分吸收量显著减少，氮的吸收率为16%~19%，磷的吸收率为24%~36%，钾的吸收率为16%~27%。

就水稻品种而言，一般来说，晚稻在后期的养分吸收率高于早稻，生产上常常采取合理施用穗肥和酌情施用粒肥的方式满足晚稻后期对养分的需要；早稻的生育期短，对氮、磷、钾三元素的吸收量在分蘖盛期形成一个高峰；单季稻的生育期较长，对氮、磷、钾三元素的吸收量一般在分蘖盛期和幼穗分化后期形成两个高峰。因此，施肥必须根据水稻品种的营养规律和需肥特性进行，充分满足水稻品种需肥高峰对各种营养元素的需要。

3. 土壤供肥能力

（1）土壤供肥能力的含义。土壤供肥能力（简称土壤肥力）是指土壤供应植物所必需的各种速效养分的能力，它直接影响植物的生长发育、产量和品质。土壤供肥能力主要表现在三个方面：①土壤供应各种速效养分的数量；②各种迟效养分转化为速效养分的速率；③各种速效养分持续供应的时间。了解土壤供肥能力对调节土壤养分和作物营养是非常重要的。

（2）掌握土壤供肥能力。掌握土壤供肥能力是水稻生产合理施肥的依据，这是因为：第一，只有在土壤对某一养分供应不足时才需要施肥，并不需要把所有的必需元素都以肥料的形式施入土壤中，因为大多数营养元素都能由土壤（或大气）充分供应，否则会造成浪费，甚至造成"肥害"；第二，肥料施入土壤后会发生一系列变化，这些变化会在不同程度上影响肥料效果，不考虑土壤就谈不上合理施肥，反而会降低肥效。

（3）提高土壤供肥能力。增施有机肥可提高土壤供肥能力。

1）增施有机肥能增加土壤养分。有机肥经微生物分解后，产生二氧化碳及各种有机酸和无机酸。二氧化碳除被植物吸收外，还能溶解在土壤水分中形成碳酸，其和有机肥分解产生的各种有机酸、无机酸都有促进土壤中某些难溶性矿物质养分溶解的作用，从而增加土壤中有效养分的含量。

2）增施有机肥能促进土壤团粒结构的形成。高产肥沃的土壤一般具有较好的团粒结构。有机肥在土中微生物的作用下进行矿化作用，增加了土壤有效养分含量，同时增加了土壤腐殖质含量。腐殖质在土中遇到钙离子，就会和土粒凝聚在一起形成水稳定性团粒结构，这种团粒结构能改善黏土坚实板结、沙土漏水损肥等不良性状，提高土壤肥力。

3）增施有机肥能改善土壤的水热状况。土壤中的腐殖质和土粒结合形成团粒，在团粒内部有许多毛管孔隙，其能保存很多的水分，利于植物吸收。腐殖质是棕黑色物质，土壤腐殖质含量越多，土壤颜色越深，从而可增强日光热能的吸收，利于提高土温。

4）增施有机肥能促进微生物活动。微生物活动除了能增加土壤中的矿物质营养和腐殖质外，通过合理的阳光照射，还能产生多种维生素、抗生素、生长素等，具有促进根系发育、刺激作物生长、增强抗病能力的作用。

1.5.3 水

稻田水浆管理是实现水稻高产的一项重要措施，合理的水浆管理措施是根据水稻的生理需水和生态需水来制定的。只有了解水分对水稻生理的作用及对生态环境的影响，才有可能根据各种错综复杂的栽培环境条件，因地制宜地制定合理的水浆管理措施。

1. 水稻的生理需水

水稻的生理需水是指通过根系从土壤吸入体内，直接用于水稻正常生理活动及保持体内平衡所需的水分。生理需水一旦供应不足，就会使水稻各种生理机能发生障碍。

（1）水分与蒸腾作用。蒸腾作用是植物体内水分以蒸汽状态通过气孔或角质层向外扩散的过程。它是水稻体内散失水分的最主要方式，也是水稻吸收水分和养分的主要原动力。它能够促进水分和养分在水稻体内的循环，并降低水稻体温，减少高温伤害。水稻吸收的水分绝大部分是通过蒸腾作用散失的，蒸腾量随水稻生育期的推进、叶面积的增加而增加，孕穗期到抽穗期是蒸腾强度最大的时期。如果土壤水分不足，将影响水稻对矿物质的吸收和转运。

（2）水分与光合作用。光合作用与土壤含水量有密切关系。在一定范围内，光合速率随土壤含水量的增大而增大，随土壤含水量的降低、叶片水分亏缺程度的增大而下降。水分影响光合作用的途径有两个：一是叶片失水引起气孔关闭，妨碍叶片对二氧化碳的吸收；二是组织脱水尤其是叶绿体失水，直接影响光合作用。

2. 水稻的生态需水

水稻的生态需水是指用于调节稻田空气、温度、湿度、养分，抑制杂草、病害，维持生态平衡，创造适于水稻生长发育的田间环境所需的水分。稻田灌溉不仅是为了供给水稻生理代谢所需水分，而且是改善水稻生活环境的重要手段。在生产实践中，应通过合理的水浆管理来实现以水调肥、以水调气、以水调温、以水控草防病的目的。

（1）以水调肥。首先，土壤中的氮大部分是由土壤有机质分解供给的。若长期淹水，有机质分解过程缓慢，土壤有效氮减少。但若进行搁田、灌水，干湿交替，则可以促使微生物活动旺盛，有机物分解加快，提高土壤有效氮含量。其次，灌水引起土壤中各种化学成分的变化，使碱性物质增多，提高了土壤的 pH，促进了磷酸盐的水解，从而提高了磷的有效性。最后，土壤中的钾大多以代换性钾状态存在，土壤灌水后，某些阳离子如 Ca^{2+}、Mg^{2+} 等的数量增加，使土壤胶体吸附的 K^+ 被置换出来，在一定程度上增加了钾的有效性。

（2）以水调气。水浆灌溉可以提高氮、磷、钾养分的有效性，增加土壤肥力，但是必须着重指出，在长期淹水条件下，土壤氧气缺乏，土壤还原性增强，有机质会分解产生硫化氢、甲烷等还原物质。当这些还原物质含量偏高时，其对水稻有毒害作用，并会抑制水稻根系的呼吸作用，从而影响水稻对养分的吸收，特别是对钾、磷等的吸收。因此，水浆管理要注意避免稻田长期淹水，以改善土壤的通气状况，消除土壤还原性有毒物质。

（3）以水调温。白天，在同样的光照强度下，土和空气比水升温快且温度高；晚上，气温下降时，土和空气比水降温快且温度低。也就是说，白天水温较低，晚上水温较高，水温昼夜温差较小。因此，在生产过程中，若遇低温，灌水可以防寒；若遇高温，灌水可以降温。

（4）以水控草防病。在水稻种植之前，一般都先对休养田块进行耕翻、薄灌水，使土壤呈湿润或半干旱状态，促使杂草萌发生长，再耕翻灭草，减少田间杂草基数。在水稻生长前期（稻苗尚未封行），一般都进行薄水勤灌，保持浅水层，抑制杂草萌发生长。因为杂草种子比水稻种子小，胚乳贮藏养分少，在受浅水层淹没时不易萌发，甚至因缺氧而死亡，而已出苗的水稻不受影响。

水浆管理与病害的发生也有密切关系。例如，水稻纹枯病在长期灌水的情况下发病严重，而湿润灌溉或排水搁田就能降低田间湿度，减轻其危害程度；白叶枯病在水稻受淹、受涝后为害严重，窜灌和漫灌会加重其危害程度。

3. 水稻不同生育期对水分的要求和灌溉方法

（1）幼苗期。水稻从出苗到 3 叶期为幼苗期。幼苗期的水浆管理应重点围绕"一播全苗、培育壮苗"的目标，坚持湿润灌溉、以干为主。若播种后遇持续晴好天气，稻田表面发白且有细缝开裂时，应及时灌"跑马水"（水从田块一边灌入，从田块另一边排出）；若遇雨天，应立即排出田间积水，切忌长时期淹水。一般在 2 叶期后可灌"跑马水"，保持田间湿润不发白，直至分蘖产生。

（2）分蘖期。水稻 3 叶期之后进入分蘖期。为促进分蘖早生快发、根系发达、稻株健壮，这时以浅水灌溉为主。浅水灌溉可以提高水温和土壤温度，增大昼夜温差，增加土壤的氧气和有效养分含量，并使幼苗光照充足，为水稻分蘖创造良好的环境条件。因此，3 叶期至有效分蘖期间一般采用"浅水勤灌"为宜，保留 2~3 cm 水层。分蘖后期，为抑制无效分蘖，应采取排水搁田，使土壤水分减少，控制水稻对水分和养分的吸收，抑制后期分蘖的发生。

（3）孕穗期。水稻孕穗期是光合作用强、代谢作用旺盛的阶段，且此阶段外界温度较高，叶片蒸腾量较大，是水稻一生中生理需水量最多的时期。如果此阶段缺水受旱，会造成水稻分化颖花数减少，退化颖花数增多，对增加穗粒数极为不利。因此，此阶段要求水层灌溉，防止脱水，以满足水稻生理需水要求。

（4）灌浆结实期。抽穗开花期是水稻对水分反应较敏感的时期，应仍然保持水层灌溉。如果此阶段缺水受旱，会影响花粉和雌蕊柱头的活力，使水稻不能正常开花授粉，形成空、秕粒。

水稻灌浆结实期应保持根系与叶片的活力，防止水稻早衰，从而提高水稻灌浆强度，延长灌浆时间，增加稻谷千粒重。因此，此阶段以采用间歇灌溉、保持土壤湿润为宜。

4. 灌溉水的要求

（1）基本要求。灌溉水必须符合国家《农田灌溉水质标准》（GB 5084—2005），不能含有镉、铬、铅、汞等重金属，以及其他有毒、有害的有机化合物或无机化合物。如果引用含毒污水灌溉，一是直接影响水稻正常生长发育，甚至导致死亡；二是易污染稻谷，影响稻米品质，严重的甚至危害人体健康。

水稻根系生长温度应不低于20℃，因此稻田灌溉水的温度也应不低于20℃，且要求含氧量高，有一定量的营养元素，酸碱度合适。

（2）稻田需水量。稻田需水量又称稻田耗水量，通常用 mm 表示。稻田需水量由水稻需水量、土壤渗漏量和耕作需水量三部分组成。

水稻需水量是指水稻生长期内消耗于叶面的蒸腾量、稻株间水面（或土面）蒸发量及构成水稻机体组织的水量，又称腾发量。水稻需水量因气候、品种、栽培方式的不同而不同。一般来说，干旱多风的条件下腾发量大，湿润多雨的条件下腾发量小。生育期较长的晚熟品种的腾发量较生育期较短的早熟品种的腾发量大。

土壤渗漏量是稻田土壤和地质条件造成的水量消耗，与水稻本身无直接关系。土壤黏重，地下水位高，则渗漏量小；反之，则渗漏量大。

耕作需水量与土壤条件有关，取决于栽培技术措施，与水稻本身的消耗无直接关系。

（3）稻田灌溉量。水稻生育期内的田间耗水量部分由生长季节内的自然降雨供给，其余由人工灌溉补给。单位面积（约 666.67 m^2，即一亩地的面积）上水稻全生育期内各次人工灌溉补给水量之和称为灌溉定额。我国南方稻区的稻田灌溉定额为一季稻 300~420 mm（每亩 200~280 m^3），双季稻 600~860 mm（每亩 400~573 m^3）；北方稻区的稻田灌溉定额变化较大，一般为 400~1 500 mm（每亩 267~1 000 m^3）。

第1章 水稻基础知识

📖 **本章测试题**

单项选择题（选择一个正确的答案，将相应的字母填入题内的括号中）

1. 水稻是重要的粮食作物之一，我国水稻总产量居世界（　　）。
 A. 第一　　　　B. 第二　　　　C. 第三　　　　D. 倒数第一
2. 栽培稻的起源点在（　　）。
 A. 非洲　　　　B. 亚洲　　　　C. 南美洲　　　D. 欧洲
3. 我国是最大的稻米生产国和消费国，目前种植面积为 3 000 万公顷左右，年产量达（　　）亿吨以上。
 A. 2　　　　　B. 5　　　　　C. 10　　　　　D. 1
4. 我国稻作区一般分为（　　）个。
 A. 8　　　　　B. 6　　　　　C. 18　　　　　D. 16
5. 农业上所称的水稻种子即稻谷，由颖果和（　　）两大部分组成。
 A. 稻壳　　　　B. 麸皮　　　　C. 精米　　　　D. 砻糠
6. 水稻根有种子根和（　　）两种。
 A. 不定根　　　B. 分蘖根　　　C. 新生根　　　D. 老根
7. 水稻茎由节和（　　）构成。
 A. 枝干　　　　B. 节秆　　　　C. 节间　　　　D. 枝节
8. 水稻倒伏一般以（　　）期居多，折倒的部位通常是基部第 1 节间和第 2 节间。
 A. 幼苗　　　　B. 灌浆结实　　C. 分蘖　　　　D. 拔节孕穗
9. 水稻叶分芽鞘、（　　）和完全叶三种。
 A. 不完全叶　　B. 叶片　　　　C. 叶鞘　　　　D. 叶耳
10. 完全叶由叶鞘和（　　）两大部分组成。
 A. 叶枕　　　　B. 叶片　　　　C. 叶舌　　　　D. 叶耳
11. 叶片是进行（　　）和蒸腾作用的主要器官。
 A. 养分输送　　B. 水分输送　　C. 光合作用　　D. 生理作用
12. 通常情况下，水稻的分蘖主要在（　　）地表面的茎节上发生。
 A. 远离　　　　B. 靠近　　　　C. 贴着　　　　D. 以上都对
13. 一部分出生较早的分蘖继续生长，能（　　），称为有效分蘖。

A. 抽穗结实　　　B. 开花　　　　　C. 进行光合作用　　D. 进行蒸腾作用

14. 稻穗为（　　）花序，由穗轴（主梗）、一次枝梗、二次枝梗、小穗梗和小穗组成。

　　A. 方形　　　　B. 圆锥　　　　　C. 菱形　　　　　　D. 扁圆

15. 同穗的各一次枝梗间，上位颖花（　　），顺次向下，基部的最后开花。

　　A. 同时开花　　B. 先开花　　　　C. 较晚开花　　　　D. 不开花

16. 成熟的稻谷生产上称为种子，一般种子成熟度越高，发芽率（　　）。

　　A. 越高　　　　B. 越低　　　　　C. 没有变化　　　　D. 以上都不对

17. 水稻生育期包括营养生长期和（　　）期。

　　A. 生殖生长　　B. 生理生长　　　C. 抽穗开花　　　　D. 开花结实

18. 一般根据生育期长短，水稻品种可分为（　　）、中稻与晚稻三类。

　　A. 籼稻　　　　B. 早稻　　　　　C. 单季稻　　　　　D. 双季稻

19. 营养生长期是水稻营养体生长的时期，包括（　　）和根、叶、蘖生长。

　　A. 种子发芽　　B. 种子催芽　　　C. 浸种　　　　　　D. 颖花

20. 生殖生长期是水稻（　　）生长的时期，包括稻穗的分化形成和开花结实。

　　A. 结实器官　　B. 植株　　　　　C. 茎　　　　　　　D. 叶

21. 水稻产量受单位面积内的有效穗数、（　　）、结实率和千粒重四个因素所影响。

　　A. 穗数　　　　B. 每穗平均总粒数　C. 穗粒数　　　　D. 种子数

22. 决定单位面积内的有效穗数的关键时期是（　　），一般分蘖出生越早，成穗的可能性越大。

　　A. 分蘖期　　　B. 扬花期　　　　C. 结实期　　　　　D. 成熟期

23. 决定每穗平均总粒数的关键时期是抽穗期，这时期栽培的基本要求是培育（　　），防止小穗败育。

　　A. 壮苗　　　　B. 壮秆、大穗　　C. 壮秧　　　　　　D. 抗病品种

24. 影响水稻灌浆结实的因素有光照、（　　）、温度、矿物质养分等。

　　A. 光线　　　　B. 水分　　　　　C. 湿度　　　　　　D. 土壤

25. 结实率的决定期是穗分化开始到抽穗后，而影响最大的时期是花粉发育期、（　　）、灌浆初期。

　　A. 胚囊成熟期　B. 开花期　　　　C. 颖花形成期　　　D. 花粉散落期

26. 水稻粒重受谷粒大小及（　　）影响，决定粒重及最后产量的时期是结实期。

　　A. 体积　　　　B. 成熟度　　　　C. 均匀度　　　　　D. 品质

27. 水稻产量构成因素在产量形成中表现出相互联系、相互（　　）和相互补偿的

关系。

　　A. 配合　　　　B. 制约　　　　C. 促进　　　　D. 作用

28. 目前，水稻生产上采用的增产途径大体有三种大穗增产、（　　）、穗数取胜增产。

　　A. 壮茎增产　　B. 穗粒兼顾增产　C. 大粒数增产　D. 壮秆增产

29. 水稻土在种稻灌水期间，其耕作层水分饱和，呈（　　）；在排水、搁田、冬季旱作期间，其耕作层呈氧化状态。

　　A. 半氧化、半还原状态　　　　　B. 还原状态
　　C. 淹水状态　　　　　　　　　　D. 干旱状态

30. 水稻生产要求土壤具有肥厚松软的（　　），厚度为 15~18 cm。

　　A. 耕作层　　　B. 犁底层　　　C. 潜育层　　　D. 渗育层

31. 高产水稻的土壤有机质含量为（　　），不缺微量元素。

　　A. 2.5%~4.0%　　　　　　　　B. 0.5%~1.5%
　　C. 10.0%~12.0%　　　　　　　D. 4.0%~5.0%

32. 高产水稻的土壤有较好的保水能力，一次灌水能保持（　　），避免有效养分流失。

　　A. 5~7 天　　　B. 10 天　　　C. 15 天　　　D. 1 个月

33. 水稻必需的营养元素有氮、磷、钾、硫、钙、镁、铁等十几种，但吸收最多的是（　　）、磷、钾。

　　A. 氮　　　　　B. 铜　　　　　C. 锰　　　　　D. 锌

34. 从氮、磷、钾的吸收来看，氮的吸收高峰出现时间（　　）。

　　A. 较早　　　　B. 较晚　　　　C. 很晚　　　　D. 和其他元素一样

35. 水稻吸收的养分除施肥直接供给一部分外，大部分是通过（　　）供给的。

　　A. 叶片　　　　B. 土壤　　　　C. 光合作用　　D. 空气

36. 水稻的生理需水是指水稻通过根系从土壤中吸入（　　）的水分，以满足个体生长发育和不断进行生理代谢所需要的水量。

　　A. 叶片　　　　B. 体内　　　　C. 根部　　　　D. 茎秆

37. 水稻的生态需水是指水稻体外的用于调节田间环境的用水，其用于调节稻田湿度、（　　）、养分、水质、空气等。

　　A. 高度　　　　B. 温度　　　　C. 平整度　　　D. 密度

38. 稻株吸收的水分绝大部分是通过（　　）散失的。

　　A. 蒸腾作用　　B. 光合作用　　C. 分蘖发育　　D. 开花结实

39. 稻田灌溉水要求水温适宜，含氧量（   ），并有一定的营养元素，酸碱度合适，不含有毒物质。

  A. 高　　　　　　B. 低　　　　　　C. 一般　　　　　　D. 无所谓

40. 稻田需水量由（   ）、土壤渗漏量及耕作需水量三部分组成。

  A. 水稻需水量　　B. 稻田蒸发量　　C. 稻株蒸发量　　D. 水面蒸发量

本章测试题参考答案

1. A	2. B	3. A	4. B	5. A	6. A	7. C	8. B	9. A	10. B
11. C	12. B	13. A	14. B	15. B	16. A	17. A	18. B	19. A	20. A
21. B	22. A	23. B	24. B	25. B	26. B	27. B	28. B	29. B	30. A
31. A	32. A	33. A	34. A	35. B	36. B	37. B	38. A	39. A	40. A

第 2 章

水稻栽培技术

2.1　机插稻栽培技术　/44
2.2　直播稻栽培技术　/51

学习目标

- 了解直播稻的生长特点与高产群体质量调控
- 熟悉机插稻和直播稻生产的肥水管理措施
- 掌握水稻浸种催芽技术
- 能够进行水稻浸种药液的配制及水稻播种

 **知识要求**

2.1 机插稻栽培技术

随着我国经济的进一步发展,农村劳动力外出务工多,水稻生产用工矛盾十分突出,劳动力密集型的水稻生产将逐渐被机械化直播、机械化插秧、机械化植保、机械化施肥等现代化的生产方式所取代。2006年,农业部(2018年农业部名称不再保留,改为农业农村部)制定了《全国水稻生产机械化十年发展规划(2006—2015年)》,明确指出在我国有条件的地方要率先实现水稻生产全程机械化,为2020年全国基本实现水稻生产全程机械化奠定基础。

机插稻栽培是采用塑料硬秧盘、机械化流水线播种,进行集约化集中育秧,用配套的轮式高速插秧机进行机械栽插移植,并配以秧田和大田的一系列田间管理技术的一项水稻机械化种植技术。

机插稻对减轻劳动强度、提高生产效率、降低生产成本、改进作业质量、抵御自然灾害具有重要意义。同时,机插稻能实现定苗栽插、插秧有序,能充分利用光能,具有插植深度适中、中后期抗倒性好等特点。机插稻还可以延长水稻生育期,充分利用土地和季节,增加复种指数,解决前后作的季节矛盾。

水稻机插是水稻生产机械化的重要内容。日本、韩国和中国台湾地区最早研究使用机插稻。在中国东北地区及江、浙、沪、赣、闽等地,机插稻得到快速的发展。

2.1.1 机插稻育秧

1. 育秧准备

(1) 培肥育秧土。育秧土应选用无残茬、砾石、杂草且无污染的菜园土,或经冬前耕翻、冬季冻化、晒垡后的稻田土。一般来说，也可采用工厂化生产的机插稻专用育苗基质育秧。每亩大田一般需育秧细土 100 kg 左右。

对于肥沃疏松的菜园土，一般不需培肥，其经粉碎过筛（筛掉残茬、砾石、杂草）后可直接用作育秧土。

对于稻田土，一般要求在水稻收获后、12月中旬前（冬前）进行深翻，经冬季冻化、晒垡后，在3月中旬进行取土。取土前，先要对取土田块进行施肥［42%水稻专用配方肥（$N:P_2O_5:K_2O=24:8:10$）或45%复合肥（$N:P_2O_5:K_2O=15:15:15$），每亩 25~30 kg］。施肥后，耕翻 1~2 遍。最后，取 15 cm 左右深的表土，运至晒场，作垄堆制，进行熟化。如遇阴雨天，应覆薄膜，防止雨淋。在播前约 1 个月，当土堆水分适宜时，进行机械粉碎、过筛，要求细土粒径小于等于 5 mm。过筛后，继续采用集中堆制。

对于未能及时进行冬翻晒垡、春后培肥熟化的稻田土，可直接取土、粉碎、过筛，制成育秧土，在幼苗"断奶期"追肥，同样能培育壮秧。禁止将未腐熟的厩肥、淤泥、尿素、碳铵等直接拌作底肥使用，以防肥害，影响出苗。

有条件的可采用专用壮秧剂培肥育秧土。专用壮秧剂一般在机械粉碎、过筛过程中加入，具体用量可根据产品说明确定，要注意应充分拌匀。

（2）精做秧板。育秧田应选择地势平坦、土壤肥沃、排灌方便、杂草基数少、无污染、运秧方便的田块，常规稻秧田面积按大田面积的1%准备。秧板可采用湿做法或干做法，要求做到：秧板齐、直，板面平、实、无残茬，沟系畅通。做秧板应防止高低不一，影响齐苗及日后管理。

1）湿做法。至少在播前 1 个月对选择的秧田上水耕翻，进行人工开沟、作垄耙平，同时清除残茬。之后，排水晾晒秧板，待秧板沉实、干爽，再次结合沟系清理对秧板进行"铲高填低"，填平裂缝、低凹，充分拍实。

2）干做法。对于较平整的田块，直接除净田面残茬，开沟作畦，铲高填低，拍实、拍平秧板，清理沟系。

秧板规格一般为：畦宽 1.3~1.4 m，沟宽 25~30 cm、深 15~20 cm，中心沟、周围沟宽 30~35 cm、深 20~25 cm。

（3）备育秧盘。塑料硬秧盘的尺寸一般为 58 cm×28 cm×3 cm（长×宽×深）。对于每亩机插大田，常规稻品种备育秧盘 25~30 盘，杂交稻品种备育秧盘 20~22 盘。

（4）备覆盖物。根据秧板长度，准备好幅宽 1.6 m、密度 30 g/m² 的农用无纺布若干米，用于将秧盘摆放于秧板后的覆盖，可起到遮阳、保温、保湿，防大雨冲刷，防虫害、雀害等作用，确保齐苗、匀苗。

（5）备种。稻种质量应符合国家标准 GB 4404.1—2008《粮食作物种子　第1部分：

禾谷类》，见表2-1。

表2-1　　　　　　　　　　稻种质量标准

种子类别		纯度不低于	净度不低于	发芽率不低于	水分不高于
常规种	原种	99.9%	98%	85%	13%（籼）
	大田用种	99%			14.5%（粳）
不育系、恢复系、保持系	原种	99.9%	98%	80%	13%
	大田用种	99.5%			
杂交种	大田用种	96%	98%	80%	13%（籼）
					14.5%（粳）

注：①长城以北和高寒地区的种子水分含量允许高于13.0%，但不能高于16.0%，若在长城以南（高寒地区除外）销售，水分含量不能高于13.0%。

②杂交种质量指标适用于三系和两系稻杂交种子。

一般情况下，杂交稻品种每亩稻种（净干谷）质量约为2 kg，常规稻品种每亩稻种（净干谷）质量约为5 kg。

（6）安装并调试机械设备。育秧前，应安装并调试碎土机、机播流水线设备等。

2. 育秧

育秧应根据前茬作物出茬及后茬稻田耕翻平整、湿封除草所需时间，结合机插稻育秧秧龄（18~22天），推算出适宜浸种和播种的日期，做到"宁可田等秧、不可秧等田"。

（1）种子处理

1）晒种。浸种催芽前晒种可以增强种皮的通透性，使吸水快，同时增强谷粒中酶的活性和胚的活力，从而提高发芽率和发芽势，促进早发芽、齐发芽。另外，由于太阳光中的紫外线具有杀菌能力，因此晒种也能起到一定的杀菌作用。操作时，应选晴好天气晒种1~2天，做到薄摊、勤翻，但要防止种皮脱落。

2）药液浸种。药液浸种可杀灭稻种携带的病菌，防止种传病害（恶苗病、稻瘟病、稻曲病、白叶枯病）及苗期灰飞虱传播的水稻条纹叶枯病的发生。

①药液配制。浸种药液按每亩30 g 17%杀螟·乙蒜素可湿性粉剂（菌虫清）、10 g 10%吡虫啉可湿性粉剂、8 kg清水、5 kg稻种的比例量取配制。首先，将两种药剂进行混合，采用二次稀释法：先将两种药剂混合，加少量清水搅拌成糊状；再加清水，并边倒清水边搅拌，做到药剂稀释均匀。其次，将稻种倒入药液中，并上下翻动数次，搅拌均匀，液面要高出种子表面1~2 cm。最后，给浸种容器加盖，置于阴凉避光处。

②浸种时间。浸种时间是保证药效的关键。一般根据气温高低来具体掌握浸种时间：当日平均气温在18~20℃时，浸种48 h以上；当日平均气温在20℃以上时，浸种36~48 h。

当气温低、浸种时间较长时，可采取间隙浸种法，即浸种 24 h 左右，捞起脱水 6~8 h，再放入药液中浸种，以减少长时间浸没水中引起的缺氧对发芽的影响。

（2）催芽。催芽的主要技术要求是"快、齐、鲜"。"快"是指催芽要迅速，一般 2~3 天内催好芽；"齐"是指 90% 以上的稻种要达到催芽标准，根和芽整齐一致；"鲜"是指根、芽要颜色鲜白，气味清香，无酒味。采用机械播种时，稻种催芽技术包括两个环节：高温破胸、低温炼芽。

1）高温破胸。种胚突破谷壳露出时，称为"破胸"（或"露白"）。种子吸足水分后，适宜的温度是"破胸"快而齐的主要条件。一般在 38℃ 高温之下（最高温度不得超过 38℃），温度越高，稻种"破胸"就越迅速而整齐；反之，稻种"破胸"则缓慢且不整齐。

在药液浸种后，将稻种捞起，堆放成厚度为 30~35 cm 的谷堆，再用稻帘子或无纺布覆盖。稻帘子、无纺布的作用是透气、保温、保湿。切不可用塑料布、塑料编织袋、尼龙袋包扎，因为其透气性差，容易造成种子缺氧（种子"破胸"时需要大量氧气），产生酒精，使种子中毒死亡。

此阶段，谷堆温度应保持在 35~38℃，中间手摸不烫手。当谷堆温度上升至 38℃ 以上时，进行谷堆翻拌，保持谷堆上下、内外温度一致，使稻种间受热均匀，促进"破胸"整齐迅速。一般来说，稻种在 24 h 内就可"破胸"。

2）低温炼芽。催芽是在较高的温度下进行的，温度一般要高于大田的环境温度。为增强芽谷播种后对外界环境的适应能力，播种前应通风、摊晾炼芽 4~6 h。当 85% 左右的稻谷已"破胸"时，可进行摊晾炼芽。

（3）播种

1）适时播种。杂交稻的播种适期在 5 月中上旬，常规稻的播种适期在 5 月中下旬。大面积机插稻应分期、分批播种，以缓解插秧时机械与季节、秧龄的矛盾。

2）精量播种。一般来说，常规稻大田用种量为 5 kg，折算为每盘干谷 160~200 g，芽谷 200~250 g；杂交稻大田用种量为 2 kg，折算为每盘干谷 90~110 g，芽谷 120~140 g。

3）均匀播种。机械播种前应事先调试好机播设备，以使播种均匀。一是调节好底土厚度，使盘内底土厚度稳定在 2 cm 左右；二是调节好洒水量，使底土水分呈饱和状态，一般要求盘底有水渗滴，覆土后 10 min 内，盘面干土自然吸湿无"白面"（未吸湿而显干白状的泥土）；三是调节好播种量，使每盘播芽谷量稳定在适宜范围内，落籽均匀；四是调节好盖籽土厚度（3~5 mm），以看不见芽谷为宜。在播种过程中，应随时观察播种质量，调整好相应环节。

4）叠盘暗化。播种好的秧盘宜在室内或荫蔽场地上集中叠盘堆放，并覆盖无纺布、遮阳网等进行暗化，保湿、增温，促"竖芽"。叠盘数量不超过 30 盘，顶部放置空盘。堆放时间视气温高低而定,一般为 24~36 h。当有 60%~80% 的芽鞘顶出土时,即可放置于秧田进行苗床管理。

5)秧盘放置及覆无纺布。秧盘放置采用横向两盘对排、依次平铺的方式,要做到盘边整齐成线,秧盘排列紧密,盘底与秧板紧贴。将秧盘放置在秧板上后,应及时覆盖无纺布,并拉紧无纺布两头,将其四周塞入秧盘底部压紧,做到布面紧绷。

(4)秧田管理

1)水浆管理。每批次秧盘放置好后,做好"小包围"并及时灌上"平板水"湿润秧板,之后保持"半沟水",保持盘土湿润、不发白,促早苗、齐苗,如缺水及时补水;2叶期建立"齐盘水",保持盘土湿润又透气,以利秧苗发根;3叶期视天气灌好"跑马水",促进秧苗盘根,做到"晴天满沟水、阴天半沟水、雨天排干水";移栽前 3~4 天要排水蹲苗,防止盘土含水量过高,影响起秧和栽插质量。整个秧田期的水浆管理以保持盘土湿润为主,切忌长期灌水造成烂根死秧。

2)揭无纺布,遮防虫网。当秧苗长至 3~5 cm、叶龄为"2 叶 1 心"时,应及时揭去无纺布。揭无纺布的时间应视天气而定,要求是"晴天傍晚揭、阴天上午揭"。若遇连续低温,宜推迟揭布。揭布后,应及时搭小环棚、遮防虫网,直至栽插前再揭网,以防止灰飞虱传毒,降低水稻条纹叶枯病的发病风险。

3)肥料施用

①断奶肥。"断奶肥"的施用可根据具体情况而定。对育秧土培肥好、出苗后秧苗粗壮、叶色浓绿的秧田,不需要施"断奶肥";对育秧土未经培肥、揭无纺布(叶龄在"2叶1心"期左右)后 1~2 天内叶色明显淡化的秧田,可酌情补施"断奶肥"。一般来说,每亩秧田施用尿素 5 kg,于傍晚时按秧板定量施入。施肥时,田间保持"齐盘水",水深不超过苗高的 1/3。施肥后,应用清水泼叶,以防烧苗。

②起身肥。一般在移栽前 3~4 天施"起身肥"。对叶色淡化明显的秧苗,每亩施用尿素 5 kg,均匀撒施,施后泼清水,以防烧苗;对叶色正常、叶型挺拔而不披的秧苗,每亩用尿素 1~1.5 kg 兑水进行根外喷施;对叶色浓绿且叶片下披的秧苗,切勿施肥,应及时采取控水措施来提高秧苗素质。

4)病虫害防治。秧田期的主要病虫害有稻蓟马、灰飞虱及条纹叶枯病等,其防治可采用物理防治与化学防治。前期有无纺布覆盖,当秧苗在"2 叶 1 心"期时,揭去无纺布,立即遮盖防虫网。对未采取防虫网遮盖的,揭布后,每亩用 25% 吡蚜酮可湿性粉剂 20 g 或 30% 混灭·噻嗪酮乳油(抑虱净)100 mL 兑水进行喷雾,一般每 7~10 天防治一次,用药时要注意保持浅水层,以提高防治效果。

2.1.2 插秧

1. 大田准备

（1）精细整地。大田的整地质量要做到"田平、泥软、肥匀"。一般来说，对于前茬为冬休或绿肥的，应采取"一耕一耙"；对于前茬为麦茬的，应采取"二耕一耙"。之后，采用人工捞沟、摊田，做到"沟通、田平"，并清除田间漂浮的残茬、杂草。平整后，结合上水"湿封"除草3~4天，让泥浆沉实，防止栽插时壅泥压苗。

（2）施足基肥。根据机插稻插秧后"苗小、有明显缓苗期"的特点，施足基肥较利于早活棵、早分蘖。一般来说，每亩施水稻专用配方肥（BB肥，即掺混肥料）25~30 kg或水稻缓释肥20~25 kg，折合纯氮6~7 kg，约占全生育期总用量的30%。

（3）栽前除草。整平田面后，灌大水淹没田间泥土，趁水混，每亩用26%噁草酮乳油（农思它）100~120 mL（将原装瓶瓶塞开洞，均匀甩施全田）。用药后，田间保持水层3~5天，栽插前半天排水。

2. 移栽

（1）栽插时期。一般来说，常规稻的适宜栽插时期为6月中上旬，杂交稻的适宜栽插时期为5月下旬至6月上旬。从秧苗来说，要做到适龄栽插，秧龄掌握在18~22天内，叶龄为3.5~4叶，苗高12~18 cm，且根系发达，茎部粗壮，叶挺色绿，杜绝超秧龄移栽。因此，要根据预定的栽插日期，考虑前茬出茬、耕翻、整地、浸种催芽及"湿封"除草所需的时间，向前推算出育秧时间。

（2）栽插密度。目前，生产上应用的插秧机行距固定为25 cm，因此要根据不同品种来调节栽插株距。常规稻株距调节为12 cm，栽插亩穴数为2万穴以上，穴苗数为4~5株，亩基本苗为8万~9万株；杂交稻株距调节为14 cm，栽插亩穴数为1.9万穴以上，穴苗数为3株左右，亩基本苗为5万~6万株。

（3）栽插质量。确保栽插质量是秧苗栽插后快速活棵、保证基本苗的关键。首先，栽插前要排除田间过多的水，以保持田面"瓜皮水"（1 cm）为宜。其次，插秧深度控制在1 cm左右，以秧苗栽插入泥后"不漂不倒"为宜。最后，栽插缺穴率控制在3%以下，漂秧率要小于5%。

2.1.3 大田管理

1. 水浆管理

（1）湿润活棵（返青）。栽插后，田间水浆管理应以"浅水—湿润—浅水"为主。若遇连续晴好天气，应及时灌溉浅水，水深不超过苗高的1/2，以防止田间泥土"发白"而导致秧苗失水萎蔫；若遇连续阴天，应灌溉"跑马水"，保持田间土壤湿润；若遇暴雨，应开好"平水缺"，防止田间积深水，保持浅水层，既防止大雨冲刷倒苗，又防止积深水淹没秧苗心叶。秧苗活棵、第2张新叶长出时，应进行短期脱水，以促根、促分蘖。

（2）浅水分蘖。缓苗活棵后即进入分蘖期，这时应浅水勤灌，水深3 cm左右，不淹没心叶，除施肥后保持一星期左右的水层外，灌一次浅水待其自然落干后要再灌一次浅水，如此反复，达到以水调肥、以水调气，以促根、促早分蘖。

（3）够苗搁田。当田间总苗数达到目标穗数苗的80%左右，即常规稻每亩总苗数达20万左右、杂交稻每亩总苗数达18万左右时，就要开始自然断水落干搁田。搁田采取"由轻到重、分次搁田"的方法，搁田程度至田中不陷脚，田面不发白、不开裂缝，叶色落黄褪淡，稻株基部显白根为止。通过搁田，常规稻每亩高峰苗数不超过35万，杂交稻每亩高峰苗数不超过30万。

（4）层水孕穗、抽穗。水稻孕穗、抽穗期需水量较大，应建立浅水层，以促颖花分化发育和抽穗开花。若遇到最高气温超过35℃的天气，则要采取"上午灌深水、傍晚排浅水"的方法来以水降温，减轻高温对花粉母细胞减数分裂或开花结实的伤害。

（5）湿润灌浆结实。灌浆结实期采取间歇灌水，以灌"跑马水"为主，保持土壤湿软，脚踏有印，以利养根保叶，切忌使土壤干硬、发白。后期要防止断水过早，以确保"青秀活熟"，一般在水稻收割前10天断水。

2. 肥料运筹

机插稻大田生长的特点是：移栽后有5~7天缓苗期（活棵），因此分蘖发生要比直播稻迟且节位高，增苗慢，高峰苗期迟；后期减苗平缓，成穗率高。针对机插稻大田生长的特点，肥料运筹要掌握"前促、中稳、后攻"的原则，注重氮、磷、钾平衡施用。一般来说，对于中等肥力的机插稻田，按每亩600 kg的产量目标计算，每亩总用氮量（折纯氮）为20~22 kg，基蘖肥（基肥+蘖肥）与穗肥配比为7∶3，氮、磷、钾配比为1∶(0.3~0.4)∶(0.4~0.6)。在施足基肥的基础上，大田各时期的肥料使用具体如下。

（1）活棵（返青）肥。活棵（返青）肥一般在栽插后5~7天、稻株显露出新叶时施用，每亩用尿素5~7.5 kg。施肥前，灌一次浅水并保持水层。

（2）分蘖肥。分蘖肥一般在栽插后2周左右时施用，每亩施水稻专用配方肥25 kg或尿素15 kg。

（3）长粗肥。长粗肥一般在7月中上旬施用，以"捉黄塘"（对田块中出现的小范围长势偏弱、叶色偏黄的稻株进行施肥）、促平衡为目的。原则上控施氮肥，以钾肥为主，每亩施BB肥5~7.5 kg。对于长势差的田块，可适当增加施用量，可带肥搁田。

（4）穗肥。穗肥一般在立秋前后施用，根据叶色褪淡程度而定，以"叶色早褪早施、不褪不施"为原则。穗肥一般分促花肥和保花肥进行两次施用。当水稻主茎第 1 节间基本定长（0.8~1.2 cm）、第 2 节间开始迅速伸长，且叶龄余数（还未抽出的叶片数）为 3.5 叶左右时施第一次穗肥（促花肥，每亩施 BB 肥 15 kg）；7~10 天后，主茎叶龄余数为 1.5~2 叶时施第二次穗肥（保花肥，每亩施尿素 5~7.5 kg）。

对于杂交稻，全生育期总用氮量应适当减少，穗肥一般不超过总用肥量的 15%，具体用量应根据各品种的需肥特性正确制定。

3. 病虫草害防治

（1）病虫害防治。水稻条纹叶枯病、水稻纹枯病、稻曲病、稻瘟病及纵卷叶螟、大螟、二化螟、三化螟、稻飞虱是上海市水稻生产的主要病虫害，给水稻生产带来严重危害。由于机插稻病虫发生情况在不同地区、田块、年际之间不尽相同，因此要加强病虫害预测预报工作，切实根据当地的病虫发生情况采取相应的防治对策，选准药剂进行防治。

（2）草害防治。草害防治可分栽前、栽后两次进行。第一次在大田平整后，趁混水每亩用 26% 噁草酮乳油 100~120 mL 甩施。施药时，将原装瓶瓶塞开洞，均匀甩施全田，保水 3~5 天，后排水机插。第二次在插秧后 5~7 天，结合活棵肥一起施用，每亩用 69% 苄嘧·苯噻酰可混性粉剂 60~80 g 拌肥撒施。施药后，机插稻田保持浅水层或湿润 3~5 天，并开好"平水缺"，防止水淹秧苗。

2.1.4 适时收获

水稻蜡熟末期或完熟初期（稻谷含水量为 20%~25%）是收获适期，一般为齐穗后 40~45 天。不同品种和气候条件下，水稻适宜收获期略有差异。

2.2 直播稻栽培技术

2.2.1 直播稻简介

1. 水稻直播的概念与分类

水稻直播就是将浸种、催芽的稻种，不经育秧、移栽而直接播于大田的一种栽培方式。按播种时的土壤水分状况及播种前后的灌溉方法划分，水稻直播可分为水直播、湿直播、旱直播和旱种稻；按播种方式划分，水稻直播可分为撒直播、穴直播和条直播；按播种动力划分，水稻直播可分为机械直播和人工直播；按大田耕作状况划分，水稻直播可分为耕翻直播和免耕直播。

2. 直播稻的优点与缺点

直播稻具有以下优点：一是省工、省力，免除了传统育秧、移栽用工，并节省秧田，使水稻生产简易轻松，在上海地区采用的机械穴播机每台每日（工作 10 h）可直播 70 亩左右；二是没有栽插伤根和移栽返青过程，一般分蘖早，低节位分蘖多；三是没有缓苗期，缩短了营养生长期，更有利于早熟高产；四是有利于发展规模化生产。

但直播稻也存在一些缺点，主要是：稻田不易平整，易生杂草，苗期管理难度大；播后成苗率较低；播种浅，根系入土不深，后期易发生倒伏。直播稻栽培要求排灌方便，管理及时，这样才能利于保苗、齐苗，否则会造成大田烂种缺苗。

3. 直播稻的发展现状

直播稻已被各大洲的许多国家和地区采用，而且在日本、韩国、印度及东南亚的一些国家，直播稻面积呈扩大趋势。近年来，随着农业结构的调整、经济的高速发展、栽培技术的提高、化学除草剂的广泛应用及农业机械化程度的提高，我国水稻直播栽培得到了有力的发展。

4. 直播稻的生长特点

直播稻与移栽稻相比，其生长有以下特点：

一是由于播种迟，全生育期缩短 15 天左右，主要是营养生长期缩短；

二是营养生长期缩短造成单株个体生长量小，植株普遍矮 5~8 cm，主茎叶片数一般减少 1.5 叶左右；

三是由于直播稻无栽插伤根和移栽返青过程，因此分蘖发生早，分蘖节位低，有效分蘖期长，高峰苗多，虽单位面积有效穗数多，但分蘖成穗率低、穗型小；

四是播种浅，吸收表层土壤氧气多，根系的发生和生长比移栽稻要多、广，生育后期不易早衰，但根系入土浅，倒伏风险大；

五是生育前期个体生长空间大，生长均匀健壮，抗病能力强，但进入无效分蘖期后，田间密度变大，通风透光差，易发生病虫害。

5. 直播稻高产群体质量调控

直播稻分蘖早、分蘖节位低，因此具有分蘖优势，这常导致其"前期发得快，中期控不住"，造成无效分蘖多，高峰苗多，个体与群体关系恶化（群体偏大、个体偏弱小），成穗率偏低，穗型偏小。

因此，直播稻栽培既要尽可能利用"早分蘖、低位蘖"的优势，争足穗、促大穗，又要防止中期"高峰苗多、群体偏大"而发生倒伏、病虫害。在实际生产中，要围绕"小群体、壮个体"的高产群体质量调控思路，降低基本苗，控制高峰苗，提高成穗率，稳定适宜穗数，主攻大穗。

高产群体质量指标是：常规稻基本苗 8 万~10 万株/亩，高峰苗 35 万~40 万株/亩，有效穗 24 万~26 万穗/亩；杂交稻基本苗 4 万~5 万株/亩，高峰苗 30 万~35 万株/亩，有效穗 22 万~25 万穗/亩。

"小群体、壮个体"的高产群体质量调控措施如下。

一是适时播种，精量播种。上海地区一般在 5 月底至 6 月中旬播种，播种量控制在每亩 5 kg 左右。

二是合理施肥。推广水稻专用配方肥、水稻专用缓释肥。氮肥施用原则是：基肥适量，分蘖肥稳定，长粗肥控制，穗肥增施。

三是做好水浆管理。根据水稻的需水特点，采取好气性水浆管理措施，在需水敏感期保持湿润，其他阶段控制灌水。增加断水时间，以水调肥、以水调气、以水调温，改善根系的生长环境。

2.2.2 直播栽培

1. 种子准备

（1）种子处理

1）晒种。（内容同机插稻。）

2）药液浸种。（内容同机插稻。）

（2）催芽。催芽的基本技术环节是"高温破胸、适温促芽、低温炼芽"。（催芽的主要技术要求同机插稻。）

1）高温破胸。（内容同机插稻。）

2）适温促芽。种子"破胸"后，最易出现"烧芽"，要注意进行谷堆降温。当 65% 左右的稻种"破胸"后，可摊薄谷堆或揭去稻帘子、无纺布，使谷堆温度控制在 28~30℃，湿度保持在 80% 左右。对于浸种充分的稻谷，其催芽过程无须浇水，即使需要也必须用相同温度的温水。保持适温 12~24 h 后，即可催出标准芽。

3）低温炼芽。由于催芽是在较高的温度（一般要高于大田的环境温度）下进行的，为增强芽谷播种后对外界环境的适应能力，播种前要通风、摊晾炼芽 4~6 h。采用人工直播栽培的，当稻谷达到"芽长半粒谷、根长一粒谷"时，可进行摊晾炼芽；采用机械直播栽培的，当 85% 以上的稻谷已"破胸"时，可进行摊晾炼芽。

2. 大田准备

（1）整地。对于绿肥茬，要在盛花期翻压、晒垡 2~3 天后灌水，确保充分腐熟。对于冬季休闲田，要在 3 月底、4 月初灌一次水，以利早出草，播种前再进行"一耕一耙"。对于麦茬，要进行"二耕一耙"，先用反旋灭茬机进行"头耕"，后灌薄水，再用旋耕机进行"二耕",最后耙平。

在机械耕翻时,要做到"不漏耕、耙得平"。在机械耕翻的基础上,要进行人工捞沟、摊田,达到"沟通、田平",高低不超过3 cm。

(2)基肥施用。基肥施用有利于直播稻分蘖的早生快发及大穗的形成。基肥施用以有机肥为主,包括绿肥和商品有机肥,秸秆还田也是一种有效的基肥施用方式。施用化肥的,要在机械耕翻前(机械播种的可在播种前)施入,一般每亩施缓释肥或水稻专用配方肥25~30 kg。秸秆还田的,可增加施用量。

(3)湿封除草。大田平整后,趁水还混浊时,每亩用26%噁草酮乳油100~120 mL进行湿封除草。施药时,将原装瓶瓶塞开洞,均匀甩施全田,药后3~5天排水播种。

3. 播种

(1)播种期。对于前茬为绿肥茬、冬翻休闲茬的田块,一般在5月下旬至6月初播种;对于前茬为麦茬的田块,一般在6月5日至6月10日播种。应强调适时早播。

(2)播种量。常规稻每亩用种(干谷)量为5 kg,杂交稻每亩用种(干谷)量为2~2.5 kg。对于播种茬口早的田块,适当减少播种量;反之,适当增加播种量。

(3)播种方式

1)人工直播。人工直播时,田面基本无水,泥头软硬适中,按田块(或垄)称好芽谷量,做到定量播种。播种后,应清理沟系,开通出水口,排除田间积水,保持地面湿润。

2)机械直播。采用机械直播时应注意以下几点。

一是调整好穴距。目前,直播机有等行距和宽窄行距两种机型。一般来说,常规稻宜选用等行距机型(行距20 cm),杂交稻宜选用宽窄行距机型(宽行35 cm、窄行15 cm),穴距可按需调节为12 cm、14 cm、16 cm等。

二是按不同水稻品种的每亩播种量调节好穴播种量,注意避免出现漏播或播种量不均的情况。

三是精选稻种,去除杂质(枝梗等),催芽以"露白"为标准,播前芽谷晾干,以防止排种器堵塞,造成机播缺穴。

四是应根据机器作业量分批次浸种催芽、播种。一般一台直播机一天的作业量为60~70亩。

五是在稻田"湿封"、泥土沉实的基础上,应视天气情况,播前1~2天排放田间水(晴好天播前1天排放,阴雨天播前2天排放),以防止播种时田间泥土过烂而造成"壅泥",影响出苗。

4. 幼苗期管理

幼苗期管理的主要目标是"一播全苗",培育壮苗,促早发,促分蘖,为高产打好基础。

（1）水浆管理。幼苗期水浆管理以保持土壤湿润为主。播种后若遇暴雨天气，可在暴雨前灌层水，防止稻种被雨水冲刷，雨后放干水；播种后若遇连续晴好天气，在田面泥土偏干（地面有细裂缝）时，应灌"跑马水"，保持土壤湿润；播种后若遇连续阴雨天气，应排出田间积水，切忌长时间积深水。

（2）化学除草

1）干封除草。直播稻播后，干封除草用药时间以稻谷已在田间"竖芽扎根"为标准。一般来说，人工直播的在播后3天内用药，机直播的在播后3~5天用药。趁田间湿润时，每亩用30%苄嘧·丙草胺可湿性粉剂（亮镰）100 g兑水进行均匀喷雾。干封除草要注意：田间泥土必须平整，药后田间保持湿润，并开好沟系，防止雨后积水。

2）茎叶处理。在幼苗3~4叶期，每亩用69%苄嘧·苯噻酰可湿性粉剂（双超）70 g拌追肥撒施，药后必须保水层3~5天，并开好"平水缺"，防止水淹幼苗。

（3）肥料施用。水稻3叶期前，生长所需养分主要靠种子提供，3叶期后靠根系从土壤中吸收。在稻苗"2叶1心"期时，每亩施7.5 kg尿素。

（4）疏密补缺。在幼苗3叶期建立浅水层后，应及时进行疏密补缺工作。

5. 分蘖期管理

（1）有效分蘖期管理。有效分蘖期管理的主要目标是培育足够数量的穗数苗，为足穗、大穗、高产奠定基础。

1）水浆管理。有效分蘖期的水浆管理以浅水勤灌为主，切忌田间较长时间灌深水，形成"水发秧"（稻苗瘦弱、细长，根系短，分蘖少）。一般是灌一次浅水，待其自然落干后晾1~2天，再灌一次浅水，如此反复，达到以水调肥、以水调气，以促根、促早分蘖。

2）肥料施用。分蘖肥一般在水稻"3叶1心"期施用，每亩用水稻专用配方肥20~25 kg。

（2）无效分蘖期管理。无效分蘖期管理要采取以控制肥水为中心的控苗措施，防止稻苗群体过大、个体瘦弱，以及病虫害加剧。

1）水浆管理。无效分蘖期的水浆管理以搁田为主。搁田是水稻生产中期"控上促下增积累"的重要措施。首先，搁田可控制无效分蘖出生，加快无效分蘖消亡，以改善株型和群体结构，改善田间小气候（通风、透光、湿度低），从而减轻水稻中后期病虫害发生程度；其次，搁田可促进根系生长，促使水稻根系"广展、深扎"，从而达到中后期"健壮、青秀"的目的；最后，搁田可增强光合作用，控制蒸腾作用，增加茎秆的养分积累。因此，搁田是有效的水稻增产措施之一。

水稻搁田关键要注意以下几点。

①搁田时间。搁田时间应掌握"苗到不等时、时到不等苗"的原则。"苗到不等时"

是指当田间水稻总苗数达到目标穗数苗的80%左右时，开始断水搁田，即当常规稻生长至有1~2个分蘖、杂交稻生长至有3个分蘖时，可以开始搁田。"时到不等苗"是指不管水稻田间苗数是否达到搁田要求，当时间已到7月中下旬时，都应该开始搁田，因为至7月底8月初水稻开始幼穗分化时，田间必须灌溉复水，若搁田会造成干旱，从而影响穗发育，造成穗粒数较少。

②搁田方法。搁田通常采取"由轻到重、分次搁田"的方法。搁田一般在无效分蘖期到穗分化初期这段时间进行，在20~30天内分两三次搁田。三次搁田时，第一次搁田可断水2~3天，遇阴天可延长1~2天，后复水2~3天；第二次搁田可断水4~5天，再复水1~2天；第三次搁田可断水6~7天。

③搁田标准。搁田标准应看田、看苗、看天而定。对于爽水性良好的稻田，要轻搁、少搁；对于黏土、低洼稻田，要早搁、重搁。阴雨天气，对于苗数较多、长势较好的稻田，要适度重搁；对于苗数较少、苗势较差的稻田，要轻搁。至7月底，要达到全田土壤干爽、不陷脚，田面不发白、不开裂，叶色正常落黄、褪淡，稻株基部现白根。

2）肥料施用。在无效分蘖期，一般不提倡再施用氮肥。对于缺肥明显、苗数偏少的田块，可在7月中旬每亩施水稻专用配方肥5~7.5 kg，施后可进行带肥搁田。

6. 孕穗期管理

水稻生长进入拔节孕穗期时，高产栽培只有保证初期叶色褪淡，才能继续抑制无效分蘖，促进茎秆和叶鞘中养分的积累，以利于强秆、壮根和形成大穗，以及控制基部节间伸长，增强抗倒性，并为穗肥施用创造基础条件。

（1）水浆管理。拔节孕穗期，水浆管理一般以间歇灌溉为主。灌一次浅水，待自然落干后再晾田2~3天，再灌一次浅水，自然落干后再晾田，如此反复，直至剑叶抽出后，保持田间水层（减数分裂期是水稻一生中对水分最敏感的时期）。抽穗前，应再次脱水、晾田一次，以改善土壤环境，增强根系活力。

（2）肥料施用。适时适量施好穗肥，对促大穗、增粒重效果明显。穗肥施用技术性强，需要根据品种和长势确定。对于某一品种的水稻，穗肥施用应根据叶色和苗数而定：早褪早施，迟褪迟施；苗数多的少施，苗数少的多施。穗肥施用时间一般在8月初至8月中，分两次施用。具体施用方法是：第一次在水稻主茎第1节间基本定长（0.8~1.2 cm）、第2节间开始伸长（0.5 cm左右），叶色明显褪淡时（立秋前后），每亩施用复合肥20 kg左右；第二次在7天后，每亩施用尿素5~7.5 kg。但是，对于长势较旺的稻田（如杂交稻田），穗肥应晚施且一次施完，每亩用水稻专用配方肥10~15 kg。

7. 灌浆结实期管理

水稻灌浆结实期是决定产量的关键时期，田间管理应以养根保叶、防止早衰、提高光合作用效率、促进灌浆、提高结实率和粒重为目标。

（1）水浆管理。抽穗开花期是水稻对水分反应较为敏感的时期，田间必须保持浅水灌溉，这个时期如果缺水受旱，易造成花粉和雌蕊柱头干枯，甚至抽穗困难，最终造成稻穗不能正常开花授粉，形成空粒。乳熟期应采取间隙灌溉的方法，保持田间湿润。蜡熟期田间以干为主，但断水不能过早，以保证灌浆充分，防止早衰，否则易形成秕粒。待稻谷将完熟时，田间方可排水落干，一般在收割前7~10天断水。

（2）肥料施用。对于氮肥不足、脱肥严重的田块，可适当补充氮肥，一般每亩用1 kg尿素兑水后进行叶面喷施，以增加营养，防止叶片早衰。

8. 适时收获

水稻收获适期一般为齐穗后40~45天。稻穗枝梗变黄，谷粒呈金黄色，稻谷含水量为20%~25%时收割最佳，即水稻蜡熟末期或完熟初期是收获适期。

技能要求

水 稻 浸 种

操作步骤

步骤1　计算实际亩数的用种量

根据每亩5 kg稻种的用种量，分别计算出实际亩数（5亩、10亩、50亩、100亩、500亩共5种）的用种量，计算公式为：

$$实际用种量 = 每亩用种量 \times 实际亩数$$

根据公式可知：

$$5\text{亩用种量} = 5 \times 5 = 25 \text{（kg）}$$
$$10\text{亩用种量} = 5 \times 10 = 50 \text{（kg）}$$
$$50\text{亩用种量} = 5 \times 50 = 250 \text{（kg）}$$
$$100\text{亩用种量} = 5 \times 100 = 500 \text{（kg）}$$
$$500\text{亩用种量} = 5 \times 500 = 2\,500 \text{（kg）}$$

步骤2　计算500 g稻种的浸种药量并准确称取

按每亩5 kg稻种、30 g 17%杀螟·乙蒜素可湿性粉剂（菌虫清）、10 g 10%吡虫啉可湿性粉剂和8 kg水的配比，计算500 g稻种浸种所需菌虫清、吡虫啉和清水的用量。

$$菌虫清用量 = 500 \div 5\,000 \times 30 = 3 \text{（g）}$$
$$吡虫啉用量 = 500 \div 5\,000 \times 10 = 1 \text{（g）}$$

清水用量＝500÷5 000×8 000＝800（g）

步骤3　称取农药

（1）调平托盘天平

1）把托盘天平放在水平桌面上，并在两侧托盘各放置一张称量纸。

2）把游码拨至标尺左端的"0"刻度线上。

3）调节平衡螺母（若左盘低，平衡螺母向右转移；若右盘低，平衡螺母向左转移），使中央指针对准分度盘中心红线或在中心红线左右做等幅摆动，如图2－1所示。

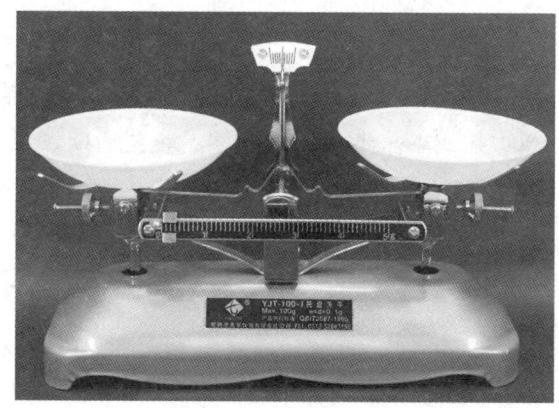

图2－1　调平托盘天平

（2）称取药粉

1）先将游码拨调至需要称取药量的刻度，如图2－2和图2－3所示。

图2－2　称取菌虫清3 g

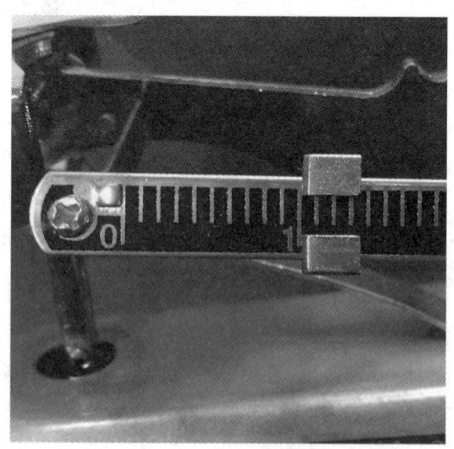

图2－3　称取吡虫啉1 g

2) 用右手拿小药匙舀出少量菌虫清药粉,如图2-4所示;左手轻拍右手手腕,使药粉慢慢抖落在左托盘上,如图2-5所示。

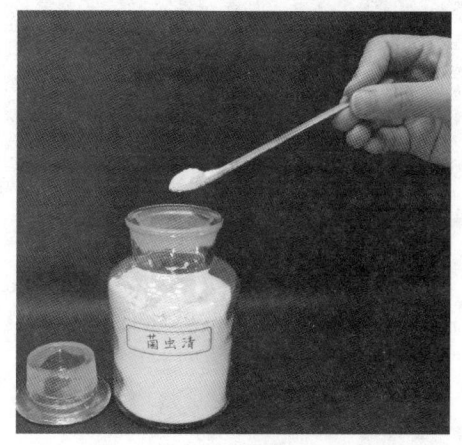
图2-4 用小药匙舀取药粉

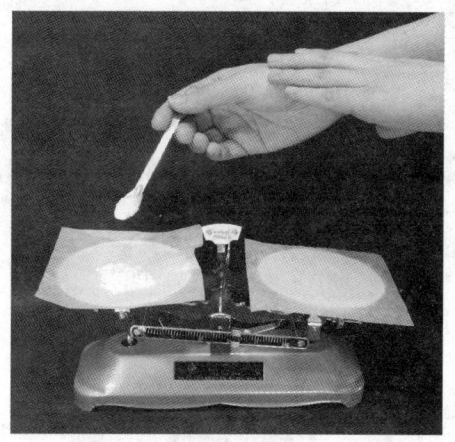
图2-5 将药粉抖落在左托盘上

3) 放药的同时,要观察中央摆针。当中央摆针对准中心红线,如图2-6所示,或在中心红线左右做等幅摆动时,停止添加药粉,完成称量。

4) 用同样的方法称取1 g吡虫啉。

5) 最后,将称好的药粉倒入小量杯中,如图2-7所示。

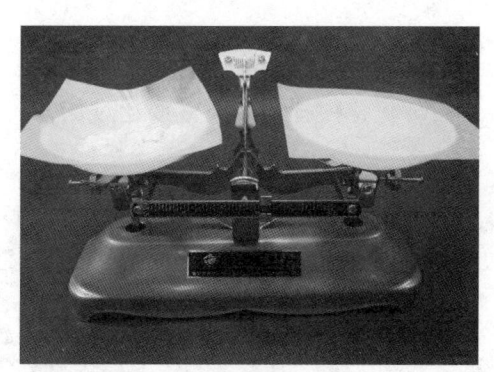
图2-6 中央摆针对准中心红线

图2-7 将称好的药粉倒入小量杯

步骤4 配制浸种液(二次稀释法)

(1) 第一次稀释。先向盛有3 g菌虫清和1 g吡虫啉的小量杯内倒入少量水,并用玻璃棒搅拌,待农药基本溶解后倒入大量杯,再用少量水清洗小量杯1~2次,并将水倒入大量杯中,如图2-8所示。

图 2-8 第一次稀释过程

（2）第二次稀释。继续用小量杯向大量杯内缓慢加水，同时眼睛平视大量杯 800 mL 刻度处，直至大量杯内水量达到 800 mL 刻度时停止*，搅拌均匀，完成配药，放置备用，如图 2-9 所示。

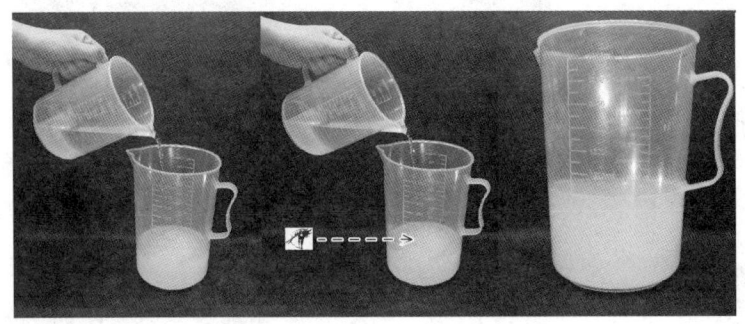

图 2-9 第二次稀释过程

步骤 5　浸种

把 500 g 稻谷缓缓倒入配制好的浸种液中，用玻璃棒搅拌均匀，液面超过稻谷表面 1~2 cm，将稻谷完全浸湿，如图 2-10 所示。

图 2-10 浸种过程

---

* 实际配制时，最终制成 800 mL 浸种液，800 g 水并未完全用完。

操作规范

1. 器皿完整：操作中要小心，不能损坏器皿；镊子、砝码放回砝码盒，游码回零。
2. 场地干净：地面、桌面干净，没有稻谷、纸屑等垃圾；量杯、备用农药等物品整齐规范摆放。
3. 无洒泼：称取和搅拌时要仔细，不要把药剂、水等洒泼到外面。

水 稻 播 种

操作步骤

步骤1　计算用种量

按每亩用种量为 5 kg（5 000 g）计算出实际播种面积所需用种量，计算公式为：

$$实际播种面积所需用种量 = 每亩用种量 \div 每亩面积 \times 实际面积$$

根据公式可知：

$$30 \text{ m}^2 \text{ 所需用种量} = 5\,000 \div 666.7 \times 30 \approx 225 \text{（g）}$$

$$45 \text{ m}^2 \text{ 所需用种量} = 5\,000 \div 666.7 \times 45 \approx 337 \text{（g）}$$

步骤2　称取稻种

用电子天平称取实际播种面积所需用种量。

（1）电子天平先"去皮"归零。

（2）放置容器并"去皮"归零。

（3）将稻谷缓慢倒入容器，直至达到所需用种量，完成称量，并均分成两份，如图2-11所示。

图 2-11　称取稻种

步骤3　播种

先取一份种子进行纵向均匀撒播，再取另一份种子进行横向均匀撒播，确保撒播均匀，无漏播，如图2-12所示。

水稻栽培

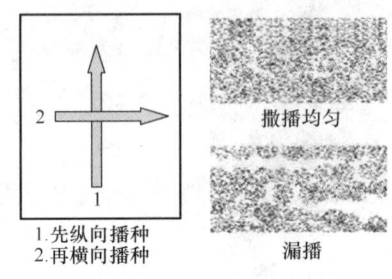

图 2-12 播种

操作规范

1. 场地整洁，地面上无稻种、垃圾等。

2. 播种工具放回原处。

本章测试题

单项选择题（选择一个正确的答案，将相应的字母填入题内的括号中）

1. 与移栽稻相比，直播稻减少了育秧、拔秧、插秧等环节，既能（　　）、省秧田、省成本，又能减轻水稻条纹叶枯病的防治压力，缓解夏季农忙时节劳动力紧张的压力。

　　A. 免除草害　　　B. 省工省力　　　C. 防止虫害　　　D. 省肥料

2. 水稻生产首先要求稻田（　　）、高低一致，以便于灌溉和控制杂草。

　　A. 田面平整　　　B. 宽阔　　　C. 狭窄　　　D. 保温层好

3. 机插稻技术具有工作效率高、生产劳动强度低、（　　）等特点。

　　A. 抵御自然灾害强　　　　　　B. 病虫害问题较严重

　　C. 成本低　　　　　　　　　　D. 劳动量大

4. 机插稻栽插适宜叶龄为（　　）叶。

　　A. 6　　　B. 8　　　C. 3.5~4　　　D. 2

5. 对于秧田选择标准，下列叙述错误的是（　　）。

　　A. 地势平坦　　　B. 土壤肥沃　　　C. 杂草少　　　D. 排灌不便

6. 灌浆结实期，水浆管理的目标是（　　）、防止早衰。

　　A. 壮秆　　　B. 促分蘖　　　C. 增大穗　　　D. 养根保叶

7. 机直播稻的种子催芽程度以（　　）为最好。

A. 长芽   B. 破口   C. 露白   D. 见绿

8. 种子催芽过程中，要求高温"破胸"，温度应掌握在（   ）℃。
   A. 25~30   B. 30~35   C. 35~38   D. 40~45

9. 机直播条件下，常规稻高峰苗应控制在（   ）株/亩。
   A. 25万~30万   B. 30万~35万   C. 35万~40万   D. 45万~50万

10. 机直播条件下，常规稻基本苗应控制在（   ）株/亩。
    A. 3万~5万   B. 8万~10万   C. 12万~15万   D. 18万~20万

11. 根据机插稻育秧准备要求，每亩大田一般需育秧细土（   ）kg 左右。
    A. 50   B. 100   C. 150   D. 200

12. 根据机插稻育秧要求，要做到适龄栽插，秧龄一般控制在（   ）天。
    A. 8~12   B. 18~22   C. 25~30   D. 30~35

13. 对于机插稻，确保栽插质量是秧苗栽插后快速活棵、保证基本苗的关键。栽插前，要排除田间过多的水，以保持田面（   ）cm 水层为宜。
    A. 1   B. 3   C. 5   D. 7

14. 一般对于中等肥力的机插稻田，按每亩 600 kg 的产量目标计算，每亩总用氮量（折纯氮）为（   ）kg。
    A. 10~12   B. 20~22   C. 25~27   D. 28~30

15. 药液浸种可以杀灭稻种携带的病菌，防止种传病害，在日平均气温为 20℃ 以上时，浸种时间应为（   ）h。
    A. 25~30   B. 36~48   C. 55~60   D. 60~65

16. 直播稻搁田时间应掌握"苗到不等时、时到不等苗"。"苗到不等时"是指当田间水稻总苗数达到目标穗数苗的（   ）左右时，开始断水搁田。
    A. 40%   B. 60%   C. 80%   D. 100%

17. 对于每亩机插大田，常规稻品种备育秧盘（   ）盘。
    A. 15~20   B. 20~25   C. 25~30   D. 30~35

18. 对于每亩机插大田，杂交稻品种备育秧盘（   ）盘。
    A. 18~20   B. 20~22   C. 22~24   D. 24~26

19. 晒种目的不包括（   ）。
    A. 增强种皮的通透性   B. 提高发芽率和发芽势
    C. 用紫外线杀菌   D. 去除杂质

20. 叠盘暗化时，叠盘数量不超过（   ）盘。
    A. 20   B. 25   C. 30   D. 35

21. "断奶肥"应在幼苗（　　）期施用。
    A. 1 叶 1 心　　　B. 2 叶 1 心　　　C. 3 叶　　　D. 3 叶 1 心

22. 插秧机行距为（　　）cm。
    A. 20　　　B. 25　　　C. 30　　　D. 35

23. 机插常规稻每亩基本苗是（　　）株。
    A. 5 万~6 万　　　B. 6 万~7 万　　　C. 7 万~8 万　　　D. 8 万~9 万

24. 机插杂交稻每亩基本苗是（　　）株。
    A. 4 万~5 万　　　B. 5 万~6 万　　　C. 6 万~7 万　　　D. 7 万~8 万

25. 插秧深度应控制在（　　）cm 左右。
    A. 0.5　　　B. 1　　　C. 1.5　　　D. 2

26. 直播稻相较于移栽稻的优点不包括（　　）。
    A. 省工　　　B. 省力　　　C. 不伤根　　　D. 全生育期延长

27. 直播常规稻每亩适宜播种量是（　　）kg。
    A. 3　　　B. 4　　　C. 5　　　D. 6

28. 直播杂交稻每亩适宜播种量是（　　）kg。
    A. 2~2.5　　　B. 2.5~3　　　C. 3~3.5　　　D. 3.5~4

29. 直播机等行距机型的行距是（　　）cm。
    A. 15　　　B. 18　　　C. 20　　　D. 25

30. 搁田目的不包括（　　）。
    A. 控制无效分蘖出生　　　B. 改善群体结构
    C. 控制根系生长　　　D. 减轻水稻中后期病虫害发生程度

本章测试题参考答案

1. B　2. A　3. A　4. C　5. D　6. D　7. C　8. C　9. C　10. B
11. B　12. B　13. A　14. B　15. B　16. C　17. C　18. B　19. D　20. C
21. B　22. B　23. D　24. B　25. B　26. D　27. C　28. A　29. C　30. C

第 3 章

水稻主要病虫草害发生与防治

3.1　水稻病害　　　　　　　　　　/66
3.2　水稻虫害　　　　　　　　　　/75
3.3　水稻草害　　　　　　　　　　/85
3.4　水稻病虫害绿色防控技术　　/92

学习目标

- 了解水稻病害症状、害虫形态特征、杂草分类
- 熟悉水稻病害发生规律、虫害发生规律及为害症状
- 掌握水稻病虫草害的防治技术
- 能够识别水稻病虫草害

3.1 水稻病害

水稻病害指由致病因子（包括生物因子和非生物因子）作用，使水稻正常的生理生化功能受到干扰，生长发育受到影响，因而在生理和组织结构上出现多种病理变化，表现出各种不正常状态（病态），甚至导致死亡的现象。

3.1.1 稻瘟病

稻瘟病（见图3-1）是水稻的重要病害之一。我国明代宋应星所著《天工开物·稻灾》中就有稻瘟病的记载。现在，稻瘟病遍布全世界80多个国家和地区，我国南北稻区均有发生。上海郊区每年都有不同程度的稻瘟病发生，其危害程度因水稻品种、栽培管理和气候条件不同而有所差异，一般造成减产10%~20%，严重时可达40%~50%，特别严重时会导致田块颗粒无收。

图3-1 稻瘟病

1. 症状

稻瘟病在水稻各生育期和各部位均有发生，按发病时期和发病部位可分为苗瘟、叶瘟、叶枕瘟、节瘟、穗颈瘟、枝梗瘟、谷粒瘟等，其中以叶瘟和穗颈瘟最为常见，危害较大。

（1）叶瘟。叶瘟在3叶期至穗期均可发生。病斑因气象因素和品种感病程度不同可分为四种类型。

1）慢性型病斑。慢性型病斑又称典型病斑。病斑呈梭形，最外层为淡黄色晕圈，是中毒部；内圈为褐色，是坏死部；中央呈灰白色，是崩溃部。病斑两端的叶脉通常呈褐色线条状，称为坏死线。这"三部一线"是慢性型病斑的主要特征。天气潮湿时，病斑背部多产生灰白色霉状物。

2）急性型病斑。急性型病斑呈暗绿色、水渍状，近圆形或呈不规则形，正反两面都能产生大量的灰色霉层，多在品种感病、适温高湿和氮肥偏多的情况下出现。此病斑的大量出现往往是该病流行的前兆。在天气转晴、植物抗病性增加或施用药剂后，急性型病斑可转变为慢性型病斑。

3）白点型病斑。白点型病斑为白色、近圆形小斑点，多在显症时遇不利条件时发生。如果条件适宜，白点型病斑可发展成急性型病斑；如果条件继续不适，白点型病斑则转变为慢性型病斑。此病斑田间很少发生。

4）褐点型病斑。褐点型病斑为褐色小斑点，局限于叶脉之间，多发生于抗病品种或稻株下部老叶上，无霉层。

（2）叶枕瘟。叶枕瘟是叶耳、叶舌、叶枕发病的总称。病斑初期呈污绿色，扩展后呈灰褐色，常引起叶片早枯或穗颈发病。

（3）节瘟。节瘟发生在穗以下的第1节位、第2节位上。病斑初期呈褐色小点，之后呈环状扩展至整个节部，颜色变为黑褐色。湿度大时，发病部位产生大量的灰色霉层。后期病节干缩凹陷，易折断。

（4）穗颈瘟。穗颈瘟发生在穗颈上，对水稻产量影响最大。病斑初期呈水渍状褐色小点，之后逐渐扩展，呈褐色或墨绿色。发病早的多形成白穗，发病晚的秕粒增加，粒重降低，米质变劣。湿度大时，发病部位可产生灰色霉层。

（5）谷粒瘟。发病早的谷粒，病斑呈椭圆形，中间为灰白色，之后整个谷粒变成暗灰色的秕谷；发病晚的谷粒，常形成不规则的黑褐色斑点。

2. 发生规律

稻瘟病病菌主要以菌丝体或分生孢子的形式在病谷、病稻草上越冬，成为翌年的初侵染源。病菌产生的分生孢子靠气流传播，引起大田的初侵染，形成中心病株。病斑上产生的分生孢子借气流传播至健株，引起再侵染。不同水稻品种的抗病性差异很大，在籼稻和粳稻中均存在高抗至高感的品种类型。同一品种在不同生育期的抗病性也不同，水稻在4叶期至分蘖盛期和抽穗初期最易感病。水稻处于感病阶段时，若气温在20～30℃（尤其在24～28℃），阴雨天多，相对湿度保持在90%以上，则易引起严重的稻瘟病。孕穗后，植株的抗病能力下降，遇到20℃左右的气温，连续阴雨3天以上时，容易引起穗颈瘟流行。另外，氮肥施用过量、偏迟或者长期深灌也易引起病害发生。

3. 防治方法

防治稻瘟病应采取"以选用抗病丰产优质良种为主，以科学栽培和药剂保护为辅"的综合治理措施。

（1）农业防治

1) 选用高产抗病品种。因地制宜地选用高产抗病品种，同时注意品种的合理布局，防止单一化种植，注重品种的轮换和更新。

2) 肥水管理。应注意氮、磷、钾肥配合施用，有机肥和化肥配合施用，施足基肥，早施追肥，防止后期过量施用氮肥。同时，在蘖盛期前和孕穗期，要浅水勤灌，以湿为主；在分蘖盛期到拔节初期，要时干时湿，以干为主。

（2）药剂防治。防治苗瘟和叶瘟应掌握在发病初期用药，及时消灭发病中心（发生较重时，一般连续防治2～3次）；防治穗颈瘟应先在孕穗末期至抽穗初期施药一次，再根据天气情况在齐穗期施第二次药。每亩用23%醚菌·氟环唑悬浮剂40 mL，或20%三环唑可湿性粉剂100 g，或25%咪鲜胺水乳剂80～100 mL，或40%稻瘟灵乳油75～115 mL，兑水进行喷雾。

3.1.2 水稻条纹叶枯病

水稻条纹叶枯病（见图3-2）是由水稻条纹病毒引起，经灰飞虱传播的病毒性病害，各地区常年都有发生。一般田块病株率为5%左右，造成减产3%～5%；重病田块病株率可达50%以上，造成减产30%～50%。

1. 症状

水稻条纹叶枯病在水稻不同生育期的发病症状不同：幼苗期至分蘖期，心叶或心叶以下1～2张叶片上出现褪绿黄白斑，随后扩展成和叶脉平行的黄绿色或黄白色短线条纹，条纹间仍然保持绿色；分蘖期，心叶黄白、柔软、卷曲下垂而成"假枯心"；分蘖至拔节期，上部叶片边缘出现褪绿黄条斑；灌浆结实期，有的不能正常抽穗而形成"枯孕穗"，有的灌浆不足而形成瘦小的畸形穗，有的不能灌浆而形成"白穗"。

图 3-2 水稻条纹叶枯病

2. 发生规律

水稻条纹病毒主要在灰飞虱若虫体内越冬，部分在大麦、小麦及杂草上越冬，成为翌年的初侵染源。灰飞虱是水稻条纹叶枯病的主要传毒昆虫，一旦获毒可终身经卵传毒，并在体内增殖。带毒的灰飞虱越冬后在3月中上旬羽化，在麦田或休闲田杂草上产卵并孵化出一代若虫，若虫于5月下旬羽化成一代成虫后，大量转移到单季稻秧田或早栽单季稻大田为害，成为水稻条纹叶枯病的初侵染源，形成第一个传毒高峰，通常在6月底到7月上旬出现第一次显症高峰。6月中下旬，二代灰飞虱若虫和成虫一般在水稻大田刺吸传毒，形成第二个传毒高峰，在7月下旬到8月上旬出现第二次显症高峰。7月中旬，三代灰飞虱若虫和成虫侵染传毒形成第三个传毒高峰，在8月中下旬出现第三次显症高峰。四代灰飞虱若虫和成虫虽然能传毒，但一般不形成显症高峰。9月下旬天气凉爽时，灰飞虱再繁殖一代（第五代）并转移至麦田及周边杂草上越冬。

水稻在幼苗期到分蘖盛期最易感染条纹叶枯病，且秧苗越小，感染病害的可能性越大，到水稻幼穗分化后就很难感染发病。一般而言，水稻条纹叶枯病的发生还有以下规律：移栽稻易发病且发病程度重于直播稻；早栽田块发病程度重于迟栽田块；农田环境不整洁的田块发病重；过渡寄主作物（种植水稻的田块前茬作物）多的田块发病重；稻麦共生的田块发病重。

3. 防治方法

水稻条纹叶枯病是由灰飞虱传播病毒引起的病害，防治策略为"治虫控病"，尤其要狠治一、二代灰飞虱，切断传毒链。

（1）农业防治。一是清除田边、沟边杂草，破坏灰飞虱的生存场所。二是适当推迟播种期，避开一代灰飞虱迁移高峰，直播稻播种期控制在5月25日以后，降低传毒概率。三是集中育秧，在安排秧田时，尽可能地远离麦田，进行集中连片育秧，防止灰飞虱就近迁入为害，在机插稻秧田积极推广无纺布、防虫网等物理防治措施，保护秧苗免受灰飞虱传毒为害。

（2）药剂防治。一是早春防治。结合麦子穗期蚜虫防治，对田边、路边、沟边等寄主植物上的灰飞虱进行一次防治（每亩用25%吡蚜酮可湿性粉剂20 g兑水喷雾），尤其做好机插稻田边麦田的防治。二是种子消毒。每亩种子用含10%吡虫啉可湿性粉剂（10 g）的药液进行浸种处理。三是苗期防治。机插稻在揭秧田无纺布当天进行第一次防治，直播稻在"1叶1心"至2叶期进行第一次防治（每亩用25%吡蚜酮可湿性粉剂20 g兑水喷雾），隔7天进行第二次防治（每亩用25%噻嗪酮可湿性粉剂40 g兑水喷雾）。四是病毒钝化，减缓病害扩展。在早播机插稻、直播稻发病蔓延初期，防治灰飞虱并使用病毒钝化剂，能有效减缓病害扩展。

3.1.3　水稻纹枯病

纹枯病是水稻的主要病害，如图3-3所示。它是一种高温、高湿病害，一般在水稻分蘖末期开始发病，拔节孕穗期到抽穗期发病严重，抽穗前后受害最重。水稻纹枯病可使植株茎秆、叶鞘干枯至腐烂，引起结实率下降，千粒重降低，甚至植株倒伏而绝产。

图3-3　水稻纹枯病

1. 症状

水稻纹枯病的发病症状是：先在植株基部至水面处出现暗绿色水浸状小斑点，再逐渐扩大成椭圆形病斑，病斑边缘为褐色至深褐色，中部为黄白色或灰白色，最后病斑相互连接形成云纹状大斑，叶鞘枯死至腐烂。发病严重时，植株倒伏或枯死。

2. 发生规律

水稻纹枯病病菌主要在土壤、病稻草或其他寄主残体上越冬。水稻纹枯病的田间传播主要通过流水。灌水时，菌核浮在水面上，随水流传播。菌核漂浮到稻株基部叶鞘上，温度适宜时，菌核萌发成菌丝，由叶鞘内侧表面侵入，在叶鞘表面长出气生菌丝并继续向四周扩展，反复侵染。该病菌从叶鞘向茎内侵染时，一般呈"H"形垂直侵染。

3. 防治方法

水稻纹枯病的防治应以农业防治为基础，结合适时的药剂防治。

（1）农业防治。管好肥水既可以促进稻株健康生长，又能有效控制水稻纹枯病的危害程度，是关键防治措施之一。生长前期，应浅水勤灌；生长中期，应适时搁田；生长后期，应"干干湿湿"。另外，要注意氮、磷、钾等肥料的合理搭配使用，施足基肥，适时追肥，使水稻稳长不旺，后期不贪青、不倒伏，增强植株的抗病能力。

（2）药剂防治。一般在分蘖盛期、发病初期进行第一次防治，之后每隔10天左右再喷一次药剂，具体防治方案应根据天气及病情发展趋势而定。每亩可选用6%井冈·嘧苷素水剂150 mL，或15%井冈霉素A可湿性粉剂70 g，或20%井冈·蜡芽菌悬浮剂100 g，根据水稻不同生育期兑水进行喷雾。对于发病严重的田块，可选用24%噻呋酰胺悬浮剂20 mL或12.5%氟环唑悬浮剂30~45 mL兑水进行喷雾。

3.1.4 稻曲病

稻曲病（见图3-4）俗称谷瘤，通常在中晚稻和杂交稻上发生。水稻多在抽穗开花阶段感病，形成穗部危害，一般每穗有病粒1~5粒，严重时可达20~30粒。病粒附近的谷粒粒重下降，秕谷增加，造成减产20%~30%。此外，稻曲病病粒含有对人畜有害的毒素，用混有稻曲病病粒的稻谷饲养家禽可引起家禽慢性中毒，造成其内脏病变，直至死亡。

图3-4 稻曲病

1. 症状

稻曲病仅在穗部发生，其发病症状是：先在颖壳合缝处露出淡绿色的块状孢子座；后孢子座转变成墨绿色或橄榄色并包裹颖壳，近球形，体积可达健粒的数倍；最后孢子座开裂，散布墨绿色粉末。剖视病粒，可见其中心为白色肉质块，外围可分为三层：外层为墨绿色，中间为橙黄色，内层为淡黄色。

2. 发生规律

稻曲病病菌以厚垣孢子的形式附着在种子表面或落入田间越冬，也可以菌核的形式在土壤中越冬，成为翌年的初侵染源。水稻孕穗期至抽穗灌浆期，在适宜的温度、湿度下，菌核萌发产生子座，形成子囊壳，释放子囊孢子；厚垣孢子萌发产生分生孢子，或者直接借风雨传播至稻株穗部，自花器和幼颖侵入。

稻曲病的发生与水稻抗病性、气象、栽培管理等因素有关。水稻孕穗期至抽穗开花期如遇适温（25~28℃）、多雨、少日照天气，病害易发生严重。过多施用氮肥，尤其是过多施用穗肥的田块易发病重。长期深灌，植株过于嫩绿且密度过大，感病品种连年种植导致田间菌量积累，均会使病害发生加重。

3. 防治方法

防治稻曲病主要采取农业防治措施，并结合药剂防治措施。

（1）农业防治

1）选用高产抗病品种。

2）避免在病田留种，发病田的秕谷及早处理，以免病菌传播。

3）加强栽培管理，合理施用氮、磷、钾肥，切忌偏施、迟施氮肥，后期进行湿润灌溉，降低田间湿度，减轻病害程度。

（2）药剂防治。在抽穗前6天左右，每亩选用15%井冈霉素A可湿性粉剂70 g，或6%井冈·蛇床素可湿性粉剂80 g，或20%井冈·蜡芽菌悬浮剂100 g，兑水进行喷雾。对于往年发病严重的田块，可选用75%肟菌·戊唑醇水分散粒剂10~15 g兑水进行喷雾，重点喷在植株上部。

3.1.5　水稻恶苗病

恶苗病是一种常见的水稻种传病害，又称徒长病、白秆病，如图3-5所示。

1. 症状

恶苗病在水稻幼苗期到抽穗期都会发生。病株细长，比正常植株高出三分之一，叶色淡，节间加长，产生大量不定根，尤其是基部节发生更多。病株一般不能抽穗；或不能完全抽穗；或剑叶早出，提前抽穗，穗小而不结实。垂死或已死病株的叶鞘和茎秆上可产生

图 3-5 水稻恶苗病

淡红色或白色粉状物，后期可见散生或群生蓝黑色小粒（子囊壳）。水稻抽穗期，谷粒也可受害，严重的变为褐色，不结实或颖壳接缝处产生淡红色霉层。该病的常见症状是稻株徒长和茎节上长倒生根，但也有呈现矮化或外观正常的情况。

2. 发生规律

带菌种子是水稻恶苗病的主要侵染源，其次是病稻草。病菌以分生孢子的形式附于种子表面或以菌丝体的形式潜伏于种子内越冬，播种后，病菌随种子的萌发而繁殖为害。所播稻种受机械损伤或秧苗根部受伤严重的，插秧后发病就更重。

3. 防治方法

水稻恶苗病是种传病害，因此做好种子处理是防治此病的关键措施。近年来，推广使用的17%杀螟·乙蒜素可湿性粉剂（菌虫清）是目前防治种传病害较为理想的药剂。每亩种子用17%杀螟·乙蒜素可湿性粉剂30 g配制浸种药液后浸种。

勿用病稻草覆盖秧田，特别是不能把病稻草作为催芽用的保温、保湿物，以免传播病害。

3.1.6 水稻胡麻斑病

水稻胡麻斑病（见图3-6）从幼苗期至灌浆结实期均可发病，稻株地上部均可受害，以叶片受害居多。

1. 症状

苗期（幼苗期和分蘖期合称苗期）叶片、叶鞘发病多出现椭圆形病斑，如胡麻粒大小，呈暗褐色，有时病斑扩大连片呈条形，病斑多时秧苗枯死。成株叶片染病初期出现褐色小点，后逐渐扩大为椭圆形病斑，如芝麻粒大小，病斑中央呈褐色至灰褐色，边缘呈褐

图 3-6 水稻胡麻斑病

色，周围有深浅不同的黄色晕圈，严重时连成不规则大斑。叶鞘染病初期，病斑呈椭圆形、暗褐色，边缘呈淡褐色，水渍状，后变为中心呈灰褐色的不规则大斑。穗颈和枝梗发病受害部为暗褐色，发病造成穗枯。谷粒染病时呈灰黑色，渐扩至全粒，造成秕粒。气候湿润时，上述病发部位长出黑色绒状霉层，即病原菌分生孢子梗和分生孢子。

2. 发生规律

水稻胡麻斑病病菌以菌丝体的形式附在病残体或种子上越冬，成为翌年的初侵染源。病斑上的分生孢子在干燥条件下可存活 2~3 年，潜伏菌丝体能存活 3~4 年，菌丝翻入土中经一个冬季后失去活力。带病种子播下后，潜伏菌丝体可直接侵害幼苗。分生孢子可借风吹到秧田或大田，萌发菌丝，直接穿透侵入或从气孔侵入水稻，条件适宜时很快出现病症，并形成分生孢子，借风雨传播进行再侵染。

一般而言，高温、高湿或有雾、露存在时发病重，土壤为酸性土壤、沙质土或缺磷少钾时易发病，旱秧田发病重。菌丝生长的适宜温度是 24~30℃，分生孢子萌发必须有水滴存在，相对湿度要大于 92%。在饱和湿度、25~28℃下，病菌 4 h 就可侵入寄主。

3. 防治方法

（1）农业防治

1）耕翻灭茬，压低菌源基数。病稻草要及时处理销毁。

2）选在无病田留种或进行种子消毒。

3）增施腐熟堆肥作基肥，及时追肥，增施磷、钾肥，特别是钾肥，可提高植株抗病能力。对于酸性土壤，要注意排水，适当施用石灰。要浅水勤灌，避免长期水淹造成通气不良。

（2）药剂防治（参见稻瘟病）。

3.2 水稻虫害

通常把危害水稻的昆虫和螨类等称为水稻害虫,把由它们引起的对水稻的伤害称为水稻虫害。水稻害虫对水稻的危害还表现在能传播病毒,引起水稻病害,造成间接危害。因此,在实际生产中,了解掌握水稻害虫的一般形态特征及生长发育规律,正确识别害虫,对防治虫害具有重要意义。

3.2.1 纵卷叶螟

纵卷叶螟(见图3-7)属鳞翅目螟蛾科,是一种危害水稻的迁飞性害虫,也是水稻的主要害虫之一。除为害水稻外,纵卷叶螟还可取食大麦、小麦等作物,以及稗、李氏禾等杂草。纵卷叶螟以幼虫为害水稻,其缀叶成纵苞,躲藏其中取食叶上表皮及叶肉,仅留白色下表皮。苗期受害将影响水稻正常生长,甚至引起枯死;分蘖期至拔节期受害将使分蘖减少,植株低矮,生育期推迟;孕穗后,特别是抽穗到齐穗期剑叶受害,将影响开花结实,使空秕率提高,千粒重下降。

图3-7 纵卷叶螟

1. 形态特征

纵卷叶螟成虫体长7~9 mm,翅展12~18 mm,为黄褐色,前、后翅外缘均有暗灰色宽带纹。其中,前翅翅面有3条黑褐色横线,中横线短,不伸达后缘;后翅翅面有2条黑褐色横线。雄蛾体型较小,前翅前缘中央有一瘤状毛块突起。卵较小,初产时为乳白色,将孵化时为米黄色,被寄生的卵呈黑褐色。幼虫有5龄,为黄绿色,老熟后为橘黄色或橘红色;中、后胸背面各有8个毛瘤,周围有黑纹;腹部也有毛瘤,但无黑纹。蛹初为黄褐色,后转为红棕色,近羽化时带金黄色。

2. 生活习性

纵卷叶螟成虫有趋光性，喜荫蔽潮湿，能长距离迁飞，白天常栖于荫蔽、高湿的作物田。成虫羽化形成后，头2天常选择生长茂密的稻田产卵，历时3~4天，卵散产，少数2~5粒相连。每雌蛾产卵量为40~50粒，最多150粒左右。产卵位置因水稻生育期而异，但大多在叶片中脉附近。1龄幼虫在分蘖期爬入心叶或嫩叶鞘内侧啃食叶肉，在孕穗、抽穗期则爬至老虫苞或嫩叶鞘内侧啃食叶肉。2龄幼虫可将叶尖卷成小虫苞，然后吐丝纵卷稻叶形成新的虫苞，幼虫潜藏于虫苞内啃食叶肉。幼虫蜕皮前，常转移至新叶重新做苞。4、5龄幼虫食量占其总食量的95%左右，为害最大。每只幼虫一生可卷叶5~6片，多的达9~10片。老熟幼虫在稻丛基部的黄叶或无效分蘖的嫩叶苞中化蛹，有的也在稻丛间化蛹，少数在老虫苞中化蛹。

3. 发生规律

纵卷叶螟一年发生4~5代，不能在本地越冬，初见虫源由南方迁入。第一代成虫5月底在早稻上产卵，到6月中旬，田间出现零星白叶，虫量很少，一般都不防治。第二代成虫6月下旬至7月中旬由南方大量迁来，对于早稻而言，第二代幼虫危害盛期与早稻孕穗、抽穗期相吻合，水稻特别容易受害，需要重点防治；对于单季晚稻而言，此时其正值分蘖期，水稻受害后再生补偿能力极强，除第二代幼虫大发生的年份和田块，一般可不单独施药防治。第三代成虫于7月下旬至8月中旬大量羽化形成，主要以本地虫源为主，但在7月下旬至8月初也可有外来虫源迁入，此时单季晚稻正值拔节期，部分早熟、中熟品种进入幼穗分化期，后季稻处于秧田期，第三代幼虫对它们的危害很大，需重点防治。8月下旬至9月中旬，第四代成虫盛发，以本地虫源为主，一般会大量迁出，但此时若气温较高、阴有小雨，成虫会滞留本地，进行产卵和卵的孵化，从而部分迟栽单季晚稻和后季稻易受第四代幼虫危害。10月上旬，第五代成虫羽化形成，若气温偏高，少数生长嫩绿的迟栽后季稻仍会遭到第五代幼虫的危害，但一般成虫都向外迁出。

在成虫盛期，若遇阴有小雨的天气，则卵粒孵化率高，往往大发生；若遇长期高温、干燥，或在卵孵盛期遇大风暴雨，或赤眼蜂和纵卷叶螟绒茧蜂较多，则成虫量虽大，也不致造成严重危害。

4. 为害症状

在分蘖期，第一、第二代初孵幼虫常爬入心叶、叶鞘内啃食叶肉，形成白色斑点，2龄幼虫开始吐丝纵卷成虫苞；而第三、第四代初孵幼虫则大多先在老虫苞内取食，不久爬到叶尖上吐丝卷叶为害，之后逐渐下移到叶片中部做纵卷的圆筒状单叶苞，在苞内啃食叶肉，仅留表皮，形成白色条斑，严重时致全叶枯白。

5. 防治方法

（1）农业防治

1）选用抗（耐）虫水稻品种。

2）合理施肥，使水稻生长发育健壮，防止前期猛发旺长、后期贪青迟熟。

3）科学进行水浆管理，适当调节搁田时间，降低幼虫孵化期的田间湿度，或在化蛹高峰期灌深水 2~3 天，杀死虫蛹。

（2）生物防治。保护与利用天敌，提高自然控制能力。纵卷叶螟各生长发育期均有天敌寄生或捕食，保护利用好天敌资源可大大增强对纵卷叶螟的控制。卵期寄生性天敌有拟澳洲赤眼蜂、稻螟赤眼蜂等；幼虫期寄生性天敌有纵卷叶螟绒茧蜂，捕食性天敌有蜘蛛、青蛙等。它们对纵卷叶螟都有很大的防治作用。

（3）药剂防治

1）药剂防治策略。根据水稻分蘖期和穗期（孕穗期和抽穗期）易受纵卷叶螟为害，尤其是穗期损失更大的特点，药剂防治的策略为"狠治穗期为害代，不放松分蘖期为害严重代"。

2）药剂防治时间。若使用化学农药，药剂防治时间应为幼虫 2 龄高峰期；若使用生物农药，如 Bt 制剂、阿维菌素系列等，药剂防治时间应为幼虫初孵期。

3）常用农药品种及其用量。每亩用 40%氯虫·噻虫嗪水分散粒剂 12 g，或 1%甲维盐可湿性粉剂 100 g，或 0.1%阿维·苏云菌可湿性粉剂 100 g，或 20%甲维·茚虫威悬浮剂 15 mL，或 15%茚虫威悬浮剂 16 mL，或 30%茚虫威水分散粒剂 8~10 g，兑水进行喷雾。当错过防治适期或者田间害虫以高龄为主时，可用 20%氯虫苯甲酰胺悬浮剂 10 g 兑水进行喷雾。防治时要注意施药质量，用水量要足。用药时，田间需保持 3~5 cm 薄水层 4~5 天，同时防止漏治。

3.2.2 二化螟

二化螟（见图 3-8）属鳞翅目螟蛾科，是水稻的常发性害虫之一。水稻分蘖期受害将造成枯鞘、枯心苗，穗期受害将造成虫伤株和白穗，一般造成减产 3%~5%，严重时造成减产 30%以上。二化螟在国内各稻区均有分布，较三化螟和大螟分布广，但主要以长江流域及其以南稻区发生较重。二化螟除危害水稻外，还危害茭白、玉米等作物。

1. 形态特征

二化螟成虫雄蛾体长 10~12 mm，翅展 20~25 mm；头、胸部为灰黄褐色；前翅近长方形，为黄褐色或灰褐色，翅面散布褐色小点，外缘有 7 个小黑点；后翅为白色，近外缘渐带淡黄色。雌蛾体长 12~15 mm，翅展 25~31 mm；头、胸部及前翅为黄褐色或淡黄褐色；前翅翅面褐色小点很少，外缘也有 7 个小黑点；后翅为白色，有绢丝状反光。卵扁平，为椭圆形，初产时为乳白色，后渐变为茶褐色，近孵化时为黑色。卵块为长椭圆形，作鱼鳞状单层排列，覆盖透明胶质物。幼虫通常为 6 龄，也有 5 龄和 7 龄的。2 龄以上的幼虫为淡褐色，体长 20~30 mm，体背面有 5 条棕褐色纵线。蛹为圆筒形，尾端稍尖，初为淡黄色，背面可见 5 条棕色纵纹，后变为红褐色，纵纹消失。

图 3-8 二化螟

2. 生活习性

二化螟成虫白天静伏在稻丛和杂草中，夜晚活动。其趋光性强，对黑灯尤为敏感。雌蛾喜在叶色浓绿、粗壮高大的稻株上产卵，在杂交稻上产卵比在常规稻上产卵多，在水稻分蘖期和孕穗期的产卵较在其他生育期的产卵多。着卵部位因水稻生育期而异：在水稻幼苗期至分蘖期，多产在第 1 叶片至第 3 叶片正面离叶尖 3~6 cm 处；在水稻分蘖后期至抽穗期，多产在离水面 7~10 cm 的第 2 叶鞘上。

3. 发生规律

二化螟在上海郊区一年发生 2~3 代，幼虫在稻桩、稻草和茭白上越冬，越冬幼虫抗逆性强，冬季耐低温，春季耐雨湿。由于越冬虫龄不一及越冬场所小气候环境复杂，越冬幼虫化蛹、羽化的时间很不统一，以在茭白上越冬的幼虫最早，其次为在稻桩、稻草、夏熟作物等上越冬的幼虫。越冬代的发蛾期很长，从 4 月下旬延续至 7 月中旬，前后长达 80 天以上，并有 3~4 个集中发蛾的高峰日。第一代发蛾盛期在 8 月中上旬。

4. 为害症状

初孵幼虫先侵入叶鞘取食内壁组织，造成枯鞘，枯鞘是二化螟为害的最初症状。到 2~3 龄后，幼虫蛀入茎秆，造成枯心苗与白穗。初孵幼虫在幼苗期水稻上一般分散为害，或几条幼虫集中为害；在大的稻株上一般先集中为害，数十至百余条幼虫集中在一稻株叶鞘内，至 3 龄幼虫后才转株为害。

5. 防治方法

（1）农业防治

1) 合理安排茬口。冬作物（大麦、小麦、油菜、留种绿肥等）要注意安排在虫源少的晚稻田。

2) 耕翻灭茬，春耕灌水。通过耕翻灭茬，春耕灌水，可把在稻桩中越冬的二化螟幼虫消灭掉。

3) 适时播种。直播稻在 5 月 25 日以后播种，移栽稻在 5 月 20 日播种、6 月 15 日后移栽，可避开 80% 以上的越冬成虫。

（2）药剂防治。二化螟第一代幼虫的危害比第二代的严重，狠治第一代既能控制当代危害，又能压低第二代发生基数，因此在药剂防治上采取"狠治一代、挑治二代"的策略。根据病虫测报，应在二化螟产卵高峰后 7 天或孵化始盛期用药。

每亩用 24% 甲氧虫酰肼悬浮剂 25 g，或 20% 氯虫苯甲酰胺悬浮剂 150 mL，或 40% 氯虫·噻虫嗪水分散粒剂 12 g，兑水进行喷雾。

3.2.3 大螟

大螟（见图 3-9）又名稻蛀茎夜蛾，属鳞翅目夜蛾科，寄主有稻、麦、玉米、甘蔗、油菜、稗草、芦苇等，为害症状与二化螟相似。

图 3-9 大螟

1. 形态特征

大螟成虫雌蛾体长 12~15 mm，翅展 27~30 mm；头、胸部为淡黄褐色，腹部为淡黄色；前翅为长方形、淡黄褐色，翅中部从翅基至外缘有明显的暗褐色纵纹，此纹上下各有两个小黑点；后翅为银白色。雄蛾体长约 12 mm，翅展约 27 mm，触角为栉齿状。卵块呈带状，排列成 2~4 行。卵初产时为乳白色，后变为淡黄色、淡红色至灰褐色。幼虫体粗壮，头为红褐色，胴部为淡黄色，背面带紫红色。蛹长 13~18 mm；初期为乳白色，渐变为黄褐色、褐色，将羽化时全体呈赤褐色；头部覆白色粉状物；左右翅芽有一段相接，足不伸出翅芽；腹部末端有 4 个突起。

2. 生活习性

越冬成虫把卵产在田边看麦娘、李氏禾等杂草叶鞘内侧，幼虫孵化后再转移到邻近水稻叶鞘内取食。3龄前，幼虫常十几头群集在一起，先把叶鞘内层吃光，后钻进心部造成枯心。3龄后，幼虫分散为害田边2~3丛稻苗，蛀孔距水面10~30 cm，老熟时化蛹在叶鞘处。成虫飞翔能力强，在夜间活动，有趋光性，常栖息在株间。每只雌蛾可产卵240粒左右。

3. 发生规律

大螟一般一年发生1~3代。各代的发蛾盛期为：越冬代5月中上旬；第一代7月中旬；第二代8月下旬；第三代9月下旬。越冬代的发蛾期很长，从4月上旬延续到6月上旬，在水稻田外寄主如茭白、玉米等上产卵为害，给春播玉米带来严重威胁，春播玉米收获后又大量转害水稻。羽化后2~4天是雌蛾产卵高峰期，这期间的产卵数占总产卵数的80%以上，卵多产在植株基部第2、3叶的叶鞘内侧。测报第一代幼虫发生期可根据卵色的变化：卵由乳白色变为淡黄色、由淡黄色变为淡红色、由淡红色变为灰褐色各需3天，此后再过1~2天，卵块就孵化。

4. 为害症状

幼虫蛀入稻茎为害，造成枯鞘、枯心苗及白穗。大螟为害的孔较大，有大量虫粪排出茎外，有别于二化螟。大螟为害造成的枯心苗蛀孔大、虫粪多，且大部分不在稻茎内，多夹在叶鞘和茎秆之间，受害稻茎的叶片、叶鞘部都变为黄色。大螟造成的枯心苗田边较多、田中间较少，有别于二化螟、三化螟。

5. 防治方法

（1）农业防治

1）结合二化螟、三化螟防治，冬翻灭茬，铲除田埂和沟边的杂草，以消灭越冬幼虫。

2）点灯诱杀越冬代羽化形成的成虫。

（2）药剂防治。加强对第一代幼虫的测报，通过查上一代幼虫的化蛹进度，预测成虫发生高峰期和第一代幼虫孵化高峰期，确定防治适期。药剂防治策略是"狠治一代，重点防治稻田四周"。

当枯鞘率达5%或始见枯心苗时，大部分幼虫处在1~2龄阶段，此时应及时用药。每亩用24%甲氧虫酰肼悬浮剂25 g，或20%氯虫苯甲酰胺悬浮剂150 mL，或40%氯虫·噻虫嗪水分散粒剂12 g，兑水进行喷雾。

3.2.4 稻飞虱

稻飞虱属同翅目飞虱科，危害水稻的主要有褐飞虱、白背飞虱和灰飞虱三种。其中，对水稻危害较重的是褐飞虱和白背飞虱。早稻前期危害以白背飞虱为主，后期危害以褐飞虱为主；中、晚稻以褐飞虱为主。灰飞虱很少直接成灾，但能传播稻、麦、玉米等作物的病毒。

1. 形态特征

三种稻飞虱有共同特征：体型小，口器为针状，触角为短锥状，成虫有两对半透明的翅，分为长翅型和短翅型。

（1）个体特征

1）褐飞虱。褐飞虱（见图3-10）长翅型成虫体长3.6~4.8 mm，短翅型成虫体长2.5~4 mm。头顶近方形，额近长方形，中部略宽，前翅呈黄褐色、透明，翅斑为暗褐色。卵产在叶鞘和叶片组织内，排成一条，卵粒呈香蕉状。若虫分5龄，体长1.1~3.2 mm，随着若虫成长，体色逐渐由黄白色变为暗褐色。

图3-10　褐飞虱

2）白背飞虱。白背飞虱（见图3-11）长翅型成虫体长3.8~4.6 mm，短翅型成虫体长2.5~3.5 mm。头顶稍突出，突出在复眼前方，前翅呈淡黄褐色、透明。卵为新月形。若虫分5龄，体长1.1~2.9 mm，随着若虫成长，体色逐渐由灰白色变为灰白相嵌。

图3-11　白背飞虱

3）灰飞虱。灰飞虱（见图3-12）长翅型成虫体长3.8~4.1 mm，短翅型成虫体长2.2~2.6 mm。头顶与前胸背板为黄色。雄虫中胸背板为黑色，雌虫中胸背板中部为淡黄色，两侧为暗褐色。前翅近于透明，具翅斑。卵为长椭圆形，稍弯曲，前端较细于后端。若虫分 5 龄，体长 1~2.7 mm，随着若虫成长，体色逐渐由乳白色变为灰褐色。

图 3-12　灰飞虱

（2）三种稻飞虱的特征比较。三种稻飞虱的特征比较见表 3-1、表 3-2、表 3-3。

表 3-1　　　　　　　　　　　　　成虫的特征比较

比较项	种类	褐飞虱		白背飞虱		灰飞虱	
		长翅型	短翅型	长翅型	短翅型	长翅型	短翅型
体长（mm）	雌	4.8	4.0	4.6	3.5	4.1	2.6
	雄	3.6	2.5	3.8	2.5	3.8	2.2
中胸背板颜色	雌	茶褐色	黄褐色	中间姜黄色，两边暗褐色	中间黄白色，两边淡灰色	中间黄褐色，两边各有1个半新月形暗褐色斑	中间淡黄色，两边各有1个半新月形淡褐色斑
	雄	暗褐色	深褐色	中间淡黄色，两边黑色且前端相连		黑色	黑色

表 3-2　　　　　　　　　　　　　卵块的特征比较

比较项 \ 种类	褐飞虱	白背飞虱	灰飞虱
卵粒形状	香蕉形	新月形	长椭圆形，稍弯曲
卵粒颜色	初产时乳白色，渐变为淡黄色至锈褐色，并出现红色眼点	前期乳白色，后期淡黄色，并出现红色眼点	初产时乳白色，后期淡黄色
卵粒排列方式	呈条形，前部单行，后部挤成双行	呈条形，前部单行	呈条形，前部单行，后部挤成双行
产卵痕迹	相平，细看像小方块	不露出，看不到卵帽	稍露出，细看像鱼子

表 3-3　　　　　　　　　　　　若虫的特征比较

比较项 \ 种类	褐飞虱	白背飞虱	灰飞虱
体色	黄白色→黄褐色→暗褐色	灰白色→灰白相嵌	乳白色→乳黄色→灰褐色
体形	椭圆形	橄榄形	椭圆形
体长（mm）	1.1~3.2	1.1~2.9	1.0~2.7
腹部	有一倒凸形浅色斑纹，第3、4节有一对较大的浅色斑纹，第7~9节的浅色斑纹呈山字形	第3、4节各具1对乳白色三角形大斑，第6节背板中部有1条浅色横带	各节分界明显，腹节间有白色的细环圈
落水后足伸长情况	一字形	一字形	八字形

2. 生活习性

稻飞虱长翅型成虫均能长距离迁飞，成虫和若虫均群集在稻丛下部茎秆上刺吸汁液，遇惊扰即跳落水面或逃离，趋光性强（灰飞虱的趋光性稍弱），且喜趋嫩绿。卵多产在稻丛下部叶鞘内，水稻抽穗后或产于穗颈部内。

（1）褐飞虱。褐飞虱喜温暖高湿的气候条件，在相对湿度80%以上、气温20~30℃时生长发育良好，尤以26~28℃最为适宜，温度过高、过低或湿度过低不利于其生长发育，尤以高温干旱影响最大。因此，若夏秋多雨，盛夏不热，晚秋暖和，则有利于褐飞虱发生。

褐飞虱长翅型成虫具有趋光性，闷热夜晚扑灯更多。成虫、若虫一般栖息于阴湿的稻丛下部。成虫喜产卵在处于抽穗开花期的水稻上，产卵期长，有明显的世代重叠现象。卵多数产在叶鞘中央肥厚部位，少数产在稻茎、穗颈和叶片基部中脉内。每只雌虫一般产卵300~700粒，短翅型雌虫产卵量比长翅型雌虫产卵量多。在水稻乳熟期后，长翅型成虫比例上升，易引起迁飞。

（2）白背飞虱。白背飞虱对温度的适应范围较褐飞虱大，能在15~30℃下正常生存，要求相对湿度为80%~90%。凡夏初多雨、盛夏干旱时，发生危害较重。

白背飞虱长翅型成虫具有远距离被动迁飞特性，在稻株上的取食部位比褐飞虱的稍高，并可在水稻茎秆和叶片背面活动。长翅型雌虫可产卵300~400粒，短翅型雌虫产卵量较之高约20%。雌虫少数产卵于叶片基部中脉内，产卵痕开裂。

（3）灰飞虱。灰飞虱属于温带地区的害虫，耐低温能力较强，对高温适应性较差，其生长发育的适宜温度在28℃左右，冬季低温对其越冬若虫影响不大，在本地能安全越冬。越冬代以短翅型居多，其余各代以长翅型居多。成虫喜在植株生长嫩绿、高大茂密的地块产卵。雌虫产卵量一般为数十粒，越冬代产卵量最多，可达500粒左右，每个卵块的卵粒数大多为5~6粒。灰飞虱能传播条纹叶枯病、黑条矮缩病等多种病毒病。

3. 发生规律

（1）褐飞虱。褐飞虱是一种迁飞性害虫，在上海地区不能越冬，初见虫源由南方迁飞而来。褐飞虱一年在本地发生4~5代，危害水稻盛期在8—10月。第一代成虫于5月下旬迁入，主要危害秧苗和早播稻；第二代成虫于6月下旬至7月上旬迁入稻田产卵；第三代若虫于7月中旬大量孵化形成，常和白背飞虱混合发生；第四代若虫于8月中下旬大量孵化形成，此时中稻正在抽穗期前后，单季晚稻正值拔节孕穗期，虫量增多，危害加重；第五代若虫于9月下旬大量孵化形成，此时单季晚稻和后季稻进入乳熟期，虫量激增，对水稻威胁很大。

（2）白背飞虱。白背飞虱是一种迁飞性害虫，在上海地区不能越冬，初见虫源由南方迁飞而来。白背飞虱一年在本地发生4~5代。第一代成虫于6月下旬迁入稻田；7月中上旬，第二代若虫大量孵化形成，可造成大量危害，7月下旬至8月上旬羽化；8月中下旬，第三代若虫大量孵化形成，9月上旬羽化；9月下旬，第四代若虫大量孵化形成，10月中下旬羽化，并陆续外迁，同时少量第五代若虫孵化形成，水稻收获后均死亡。

（3）灰飞虱。灰飞虱在上海地区越冬，一般一年发生5~6代。越冬代在4月中上旬羽化后，在麦田或休闲田杂草上产卵；第一代若虫于5月中旬至6月初大量孵化形成；第二代若虫于6月中旬至7月中旬孵化形成；第三代若虫于7月下旬至8月下旬孵化形成；第四代若虫于9月孵化形成，有部分3、4龄若虫进入越冬状态；第五代若虫于10月上旬至11月中旬孵化形成，并进入越冬期。

全年以9月初的第四代若虫密度最大，大部分地区多以3、4龄（少数以5龄）若虫在田边、沟边杂草中越冬。冬春田间有小麦有利于灰飞虱越冬为害；免耕栽培有利于提高灰飞虱种群基数；冬季气候干燥有利于灰飞虱安全越冬；夏季雨水偏多，气温偏低，有利于灰飞虱发育繁殖。

4. 为害症状

（1）褐飞虱。褐飞虱的成虫、若虫群集于稻丛基部，刺吸茎叶组织的汁液。虫量大、危害重时引起稻株枯黄、倒伏，俗称"冒穿"，导致严重减产或失收。褐飞虱产卵时，刺伤稻株茎叶组织，形成大量伤口，促使水分由刺伤点向外散失，同时破坏输导组织，加重水稻受害程度。褐飞虱一般是先密集为害，后逐渐扩大蔓延。

（2）白背飞虱。白背飞虱的成虫、若虫吸食稻株汁液。雌虫还将产卵器刺入稻株组织进行产卵，造成伤口，增大稻株的养分消耗和水分散失，并为一些弱寄生菌侵染创造条件。一般来说，水稻在幼苗期和分蘖期受害后，从下至上叶片端部发黄，分蘖减少，植株矮缩甚至枯死；在拔节期至孕穗期受害后，下部和中上部叶片发黄，植株短缩，叶鞘、茎秆上的褐色伤痕密集，实粒数减少；在乳熟期受害后，千粒重下降，"青头穗"增加，甚至引起植株倒伏或干枯。

（3）灰飞虱。灰飞虱的成虫、若虫均以口器刺吸水稻汁液为害，一般群集于稻丛中上部叶片。虫量大时，稻株汁液大量丧失而枯黄，同时因大量灰飞虱排泄物洒落附近叶片或穗上而滋生霉菌，但较少出现"冒穿"症状。灰飞虱是传播条纹叶枯病等多种水稻病毒病的媒介，这些病毒病所造成的危害常大于直接吸食所造成的危害。

5. 防治方法

（1）农业防治。加强肥水管理，减轻危害。例如，浅水勤灌，不深水漫灌，不长期积水；适时搁田，控制无效分蘖，防止倒伏；合理施肥，防止前期披叶，后期猛发迟熟。

（2）生物防治。稻飞虱各生长发育期的寄生性天敌和捕食性天敌种类较多，除寄生蜂、黑肩绿盲蝽、瓢虫等外，蜘蛛、线虫、菌类等对稻飞虱发生有很大的抑制作用。因此，在农业防治基础上科学用药，避免过量杀伤天敌，保护利用好天敌，对控制稻飞虱发生为害能起到明显的效果。

（3）药剂防治。药剂防治应根据水稻品种和稻飞虱发生情况，采取"压前控后或狠治主害代"的策略，选用高效、低毒、持效期长的农药，尽量考虑对天敌的保护，在若虫孵化高峰至2~3龄盛期施药。

每亩用25%吡蚜酮可湿性粉剂20 g，或25%吡蚜酮悬浮剂20 mL，或30%混灭·噻嗪酮乳油100~120 mL，或50%烯啶虫胺水分散粒剂8 g，兑水进行喷雾。

3.3 水稻草害

3.3.1 稻田杂草分类

稻田杂草的种类很多，从植物学角度出发，通常将杂草按科、属、种进行系统分类，但从稻田杂草防除技术角度出发，下列三种分类方法更为常用、实用，更有利于针对性地选好除草剂品种。

1. 按形态分类

按形态分类，杂草大致可分为以下三大类。

（1）禾草。禾草的主要形态特征是：茎呈圆形或扁圆形，节和节间相区别，节间中空；叶鞘开张，常有叶舌；胚具有1片子叶；叶片狭窄而长，具有平行叶脉，无叶柄。

(2) 莎草。莎草的主要形态特征是：茎呈三棱形或扁三棱形，节与节间区别不明显，茎常为实心；叶鞘不开张，无叶舌；胚具有1片子叶；叶片狭窄而长，具有平行叶脉，无叶柄。

(3) 阔叶草。阔叶草的主要形态特征是：茎呈圆形或四棱形；胚常具有2片子叶；叶片宽阔，具有网状叶脉，有叶柄。

2. 按生物学特性分类

按生物学特性分类，杂草大致可分为以下三大类。

(1) 一年生杂草。一年生杂草以种子繁殖，在一年内完成从出苗、生长，到开花、结籽的生活史。它们多危害秋熟旱作物及水稻等作物田。

(2) 二年生杂草。二年生杂草在两个生长季内或跨两年度完成从出苗、生长，到开花、结籽的生活史，通常是冬季出苗，翌年春季或夏初开花、结籽。它们多危害夏熟作物田。

(3) 多年生杂草。多年生杂草寿命在两年以上，主要通过地下根茎繁殖，也可以结籽传代。

3. 按生长环境分类

按生长环境分类，杂草大致可分为以下三大类。

(1) 旱生杂草。旱生杂草只能生长在旱田中，主要危害旱地作物。

(2) 水生杂草。水生杂草只能生长在水田中，主要危害水生作物。

(3) 湿生杂草。湿生杂草生长在土壤湿度较大的田块中，喜干湿交替的生长环境，但不能在浸水的条件下生长，既可危害水生作物，又可危害旱地作物。

以上分类方法实用性强，对杂草防除有直接的指导意义。

3.3.2 稻田主要杂草

1. 稗草

稗草（见图3-13）为一年生水生杂草。其第一张真叶为线状披针形，有15条直出平行脉，叶片与叶鞘间的分界不明显，无叶耳、叶舌；成株的秆光滑无毛；叶呈条形，无叶舌；总体为圆锥花序尖塔形，较开展，粗壮，直立，主轴具棱，基部被有硬刺毛，分枝为穗形总状花序，并生或对生于主轴，呈上斜举或贴生，下部的排列稍疏离，上部的密接，小枝上有4~7个小穗密集于穗轴的一侧；颖果为椭圆形，凸面有纵脊。

上海地区的稗草在4—5月开始发生，6—7月为发生高峰，8—10月抽穗、开花、结果。稗草吸收土壤里的养分，主要危害水稻、大豆、蔬菜、果树等作物，近年来已上升为稻田的第一恶性杂草，影响水稻的产量及品质。

2. 千金子

千金子（见图3-14）为一年生湿生杂草，别名绣花草、水稗。其第一张真叶为长椭

图 3-13 稗草

圆形；秆丛生，具 3~6 节，直立，平滑无毛，基部膝曲或倾斜，着土后节上易生不定根；叶鞘无毛，多短于节间；叶舌呈膜质，为撕裂状，有小纤毛；叶片扁平或微卷，叶脉为白色；穗为圆锥花序，长 10~30 cm，主轴和分枝均微粗糙，小穗多带紫色。

上海地区的千金子在 4 月底 5 月初开始发生，5 月中旬至 7 月到达发生高峰，主要危害水稻、大豆、蔬菜、果树等作物。

图 3-14 千金子

3. 杂草稻

杂草稻（见图 3-15）为一年生禾草。杂草稻的外部形态和水稻极为相似，分蘖力极强,抽穗一般早于栽培稻。其植株有高也有矮;叶片较宽,呈披散状;穗型披散,结实率较高,千粒重较低,粒型多为籼稻型,种皮多呈现棕红色。进入生殖生长期后,其茎秆、叶片衰老迅速,秆硬度小,易匍匐于地;种子边成熟边落粒,落粒性强。

我国近年来随着直播稻面积的增加,杂草稻发生越来越普遍。在部分单作稻田,杂草稻常常造成无法控制的危害,从而导致农民抛荒。上海个别严重田块的杂草稻覆盖率已达50%左右。由于杂草稻与栽培稻具有相似性,限制了除草剂的选择性控制作用,因此当前控制杂草稻普遍采用非化学手段,主要有控制种子源法、植物形态学剔除法、轮作换茬法等。

图3-15 杂草稻

4. 矮慈姑

矮慈姑(见图3-16)为多年生阔叶草,别名瓜皮草、蒲鸡头、水蒜。其有初生叶1片,为带状披针形,先端锐尖,有由3条纵脉及其间的横脉构成的网状脉;成株须根发达,为白色,具地下根茎,顶端膨大成小型球茎;叶基生,为线状披针形;花茎直立,花轮生,为单性花;雌花1朵,无梗,生于下轮;雄花2~5朵,具1~3 cm的梗;萼片3枚,为草质、倒卵形;花瓣3片,为白色,较花萼略长;瘦果为阔卵形,长约3 mm,顶端圆形,基部狭窄,边缘具狭翅,翅有不规则的锯齿。

上海地区的矮慈姑在4—5月出苗,6—9月不断产生地下根茎进行无性分株繁殖,9—10月地下根茎顶端膨大形成慈姑状块茎,6—11月开花结果,地上部枯死,主要危害水稻。

5. 鸭舌草

鸭舌草(见图3-17)为一年生阔叶草。其有初生叶1片,为披针形,基部两侧有膜质的鞘边,有3条直出平行脉;成株全株光滑无毛;叶为纸质,上表面光亮,形状和大小多变,有条形、披针形、矩圆状卵形、卵形(至宽卵形),基部为圆形、截形或浅心形,

图 3-16 矮慈姑

顶端渐尖，全缘，弧状脉；叶柄基部有鞘；总状花序于叶鞘中抽出，有花 3~8 朵，整个花序不超出叶的高度；花被片 6 个，为披针形或卵形，呈蓝色并略带红色；蒴果为卵形；种子为长圆形，表面具纵棱。

上海地区的鸭舌草在 4 月下旬开始出苗，5—6 月大量发生，9—10 月开花结果，主要危害水稻和其他水田作物。

图 3-17 鸭舌草

6. 三棱草

三棱草（见图 3-18）的学名为水莎草，是多年生莎草。其子叶留土，第一片真叶为线状披针形，有 5 条淡褐色的平行脉，叶片与叶鞘分界不明显，叶鞘膜质透明；成株的匍匐根状茎细长；茎秆散生、粗壮，为三棱状，略扁；叶基生，为线形；苞片 3 枚，为叶状，比花序长 1 倍；长侧枝聚伞花序复出，有 4~7 个辐射枝，每枝有 1~4

个穗状花序；小坚果为倒卵形或椭圆形，呈平凸状，背、腹扁，面向小穗轴，表面具细小突起。

上海地区的三棱草在3月上旬开始出苗，9月上旬至10月中上旬开花结果，并形成繁殖力极强的块茎，对水稻、茭白等水田作物危害重。

图 3-18　三棱草

3.3.3　稻田杂草防除技术

1. 机插稻田

机插稻插秧时行距大，苗体小，封行晚，因而有利于杂草发生。根据机插稻大田杂草的发生规律，机插稻田除草一般采用"一封一杀一补"的技术体系。

（1）一封。"一封"一般在整地后、播种前3~5天进行，每亩用26%噁草酮乳油100~120 mL，在泥浆还未沉淀的浑水状态下进行整瓶甩施，药后保水3~5天。

（2）一杀。每亩用69%苄嘧·苯噻酰可湿性粉剂60~80 g结合"断奶肥"拌碳铵撒施，在机插稻活棵（栽插后5~7天）后施用。药后必须保水3~5天，并开好"平水缺"，防止水淹秧苗。

（3）一补。若部分田块在水稻生育后期还发生多年生莎草和阔叶草危害，或者由于种种原因导致前期杂草防除效果不理想，则在水稻生育后期可以进行一次补除。补除应"因草施药"，即根据杂草的种类选用药剂，兑水喷施。

1）对于稗草发生为主的田块，每亩使用2.5%五氟磺草胺可分散油悬浮剂60~80 mL，兑水进行喷雾。

2）对于千金子发生为主的田块，每亩使用10%氰氟草酯乳油60~70 mL，兑水进行喷雾。

3) 对于稗草、千金子混合发生的田块，每亩使用6%五氟·氰氟草可分散油悬浮剂100~133 mL，或10%噁唑酰草胺乳油80~100 mL，兑水进行喷雾。

4) 对于阔叶杂草发生为主的田块，每亩使用46%二甲·灭草松可溶液剂133~167 mL，兑水进行喷雾。

5) 对于莎草发生为主的田块，每亩使用10%吡嘧磺隆可湿性粉剂20~30 g，兑水进行喷雾。

2. 直播稻田

由于直播稻田杂草与水稻同步生长，发生周期长，而且水稻播种后采用干湿交替的水浆管理方式，十分有利于杂草生长，因此草相复杂。直播稻田发生较多的杂草有稗草、千金子、双穗雀稗、杂草稻、水苋菜、鳢肠、矮慈姑等。直播稻田杂草一般在水稻播种后1周就出现第一个出草高峰，以稗草、千金子等为主；在播种后2~3周出现第二个出草高峰，以异型莎草、陌上菜、水苋菜等为主；部分田块在播种后3~4周还会出现第三个出草高峰，以水莎草、扁秆蔗草、空心莲子草等多年生莎草和阔叶草为主。根据直播稻田杂草的发生规律，直播稻田除草一般采用"两封一杀一补"的技术体系。

(1) 一封。"一封"一般在整地后、播种前3~5天进行，每亩用26%噁草酮乳油100~120 mL，在泥浆还未沉淀的浑水状态下进行整瓶甩施，药后保水3~5天。

(2) 二封。机穴播要求露白、催短芽进行播种，因此在田间土壤湿润的情况下，于播后3天左右施用亮镰（30%苄嘧·丙草胺可湿性粉剂），在田间80%以上的稻种"竖芽扎根"时使用。人工直播要求催长芽进行播种，因此在播后3天内施用亮镰。药后田间保持湿润，并开好沟系，防止雨后积水。

(3) 一杀。用双超（69%苄嘧·苯噻酰可湿性粉剂）结合"断奶肥"拌碳铵撒施，在水稻3叶期后施用。在田块平整的情况下，尽量适期使用。若田块不平整，3叶期时，部分低潭稻苗心叶可能处于水淹状态，双超也可放在稻杰（2.5%五氟磺草胺可分散油悬浮剂）等补除药剂后使用。应尽量拌碳铵施用；或先拌一部分碳铵，再拌尿素进行施用。施药后，开好"平水缺"，防止水淹秧苗。

(4) 一补。若部分田块在水稻生育后期还出现多年生莎草和阔叶草危害，或者由于种种原因导致前期杂草防除效果不理想，则在水稻生育后期可以进行一次补除。补除应根据草相进行，所用药剂为茎叶处理剂。

1) 对于稗草发生为主的田块，每亩使用2.5%五氟磺草胺可分散油悬浮剂60~80 mL，兑水进行喷雾。

2) 对于千金子发生为主的田块，每亩使用10%氰氟草酯乳油60~70 mL，兑水进行喷雾。

3）对于稗草、千金子混合发生的田块，每亩使用6%五氟·氰氟草可分散油悬浮剂100~133 mL，或10%噁唑酰草胺乳油80~100 mL，兑水进行喷雾。

4）对于阔叶杂草发生为主的田块，每亩使用46%二甲·灭草松可溶液剂133~167 mL，兑水进行喷雾。

5）对于莎草发生为主的田块，每亩使用10%吡嘧磺隆可湿性粉剂20~30 g，兑水进行喷雾。

3.4 水稻病虫害绿色防控技术

水稻病虫害绿色防控技术是以农业防治为基础，以物理防治、生物防治为辅助，以化学防治为补充的防控措施。该技术注重强化前期农业防治措施，降低田间病虫基数；注重优化农田生态环境，创造有利于水稻和天敌生长、不利于病虫害发生的农田生态；注重适当应用灯诱、性诱等物理措施辅助防治；注重强化监测，精准预报，精确指导防治；注重在关键时期选用生物药剂或高效环保农药防治，减少大田防治用药次数和化学农药使用量。

3.4.1 技术要点

1. 农业防治

（1）强化苗前农业防治措施，提高幼苗抗逆能力，降低病虫基数

1）及时耕翻、上水，人工拣除假稻、水竹叶等恶性杂草。播栽前灌水整田，捞去下风头稻田边和田角水面浪渣，烧毁或深埋，减少杂草、水稻纹枯病病源等。对上一年杂草稻发生重的田块及时灌水耕翻，诱发杂草稻种子早出苗后再耕翻一次。对假稻等恶性杂草较多的田块进行人工拣除，减少田间杂草基数。

2）选用适合本地种植的抗（耐）病品种，在浸种前，筛扬淘汰秕谷、病谷，选择晴天晒种1~2天，提高种子的发芽率和抗病能力。

（2）适当采取物理措施，隔离灰飞虱，防止苗期传毒为害。加强对灰飞虱的监测，及时准确掌握灰飞虱发生动态。若灰飞虱量较多，对于移栽稻，可用20~40目防虫网或无纺布防护育秧，预防水稻条纹叶枯病等病毒病。

（3）合理施肥。按照优质、生态、高效、高产的栽培理念，根据当地土壤肥力合理施

肥，不片面追求高产，适当减少氮肥的使用。

2. 生物防治

（1）利用稻田生态系统的复杂性，保证稻田生态系统中生物的多样性。禁止焚烧田坎，不用草甘膦等灭生性除草剂对田坎、田埂除草。田坎、田埂除草分别在水稻分蘖后期、灌浆期进行，采用割草的方式，割下的杂草原地堆放。

（2）种植诱虫、显花植物。在螟虫（二化螟、大螟）发生危害较重的区域种植香根草，诱杀螟虫，减少螟虫危害。田边留草（花），或按照一定时间和空间间隔种植芝麻、大豆等作物，延长寄生蜂的成虫寿命，提高寄生蜂的寄生能力和种群数量。相间种植茭白，给天敌提供替代寄主、食料和庇护所，保持天敌种群稳定。

（3）不捕捉田间蛙类和鸟类，不使用对蛙类和鸟类毒性高的药剂。严禁使用菊酯类等对天敌杀伤力强的药剂。保护蛙类、鸟类，发挥天敌动物控制害虫的作用。

3. 理化诱杀

按照每20～30亩一盏灯的方式进行棋盘式连片安装，在螟虫、稻飞虱成虫发生高峰期，视发生程度开灯诱杀。在螟虫发生严重的区域，从二化螟、大螟越冬代开始，按照每亩1～1.5个诱捕器的平均密度，以外密、内疏的布局方法连片放置性诱剂，诱杀二化螟、大螟成虫，降低田间虫量。

4. 药剂防治

（1）适时科学用药。一是适当放宽防治指标，可用可不用药时坚持不用药，坚决不打保险药。二是水稻生育前期少用药。三是优先选择对天敌影响小的生物农药，害虫大发生时，选用高效、低毒、低残留、对天敌安全的化学农药。

（2）大田用药模式。在病虫害一般发生情况下，绿色防控示范区大田用药2～4次即可达到较好的控制效果，具体根据田间病虫害发生程度和对象确定大田防治时间及每次防治的对象。

对于移栽稻，要根据移栽期螟虫和稻飞虱的发生情况确定是否施"起身药"。

1）大田第一次药剂防治。防治纵卷叶螟指标适当放宽，防治时间尽量后移。药剂以国产优秀药剂为主。水稻纹枯病防治药剂应选择以保护为主、兼有治疗作用的药剂。

2）大田第二次药剂防治。水稻纹枯病防治药剂应选择治疗作用好的药剂。

3）大田第三次药剂防治。根据防治时期与水稻生育期的关系选择防治对象和药剂种类。若第三次用药时间在抽穗初期（破口期），能通过一次防治控制病虫害时，建议选择进口药剂，以确保防治效果。若生育期偏早，要做第四次防治计划，调整药剂种类，同时应兼顾稻瘟病、稻曲病的防治。

水稻病虫害防治参考用药见表3-4。

表3-4　　　　　　　　　　　　水稻病虫害防治参考用药

防治时期	防治对象	参考用药
移栽前"起身药"	螟虫、稻飞虱	24%甲氧虫酰肼悬浮剂 20%氯虫苯甲酰胺悬浮剂 10%四氯虫酰胺悬浮剂+50%吡蚜酮可湿性粉剂 40%氯虫·噻虫嗪水分散粒剂
大田第一次（7月下旬）	纵卷叶螟	10%四氯虫酰胺悬浮剂 20%氯虫苯甲酰胺悬浮剂 40%氯虫·噻虫嗪水分散粒剂 24%甲氧虫酰肼悬浮剂
大田第一次（7月下旬）	稻飞虱	50%吡蚜酮可湿性粉剂 25%吡蚜酮可湿性粉剂 50%烯啶虫胺水分散粒剂 20%烯啶虫胺水剂 60%烯啶虫胺可湿性粉剂
大田第一次（7月下旬）	水稻纹枯病	24%井冈霉素A水剂 25%嘧菌酯悬浮剂 24%己唑·嘧菌酯悬浮剂
大田第二次（8月中旬）	纵卷叶螟	30%茚虫威水分散粒剂 15%茚虫威悬浮剂 20%甲维·茚虫威悬浮剂 14%甲维·茚虫威悬浮剂 10%甲维·茚虫威悬浮剂
大田第二次（8月中旬）	稻飞虱	50%烯啶虫胺水分散粒剂 20%烯啶虫胺水剂 60%烯啶虫胺可湿性粉剂 50%吡蚜酮可湿性粉剂 25%吡蚜酮可湿性粉剂
大田第二次（8月中旬）	水稻纹枯病	24%井冈霉素A水剂 12.5%氟环唑悬浮剂 24%噻呋酰胺悬浮剂 18%噻呋·嘧苷素悬浮剂 30%噻呋·戊唑醇悬浮剂
大田第三次（8月底至9月初）	纵卷叶螟	24%甲氧虫酰肼悬浮剂 10%阿维·甲虫肼悬浮剂 10%四氯虫酰胺悬浮剂 20%氯虫苯甲酰胺悬浮剂 40%氯虫·噻虫嗪水分散粒剂

续表

防治时期	防治对象	参考用药
大田第三次（8月底至9月初）	稻飞虱	50%吡蚜酮可湿性粉剂 25%吡蚜酮可湿性粉剂 30%吡蚜·噻虫胺悬浮剂
	水稻纹枯病	75%肟菌·戊唑醇水分散粒剂 75%戊唑醇·嘧菌酯水分散粒剂 32.5%苯甲·嘧菌酯悬浮剂 26%稻瘟酰胺·醚菌酯悬浮剂 23%醚菌·氟环唑悬浮剂

水稻病虫害分阶段防治主要技术措施见表3－5。

表3－5　　　　　　　　水稻病虫害分阶段防治主要技术措施

生育期及时间	防治对象	主要技术措施	要求
播栽前 （4—5月）	螟虫（越冬代）、灰飞虱	在越冬代螟虫化蛹期耕翻冬闲田、绿肥田，灌深水浸没稻桩7~10天，降低虫源基数	必做
		播栽前灌水整田，捞去下风头稻田边和田角水面浪渣，烧毁或深埋，减少杂草、水稻纹枯病病源等	必做
		从螟虫越冬代羽化初期起，大面积连片（包括非稻田）使用性诱剂防治。每亩放置1~1.5个诱捕器，诱捕器底部高出水面50~80 cm	螟虫基数较高区域选做
		利用种植的香根草，诱杀螟虫，减少螟虫危害	有条件的做
		对麦田及田边杂草上的灰飞虱进行药剂防治，防止带毒灰飞虱迁入水稻秧田，预防病毒病	灰飞虱量很多时选做
幼苗期 （5—6月）	水稻恶苗病、干尖线虫病、病毒病、稻飞虱、螟虫	选用适合本地种植的抗（耐）病虫品种，特别是抗（耐）稻瘟病、病毒病及稻飞虱的品种	必做
		用高效安全的浸种剂、种衣剂浸种或拌种	必做
		移栽稻在幼苗期采用20~40目防虫网或30 g/m²无纺布全程覆盖	灰飞虱量较多时选做
		移栽前3~5天，给幼苗喷施"送嫁药"，药剂根据当地主要防控对象确定	选做
幼苗期至分蘖期 （6—7月）	螟虫、纵卷叶螟、稻飞虱	在田埂种植芝麻、大豆、波斯菊、百日菊等显花植物，保护和提高天敌的控害能力	建议都做
		对农田四周田埂不使用灭生性除草剂，不采用焚烧田坎等方式除草，保留杂草。杂草过旺时，采用割草的方式除草，为天敌提供栖息地	必做

续表

生育期及时间	防治对象	主要技术措施	要求
幼苗期至分蘖期（6—7月）	螟虫、纵卷叶螟、稻飞虱	相间种植茭白，给天敌提供替代寄主、食料和庇护所，保持天敌种群稳定	有条件的都做
		移栽后20天内发现病毒病，及时拔除病株（丛），并就地埋入泥中	必做
		合理用药，适当放宽纵卷叶螟防治指标	必做
分蘖末期至齐穗期（7月下旬至9月）	水稻纹枯病、稻曲病、稻瘟病等、稻飞虱、螟虫等	合理施肥。控制氮肥使用量，避免重施、偏施、迟施；增施磷、钾肥，提高水稻抗逆性	必做
		在二化螟、纵卷叶螟发蛾始盛期释放稻螟赤眼蜂，每代放蜂2~3次，间隔3~5天，每次放蜂10 000头/亩，每亩均匀放置5~8个点	有条件的建议都做
		药剂防治。加强病虫害监测，尽可能精细预报，分类进行针对性指导防治。防治药剂优先选用生物农药	必做
齐穗期至成熟期（9月至收获）	稻飞虱	加强测报，重点关注稻飞虱，进行达标防治	测报必做

3.4.2 增产增效情况

与常规田相比，绿色防控区水稻生育期间化学农药使用量减少30%以上，危害损失控制在经济允许范围以内，农产品中农药残留量100%达到无公害农产品标准，稻米达到国家优质大米标准，产量与常规田相当或略高于常规田。

本章测试题

单项选择题（选择一个正确的答案，将相应的字母填入题内的括号中）

1. 水稻条纹叶枯病发生程度和病害流行趋势与传毒媒介（　　）关系密切。
   A. 褐飞虱　　　　B. 白背飞虱　　　　C. 灰飞虱　　　　D. 稻象甲
2. 水稻恶苗病病苗比健苗（　　），叶身、叶鞘异常伸长，叶枕距明显拉大，叶色较淡，表现出典型的恶苗病症状。
   A. 粗壮　　　　B. 细长　　　　C. 矮壮　　　　D. 高大
3. 病毒在带毒（　　）体内越冬，成为来年引发水稻条纹叶枯病的主要来源。
   A. 稻象甲　　　　B. 灰飞虱　　　　C. 大螟　　　　D. 二化螟

4. 水稻条纹叶枯病是一种（　　）的病害，要充分认识做好水稻前期防控的重要性。
   A. 毁灭性　　　　B. 轻度　　　　C. 短暂性　　　　D. 无须关注

5. 对于水稻条纹叶枯病，应采取"治虫控病"的防治策略，狠治（　　），控制病害。
   A. 稻象甲　　　　B. 灰飞虱　　　　C. 大螟　　　　D. 二化螟

6. 水稻纹枯病主要危害（　　），严重时也能危害穗和茎秆。
   A. 幼苗　　　　B. 叶鞘和叶片　　　　C. 根部　　　　D. 分蘖

7. 稻瘟病因为害（　　）、部位不同，分为苗瘟、叶瘟、节瘟、穗颈瘟、谷粒瘟等。
   A. 周期　　　　B. 年份　　　　C. 时期　　　　D. 环境

8. 稻瘟病病菌以分生孢子和菌丝体的形式在（　　）和稻草上越冬。
   A. 稻谷　　　　B. 杂草　　　　C. 土壤　　　　D. 农家肥

9. 防治稻瘟病首先要选用（　　）品种。
   A. 高产　　　　B. 米质优良　　　　C. 抗病　　　　D. 杂交

10. 发生叶瘟时，药剂防治一般要连防（　　）次。
    A. 2~3　　　　B. 4~5　　　　C. 5~6　　　　D. 无数

11. 水稻抽穗期，气温为24~32℃（25~28℃最适合），（　　）时，容易发生稻曲病。
    A. 天气晴好　　　　B. 多雨　　　　C. 多云　　　　D. 阴天

12. 纵卷叶螟以幼虫为害水稻（　　），将其纵卷，藏身其中进行啃食。
    A. 叶片　　　　B. 幼苗　　　　C. 穗　　　　D. 茎秆

13. 水稻害虫化学药剂防治最佳适期在（　　）盛期至1龄盛期。
    A. 若虫孵化　　　　B. 虫卵　　　　C. 2龄幼虫　　　　D. 成虫

14. 稻飞虱是危害水稻的主要害虫，上海郊区普遍发生的有（　　）、灰飞虱和白背飞虱三种。
    A. 褐飞虱　　　　B. 烟粉虱　　　　C. 银叶粉虱　　　　D. 黑翅粉虱

15. 稻飞虱为害水稻除直接刺吸汁液，使其生长受阻，严重时使稻丛成团（　　），甚至全田死秆倒伏外，其产卵也会刺伤植株，破坏输导组织，妨碍营养物质运输并传播病毒病。
    A. 枯萎　　　　B. 萎缩　　　　C. 返青　　　　D. 燃烧

16. 对稻飞虱的药剂防治适期一般应掌握在若虫孵化高峰期至（　　）。
    A. 1龄初期　　　　　　　　　B. 2~3龄盛期
    C. 2龄初期　　　　　　　　　D. 1龄盛期

17. 螟虫俗称钻心虫，在上海地区为害的主要有二化螟、三化螟和（　　）。
　　A. 纵卷叶螟　　　B. 褐边螟　　　C. 大螟　　　D. 台湾稻螟
18. 二化螟的初孵若虫集中为害叶鞘，造成枯鞘，然后转入稻株内为害造成（　　），抽穗期造成白穗，为害处无虫粪。
　　A. 茎秆折断　　　B. 枯心苗　　　C. 不结实　　　D. 生长停止
19. 鳢肠、空心莲子草、（　　）、水苋菜、陌上菜是阔叶杂草。
　　A. 稗草　　　B. 异型莎草　　　C. 矮慈姑　　　D. 千金子
20. 稗草和（　　）是两个最主要的稻田杂草。
　　A. 三棱草　　　B. 异型莎草　　　C. 千金子　　　D. 鸭舌草

本章测试题参考答案

1. C　　2. B　　3. B　　4. A　　5. B　　6. B　　7. C　　8. A　　9. C　　10. A
11. B　　12. A　　13. A　　14. A　　15. A　　16. B　　17. C　　18. B　　19. C　　20. C

第 4 章

肥料与农药使用

4.1 肥料使用 /100
4.2 农药使用 /109

学习目标

- ◆ 了解作物的必需营养元素及主要营养元素的功能
- ◆ 熟悉水稻常用肥料、农药剂型
- ◆ 掌握合理施肥的依据及提高肥料利用率的原理
- ◆ 能够识别水稻常用肥料，正确配制农药
- ◆ 能够熟练完成手动喷雾器的组装与使用

知识要求

4.1 肥料使用

4.1.1 肥料基础知识

1. 肥料的概念

凡是为提高作物产量和产品品质、提高土壤肥力而施入土壤的物质都称为肥料。肥料的种类很多：按所含养分种类的多少可分为单质肥料、复合（混）肥料；按作用可分为直接肥料、间接肥料；按肥效快慢可分为速效肥料、缓效肥料；按形态可分为固体肥料、液体肥料等；按作物对营养元素的需要可分为大量元素肥料、中量元素肥料、微量元素肥料；按化学成分、生物活性、作用效果，可分为有机肥料、无机肥料、生物肥料等。

2. 作物的必需营养元素

凡是植物正常生长发育必不可少的元素叫作必需营养元素。如今在植物体中已发现了70种以上的元素，但它们并不都是植物必需营养元素。根据研究，植物必需营养元素有16种，它们是碳、氢、氧、氮、钾、磷、钙、镁、硫、铁、锰、锌、硼、钼、铜、氯。

植物生长发育对上述16种元素的需要量有很大差别，习惯上把需要量多的碳、氢、氧、氮、磷、钾、钙、镁、硫称为大量元素，把需要量少的、含量在0.01%以下的其余7种元素称为微量元素。植物对氮、磷、钾的需求较多，而土壤又往往不能满足作物对这三者的需求，经常要通过施肥来供应，因此称氮、磷、钾为"肥料三要素"。

3. 主要营养元素的功能

（1）氮。氮是作物生长所需要的大量元素之一，是作物生长过程中的重要元素。氮是

植物体内蛋白质、核酸、叶绿素、酶、维生素、生物碱的重要成分。氮是构成作物体内蛋白质和酶的主要成分。没有氮就没有蛋白质，没有蛋白质就没有生命；酶是作物体内各种代谢过程的催化剂。叶绿素中含有大量氮，作物进行光合作用、制造有机物均需要叶绿素。作物生长前中期，氮主要存在于茎和叶中，作物结实后就转入果实中，可见作物籽粒中的氮大部分从茎叶中转移而来，作物生长前中期的植株健壮程度影响氮的吸收和贮存，从而直接影响作物的产量。

氮充足时，作物叶绿枝茂，营养体和叶面积增加，叶绿素含量高，叶色深绿，不易早衰，光合作用制造的有机物多，利于提高产量及品种质量。氮缺乏时，作物生长缓慢，植株矮小，叶绿素数量减少，基部老叶首先变黄，后逐渐向上扩展，光合作用减弱，光合作用产物减少，产量降低。氮过量时，茎叶徒长，抗倒性差，病虫害增多，作物贪青晚熟，造成减产（对于块根、块茎作物，则只长叶片，不易结果）。

(2) 磷。磷参与作物体内多种生理生化过程，其营养功效是多方面的，主要体现在以下几方面。

1) 磷是磷脂及核酸的组成部分，是组成原生质和细胞核的主要成分，可以促进细胞分裂，促使植物生长发育。

2) 磷是作物体内参与呼吸作用的酶类组成成分，可以促进呼吸作用。

3) 磷直接参与植物光合作用，合成碳水化合物，施磷肥能促进碳水化合物、蛋白质及油脂的合成运输，有利于作物体内干物质的积累，使谷物籽粒饱满，块根、块茎作物淀粉含量高，增加作物的产量。

4) 磷能增强作物的抗寒、抗旱、抗病、抗倒等抗逆性。

磷充足时，能促进作物根系的早期形成和生长，使茎叶健壮、不易倒伏，增强植株的抗旱、抗寒、抗病能力，并能促进作物开花结实，使籽粒饱满。磷缺乏时，作物细胞分裂受影响，导致生长缓慢，叶片变小，叶色呈紫红色或暗绿色，根系发育不良，分蘖少、迟，生育期延迟，开花推迟，穗型变小，空、秕粒增加，产量降低。磷过量时，作物吸收作用强烈，大量消耗糖分和能量，营养物质积累变少，无效分蘖增多，并因早熟而导致产量降低。

(3) 钾。与氮、磷不同，钾不参与有机化合物的组成，而是以离子状态存在于植物汁液中或吸附在原生质表面。植物的钾含量仅次于氮。钾离子的流动性很强，在植物体内能被反复利用，主要分布在根尖、幼芽、幼叶等生长旺盛的部位。钾是多种生物酶的活化剂，能促进碳水化合物、蛋白质和脂肪的合成，增强叶片的光合作用，还能提高作物的抗旱、抗病、抗倒、抗盐等抗逆性，因此，在干旱地区或干旱季节，越冬期增施钾肥利于作物安全过冬。

钾充足时，能促进光合作用，增强根瘤菌的固氮能力，促进植株对氮、磷的吸收和利用，使稻、麦等禾本科作物分蘖增多，促进糖和蛋白质的合成，利于形成大穗和饱满的籽粒，并能使作物茎根粗壮，不易倒伏，增强其抗旱、抗寒、抗病能力。钾缺乏时，典型症状首先在作物老叶或下部叶片中表现出来，叶片边缘呈焦枯状，叶卷曲，出现褐黄色斑点或坏死，光合作用下降。若缺钾严重，最后嫩叶也会出现症状。钾缺乏还会使根系发育不良，茎秆细弱，抗性降低。

4. 主要化肥的外观品质鉴定

（1）观察包装袋上的标志是否完整。包装袋上的标志主要包括肥料名称、包装规格、生产许可证编号、执行标准、生产厂家、厂址、养分含量等内容。养分含量标志必须正确。单质肥料分别以 N、P_2O_5、K_2O 的百分含量标明，复合（混）肥料以 N、P_2O_5、K_2O 的总养分百分含量标明。

（2）识别肥料质量。肥料质量可通过眼看、手摸、鼻闻、火烧等方法鉴别。

1）氮肥。氮肥的主要品种是碳酸氢铵、尿素。碳酸氢铵含氮量为17%左右，一般为白色结晶，常温条件下可分解放出有刺激性气味的氨气，通过闻其气味即可鉴定。尿素含氮量为46%，为白色或半透明球形颗粒，易吸湿、结块。

2）磷肥。磷肥的主要品种是过磷酸钙。过磷酸钙含 P_2O_5 量为14%~20%，一般为灰白色粉末或颗粒，有酸味，可以吸湿、结块，可半溶解于水。

3）钾肥。钾肥的主要品种是氯化钾。氯化钾含 K_2O 量为50%~60%，为白色或砖红色结晶，有光泽且易溶于水，将少量肥料放在铁片上灼烧，不融化，有噼啪的响声。

5. 水稻常用肥料

（1）尿素。尿素（见图4-1）别名碳酰二胺、碳酰胺、脲，是由碳、氮、氧和氢组成的有机化合物。尿素是第一种以人工合成无机物质得到的有机化合物，为白色晶体或粉末，通常用作植物的氮肥。工业上用氨气和二氧化碳在一定条件下合成尿素。尿素作为肥料时，在外观上，是一种半透明且大小一致的白色颗粒，若颗粒表面颜色过于亮或暗，或呈现明显反光，则可能混有杂质。正常尿素肥料含氮量为46%，是一种高浓度氮肥，且是目前含氮量最高的氮肥，可用于生产多种复合（混）

图4-1 尿素

肥料。尿素属于中性速效肥料，易保存且使用方便，对土壤的破坏作用小，适用于各种土壤和作物，是目前使用量较大的一种化学氮肥。因为尿素是有机态氮肥，需要经过土壤中脲酶的作用水解成碳酸铵或碳酸氢铵后才能被作物吸收利用，所以需要在作物需肥期前5~7天施用。

尿素肥料在施用时要注意以下几点：

1）避免长期单一施用，否则会造成作物徒长及缺乏磷、钾等其他营养元素，一般合理的施用方法是先施有机肥，再将复合肥、尿素、过磷酸钙、氯化钾等肥料配方施用；

2）不能与碳酸氢铵混合施用，两者混施会使尿素转化速度大大减小，造成尿素流失和挥发，降低利用率；

3）地表撒施会降低利用率，常温下尿素要经过4~5天的转化过程才能被作物吸收，地表的大部分氮素在铵化过程中会挥发掉，利用率只有30%左右甚至更低。

（2）BB肥。BB肥（见图4-2）又称掺混肥料、配方肥，含氮、磷、钾三种营养元素中的两种或全部，是由三种颗粒大小相近的单元肥料按一定比例经过简单的机械混合制成的，是各种原料的混合物，在混合过程中无显著的化学反应。

BB肥的特点是氮、磷、钾及其他元素的比例容易调整，可根据具体作物或田块需要生产出各种规格的专用肥，符合测土配方施肥的需要，而且生产工艺简单，成本较低，操作灵活。与复混肥料和复合肥料相比，BB肥在生产、贮存、施用等各个方面有其独

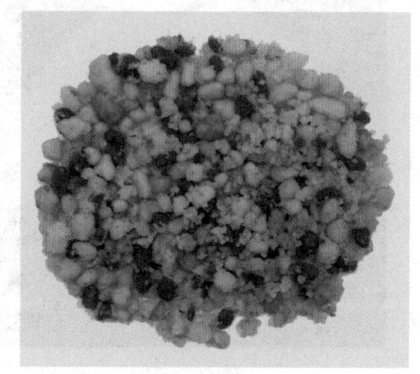

图4-2　BB肥

特的优势。BB肥从包装、贮存到施用需要经过一段时间，因此肥料的贮存性能十分重要。原料应干燥，颗粒大小均匀，强度高，在贮存和运输过程中应防止肥料吸水受潮而导致结块和颗粒分离。当前上海地区使用的水稻专用BB肥，其N、P_2O_5、K_2O含量一般分别为24%、8%和10%。

企业生产的掺混肥料（BB肥）内在质量和产品标识要符合GB/T 21633—2008《掺混肥料（BB肥）》要求。

（3）碳酸氢铵。碳酸氢铵（见图4-3）又称碳铵，是一种碳酸盐，含氮量为17%左右，外观为白色（或微灰色）结晶，呈浅粒状、板状或柱状结晶体，吸湿性强，易溶于水。碳酸氢铵作为氮肥，可分解获得NH_3、CO_2和H_2O三种气体而消失，因此又被称为气肥。生产碳酸氢铵的原料是氨、二氧化碳和水。

碳酸氢铵无酸根，它的三个组分都可以作为农作物的养分，无有害中间产物和最终产物，不影响土质，是安全的氮肥品种之一。碳酸氢铵用作氮肥时适用于各种土壤类型，能同时为作物生长提供所需的铵态氮和二氧化碳，但是其含氮量低，易结块，不耐贮存。碳

酸氢铵不能和酸或者碱一起放置，不然会分解变质。碳酸氢铵能促进作物生长并促进光合作用，能催苗长叶，在水稻生产上既可作基面肥也可作追肥。追施碳酸氢铵时必须保证稻叶上无水珠，否则撒施时碳酸氢铵会沾在叶片表面，容易灼伤叶片。另外，追施碳酸氢铵时田里要有浅水层，若田里无水或水层太浅，稻叶易被挥发的氨气熏伤。

（4）过磷酸钙。过磷酸钙（见图4-4）简称普钙，是用硫酸分解磷矿制得的磷肥，多为深灰色、灰白色、浅黄色疏松粉状物，块状物中有许多小气孔。其有效成分P_2O_5的含量一般大于12%，属于水溶性速效磷肥，一部分能溶于水，水溶液呈酸性。

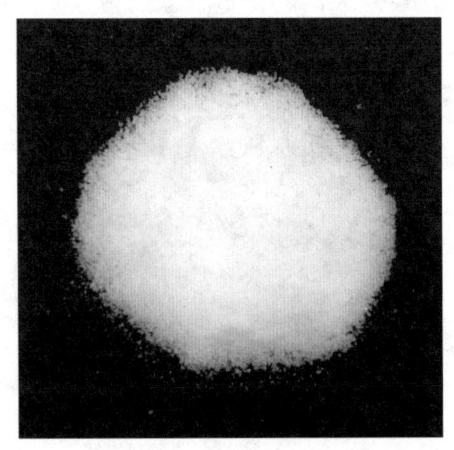

图4-3　碳酸氢铵

图4-4　过磷酸钙

过磷酸钙适用于各种作物和中性土壤，可为植物提供磷、钙、硫等元素，具有改良碱性土壤的作用。过磷酸钙同氮肥一起施用，可起到固氮作用，能提高氮肥利用率。过磷酸钙可作为基肥、根外追肥和种肥，作种肥时不能与种子直接接触，也可以用作生产复混肥料的原料。过磷酸钙能促进作物发芽、生根、分蘖、穗分化及成熟。需要注意的是，过磷酸钙不能与草木灰、石灰氮等碱性肥料混用，混用会导致酸碱中和，降低磷肥肥效。

（5）氯化钾。氯化钾（见图4-5）在农业上是一种钾肥，因产地不同，外形有块状、粉状和不规则粒状之分，一般为砖红色，有效成分K_2O的含量约为62%。其肥效快，施用于农田后能使土壤含水量上升，有一定的抗旱作用，但在盐碱地及对一些忌氯作物如马铃薯、甘薯、甜菜等不宜施用。

氯化钾可以促进作物进行光合作用、开花结果，并能提高作物的抗逆性，如抗寒、抗病、抗倒、抗病虫害能力，进而提高作物产量。施用氯化钾能促进糖分和淀粉的生成，使农产品外观形状和色泽美观，使作物成熟期一致等。氯化钾可用作基肥，不宜用作种肥，也可用作追肥，在部分作物上还可以用作叶面肥，作基肥和叶面肥施用时效果比较好。农作物要想获得高产，钾肥的施用是必不可少的，科学合理施用钾肥是农作物丰收的前提。

（6）有机肥。有机肥（见图4-6）广义上是指农村利用各种动植物残体或人畜排泄物等有机材料，就地堆积沤肥或直接耕埋施用的一类自然肥料，习惯上称为农家肥。

图4-5 氯化钾　　　　　　　　　　　　　　图4-6 有机肥

有机肥狭义上专指商品有机肥，是以各种动物废弃物（包括动物粪便、动物加工废弃物）和植物残体（饼肥类、作物秸秆、落叶、枯枝、草炭等）为原料，采用物理、化学、生物（或三者兼有）处理技术，经过一定的加工工艺（包括但不限于堆制、高温、厌氧等），消除其中的有害物质（病原菌、害虫蛹卵、杂草籽等）以达到无害化标准而形成的、符合行业相关标准（NY 525—2012《有机肥料》）及国家法规的一类肥料。

有机肥的特点是：原料来源广泛，数量多；养分全面，含量低；肥效慢且长，需要经过微生物分解转化以后才能被植物吸收利用；能改善土壤，培肥效果好等。

有机肥在农业生产中的主要作用如下。

一是改善土壤，培肥地力。农田土壤里施用有机肥后，肥料里的有机质可以改善土壤理化状况及生物特性，使土壤熟化，增强土壤保肥、供肥和缓冲能力，为农作物生长提供良好的土壤条件。

二是增加作物产量，提升农产品品质。有机肥含有很多有机物和营养元素，为农作物生长提供全面营养。有机肥腐败分解以后，可以为土壤里的微生物提供养料和能量，提高微生物活力，加快有机质的分解，从而产生各类活性物质等，有效促进农作物的生长并提高农产品的产量和品质。

三是搭配化肥，提高利用率。有机肥的养分全面但含量低，释放慢，肥效长，而化肥养分含量高但成分单一，释放快，肥效短。在农业生产上，两者合理搭配施用，能相互促进，有利于作物吸收养分，提高肥料的利用率。

（7）缓释肥。缓释肥（见图4-7）又称缓效肥或控释肥，其肥料中的有效养分在土壤中的释放速度缓慢。缓释肥通过特殊工艺加工后使养分释放速度得到一定程度的控制，以供作物持续吸收利用。

水稻上常用的缓释肥为缓释氮肥，其使用包膜尿素来减缓氮肥的释放速度，在施入土壤以后逐渐分解，逐渐为作物吸收利用，使肥料中的养分能满足作物整个生长发育期中各生长阶段的不同需要，从而减少化肥用量和施肥次数。

图4-7 缓释肥

水稻生产上施用缓释肥主要有以下优点。

- 肥料用量减少，利用率提高。缓释肥肥效比一般未包膜的肥料肥效长30天以上，能减少肥料养分特别是氮在土壤中的损失，肥料用量可以比常规肥用量减少10%~20%，从而达到节约成本的目的。
- 减少施肥作业次数，节省劳力和费用。缓释肥可以单独或者与速效肥料配合作基肥一次性施用，施肥用工量减少三分之一左右，并且施用安全，防肥害。
- 增产、增收。缓释肥施用后肥效稳、长，后期不脱力，利于稳产、增产，从而增收。

4.1.2 合理施肥

当前，农民在肥料施用方面仍存在很多问题，如重化肥、轻有机肥，重氮肥、轻磷肥与钾肥，重产量、轻质量，施肥方法落后等。这导致土壤地力下降、肥料利用率低、生产成本高、效益低下、农产品高产低质等问题，影响农业可持续发展和农产品销售。面对这些现存问题，应引导农民更新观念，调整肥料结构，合理施用肥料。

1. 合理施肥的主要依据

合理施肥就是要求施肥能达到以下三方面的目的：一是使植物获得高产且优质；二是以最少的投入获得最好的经济效益；三是改善土壤条件，为高产、稳产创造良好的基础，即要用地与养地相结合。

（1）看作物施肥。施肥首先要考虑作物的营养特性。各种作物的营养需求是不同的，同一种作物在不同的生育期对营养的要求也是不同的。因此，要根据不同作物和作物在不同生育时期对营养元素种类、数量、比例的不同要求进行施肥。为充分发挥水稻的施肥效应，除了施足基肥外，在追肥上还必须施好"三肥"，即分蘖肥、穗肥和粒肥。

（2）看土壤施肥。施肥主要是通过土壤为作物提供营养的，土壤性质必然影响施肥效果，因此施肥也必须根据土壤性质来进行，其中着重考虑的是土壤保肥、供肥能力等因素。

（3）看天气施肥。要考虑气候对施肥的影响。对于干旱地区或干旱季节、雨水多的地区或季节、低温季节或高温季节，施肥各有不同。一方面，气候影响施肥效果；另一方面，施肥影响作物对气候条件的适应与利用。

（4）看管理措施施肥。施肥必须考虑与其他农业技术措施的配合。

2. 提高肥料利用率

肥料利用率是指当季作物从所施肥料中吸收的养分占肥料中该种养分总量的百分数。肥料利用率可通过田间试验和室内化学分析，按下列公式求得：

$$肥料利用率 = \frac{施肥区作物吸收量 - 无肥区作物吸收量}{所施肥料中该元素的总量} \times 100\%$$

在当前栽培技术管理水平下，化肥的利用率大致是：氮肥 30%～50%、磷肥 10%～15%、钾肥 40%～70%。

农作物的营养一部分来自大气、水和土壤。随着农业生产不断进行，农用地养分将逐年不足，当土壤环境中的营养元素含量不能满足农作物的生长需要时，就需要通过施肥来补充植物生长所必需的 N、P、K 等元素，以改善土壤性质而获得高产。

科学施肥，提高肥料利用率，要以最小养分律、报酬递减律、因子综合作用律等为理论依据。

（1）最小养分律。最小养分律是由德国化学家李比西提出的，其理论观点是：如果土壤中某一种必需养分不足或者缺乏，即使其他养分都存在，这种土壤仍将成为不毛之地。作物生长需要各种养分，限制产量的因子是土壤中相对含量最小的养分，也就是土壤最缺乏的那种养分（即最小养分）。如果不增施这种最小养分，即使增施其他养分，作物产量也难以提高，而只有增施这种最小养分，产量才可能提高。

最小养分律与木桶理论（木桶理论是指一只水桶能装多少水取决于它最短的那块木板）有相似之处。土壤好比一个木桶，每块木板各代表一种营养元素，盛水量代表产量，若氮在土壤中的相对含量最低，氮就是最小养分，代表氮的木板就最短，这时要想增加盛水量，即提高产量，就要增加该木板的长度，即增施氮肥，如图 4-8 所示。因此，作物能够吸收多少营养，不是取决于给它大量施用的某一种或几种营养元素，而是取决于最缺乏的那种元素。

最小养分律应用在农业生产实践中要注意以下几个方面：①最小养分是相对于作物来说土壤供应能力最差的那种养分，而不是土壤中绝对含量最少的那种养分；②最小养分不能用其他养分来代替，增加其他养分的含量，产量也不能提高；③最小养分不是影响作物的单一因素，提高作物产量，需要同时改善其他影响因素。

最小养分是随作物类型、产量水平和施肥量而变化的，一种最小养分得到满足后，另一种养分可能成为新的最小养分。因此，在农业生产中，要用发展的眼光来利用最小养分律，掌握不同作物、不同时期、不同地点的主要矛盾，配合施用各种肥料，在增施土壤最小养分时，还要同时施用土壤中其他不足的养分，使各种养分因子均在较高水平上，满足作物高产、稳产的需要。

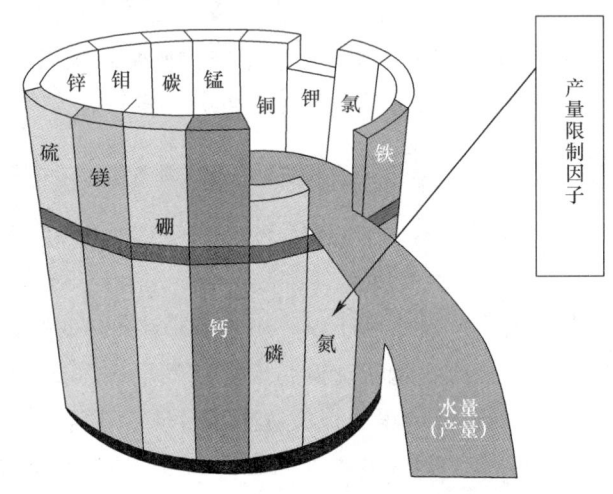

图 4-8 以木桶理论解释最小养分律

（2）报酬递减律。报酬递减律是由法国古典经济学家杜尔格提出的，其假定在其他生产要素相对稳定的前提下，随着施肥量的增加，作物产量也逐步增加，但每单位化肥增加的产量却在下降，即增产率在降低。

因此，要适量施肥。少施则增产潜力不能完全挖掘出来；多施虽能获得高产，但计算经济效益，可能增产不增收。具体情况如下：

1）当"增施肥料的增产量×产品价格>增施肥料量×肥料价格"时，增施肥料增产又增收；

2）当"增施肥料的增产量×产品价格=增施肥料量×肥料价格"时，增施肥料的成本等于增产产品的价值，增施肥料的总收益最高，该施肥量可称为最佳施肥量，但此时的作物产量不是最高产量；

3）达到最佳施肥量后，继续增施肥料，则"增施肥料的增产量×产品价格<增施肥料量×肥料价格"，说明如果继续增施肥料，作物产量会略有提高，直至达到最高产量，但增施肥料的成本过高，反而使总收益下降；

4）达到最高产量后，继续增施肥料，作物产量将开始降低。

报酬递减律用于指导适量施肥。施肥时，不能盲目追求最高产量，也不能为了降低生产成本而刻意减少施肥量，导致产量不能稳步提高，而是要研究推广新的生产技术，改善生产条件，合理施肥，提高肥料利用率，增加施肥带来的经济效益。

（3）因子综合作用律。作物的生长发育好坏和产量高低是由水分、养分、温度、光照、品种、栽培技术等因子综合作用的结果，各因子中有一个起主导作用的限制因子，作物的产量在较大程度上受该限制因子的制约。合理施肥是养分因子的重要影响因素。若想充分发挥增施肥料的增产作用和经济效益，就要将施肥与其他农业技术管理措施进行密切配合，并发挥好各因子间的配合作用。要注意水、肥、气、热合理搭配，进行平衡施肥，提高土壤肥力，使有限的肥料发挥更大的增产效果，如水稻生产上的以水调肥、以水调气、以水调温，以及配合施用氮、磷、钾肥等。

4.2 农药使用

4.2.1 农药基础知识

1. 农药的概念

农药是指用于预防、消灭、控制危害农业及林业的病、虫、草和其他有害因素，以及有目的地调节植物、昆虫生长的化学合成物，或来源于生物、其他天然物质的一种物质或者几种物质的混合物及其制剂。

2. 农药的分类

农药有以下几种分类。

（1）按防治对象分。农药按防治对象可分为杀虫剂、杀菌剂、杀螨剂、除草剂、杀线虫剂、杀鼠剂、植物生长调节剂七种。

（2）按成分来源分。农药按成分来源可分为无机农药（从天然矿物中获得的农药）、生物农药（利用生物或其代谢产物防治病虫害的农药）、有机农药（包括天然有机农药和人工合成有机农药）三大类。

（3）按化学结构分。农药按化学结构可分为有机磷化合物、有机硫化合物、有机氮化合物、拟除虫菊酯、氨基甲酸酯、酰胺类化合物、脲类化合物、醚类化合物、酚类化合物等。

（4）按作用方式分。农药按作用方式可分为胃毒剂、触杀剂、熏蒸剂、内吸剂、拒食剂、性诱剂、驱避剂、不育剂、生长调节剂、增效剂、保护剂、治疗剂等。

3. 农药剂型

农药剂型主要有乳油、可湿性粉剂、颗粒剂、水剂、悬浮剂、粉剂、可溶性粉剂、熏蒸剂等。

4. 农药使用方法

农药使用方法主要有六种，即喷雾法、喷粉法、毒土法、泼浇法、拌种浸种法、毒饵法。

5. 农药标签

农药标签只有具备以下十项内容才算符合要求。

（1）农药名称。农药名称以醒目大字表示，包括有效成分的百分含量、通用名称和剂型。

（2）农药三证号。农药三证号包括农药登记（有临时登记、正式登记、分装登记三种）证号、生产许可证号（或生产批准文件号）和产品标准号。国外公司的农药标签上只有农药登记证号。

（3）净重或净容量。净重单位为克（g）或千克（kg），净容量单位为毫升（mL）或升（L）。

（4）生产日期、批号和质量保证期。农药必须标明生产日期、批号和质量保证期。

（5）生产厂名称、地址、邮编、电话。农药必须标明生产厂名称、地址、邮编、电话。

（6）农药类别。农药类别包括杀虫剂、杀菌剂、除草剂等。

（7）毒性标志。毒性分为剧毒、高毒、中等毒、低毒四种，毒性标志均以红字注明。

（8）使用说明。使用说明内容包括产品特点、防治作物和防治对象、施药时期、用药量和施用方法，以文字或图表说明，其中，产品特点的介绍要依据事实，不得擅自扩大防治作物和防治对象。

（9）注意事项。注意事项内容包括该产品与其他农药的混用说明、限制使用范围、安全间隔期、安全防护要求、主要中毒症状及急救解毒措施、贮存要求等。

（10）标志带。标志带是一条与底边平行的标志条，有颜色，用来直接判断农药类别。例如，杀虫剂用红色，杀菌剂用黑色，除草剂用绿色，杀鼠剂用蓝色，植物生长调节剂用深黄色。复配剂标志带有时有两条以上标志条。

4.2.2 合理用药

药剂防治的原则是安全、经济、有效,它必须与其他防治措施如农业防治、生物防治等协调运用才能取得持久性的效果。要有节制、科学、合理地使用农药。合理用药应注意的技术问题如下。

1. 对症下药

应针对不同的防治对象选择相应的农药,这些农药应该有较好的防治效果,而对农作物、防治对象的天敌影响较小。这要求使用者必须清楚所需防治对象是病害还是虫害,还要懂得农药的性能、作用、特点。例如,防治大量啃食叶片的害虫宜采用胃毒剂,防治发生量特大、需快速消除的害虫宜采用触杀剂,防治刺吸作物体液的害虫宜采用内吸剂。

2. 适时施药

适时施药可提高防治效果,减少费用。对于虫害,应在害虫盛发期施药,如在纵卷叶螟2~3龄幼虫盛发期施药;对于病害,应在作物易感病的生育期施药,如在水稻破口至齐穗期施用防治穗颈瘟的农药。

3. 适量施药

严格按照农药的使用说明,选用有效剂量进行施药防治,不能盲目加大浓度或未经试验擅自降低浓度。

4. 掌握正确的施药方法

施药方法的选择主要考虑:①药剂的作用机理,如触杀剂宜用细喷雾的方法;②农药的剂型,如颗粒剂宜撒施;③病虫发生为害的部位,如水稻纹枯病、稻飞虱发生在植株的基部,可用粗喷头喷或泼浇的方法;④保护和利用天敌,如采用"毒土"根区点(穴)施药,可保护在叶面活动的天敌。

5. 科学轮换与合理混用农药

有针对性地轮换使用农药,防止或延缓病虫抗药性的形成。合理混用农药则可提高防治效果,节省费用。

4.2.3 农药安全使用

施用化学农药防治病、虫、草、鼠害,是夺取农业丰收的重要措施。但是,农药具有使人和动物中毒的性能,如果使用不当,其可以通过口服、皮肤接触或呼吸进入人或动物体内,对生理机能产生不良影响,使人或动物中毒以致死亡。为保证安全生产,应注意如下几点。

1. 检查施药设备

喷雾器中的药液不要装得太满,以免药液溢漏,污染皮肤和防护用品。施药场所应备有足够的水、清洗剂、急救药箱、修理工具等。

2. 穿戴防护用品

施药前,要穿戴好手套、口罩、防护服等,防止施药时农药进入眼睛、接触皮肤或吸入体内。施药结束后,应立即脱下防护用品,将其装入事先准备好的塑料袋中,带回后立即清洗2~3遍,晾干存放。

3. 注意施药安全

下雨、大风、高温天气时,不要施药。要始终处于上风位置施药,不要逆风施药。施药期间,不准进食、饮水、吸烟。不要用嘴去吹堵塞的喷头,应用牙签、草秆或水来疏通。

4. 掌握中毒急救知识

若农药溅入眼睛内或溅在皮肤上,要及时用大量清水冲洗。若出现头痛、恶心、呕吐等中毒症状,应立即停止作业,脱掉污染衣物,携农药标签到最近的医院就诊。

5. 正确清洗施药器械

施药器械每次用后要洗净,不要在河流、小溪、井边冲洗,以免污染水源。农药废弃包装物严禁作为他用,不能乱丢,要集中存放,妥善处理。

技能要求

配制1.5 L异丙隆水剂600倍液

操作步骤

步骤1　农药量计算

所需农药量的计算公式为:

$$所需农药量 = 需要配制的农药量 \div 用药倍数$$

即:

$$所需农药量 = 1\,500 \div 600 = 2.5\,(mL)$$

步骤2　量取农药

(1)用右手拇指和食指捏紧滴管胶头,排出胶头内的空气,如图4-9a所示。

(2)保持捏紧状态,将滴管插入药剂瓶,并放松手指,药液被吸入滴管,如图4-9b所示。

（3）拿出吸有药液的滴管，如图 4-9c 所示。

（4）把滴管悬空放入小量筒内，并轻轻捏压滴管胶头，使药液慢慢滴入小量筒内，如图 4-9d 所示。

（5）慢慢滴入药液的同时，眼睛平视小量筒 2.5 mL 刻度线。当小量筒内的药液凹面达到 2.5 mL 刻度时，松开拇指与食指，药液量取完成，如图 4-9e 所示。

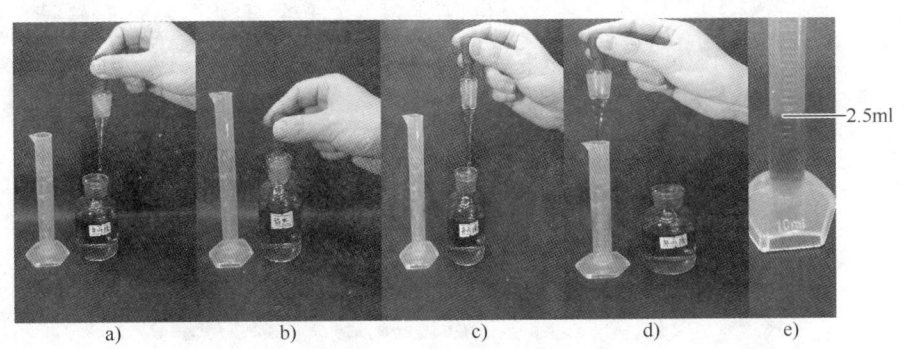

图 4-9　量取农药的过程

a）排出胶头内空气　b）吸药液　c）拿出滴管　d）滴药液　e）平视刻度线，完成量取

步骤 3　配制药液（二次稀释法）

（1）先用小量杯舀取少量水，把量取的 2.5 mL 农药倒入小量杯内，并用玻璃棒搅拌，待农药基本溶解后，倒入大量杯，如图 4-10a、图 4-10b、图 4-10c 所示。

（2）用水清洗小量杯 1~2 次，清洗液倒入大量杯，如图 4-10d 所示。

（3）继续用小量杯向大量杯内缓慢加水，同时眼睛平视大量杯 1 500 mL 刻度线，如图 4-10e 所示；直至大量杯内水量达到 1 500 mL 刻度时停止加水，再搅拌均匀，完成配药，如图 4-10f 所示。

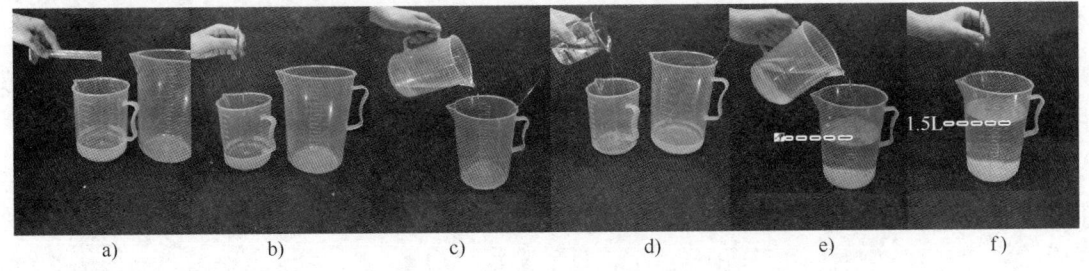

图 4-10　配制药液（二次稀释法）

a）将量取的农药倒入小量杯　b）用玻璃棒搅拌　c）待农药溶解后，倒入大量杯
d）用水清洗小量杯　e）继续加水，平视刻度线　f）达到刻度后，搅拌均匀

手动喷雾器的组装与使用

操作步骤

步骤1　组装手动喷雾器

手动喷雾器除了主体药箱外，其他零件包括阀门、塑料手柄、喷杆、软管、喷头（4种）、滤网、桶盖等，如图4-11所示。组装手动喷雾器应根据喷药要求，把喷雾器的零件按顺序完整组装。

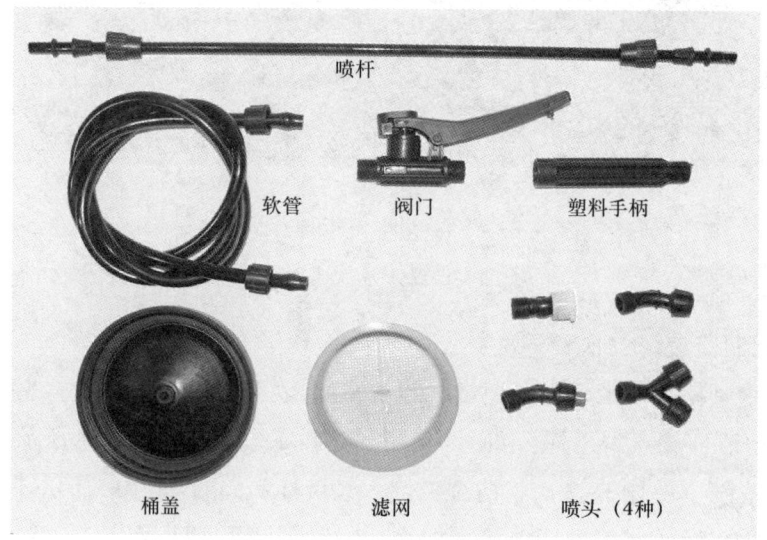

图4-11　手动喷雾器零件

（1）连接软管与箱体。把软管的其中一头插入手动喷雾器箱体压力筒上的接口，并拧紧连接螺帽，如图4-12a所示。

（2）组装塑料手柄与阀门。把塑料手柄"内螺纹"的一头与阀门连接并拧紧，注意手柄应连接在阀门压柄的下方，如图4-12b所示。

（3）连接软管与塑料手柄。把软管的另一头插入塑料手柄的接口，并拧紧连接螺帽，如图4-12c所示。

（4）连接喷杆与阀门。把喷杆的一头插入阀门接口，拧紧连接螺帽，如图4-12d所示。

（5）连接喷头与喷杆。根据喷药要求选择相应喷头，将其连接并拧紧在喷杆的顶端，如图4-12e所示。

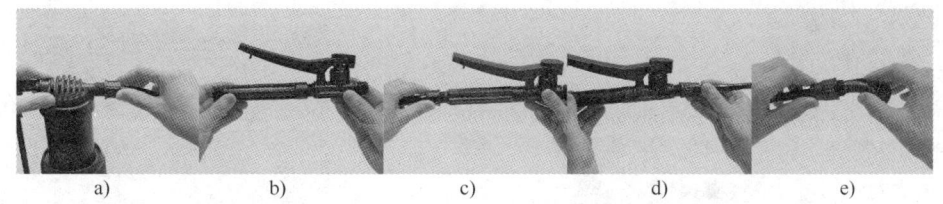

图 4-12 手动喷雾器零件连接组装

a）连接软管与箱体　b）组装塑料手柄与阀门　c）连接软管与塑料手柄

d）连接喷杆与阀门　e）连接喷头与喷杆

不同喷头的选择依据如下：

• 圆锥单喷头（见图 4-13a）适用于作物植株较小且单株点喷药的田块，或者小面积范围喷药的田块，如苗床等；

• 圆锥双喷头（见图 4-13b）适用于作物多、密，且喷药面积较大的田块；

• 多孔直喷头（见图 4-13c）适用于较高或较远的喷药，如果树喷药、园林绿化喷药等；

• 扁形单喷头（见图 4-13d）出水呈窄条形，为定向喷雾，一般适用于除草剂定向喷施，如田埂、苗圃周边除草等。

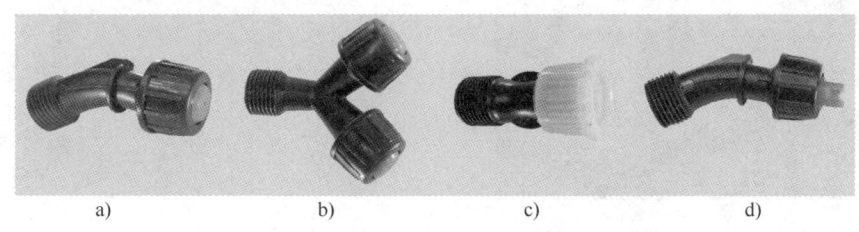

图 4-13 不同喷头的选择

a）圆锥单喷头　b）圆锥双喷头　c）多孔直喷头　d）扁形单喷头

（6）在箱体加液口先放滤网，再拧紧桶盖，如图 4-14 所示。组装完成，如图 4-15 所示。

步骤 2　正确使用手动喷雾器

（1）加药液。向药液桶内加注药液前，要检查开关是否关闭。先拧开桶盖，加液时要使用滤网；再缓慢倒入药液，不要过快，以免药液溢出，注意加液量不能超过规定水位线，如图 4-16 所示。加注药液后，立即旋紧桶盖。

（2）加压。压动摇杆数次，直至气室内的气压达到工作压力，如图 4-17 所示。

（3）喷药。打开手柄阀门，进行单边喷雾作业，要求行走方向正确，喷雾均匀，不要重喷或漏喷，如图 4-18 所示。

图4-14 放滤网，拧紧桶盖

图4-15 组装完成效果

图4-16 加药液

图4-17 加压

图4-18 喷药

喷雾均匀

重喷　　　漏喷

本章测试题

单项选择题(选择一个正确的答案,将相应的字母填入题内的括号中)

1. 根据防治对象的不同,农药可分为(　　)、杀螨剂、杀菌剂、除草剂、杀鼠剂、植物生长调节剂等。

　　A. 杀虫剂　　　　B. 悬浮剂　　　　C. 乳油　　　　D. 高毒性剂

2. 我国目前使用较多的农药剂型是(　　)、悬浮剂、可湿性粉剂、粉剂、粒剂、水剂等。

　　A. 乳油　　　　B. 杀虫剂　　　　C. 杀菌剂　　　　D. 除草剂

3. 农药标签以文字、图形、符号说明农药内容,是农药产品的(　　)。

　　A. 生产日期说明　　B. 质保书　　　C. 说明书　　　D. 身份证

4. 农药毒性是指农药具有使人和动物(　　)的性能。农药可以通过口服、皮肤接触或呼吸进入人或动物体内,对生理机能产生不良影响,使人或动物中毒以致死亡。

　　A. 中毒　　　　B. 死亡　　　　C. 反常　　　　D. 残疾

5. (　　)的作用是:促使作物根系发达,增强抗寒、抗旱能力;促进作物提早成熟,使穗粒增多,籽粒饱满。

　　A. 氮肥　　　　B. 钾肥　　　　C. 磷肥　　　　D. 以上都对

6. 肥料按化学成分、生物活性、作用效果的不同可分为(　　)、无机肥和生物肥三大类。

　　A. 有机肥　　　　B. 钾肥　　　　C. 磷肥　　　　D. 化肥

7. 化学肥料含有的营养元素种类单一或较少,养分含量(　　),肥效迅速,但肥效猛而不长,改善土壤的作用不大,甚至有破坏土壤性质的副作用。

　　A. 高　　　　B. 低　　　　C. 一般　　　　D. 和有机肥一样

8. 为充分发挥水稻的施肥效应,除了施足基肥外,在追肥上还必须施好"三肥",即分蘖肥、穗肥和(　　)。

　　A. 根肥　　　　B. 断奶肥　　　　C. 粒肥　　　　D. 叶面肥

9. 农药标签中的标志带是一条与底边平行的标志条,有颜色,用来直接判断农药类别,其中杀虫剂标志带的颜色为(　　)。

　　A. 红色　　　　B. 黑色　　　　C. 绿色　　　　D. 蓝色

10. 农药标签中的标志带是一条与底边平行的标志条，有颜色，用来直接判断农药类别，其中杀菌剂标志带的颜色为（　　）。

　　　A. 红色　　　　B. 黑色　　　　C. 绿色　　　　D. 蓝色

11. 农药标签中的标志带是一条与底边平行的标志条，有颜色，用来直接判断农药类别，其中除草剂标志带的颜色为（　　）。

　　　A. 红色　　　　B. 黑色　　　　C. 绿色　　　　D. 蓝色

12. 合理使用农药首先要做到对症下药，针对不同的防治对象选择相应的农药，针对为害方式为啃食叶片的害虫，选用（　　）。

　　　A. 胃毒剂　　　B. 触杀剂　　　C. 熏蒸剂　　　D. 内吸剂

13. 合理使用农药首先要做到对症下药，针对不同的防治对象选择相应的农药，针对在作物体表为害的害虫，选用（　　）。

　　　A. 胃毒剂　　　B. 触杀剂　　　C. 熏蒸剂　　　D. 内吸剂

14. 合理使用农药首先要做到对症下药，针对不同的防治对象选择相应的农药，针对为害方式为刺吸茎叶的害虫，选用（　　）。

　　　A. 胃毒剂　　　B. 触杀剂　　　C. 熏蒸剂　　　D. 内吸剂

15. 作物对（　　）的需求较多，而土壤又往往不能满足作物对这三者的需求，经常要通过施肥来供应，因此称它们为"肥料三要素"。

　　　A. 氮、磷、钾　　B. 碳、磷、钾　　C. 氮、钙、钾　　D. 氮、磷、铁

本章测试题参考答案

1. A　　2. A　　3. D　　4. A　　5. C　　6. A　　7. A　　8. C　　9. A　　10. B
11. C　　12. A　　13. B　　14. D　　15. A

理论知识考试模拟试卷及参考答案

水稻栽培理论知识试卷

注 意 事 项

1. 考试时间 60 min。
2. 请在试卷规定位置填写您的姓名、准考证号。
3. 请仔细阅读答题要求,在规定位置填写答案。
4. 不要在试卷上乱写乱画,不要在标封区填写无关的内容。

题型	单项选择题
配分	100
得分	

单项选择题(第 1~100 题,每题 1 分,共 100 分。请将正确答案前的字母填入括号中)

1. 水稻是重要的粮食作物之一,我国水稻总产量居世界( )。
    A. 第一　　　　B. 第二　　　　C. 第三　　　　D. 倒数第一
2. 栽培稻的起源点在( )。
    A. 非洲　　　　B. 亚洲　　　　C. 南美洲　　　D. 欧洲
3. 我国是最大的稻米生产国和消费国,目前种植面积为 3 000 万公顷左右,年产量达( )亿吨以上。
    A. 2　　　　　B. 5　　　　　C. 10　　　　　D. 1
4. 我国稻作区一般分为( )个。
    A. 8　　　　　B. 6　　　　　C. 18　　　　　D. 16
5. 农业上所称的水稻种子即稻谷,由颖果和( )两大部分组成。
    A. 稻壳　　　　B. 麸皮　　　　C. 精米　　　　D. 砻糠
6. 水稻根有种子根和( )两种。
    A. 不定根　　　B. 分蘖根　　　C. 新生根　　　D. 老根
7. 水稻茎由节和( )构成。

A. 枝干 B. 节秆 C. 节间 D. 枝节

8. 水稻倒伏一般以（　　）期居多，折倒的部位通常是基部第1节间和第2节间。

　　A. 幼苗 B. 灌浆结实 C. 分蘖 D. 拔节孕穗

9. 水稻叶分芽鞘、（　　）和完全叶三种。

　　A. 不完全叶 B. 叶片 C. 叶鞘 D. 叶耳

10. 完全叶由叶鞘和（　　）两大部分组成。

　　A. 叶枕 B. 叶片 C. 叶舌 D. 叶耳

11. 叶片是进行（　　）和蒸腾作用的主要器官。

　　A. 养分输送 B. 水分输送 C. 光合作用 D. 生理作用

12. 通常情况下，水稻的分蘖主要在（　　）地表面的茎节上发生。

　　A. 远离 B. 靠近 C. 贴着 D. 以上都对

13. 一部分出生较早的分蘖继续生长，能（　　），称为有效分蘖。

　　A. 抽穗结实 B. 开花 C. 进行光合作用 D. 进行蒸腾作用

14. 稻穗为（　　）花序，由穗轴（主梗）、一次枝梗、二次枝梗、小穗梗和小穗组成。

　　A. 方形 B. 圆锥 C. 菱形 D. 扁圆

15. 同穗的各一次枝梗间，上位颖花（　　），顺次向下，基部的最后开花。

　　A. 同时开花 B. 先开花 C. 较晚开花 D. 不开花

16. 成熟的稻谷生产上称为种子，一般种子成熟度越高，发芽率（　　）。

　　A. 越高 B. 越低 C. 没有变化 D. 以上都不对

17. 水稻生育期包括营养生长期和（　　）期。

　　A. 生殖生长 B. 生理生长 C. 抽穗开花 D. 开花结实

18. 一般根据生育期长短，水稻品种可分为（　　）、中稻与晚稻三类。

　　A. 籼稻 B. 早稻 C. 单季稻 D. 双季稻

19. 营养生长期是水稻营养体生长的时期，包括（　　）和根、叶、蘖生长。

　　A. 种子发芽 B. 种子催芽 C. 浸种 D. 颖花

20. 生殖生长期是水稻（　　）生长的时期，包括稻穗的分化形成和开花结实。

　　A. 结实器官 B. 植株 C. 稻茎 D. 叶片

21. 水稻产量受单位面积内的有效穗数、（　　）、结实率和千粒重四个因素所影响。

　　A. 穗数 B. 每穗平均总粒数
　　C. 穗粒数 D. 种子数

22. 决定单位面积内的有效穗数的关键时期是（　　），一般分蘖出生越早，成穗的可能性越大。

  A. 分蘖期   B. 扬花期   C. 结实期   D. 成熟期

23. 决定每穗平均总粒数的关键时期是抽穗期，这时期栽培的基本要求是培育（　　），防止小穗败育。

  A. 壮苗   B. 壮秆、大穗 C. 壮秧   D. 抗病品种

24. 影响水稻灌浆结实的因素有光照、（　　）、温度、矿物质养分等。

  A. 光线   B. 水分   C. 湿度   D. 土壤

25. 结实率的决定期是穗分化开始到抽穗后，而影响最大的时期是花粉发育期、（　　）、灌浆初期。

  A. 胚囊成熟期 B. 开花期 C. 颖花形成期 D. 花粉散落期

26. 水稻粒重受谷粒大小及（　　）影响，决定粒重及最后产量的时期是结实期。

  A. 体积   B. 成熟度 C. 均匀度   D. 品质

27. 水稻产量构成因素表现出相互联系、相互（　　）和相互补偿的关系。

  A. 配合   B. 制约   C. 促进   D. 作用

28. 目前，水稻生产上采用的增产途径大体有三种：大穗增产、（　　）、穗数取胜增产。

  A. 壮茎增产 B. 穗粒兼顾增产 C. 大粒数增产 D. 壮秆增产

29. 与移栽稻相比，直播稻减少了育秧、拔秧、插秧等环节，既能（　　）、省秧田、省成本，又能缓解夏季农忙时节劳动力紧张的压力。

  A. 免除草害 B. 省工省力 C. 防止虫害 D. 省肥料

30. 机插稻种植特点：可以（　　），充分利用土地和季节，增加复种指数，解决前后作的季节矛盾。

  A. 缩短生育期 B. 延长生育期 C. 使生育期提前 D. 使生育期延迟

31. 水稻土在种稻灌水期间，其耕作层水分饱和，呈（　　）；在排水、搁田、冬季旱作期间，其耕作层呈氧化状态。

  A. 半氧化、半还原状态   B. 还原状态
  C. 淹水状态   D. 干旱状态

32. 水稻生产首先要求稻田（　　）、高低一致，以便于灌溉和控制杂草。

  A. 田面平整 B. 宽阔   C. 狭窄   D. 保温好

33. 水稻生产要求土壤具有肥厚松软的（　　），厚度为 15~18 cm。

  A. 耕作层   B. 犁底层 C. 潜育层   D. 渗育层

34. 高产水稻的土壤有机质含量为（　　），不缺微量元素。

A. 2.5%~4.0%　　　B. 0.5%~1.5%　　　C. 10.0%~12.0%　　　D. 4.0%~5.0%

35. 高产水稻的土壤有较好的保水能力，一次灌水能保持（　　），避免有效养分流失。

　　A. 5~7 天　　　B. 10 天　　　C. 15 天　　　D. 1 个月

36. 水稻必需的营养元素有氮、磷、钾、硫、钙、镁、铁等十几种，但吸收最多的是（　　）、磷、钾。

　　A. 氮　　　B. 铜　　　C. 锰　　　D. 锌

37. 从氮、磷、钾的吸收来看，氮的吸收高峰出现时间（　　）。

　　A. 较早　　　B. 较晚　　　C. 很晚　　　D. 和其他元素一样

38. 水稻吸收的养分除施肥直接供给一部分外，大部分是通过（　　）供给的。

　　A. 叶片　　　B. 土壤　　　C. 光合作用　　　D. 空气

39. 水稻的生理需水是指水稻通过根系从土壤中吸入（　　）的水分，以满足个体生长发育和不断进行生理代谢所需要的水量。

　　A. 叶片　　　B. 体内　　　C. 根部　　　D. 茎秆

40. 水稻的生态需水是指水稻体外的用于调节田间环境的用水，其用于调节稻田湿度、（　　）、养分、水质、空气等。

　　A. 高度　　　B. 温度　　　C. 平整度　　　D. 密度

41. 稻株吸收的水分绝大部分是通过（　　）散失的。

　　A. 蒸腾作用　　　B. 光合作用　　　C. 分蘖发育　　　D. 开花结实

42. 稻田灌溉用水要求水温适宜，含氧量（　　），并有一定的营养元素，酸碱度合适，不含有毒物质。

　　A. 高　　　B. 低　　　C. 一般　　　D. 无所谓

43. 稻田需水量由（　　）、土壤渗漏量及耕作需水量三部分组成。

　　A. 水稻需水量　　　B. 稻田蒸发量　　　C. 稻株蒸发量　　　D. 水面蒸发量

44. 根据防治对象的不同，农药可分为（　　）、杀螨剂、杀菌剂、除草剂、杀鼠剂、植物生长调节剂等。

　　A. 杀虫剂　　　B. 悬浮剂　　　C. 乳油　　　D. 高毒性剂

45. 我国目前使用较多的农药剂型是（　　）、悬浮剂、可湿性粉剂、粉剂、粒剂、水剂等。

　　A. 乳油　　　B. 杀虫剂　　　C. 杀菌剂　　　D. 除草剂

46. 农药标签以文字、图形、符号说明农药内容，是农药产品的（　　）。

　　A. 生产日期说明　　　B. 质保书　　　C. 说明书　　　D. 身份证

47. 农药毒性是指农药具有使人和动物（　　）的性能。农药可以通过口服、皮肤接触或呼吸进入人或动物体内，对生理机能产生不良影响，使人或动物中毒以致死亡。

　　A. 中毒　　　　B. 死亡　　　　C. 反常　　　　D. 残疾

48. （　　）的作用是促使作物根系发达，增强抗寒、抗旱能力；促进作物提早成熟，使穗粒增多，籽粒饱满。

　　A. 氮肥　　　　B. 钾肥　　　　C. 磷肥　　　　D. 以上都对

49. 肥料按化学成分、生物活性、作用效果的不同可分为（　　）、无机肥和生物肥三大类。

　　A. 有机肥　　　B. 钾肥　　　　C. 磷肥　　　　D. 化肥

50. 化学肥料含有的营养元素种类单一或较少，养分含量（　　），肥效迅速，但肥效猛而不长，改善土壤的作用不大，甚至有破坏土壤性质的副作用。

　　A. 高　　　　　B. 低　　　　　C. 一般　　　　D. 和有机肥一样

51. 为充分发挥水稻的施肥效应，除了施足基肥外，在追肥上必须施好"三肥"，即分蘖肥、穗肥和（　　）。

　　A. 根肥　　　　B. 断奶肥　　　C. 粒肥　　　　D. 叶面肥

52. 水稻条纹叶枯病发生程度和病害流行趋势与传毒媒介（　　）关系密切。

　　A. 褐飞虱　　　B. 白背飞虱　　C. 灰飞虱　　　D. 稻象甲

53. 水稻恶苗病病苗比健苗（　　），叶身、叶鞘异常伸长，叶枕距明显拉大，叶色较淡，表现出典型的恶苗病症状。

　　A. 粗壮　　　　B. 细长　　　　C. 矮壮　　　　D. 高大

54. 病毒在带毒（　　）体内越冬，成为来年引发水稻条纹叶枯病的主要来源。

　　A. 稻象甲　　　B. 灰飞虱　　　C. 大螟　　　　D. 二化螟

55. 水稻条纹叶枯病是一种（　　）的病害，要充分认识做好水稻前期防控的重要性。

　　A. 毁灭性　　　B. 轻度　　　　C. 短暂性　　　D. 无须关注

56. 对于水稻条纹叶枯病，应采取"治虫控病"的防治策略，狠治（　　），控制病害。

　　A. 稻象甲　　　B. 灰飞虱　　　C. 大螟　　　　D. 二化螟

57. 水稻纹枯病主要危害（　　），严重时也能危害穗和茎秆。

　　A. 幼苗　　　　B. 叶鞘和叶片　C. 根部　　　　D. 分蘖

58. 稻瘟病因为害（　　）、部位不同，分为苗瘟、叶瘟、节瘟、穗颈瘟、谷粒瘟。

　　A. 周期　　　　B. 年份　　　　C. 时期　　　　D. 环境

59. 稻瘟病病菌以分生孢子和菌丝体的形式在（   ）和稻草上越冬。
    A. 稻谷　　　　B. 杂草　　　　C. 土壤　　　　D. 农家肥

60. 防治稻瘟病首先要选用（   ）品种。
    A. 高产　　　　B. 米质优良　　C. 抗病　　　　D. 杂交

61. 发生叶瘟时，药剂防治一般要连防（   ）次。
    A. 2～3　　　　B. 4～5　　　　C. 5～6　　　　D. 无数

62. 水稻抽穗期，气温为 24～32℃（25～28℃最适合），（   ）时，容易发生稻曲病。
    A. 天气晴好　　B. 多雨　　　　C. 多云　　　　D. 阴天

63. 纵卷叶螟以幼虫为害水稻（   ），将其纵卷，藏身其中进行啃食。
    A. 叶片　　　　B. 幼苗　　　　C. 穗　　　　　D. 茎秆

64. 水稻害虫化学药剂防治最佳适期在（   ）盛期至 1 龄盛期。
    A. 若虫孵化　　B. 虫卵　　　　C. 2 龄幼虫　　D. 成虫

65. 稻飞虱是危害水稻的主要害虫，上海郊区普遍发生的有（   ）、灰飞虱和白背飞虱三种。
    A. 褐飞虱　　　B. 烟粉虱　　　C. 银叶粉虱　　D. 黑翅粉虱

66. 稻飞虱为害水稻除直接刺吸汁液，使其生长受阻，严重时使稻丛成团（   ），甚至全田死秆倒伏外，其产卵也会刺伤植株，破坏输导组织，妨碍营养物质运输并传播病毒病。
    A. 枯萎　　　　B. 萎缩　　　　C. 返青　　　　D. 燃烧

67. 对稻飞虱的药剂防治适期一般应掌握在若虫孵化高峰期至（   ）。
    A. 1 龄初期　　　　　　　　　　B. 2～3 龄盛期
    C. 2 龄初期　　　　　　　　　　D. 1 龄盛期

68. 螟虫俗称钻心虫，在上海地区为害的主要有二化螟、三化螟和（   ）。
    A. 纵卷叶螟　　B. 褐边螟　　　C. 大螟　　　　D. 台湾稻螟

69. 二化螟的初孵若虫集中为害叶鞘，造成枯鞘，然后转入稻株内为害造成（   ），抽穗期造成白穗，为害处无虫粪。
    A. 茎秆折断　　B. 枯心苗　　　C. 不结实　　　D. 生长停止

70. 鳢肠、空心莲子草、（   ）、水苋菜、陌上菜是阔叶杂草。
    A. 稗草　　　　B. 异型莎草　　C. 矮慈姑　　　D. 千金子

71. 稗草和（   ）是两个最主要的稻田杂草。
    A. 三棱草　　　B. 异型莎草　　C. 千金子　　　D. 鸭舌草

72. 机插稻技术具有工作效率高、生产劳动强度低、（　　）等特点。
    A. 抵御自然灾害强　　　　　　　　B. 病虫害问题较严重
    C. 成本低　　　　　　　　　　　　D. 劳动量大

73. 机插稻栽插适宜叶龄为（　　）叶。
    A. 6　　　　　B. 8　　　　　C. 3.5~4　　　　　D. 2

74. 对于秧田选择标准，下列叙述错误的是（　　）。
    A. 地势平坦　　　B. 土壤肥沃　　　C. 杂草少　　　D. 排灌不便

75. 一般情况下，基肥应坚持（　　）。
    A. 使用有机肥　　　　　　　　　　B. 使用无机肥
    C. 有机肥、无机肥结合使用　　　　D. 使用化肥

76. 灌浆结实期，水浆管理的目标是（　　）、防止早衰。
    A. 壮秆　　　　　B. 促分蘖　　　　　C. 增大穗　　　　　D. 养根保叶

77. 根据机插稻育秧准备要求，每亩大田一般需育秧细土（　　）kg左右。
    A. 50　　　　　B. 100　　　　　C. 150　　　　　D. 200

78. 对于每亩机插大田，杂交稻品种备育秧盘（　　）盘。
    A. 18~20　　　　　B. 20~22　　　　　C. 22~24　　　　　D. 24~26

79. 机直播稻的种子催芽程度以（　　）为最好。
    A. 长芽　　　　　B. 破口　　　　　C. 露白　　　　　D. 见绿

80. 种子催芽过程中，要求高温"破胸"，温度应掌握在（　　）℃。
    A. 25~30　　　　　B. 30~35　　　　　C. 35~38　　　　　D. 40~45

81. 机直播条件下，常规稻高峰苗应控制在（　　）株/亩。
    A. 25万~30万　　B. 30万~35万　　C. 35万~40万　　D. 45万~50万

82. 机直播条件下，常规稻基本苗应控制在（　　）株/亩。
    A. 3万~5万　　　B. 8万~10万　　　C. 12万~15万　　　D. 18万~20万

83. 根据机插稻育秧要求，要做到适龄栽插，秧龄一般控制在（　　）天。
    A. 8~12　　　　　B. 18~22　　　　　C. 25~30　　　　　D. 30~35

84. 机插稻插秧深度控制在（　　）cm左右，以秧苗栽插入泥后"不漂不倒"为宜。
    A. 1　　　　　B. 3　　　　　C. 5　　　　　D. 7

85. 一般对于中等肥力的机插稻田，按每亩600 kg的产量目标计算，每亩总用氮量（折纯氮）为（　　）kg。
    A. 10~12　　　　　B. 20~22　　　　　C. 25~27　　　　　D. 28~30

86. 药液浸种可以杀灭稻种携带的病菌，防止种传病害，在日平均气温20℃以上时，

浸种时间应为（　　）h。

  A. 25~30　　　　B. 36~48　　　　C. 55~60　　　　D. 60~65

87. 对于每亩机插大田，常规稻品种备育秧盘（　　）盘。

  A. 15~20　　　　B. 20~25　　　　C. 25~30　　　　D. 30~35

88. "断奶肥"应在幼苗（　　）期施用。

  A. 1叶1心　　　B. 2叶1心　　　C. 3叶　　　　　D. 3叶1心

89. 机插常规稻每亩基本苗是（　　）株。

  A. 5万~6万　　 B. 6万~7万　　 C. 7万~8万　　 D. 8万~9万

90. 机插杂交稻每亩基本苗是（　　）株。

  A. 4万~5万　　 B. 5万~6万　　 C. 6万~7万　　 D. 7万~8万

91. 直播稻搁田时间应掌握"苗到不等时、时到不等苗"。"苗到不等时"是指当田间水稻总苗数达到目标穗数苗的（　　）左右时，开始断水搁田。

  A. 40%　　　　　B. 60%　　　　　C. 80%　　　　　D. 100%

92. 直播稻相较于移栽稻的优点不包括（　　）。

  A. 省工　　　　　B. 省力　　　　　C. 不伤根　　　　D. 全生育期延长

93. 直播常规稻每亩适宜播种量是（　　）kg。

  A. 3　　　　　　B. 4　　　　　　C. 5　　　　　　D. 6

94. 直播机行等行距机型的行距是（　　）cm。

  A. 15　　　　　 B. 18　　　　　 C. 20　　　　　 D. 25

95. 晒种目的不包括（　　）。

  A. 增强种皮的通透性　　　　　　　B. 提高发芽率和发芽势

  C. 用紫外线杀菌　　　　　　　　　D. 去除杂质

96. 农药标签中的标志带是一条与底边平行的标志条，有颜色，用来直接判断农药类别，其中杀虫剂标志带的颜色为（　　）。

  A. 红色　　　　　B. 黑色　　　　　C. 绿色　　　　　D. 蓝色

97. 农药标签中的标志带是一条与底边平行的标志条，有颜色，用来直接判断农药类别，其中除草剂标志带的颜色为（　　）。

  A. 红色　　　　　B. 黑色　　　　　C. 绿色　　　　　D. 蓝色

98. 合理使用农药首先要做到对症下药，针对不同的防治对象选择相应的农药，针对为害方式为啃食叶片的害虫，选用（　　）。

  A. 胃毒剂　　　　B. 触杀剂　　　　C. 熏蒸剂　　　　D. 内吸剂

99. 合理使用农药首先要做到对症下药，针对不同的防治对象选择相应的农药，针对为害方式为刺吸茎叶的害虫，选用（　　　）。

　　A. 胃毒剂　　　　B. 触杀剂　　　　C. 熏蒸剂　　　　D. 内吸剂

100. 作物对（　　）的需求较多，而土壤又往往不能满足作物对这三者的需求，经常要通过施肥来供应，因此称它们为"肥料三要素"。

　　A. 氮、磷、钾　　B. 碳、磷、钾　　C. 氮、钙、钾　　D. 氮、磷、铁

水稻栽培理论知识考试模拟试卷参考答案

1. A	2. B	3. A	4. B	5. A	6. A	7. C	8. B	9. A	10. B
11. C	12. B	13. A	14. B	15. B	16. A	17. A	18. B	19. A	20. A
21. B	22. A	23. B	24. B	25. B	26. B	27. B	28. B	29. B	30. B
31. B	32. A	33. A	34. A	35. A	36. A	37. A	38. B	39. B	40. B
41. A	42. A	43. B	44. A	45. A	46. D	47. A	48. C	49. A	50. A
51. C	52. C	53. B	54. B	55. A	56. B	57. B	58. C	59. A	60. C
61. A	62. B	63. A	64. A	65. A	66. A	67. B	68. C	69. B	70. A
71. C	72. A	73. C	74. D	75. C	76. D	77. B	78. B	79. C	80. C
81. C	82. B	83. B	84. A	85. B	86. B	87. C	88. B	89. D	90. B
91. C	92. D	93. C	94. C	95. D	96. A	97. C	98. A	99. D	100. A

操作技能考核模拟试卷
注 意 事 项

1. 考生根据操作技能考核通知单所列的试题做好考试准备。
2. 请考生仔细阅读试题单中具体的考核内容和要求，并按要求完成操作。
3. 操作技能考核时要遵守考场纪律，服从考场管理人员指挥，以保证考核安全顺利进行。

注：操作技能鉴定试题评分表是考评员对考生考核过程及考核结果的评分记录表，也是评分依据。

水稻栽培操作技能考核通知单*

姓名：

准考证号：

考核日期：

试题1

试题代码：1.1.1。

试题名称：水稻种子处理1。

考核时间：20 min。

配分：20分。

试题2

试题代码：2.1.2。

试题名称：水稻正确播种2。

考核时间：20 min。

---

* 理论知识考试占比30%，配分30分；操作技能考核占比70%，配分70分。

配分：20 分。

试题 3
试题代码：3.1.3。
试题名称：水稻常见草害图片识别。
考核时间：20 min。
配分：15 分。

试题 4
试题代码：4.1.2。
试题名称：配制 1.5 L 异丙隆水剂 600 倍液。
考核时间：20 min。
配分：15 分。

水稻栽培操作技能鉴定
试 题 单

准考证号：

试题代码：1.1.1。

试题名称：水稻种子处理1。

考核时间：20 min。

1. 场地设备条件

（1）菌虫清 60 g，吡虫啉 20 g，水稻种子若干，清水若干。

（2）小调羹、搅拌棒、量杯、容器（广口瓶）。

（3）托盘天平。

2. 工作任务

（1）计算、量取。

（2）稀释与配制。

3. 技能要求

以每亩 5 kg 稻种、30 g 菌虫清、10 g 吡虫啉、8 kg 清水的比例，准确量取并配制 500 g 稻种所需浸种药液。

（1）按给出的用种比例计算 5 亩大田的水稻用种量。

（2）计算浸种药液各成分的用量并准确量取。

（3）配制浸种药液。

（4）操作规范。

4. 质量指标

（1）计算出给定亩数的大田用种量并按比例（稻种∶清水∶菌虫清∶吡虫啉＝500∶800∶3∶1）正确称量。

（2）配制步骤：①量取菌虫清、吡虫啉；②加清水；③放入稻种。

（3）操作规范：①器皿完整；②场地干净；③无洒泼。

水稻栽培操作技能鉴定试题评分表

准考证号：

试题代码及名称			1.1.1 水稻种子处理1		考核时间				20 min
评价要素		配分	等级	评分细则	评定等级				得分（分）
					A	B	C	D	E	
1	（1）计算给定亩数的用种量 （2）按稻种：清水：菌虫清：吡虫啉 = 500：800：3：1 的质量比例计算 500 g 稻种所需浸种药液各成分的用量	10	A	全部正确						
			B	用种量计算正确，浸种药液配方中有 1 项计算错误；或浸种药液配方计算正确，用种量计算错误						
			C	用种量计算正确，浸种药液配方中有 2 项计算错误						
			D	用种量计算正确，浸种药液配方中有 3 项计算错误；或（1）（2）均不正确						
			E	未答题						
2	配制步骤： （1）量取菌虫清、吡虫啉 （2）加清水 （3）放入稻种	5	A	全部正确						
			B	量取准确，顺序错误						
			C	量取有 1 项错误（农药用量误差在 30%及以内），顺序正确						
			D	量取有 1 项错误（农药用量误差超过 30%），或量取有 2 项错误，或量取和顺序均不正确						
			E	未答题						
3	操作规范： （1）器皿完整 （2）场地干净 （3）无洒泼	5	A	全部正确						
			B	有 2 项符合要求						
			C	有 1 项符合要求，有 2 项有欠缺						
			D	均不符合要求						
			E	未答题						
合计配分		20		合计得分						

考评员（签名）：

等级	A（优）	B（良）	C（及格）	D（差）	E（未答题）
比值	1.0	0.8	0.6	0.2	0

"评价要素"得分=配分×等级比值。

水稻栽培操作技能鉴定

试 题 单

准考证号：

试题代码：2.1.2。

试题名称：水稻正确播种2。

考核时间：20 min。

1. 场地设备条件

（1） 10 m^2 大田或大棚场地。

（2） 当地主栽水稻品种的种子。

2. 工作任务

（1） 计算用种量。

（2） 播种。

3. 技能要求

（1） 人工撒播时，一般将种子分成两份，一份进行纵向撒播，另一份进行横向撒播。

（2） 种子入土深度为 0.5 cm 左右。

（3） 操作规范。

4. 质量指标

（1） 正确计算用种量并正确播种。

（2） 播种技术：①正确称取用种量；②入土深度为 0.5 cm 左右；③纵向、横向播种次序正确。

（3） 操作规范：①场地整洁；②播种工具收回。

水稻栽培操作技能鉴定
试题评分表

准考证号：

试题代码及名称			2.1.2 水稻正确播种2		考核时间				20 min	
评价要素		配分	等级	评分细则	评定等级					得分(分)
					A	B	C	D	E	
1	（1）正确计算用种量 （2）正确播种（口答播种次序、种子入土要求）	10	A	全部正确						
			B	用种量计算正确，种子入土深度回答错误						
			C	用种量计算正确，播种次序回答错误						
			D	均有欠缺						
			E	未答题						
2	播种技术： （1）正确称取用种量 （2）入土深度为0.5 cm左右 （3）纵向、横向播种次序正确	5	A	全部正确						
			B	（1）（3）正确或（2）（3）正确						
			C	（1）（2）正确						
			D	均有欠缺						
			E	未答题						
3	操作规范： （1）场地整洁 （2）播种工具收回	5	A	操作规范						
			B	—						
			C	只有1项符合要求						
			D	均有欠缺						
			E	未答题						
合计配分		20		合计得分						

考评员（签名）：

等级	A（优）	B（良）	C（及格）	D（差）	E（未答题）
比值	1.0	0.8	0.6	0.2	0

"评价要素"得分＝配分×等级比值。

水稻栽培操作技能鉴定
试 题 单

准考证号：
试题代码：3.1.3。
试题名称：水稻常见草害图片识别。
考核时间：20 min。

1. 场地设备条件

（1）30~40 m² 教室。

（2）6 张草害照片。

2. 技能要求

根据照片，按顺序书面回答水稻草害名称。

水稻栽培操作技能鉴定
答 题 卷

准考证号：

试题代码：3.1.3。

试题名称：水稻常见草害图片识别。

考核时间：20 min。

序号	草害名称	得分(分)
1		
2		
3		
4		
5		
6		
合计		

水稻栽培操作技能鉴定
试题评分表

准考证号：

试题代码：3.1.3。

试题名称：水稻常见草害图片识别。

考核时间：20 min。

评价要素	配分(分)	得分(分)
1	2.5	
2	2.5	
3	2.5	
4	2.5	
5	2.5	
6	2.5	
合计	15	

考评员(签名)：

水稻栽培操作技能鉴定
试 题 单

准考证号：

试题代码：4.1.2。

试题名称：配制 1.5 L 异丙隆水剂 600 倍液。

考核时间：20 min。

1. 场地设备条件

（1）场地：室内。

（2）材料与工具：A 水剂，水；烧杯 1 个，搅拌棒 1 根，量杯 1 个，剪刀 1 把，计算器 1 个，水桶 1 个，吸管 1 根。

2. 工作任务

配制 1.5 L 异丙隆水剂 600 倍液。

3. 技能要求

（1）用量计算正确。

（2）药液配制正确。

4. 质量指标

（1）农药用量计算：1 500 mL÷600＝2.5 mL。取水量计算：1 500 mL。

（2）量取 2.5 mL 农药；冲洗量取盛器，冲洗液倒入容器；加足水量，充分搅拌。

水稻栽培操作技能鉴定
试题评分表

准考证号：

试题代码及名称		4.1.2 配制1.5 L异丙隆水剂600倍液		考核时间				20 min	
评价要素	配分	等级	评分细则	评定等级					得分(分)
				A	B	C	D	E	
1	(1)农药用量计算正确 (2)取水量计算正确	7	A	计算正确						
			B	农药用量计算正确,取水量计算误差在50 mL及以内						
			C	农药用量计算正确,取水量计算误差在50 mL以上,100 mL及以内						
			D	农药用量计算错误或取水量计算误差在100 mL以上						
			E	未答题						
2	(1)量取2.5 mL农药 (2)冲洗量取盛器,冲洗液倒入容器 (3)加足水量,充分搅拌	8	A	配制步骤全部正确,熟练量取						
			B	农药量取正确,且(2)(3)项中有1项正确						
			C	农药量取正确,但(2)(3)项均有欠缺						
			D	农药量取错误,或(1)(2)(3)项均有欠缺						
			E	未答题						
合计配分		15		合计得分						

考评员(签名)：

等级	A(优)	B(良)	C(及格)	D(差)	E(未答题)
比值	1.0	0.8	0.6	0.2	0

"评价要素"得分=配分×等级比值。

杭州韵味

主编 王济民

浙江教育出版社·杭州

亲切的关怀　　美好的赞誉

"杭州风景如画，堪称人间天堂。"

"杭州是历史文化名城，也是创新活力之城，杭州呈现一种历史和现实交汇的独特韵味。"

"杭州既充满浓郁的中华文化韵味，也拥有面向世界的宽广视野。"

（2015年据新华社）

序言：杭州是一座独具创新思维的城市

中共中央党校教授 张蔚萍

张蔚萍，陕西渭南人。中共中央党校教授、博士生导师，毛泽东思想研究室主任，思想政治工作研究室主任，中国历史唯物主义学会常务理事兼育人用人科学专业委员会主任。曾在中共中央办公厅、中共中央组织部任职。著有《思想政治工作概论》《毛泽东建党学说史》《社会主义市场经济条件下思想政治工作新课题研究》等30多部专著，多次获奖。享受政府特殊津贴，并被评为优秀共产党员。

杭州历史悠久、源远流长，文化璀璨、积淀深厚；从新石器时代晚期开始，先后创造了极具特色的良渚文化、吴越文化、南宋文化和明清文化。杭州素有丝绸之府、人间天堂等美誉，是一座独具中华文明特质的城市，但在我的心中，杭州给我最深的印象，是一座独具创新思维的城市。

序 言

　　新中国的缔造者毛泽东主席第一次来杭州，是1953年的岁末；随即在西湖刘庄，历经77个日夜，亲自主持起草了《中华人民共和国宪法》。杭州由此奉献了她创新思维的"第一乐章"，新中国诞生了一部社会主义治国理政的"根本大法"。

　　毛泽东主席曾先后53次来到浙江杭州工作视察或疗养。毛主席出生于湖南湘潭的韶山冲，平时喜欢登山，在杭期间，几乎踏遍了西湖周边的大小山峰，留下诸多脍炙人口的诗词佳作。其山水诗富于形象，大开大合；其政论诗戏谑反讽，充满激情；最为著名的一首，当数《满江红·和郭沫若同志》——这是1963年1月1日，毛主席在杭州西湖刘庄看到郭沫若发表在《光明日报》上的《满江红·一九六三年元旦书怀》，即兴挥毫而作：

　　小小寰球，有几个苍蝇碰壁。嗡嗡叫，几声凄厉，几声抽泣。蚂蚁缘槐夸大国，蚍蜉撼树谈何易。正西风落叶下长安，飞鸣镝。

　　多少事，从来急；天地转，光阴迫。一万年太久，只争朝夕。四海翻腾云水怒，五洲震荡风雷激。要扫除一切害人虫，全无敌。

　　这首《满江红·和郭沫若同志》运用了铺陈、比喻、抒情和议论等手法，上阕由小小寰球写到苍蝇碰壁，而后连用蚂蚁、蚍蜉、西风、落叶、

● 钱江新城

鸣镝等比喻，层层铺陈，将戏谑反讽发挥到极致；下阕则从天地运转写到人世变故，以其磅礴气势，发出了"一万年太久，只争朝夕"的伟人呐喊。毋庸置疑，这首《满江红·和郭沫若同志》为两朝古都杭州注入了一股创新思维的新鲜血液。

作为一名传播毛泽东思想的专职学者，我亦曾先后18次来到杭州，多数是讲课、调研和开会。我记得改革开放后第一次来杭州，那时，由我任主任的全国思想政治工作科学专业委员会与浙江省委宣传部在杭州联合召开了"新时期思想政治工作的实践经验和发展趋势"会议，其中有一项是表彰获奖论文和先进人物，比如表彰了获得一等奖的浙江第一代民营企业家鲁冠球等。另外，还有两件事情使我记忆很深刻：一件是1991年夏秋之际，中国职工思想政治工作研究会会长袁宝华（时任国家经委主任）根据中央的指示，组织编写一套《新时期思想政治工作丛书》，该会常务副会长兼秘书长赵荫华（时任国家经委副主任）带领一批专家在杭州省委招待所住了两个多月来编著和修改这套丛书。当时，我负责编写和修改《党的思想政治工作发展史》（上、下册），在编写和修改的过程中，得到浙江省委的大力支持和帮助，特别是得到了省委组织部和宣传部一些同志的具体帮助，如帮助我查找资料、召开座谈会等，在会上很多杭州同志发表了重要见解，为提高书稿的质量做出了重要贡献。这两个月使我亲身感受到杭州人的热情、勤奋和负责精神。他们是善于思维创新的人群，很多精华见解被写进了书中。另一件是我同省委宣传部主办的《政工师》杂志的合作。该杂志不仅发表了我很多文稿，而且大力支持我主编的《中国思想政治工作年鉴》（以下简称"《年鉴》"）。尤其是该杂志编委兼广告部主

序 言

任朱吉荣同志,曾担任该《年鉴》的常务副主编多年,协助我编写发行了七期《年鉴》(《年鉴》每册约 200 万字)。他是军队转业干部,有良好素质和政治觉悟,有浙江人的勤奋、热情和创新精神,使《年鉴》在浙江和全国扩大了影响,为提高党政干部素质做出了贡献。在长期交往中,他称我为恩师,我称他为好兄弟。他文笔很好,是中国作协会员,立志要为我写传记,经过六年多的努力,终于在 2017 年写成并出版了约 55 万字的《张蔚萍心路历程》一书。他曾多次到我家乡和我工作的单位调研访问,花费很大的心血,让我万分感动。这一切使我更加热爱勤劳、智慧、创新的浙江杭州人。可以说,杭州是一座勤劳、智慧、爱学习、善于创新思维的城市。

党的十八届三中全会,首次提出了"推进国家治理体系和治理能力现代化"的重大命题,习近平总书记把"完善和发展中国特色社会主义制度、推进国家治理体系和治理能力现代化",确立为党和国家全面深化改革的总目标。

由此,我撰写了《提高领导干部治理能力现代化水平》一文,发表在中央组织部主办的 2021 年第二期《党建研究》杂志上。这是我学习中央文件的体会,同时,我把多年来在杭州和各地调研、工作、学习的内心感悟,融汇到我的论述之中——我认为要提高领导干部治理能力现代化水平,必须实现"思维能力"的现代化,努力做到"四个强化"。

● 城隍阁

● 钱王射潮雕塑

1. 强化战略思维，要从全局性、长远性、根本性来思考问题，并能把握好全局与局部、长远与暂时、根本与次要之间的辩证关系，在解决策略问题的求真务实中实现战略目标。

2. 强化创新思维，要善于从开拓性、创造性、预见性和超前性来思考问题，并能把握好机遇与挑战、继承与创新、与时俱进与稳步前进之间的辩证关系，及时抓住机遇实现创新目标。

3. 强化立体思维，要从各个方面、各个角度、各个层次来辩证思考问题，并把握好环节与系统、低层与高层、现象与本质之间的辩证关系，通过历史发展地、全面系统地分析问题，透过现象看到本质，从而得出科学的正确的结论。

4. 强化效益思维，要善于捕捉最新信息，用最低成本、最快速度、最优方法取得最佳效果。把握好信息的收集与加工、判断与推理，以及

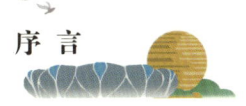

过程与效果之间的辩证关系，在科学运筹中获得最好效益。

值得庆幸的是，我最近来杭州调研和讲学，获悉浙江省正在贯彻习近平总书记新时代中国特色社会主义思想，全面落实《中共中央　国务院关于支持浙江高质量发展建设共同富裕示范区的意见》，在浙江区域内率先探索：建设共同富裕美好社会的"浙江示范区"。

杭州因时制宜，做出了"东整、南启、西优、北建、中塑"的战略布局，确立了发展定位、开发理念、城市形态、产业业态、治理模式"五个不一样"的创新思路，践行习近平总书记"以生态文明思想，引领美丽中国建设"的既定方针，聚焦人本化、生态化、数字化的三维价值坐标，将杭州打造成绿色低碳智慧的"有机生命体"、宜居宜业宜游的"生活共同体"、资源高效配置的"社会综合体"。在杭州形成5分钟、10分钟、15分钟服务圈、全天候服务链、全人群服务面，营造远亲不如近邻的邻里关系，推动"原住民"和"新市民"和谐相处、"码农"与"菜农"比邻而居、"艺术家"与"生活家"碰撞交流，共同探索一条"生态＋文化＋创新＋智慧＋善治"的全民共同富裕的发展新路径。

杭州的创新思维，又一次走在了全国前列，正在开启一个中国新时代的共同富裕示范区。

据我的观察分析，杭州的创新思维扎根于杭州源远流长的五千年文明史，来源于杭州璀璨无比的历史人文记忆。

如果想了解杭州这座美丽的城市，请您不妨走进《杭州韵味》所呈现出的缤纷世界——

由王济民主编、浙江教育出版社集团出版的《杭州韵味》以世界视野，围绕千年历史文化，再现历史文化的延续与发展，古今交融，中外相连，力求穿梭于历史与现实，把杭州今天的发展与历史轨迹相照应，为读者打开了一扇窗。书中的《多教共融　和而不同》一文，把"东南佛国"的杭州历史展示出来，让读者了解了灵隐寺、径山寺、凤凰寺、抱朴道院以及基督教堂、天主教堂等，感受到和而不同的境界。杨建新的《文化遗产看杭州》一文，从地理学的文化视野，介绍了杭州西湖、中国大运河、良渚古城遗址三大世界文化遗产。夏燕平的《南宋时代的杭州》、江吟的《百年名社——西泠印社》、徐小明的《杭州自古多英雄》、林谷芳的《茶、禅，在杭州》、孙昌建的《寻爱杭州》、朱显雄的《苏小小与茶花女的邂逅》等都体现了杭州的文化自信。杨晓光的《江河湖海共一城》描述了杭州水文化。周国辉的《从〈梦溪笔谈〉到梦栖小镇》、张建锋的《云上杭城》反映了数字化发展的引领。书中各文，视角新颖，引人入胜！

浙江风采

目录 CONTENTS

勇立潮头　　1

湘湖·三江汇的未来	张　勤	/2
从《梦溪笔谈》到梦栖小镇	周国辉	/9
云上杭城	张建锋	/13
活力杭州勇立潮头	徐迅雷	/20
当梦想照进小镇	孙　波	/29
钱江潮涌　我心飞扬	马飞达	/34
寻找杭州视觉符号：从G20到亚运会会徽	袁由敏	/38
世界游泳看杭州	叶诗文	/44

创新魅力　　49

江河湖海共一城	杨晓光	/50
杭州山水汇英才	陈桂秋	/57

雷峰塔的前世今生	朱炳仁	/65
西溪且留下	占　飞	/70
西溪龙舟	蒋建华	/76
起飞在笕桥	金垒允	/83
启真厚德话求是　国有成均说浙大	郭华巍　黄　亮	/89
一个人·一条路·一所学校	王　超	/94
从教会医院到浙大二院	王伟林	/99
福井·杭州友好公园	[日] 酒井哲夫	/105
杭州中美友谊民间纪念馆	潘　杰	/110
最忆桂花香	王晨钇	/115
动感山水	范　菠	/119
纯真年代	朱锦绣	/124
书香杭州	王自亮	/129
江湖一揽旗袍美	章杰群	/136

钱塘记忆　141

文化遗产看杭州	杨建新	/142
杭州"老市长"苏东坡	胡　坚	/148
南宋时代的杭州	夏燕平	/153

目录

钱王与金书铁券	钱越民	/161
王阳明与杭州	潘建国	/167
杭州自古多英雄	徐小明	/172
洞霄宋韵	俞树盛	/176
远眺杭州十大古城门	曹晓波	/181
古今湘湖	柴海生	/189
话说青瓷	马　佳	/195
钱王故里看今朝	李赛文	/200
古镇梅城新史话	陈利群	/204
运河舟来的塘栖	葛树法	/211
杭州历史上的西方人	方　健	/215
从良渚古城到雅典卫城的遐想	华志刚	/219
立马吴山第一峰	许坚强	/224
访杭州不能不说胡雪岩	卢红军	/228
钱塘明珠铜鉴湖	袁长渭	/232
探寻文学名著的杭州印迹	王燕燕	/237
再现"德寿宫"	潘卓盈	/243
丝路杭州	郭园园	/246
杭州老字号	司马一民	/251
寻觅杭城小巷	武小侨	/259

诗书画印 265

起草"五四宪法" 赋诗绝美杭州	王伟华	/266
昆剧的西湖之缘	薛年勤	/272
丹青映湖山 笔墨绘春秋	曹　杰	/275
乐器尺八传佳话	孙以诚	/279
湖山有佳音 杭州永流传	杜竹松	/282
天籁之音说古琴	杨豫光	/287
我把故乡唱给世界听	朱培华	/291
女承父愿传国粹	宋飞鸿	/296
百年名社——西泠印社	江　吟	/300
丹枫红叶传佳话	姜书凯	/305
海峡两岸一幅画	孙一平	/310
西湖楹联知多少	吴亚卿	/314
画笔下流淌的运河	吴理人	/322
西泠相遇	陈新民	/328
西子湖是诗的湖	董培伦	/332
诗人徐志摩	罗烈洪	/337
把西湖山水带到法国	任　逸	/342
我爱这朵莲	陈　岚	/347

禅茶一味　　351

多教共融　和而不同	莫幸福	/352
茶、禅，在杭州	林谷芳	/358
东山禅寺今又在	释慧缘	/364
弘一法师与丰子恺：文艺以人传	吴浩然	/368
春有百花秋有月	张　铭	/374
茶为国饮说杭州	王思源	/377
杭州味道	胡忠英	/382
蓝桥风月	江　亮	/389
四季养生看杭州	麻浩珍	/393

爱在杭州　　397

寻爱杭州	孙昌建	/398
苏小小与茶花女的邂逅	朱显雄	/404
杭州也有罗密欧与朱丽叶	顾建武	/408
在水一方	王志香	/414

杭州为什么如此吸引我	[德]卡尔-因戈·施密特	
	程煜天 译	/418
从贝加尔湖到西湖	[俄]娜斯佳	/422
杭州，我的第二故乡	[韩]鲁玄九	/428
我与杭州结缘	[奥]玫 瑰	/434
后记：号声，钟声，一往情深	王济民	/440

二维码视频目录（扫一扫，观看视频）

浙江风采/序言	岳庙/175	西泠印社/303
本书一览/目录	古艮山门/188	多教共融/357
未来社区/8	跨湖桥遗址/194	禅茶一味/363
钱塘潮/37	中外交流/218	弘一法师/373
视觉杭州/43	胡庆余堂/231	杭州味道/388
湖水碧波/56	"德寿宫"再现/245	梁祝/413
雷峰塔/69	乾宁斋/258	秋瑾/417
西溪花朝节/75	杭州坊巷/264	人间天堂/421
满陇桂雨/118	昆曲风韵/274	杭州韵味/444
运河文化/147	国立艺术院/278	湖山
苏东坡在杭州/152	佳音/286	
西湖十景/160	心中的歌/295	

（本书视频由杭州市旅游委员会、浙江卫视等单位提供）

本书一览

勇立潮头

湘湖·三江汇的未来

◎ 张 勤

张勤，浙江湖州人。高级城市规划师，浙江省人民政府参事，第十二届浙江省政协委员，中国城市规划学会常务理事。先后组织完成了美丽杭州行动规划、杭州城西科创大走廊空间总体规划，推动开展"百名规划师服务百家社区"活动，主持编制了《"三江汇"杭州未来城市实践区发展战略与行动规划》。

2020年12月6日，中央机构编制委员会办公室、浙江省委、杭州市委机构编制委员会办公室批复设立杭州市三江汇未来城市建设管理委员会，在杭州市钱江新城建设管理委员会挂牌。这一重大决策，是打造"数智杭州·宜居天堂"，建设社会主义现代化国际大都市，展现"重要窗口""头雁风采"的重大举措。

在钱塘江畔，正徐徐展开一幅美丽的蓝图。

公元695年，初唐的贺知章中了浙江史上第一个状元，走出位于今天杭州萧山湘湖附近的家乡，直至50年后的盛唐之末，才一路喝着小酒乐呵呵地回到自己魂牵梦萦的故里，留下了"少小离家老大回"和"二月春风似剪刀"的名句。

1347年，元朝的黄公望在这片三江汇流之处，为被誉为"画中之兰亭"的《富春山居图》晕开了第一滴墨水。

○ 鸟瞰湘湖

无数风云人物曾经在这片神奇的土地上留下了足迹，诗人画家、英雄美人与王侯将相都在这里肆意地盛放着、燃烧着自己的生命，他们是世间过客，但留下来的印记与传说却成为永恒。

这里就是位于今日杭州的湘湖·三江汇区域，富春江、浦阳江在这里交汇流入钱塘江，与疏朗开阔的湘湖相接。

改革开放以来，杭州的建设发展快速而稳健，美丽而现代。而这片似乎有些被遗忘的土地，由于处于四区（西湖、滨江、萧山、富阳）的末梢以及天然的水系分割，形成了功能混杂、风貌混乱、管控失序、交通缺乏的状况。不过，遵循钱学森院士提出的"开放的复杂巨系统"概念在城市学中的应用理论，我和同事以及政府相关部门、高校、企业、专家团队组成创新的工作坊，经过数年的酝酿和规划，于2021年3月正式发布"湘湖·三江汇未来城市先行实践区"总体建设规划，这里即将焕发出令世人难以想象的新的光华。

富春江水在富阳的东梓关村缓缓流淌，这里曾出过一位民国先贤——郁达夫。在那个年代，他就有了"美丽中国，设计先行"的先进思想。是的，小至一个村落，大至一个国家，都需要提前做好规划设计，不能没有规划设计好就盲目搞建设。

湘湖·三江汇未来城市先行实践区的总体愿景目标为"魅力未来·无限江南"。通过营造智慧智能人居环境，再现富春山居文化和江南文化，塑造全面体现新发展理念的城市可持续发展模式。预期2025年初具雏形，2035年初步建成，2050年全面建成。

小说《遥远的救世主》中提道："人从根本上只面对两个问题：一是生存，得活下来；二是得回答生命价值的问题，让心有个安住。"因而，人的生活层次有从体验到思考再到悟道的不同维度。

● 现代化的都市生活

透视社会依次有三个层面：技术、制度和文化。小到一个人，大到一个国家一个民族，任何一种命运归根到底都是文化属性的产物。因而，缺乏人文的建筑是冰冷的，缺乏人文的空间是空洞的，缺乏人文的江湖是虚妄的，缺乏人文的科学是孤立的。

人类永远都是在人与人、人与自然、人与社会的关系中求索，力求营造和谐、美好、永续的共生世界，这也是习近平总书记提出的建立人类命运共同体的理念。

未来，"湘湖·三江汇"将是一座共享幸福之城，把"人"作为最重要的尺度，规划建设处处围绕人、发展治理时时为了人；是一座数字孪生之城，以数字化改革为牵引，成为一个"可感知、会思考、有温度"的智慧生命体；是一座科技艺术之城，充满无限可能性与想象力，能提供创新思想萌发的土壤、前沿科技策源的平台、经典艺术呈现的空间；是一座诗意栖居之城，能看得见山、望得见水、记得住乡愁，市井烟火中蕴含着诗和远方；也是一座海纳百川之城，以宽广的胸怀拥抱世界，努力成为中外文化交流、东西文明互鉴的国际客厅，充分彰显杭州的大气开放、国际风范，把杭州更好地推向世界，让世界更深地认识杭州。

未来城市应该是人们对城市未来所有想象的集大成者，而所有的想象都必须在具体的场景中加以实践。正像电影《阿甘正传》里的经典台词："人生就像一盒巧克力，你永远不知道下一块是什么味道。"是的，生命中充满奇迹，你只有尝试过才会明白。

2021年初，杭州市明确提出了"湘湖·三江汇"将要着重打造未来城市呈现的"十大场景"。

打造未来社区场景。按照"三化九场景"的要求，聚焦人本化、生态化、数字化三维价值坐标，努力打造绿色低碳智慧的"有机生命体"、宜居宜业宜游的"生活共同体"、资源高效配置的"社会综合体"。要主动适应数字游牧民、艺术工匠、科技专家等社群聚落特征，形成5分钟、10分钟、15分钟服务圈、全天候服务链、全人群服务面，营造远亲不如近邻的邻里氛围，推动"原住民"和"新市民"和谐相处、"码农"与"菜农"比邻而居、"艺术家"与"生活家"碰撞交流。

打造未来坊巷场景。做深做透依山融水文章，空间尺度上回归街区生活，街区功能上回应社交需求，个性特征上做到"智"趣盎然，营造新时代江南人居场景体验，让置身其中的人们切实感受"坊巷寻梦江南苑"。

打造未来公园场景。未来公园的定位不仅仅是生态安全屏障、市民休闲空间，下一步还将按照建设公园城市的理念，以高水准规划建设绿心公园，加快从单一视觉景观向综合功能承载转变、从相对封闭运行向全面融入城市转变，真正实现"城市即公园、公园即城市"。

打造未来教育场景。未来教育将不仅仅局限于传统意义上的学校教育，将诞生更多没有围墙的学习中心。下一步，这里将围绕全年龄段需求布局优质教育资源，打造线上线下联动的学习交流平台，搭建"人人为师"的共享学习空间。

● 三江汇城市社区

打造未来康养场景。在未来城市，将面向全人群与全生命周期，推动"人人拥有守护健康的家庭医生"，发展"一碗汤距离的幸福养老"，打造"对健康状况了如指掌的贴心助手"，倡导"燃烧卡路里的运动休闲"，高质量打造"防—治—养一体"的全民康养场景。

打造未来建筑场景。湘湖·三江汇未来城市先行实践区的建筑不应是高楼林立的钢筋森林，而应是一本本可以阅读的书。这里将绘制"景入城内、城在景中"的山水长卷，塑造"诗画江南、魅力杭州"的文化印记，推广"绿色生态、数字赋能"的建筑标准。

打造未来交通场景。综合交通组织是当前湘湖及三江汇流区块的突出短板，接下来将围绕"枢纽联动、缝合两岸、高效便捷"的目标，从内、外两个维度构建"人、车、路、网、云"完美融合的综合体。

打造未来科创场景。率先构建"产学研用金、才政介美云"十联动的科创生态系统，以引领未来的创新创业创造，孕育未来城市的蓬勃生机，吸引越来越多的梦想家来到这里书写属于自己的创新传奇、创业佳话。

打造未来工厂场景。坚持数字经济与制造业高质量融合发展，以无污染、小体量、高价值的数字经济核心产业和高端装备制造业为重点，打造数字化设计、智能化生产、网络化协同、共享化制造、个性化定制、服务化延伸为场景的未来工厂，探索形成都市型工业新空间。

● 三江汇流

● 富春江上的新沙岛

打造未来治理场景。着眼未来城市的工作生活组织方式和场景特点，与时俱进升级"绣花"功夫，不断提升精细化治理水平，让企业、群众和基层能够多点、就近、实时享受服务，真切感受到"服务就在身边、服务就在掌上"，打造精明善治典范。

生动呈现未来、拥抱未来、引领未来。当这些场景一一呈现的时刻，是开始的钟声而不是终点的回响，我将持续观察、记录、思考、再创造。未来城市就是一个生命体，是运动的、生长的，还会不断进化、升级、迭代。这将是一个数十年的工程，因而"功成不必在我"，但我想成为最早实现找到心中桃花源的梦想的那个人，我想在这片土地上成为新居民，与科学家、艺术家一起拼搏！与孙武、范蠡、西施、贺知章、黄公望一起对话！与未来一起！与你一起！

未来社区

从《梦溪笔谈》到梦栖小镇

◎ 周国辉

周国辉，浙江宁波人。浙江省政协副主席。曾任浙江省人大常委会办公厅副主任、省人大常委会研究室主任、台州市委副书记、舟山市市长、省科技厅厅长、省知识产权局局长等职。著有《徒手攀登：我的360度网络生活》《新姿势：沧海一舟科技随想录》《新姿势2：沧海一舟随想录》等科技随笔集。

在杭州市余杭区安溪下溪湾太平山南麓，有一座简朴的墓地，安眠着一位被誉为"中国整部科学史中最卓越的人物"的北宋科学家。他就是科学巨著《梦溪笔谈》的作者——沈括。

●沈括墓

宋仁宗天圣九年（1031年），沈括出生于杭州钱塘（今浙江杭州）沈氏家族，祖父沈曾庆曾任大理寺丞，父亲沈周、伯父沈同均为进士。

沈括自幼勤奋好学，随父宦游各地，表现出对大自然的强烈兴趣和敏锐观察力。《宋史·沈括传》评价他"博学善文，于天文、方志、律历、音乐、医药、卜算，无所不通，皆有所论著"。

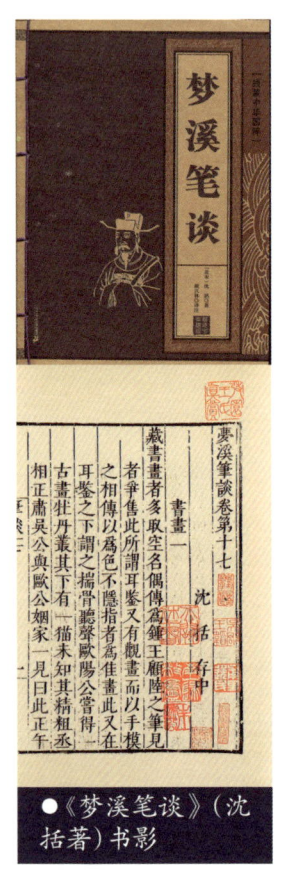

● 《梦溪笔谈》（沈括著）书影

数学家、天文学家、气象学家、地质学家、动物学家、制图学家、博物学家、外交家、水利工程师、发明家等名号，都伴随着沈括这个名字。这让我不由得联想起意大利的艺术家、科学家达·芬奇，两位堪称古代东西方的科学狂人。

沈括不仅绘制出了世界上第一幅地形图，还是第一个观察了沉淀全过程、第一个发现石头和化石的海洋渊源、第一个提出"石油"这一科学命名的人。他发现磁偏角，比西方的哥伦布早了400多年。

宦海沉浮数十载，沈括出使过辽国，也曾戍守西夏，带兵打过仗。嘉祐八年（1063年），沈括进士及第，授扬州司理参军。宋神宗时，他参与熙宁变法，受王安石器重，历任太子中允、检正中书刑房、提举司天监、史馆检讨、三司使等职。晚年的沈括定居润州（今江苏镇江），在为怀念故乡之苕溪而命名的"梦溪园"中潜心著书立说，在科学研究中寻找自己的安身之所，终写成科学巨著《梦溪笔谈》。

《梦溪笔谈》是一部涉及古代中国自然科学、工艺技术及社会历史现象的百科全书式的综合性笔记体著作，内容涉及天文、地理、数学、物理、化学、生物、水利以及医药学等各个学科，其价值非凡。书中的自然科学部分，总结了中国古代特别是北宋时期的科学成就。该著作被英国剑桥大学教授李约瑟博士誉为"中国科学史上的坐标"。

而中国四大发明中的指南针和活字印刷术，正是由于沈括《梦溪笔谈》的记述才得以被世界承认。在《梦溪笔谈》中，有一个专门的篇章用于描述活字印刷术，所述十分精密。整个工艺的过程，每一个部件、构架，都可以通过书中的语句予以还原，宋朝科技发达的程度可见一斑。当时杭州书坊更是出现了空前的繁荣，一时有"今天下印书，以杭州为上"之说。此外，还有很多当时的重大科技发明与科技人物，也有赖于沈括而得以传世，如喻皓《木经》及其建筑成就、淮南人卫朴对历法的精通等。

北宋的科学精神和科技成就并未因宋室南迁而断流，《梦溪笔谈》这样一部重在科学记述的笔记著作，在宋代是当之无愧的畅销书，甚至曾有南宋扬州州学以出版销售《梦溪笔谈》来弥补教学经费的不足。书中记载的这些科学成果，也在南宋得到了大规模的应用。诚如李约瑟在其巨著《中国科学技术史》导论中所说，"每当人们在中国的文献中查找一种具体的科技史料时，往往会发现它的焦点在宋代"，作为南宋都城的杭州，其经济、文化、科技的发展程度也达到了同一时期各个城市的顶峰，诸如造纸术、活字印刷术等科技成就的进一步发展也激发了城市的活力，促进了杭州的繁荣。

在异乡漂泊多年的沈括，最终还是选择了叶落归根。到今天，这位在中国科技文化史上留下浓墨重彩的一笔的伟大科学家已经在杭州余杭沉睡了近千年。在他身上闪着光的科学精神，流传不止，烛照后世。

一个偶然的机会，我在美国考察时，获悉美国专栏作家埃里克·韦纳在《天才地理学》一书中的第二章《杭州　天才不稀奇》，将杭州比作古希腊时期的雅典、文艺复兴时期的佛罗伦萨，充满诗意与自由。而尤其令我

● 梦栖小镇

眼前一亮的是，作者在书中将活字印刷术比作互联网，将宋词比作现在的微信，历史与现代科技在这一刻仿佛交错于时空中，科学家沈括的身影仿佛重现杭州的梦栖小镇。

2018年，中国首个工业设计小镇——梦栖小镇坐落于杭州余杭，正位于沈括曾经居住过的那片家园。

梦栖小镇的镇名"梦栖"，取自沈括《梦溪笔谈》的谐音，为"设计梦想栖息之地"之意。

2016年12月1日，首届世界工业设计大会（WIDC）在梦栖小镇召开。这场大会是杭州在继G20峰会后，再次迎来的世界级盛会。

从传统的以科学家、科技人员为主的精英科技、小众科技的创新模式，到如今面向社会、面向大众、面向企业的创新模式，依托于互联网创业的年轻人，他们带给了我许多惊喜。近年来，大量有理想、有梦想的年轻人选择留在杭州，杭州近三四年的高端人才净流入也高居全国第一，这些都激活了杭州的创业创新活力。

从南宋繁盛的都城，到现在的创新活力之城，杭州始终以永恒的创新基因，展示出别样的精彩。正如习近平总书记在G20杭州峰会主旨演讲中对杭州的点评，"杭州是创新活力之城，电子商务蓬勃发展，在杭州点击鼠标，联通的是整个世界"。

云上杭城

◎ 张建锋

张建锋，浙江诸暨人。浙江省人民政府参事，阿里巴巴集团合伙人之一。现任阿里云智能总裁，阿里巴巴达摩院院长。个人获"第二届全国创新争先奖"，率团队获 2019 年度浙江科技大奖。

在杭州云栖小镇，高楼林立，这里聚集了众多数字化企业，杭州城市大脑运营指挥中心就坐落于此。

2016 年，杭州在全国率先建设"城市大脑"，目前包括公共交通、城市管理、卫生健康、基层治理等 11 大系统 48 个应用场景。2019 年至今，"城市大脑"从"数字治堵"走向"全面治城""精准治疫"……"数字改变生活"，在杭州这座常住人口超千万、实际管理人口超 1600 万的城市，不只是一句简单的口号，而是老百姓的切身感受。

2019 年 4 月 12 日，杭州市萧山区第三人民医院的一名脑出血危急病人急需转入浙大二院滨江院区，该救护车在"一键护航"功能的保障下，仅用 25 分钟就到达目的地，与导航预测时间相比提早了 20 分钟，既为抢救患者赢得了时间，也确保了全程行驶安全。

"一键护航"是"城市大脑"萧山平台在智慧交通领域的一个典型案例。针对一定等级的突发事件,通过AI识别、自动信号灯控制等,为120等特种车辆规划最优的行进线路,开辟救援的交通"绿色通道",为伤者赢得更多宝贵的救治时间。

就如人脑是人体最重要的神经中枢,"城市大脑"指挥着城市运转,"移动办事之城"让办事变得像网购一样方便,"智慧公交"、地铁"扫码过闸"让出行更省心,"杭州健康码"实现"一码在手,就医全程通","红盾云桥"推进网络维权便利化。到杭州旅游,"一部手机玩转杭州"不在话下。

数字,让城市变得更便利,生活更容易。

面临世界百年未有之大变局,杭州这座传承千年、历久弥新,兼具古典风韵与时代特色的历史文化名城,已将数字经济作为支撑新发展的"柱"和"梁",吹响争创中国"数字经济第一城"的号角,重点打造"云计算之城""人工智能之城""移动支付之城"等科技新名片,通过数字产业化加速创新、产业数字化转型全面推进、治理数字化水平持续提升,充分展现城市建设新高度、充实城市发展新内涵、重塑城市文明新荣光。

推动数字经济繁荣发展,离不开数据、算法和算力的关键支撑。甚至可以说,它们构成了数字经济时代人类文明的新型生产关系,催生了新的生产力和生产组织形态。其中,算力尤为突出,成为提升数据处理效率、强化算法能力水平的基础供给。

如今,算力供给在世界范围内获得了明显进步,成功建立了以"云"为核心的新型计算体系,这是过去十年里全球信息技术领域取得的最为重要的成果之一。云计算突破了算力供给受硬件条件极大制约的物理瓶颈,具有分布式、高性能、低成本、普惠化的优势特征，为发展数字经济提供了必需的技术生态。

杭州争创"数字经济第一城"的底气，恰恰来自先进、高效、实用的云计算体系的坚强支撑，来自"云"已逐渐与城市的管理、产业的升级、社会的运转，乃至文化的建设，日趋紧密地融合在了一起，承载着经济的稳定繁荣，承载着人民的幸福美满，向着"云上杭城"的目标坚定前行。

● "城市大脑"虚拟图之一

今天的杭城，是"云上"的畅行之城。2016年以来，杭州在全国率先规划建设城市大脑，探索运用数字化手段治理城市，从"数字治堵"入手，先行探索智慧城市建设，创新推出"延误指数"，提升交通信号灯的控制智能化水平。近3年来，杭州人口数量净增约120万，车辆数量净增约40万，路面可通行总面积因地铁施工等原因减少了20%，但道路平均通行速度反而提升了15%。此外，自2020年11月30日起，杭州西湖景区和西溪景区的61个国有停车场全部实现数字化缴费和交互的"无杆停车"，显著压缩停车排队时间，提升车位周转率，城市拥堵指数进一步下降。

今天的杭城，是"云上"的舒心之城。通过"数字驾驶舱"的部署应用，数据资源正在辅助城市治理部门提供更为高效的公共服务。目前，杭州有254家医疗机构接入"舒心就医"应用场景，实现杭州市级医保参保人员基于授信额度、使用信息系统的诊后一次性支付，已累计服务3200多万人次，履约金额超过15亿元。杭州"欢快旅游"服务已覆盖163个

景点和文化场馆以及414家酒店，来杭游客获得了"10秒找空房、20秒景点入园、30秒酒店入住"的超级体验，并可通过数字旅游专线，获得基于数据科学运算规划的一站式出行服务。

● "城市大脑"虚拟图之二

今天的杭城，是"云上"的高效之城。作为"城市大脑"的延伸应用，杭州市已全面上线"亲清在线"数字协同系统，打造"一键通"的亲清新型政商关系数字平台。在杭工业项目的在线许可是这个平台的重点工作方向之一，以企业需求为导向，实现投资项目审批的"小时制"办理。从全流程用时来看，杭州投资项目审批将从原本所需的10个工作日，减少到只需9.5小时就可以办理完毕，而企业需要提交的相关审批材料中的填报数据量将会减少80%。此外，"亲清在线"平台还上线了蓝领公寓在线申领功能，将从申请到入住至少需要到现场办理4次、递交7份材料、历时超过半个月的"审核制"，转变为当天预订、当天入住的"承诺制"。

今天的杭城，是"云上"的温情之城。杭州的总人口已超过1000万，拥有市场主体133.9万个、高层建筑1.4万幢，在城市管理和社会治理上面临着"复杂巨系统"的种种挑战。借助于云上算力的强大支持，杭州正在积极探索更为高效和精细的"大数据＋网格化"治理模式。杭州城区的部分街道已实现将超过万套的房屋信息纳入统一地址数据库，协助负责该片区域的网格员及时掌握各户情况，并通过用电量等数据的实时变化，

重点关注独居老人的日常状况。同时,在搭建智慧社区虚拟电话网络提供便利电信服务,以及建设综合性在线健康监测服务平台等方面,杭州市也开展了大量务实有效的试点示范工作。

"云上杭城"并非一蹴而就,其能力体系建设更需要持续不断地丰富完善,并经历各类重大事件的实践检验。

2020年初,突如其来的新冠肺炎疫情给中国的经济社会运转都造成了巨大冲击。如何建立网格化的疫情信息登记系统,如何整合疫情防控信息反馈渠道,如何监测追踪疫情重点人员行动轨迹,如何搭建疫情事件联动处置平台,一系列紧急迫切的现实问题,使全国各地方都面临着一场"大考"。解题的关键,就在于以云计算和大数据为基础的数字化建设和应用的水平。

杭州不仅交出了令人满意的答卷,更在习近平总书记的领导和关怀下,在党和国家的总体部署下,在本地各级政府部门的高效运转和紧密协同下,凭借在云、数据和智能方面的深厚积累,凭借对数字化理念及模式的深入认知和掌握,凭借自身所拥有的一批优秀科技企业,给出了堪为范本的解题答案。

杭州7小时上线全国第一个县级基层疫情防控系统,24小时完成"浙江省疫情防控公共服务管理平台"开发,一天时间完成杭州健康码从开发到上线的全流程;不到40小时,浙江健康码上线;一周后,健康码在全国24个省(市、区)200多座城市铺开,如满天星星,穿透疫情郁结的阴霾。一项项与时间赛跑的亮眼成绩,无不在说明着"云上杭城"这些年来积攒的丰富底蕴,构建的良好生态,以及长期运行的充足潜力。越是在这样的重大紧急关头，越是体现出云计算、大数据等数字科技对民生、对社会的关怀和体恤，越是体现出新一代信息技术服务于人民生命健康与社会安定团结的价值和温度。

2020年7月，中国国家博物馆收藏了一批抗击疫情的纪念实物。其中一项收藏品极为特别，也是中国国家博物馆的"史上首次"，阿里巴巴的三行健康码代码被载入史册：支付宝团队研发的健康码系统的第一行代码；阿里云研发的全国健康码引擎第一行代码；阿里巴巴达摩院研发的新冠肺炎CT影像AI辅助诊断产品第一行代码。这项代码收藏品的价值，不是来自0和1的组合，而是来自其背后所代表的科技人员为抗击疫情冲锋陷阵、不眠不休的热血、激情和信念；是在疫情防控期间，中国数字化抗疫的见证。无独有偶，5月29日，全国科技工作者日来临之际，一个特别的收藏品入选中国科技馆"2020数字馆藏"——阿里巴巴达摩院AI识别标注的第一张新冠肺炎CT影像，作为科技抗疫的历史见证，被写入中国科技发展史。

● 阿里巴巴达摩院全球总部

在科技探寻之路上，继华为麒麟芯片之后，由阿里巴巴达摩院研发的中国第二款顶级芯片，代号"倚天710"，于2021年云栖大会正式发布。这款芯片是目前业界性能最强的ARM服务器芯片，是阿里巴巴第一款为"云"而生的CPU芯片。

● 阿里巴巴发布自研CPU芯片——"倚天710"

未来，在"云上杭城"的建设中，将发挥重要作用。

2020年春天，习近平总书记来到杭州考察，要求杭州在建设新型智慧城市和宜居城市方面为全国创造更多经验。为贯彻习近平总书记的重要指示精神，杭州着眼构建"双循环"新发展格局，做出一项重大决策：在城西打造一座约58平方千米，产城融合、职住平衡、生态宜居、交通便利的"云城"，为我国特大城市郊区新城建设和城市群转型发展提供实践范例。

虽然此"云"非彼"云"，但今日之"云"，也已非当日之"云"。作为一种技术，作为一种模式，作为一种生态，作为一种基础，乃至作为一种理念、一种精神、一种共鸣，一种对愿景的真诚期待和热情想象，"云"的内涵正在持续升华，引领着"云上杭城"波澜壮阔的未来，更多值得杭州人为之共同奋斗努力的愿景画卷已徐徐展开。

这就是杭州，一座有历史、有情怀、有机遇、有梦想、有创新、有温度的"云上之城"。杭州，欢迎你的到来，更欢迎你的加入。

活力杭州勇立潮头

◎ 徐迅雷

徐迅雷，浙江青田人。著名杂文家、作家、评论家，中国作家协会会员，《杭州日报》首席评论员，浙江大学传媒与国际文化学院兼任专家，中国新闻奖获得者。著有《只为苍生说人话》《让思想醒着》《中国杂文（百部）·徐迅雷集》《认知与情怀》《相思的卡片》《敬畏与底线》《知知而行行》等数十部作品。

"弄潮儿向涛头立，手把红旗旗不湿。"宋代诗人潘阆的不朽名句，如同吉光片羽，印证了今日杭州"干在实处永无止境，走在前列要谋新篇，勇立潮头方显担当"的蓬勃活力。

杭州正处在"亚运会、大都市、现代化"的重要发展时期。

杭州正在厚植"重要窗口"中的特色优势，力争成为"窗口中的窗口""标杆中的标杆"。

杭州正在努力成为活力城市建设的一个个实践范例：创新型城市、数字经济城市、新型智慧城市、国际一流营商环境城市、独具韵味的历史文化名城、清廉城市、宜居城市、最具幸福感城市……

一言以蔽之，杭州正全面立体地成为别样精彩的"活力杭州"。

活力杭州，源远流长。杭州活力，源于创新，源于开拓，源于实干。千百年来，孜孜矻矻，筚路蓝缕，以启山林。

今日杭州，有著名的"三西"：西湖、西溪和西泠。作为国家级湿地公园的西溪，不仅是农耕湿地、城市湿地，更是珍贵的"文化湿地"，文化积淀深厚。"西溪"孕育"梦溪"，文化上的"梦溪"，那就是沈括的《梦溪笔谈》。

沈括是我国北宋时代一位文武兼备的政治活动家，是一位博学善文、多才多艺的大学者，是一位无论在中国古代历史还是世界历史上都很罕见的通才。他的名著《梦溪笔谈》，是一部笔记体百科全书，全面而直接地反映了11世纪中国的科技水平和创新能力。

"西溪且留下。"《梦溪笔谈》为我们留下了杭州书肆刻工毕昇的记录："板印书籍，唐人尚未盛为之，自冯瀛王始印五经，已后典籍皆为板本。庆历中，有布衣毕昇又为活板。其法用胶泥刻字，薄如钱唇，每字为一印，火烧令坚。先设一铁板，其上以松脂、腊和纸灰之类冒之。欲印则以一铁范置铁板上，乃密布字印。满铁范为一板，持就火炀之，药稍镕，则以一平板按其面，则字平如砥。若止印三、二本，未为简易，若印数十百千本，则极为神速。"彼时的毕昇，是杭州书肆的一位"布衣刻工"，他实践出真知，在庆历年间（1041—1048年）发明了活字印刷术，成为中国古代四大发明之一；在中国乃至世界印刷术发展史上，都是一个根本性改革、一个里程碑事件，对中国和世界各国的文化交流、信息传播做出了伟大贡献。

创新，已经成为杭州的一种思想、一种文化、一种绵绵不绝的追求。先贤们的创新意识、工匠精神，薪尽火传。

纵观几千年的杭州文明发展史，名人辈出，群星璀璨。大鹏一日同风起，钱塘繁华看今朝。改革开放初期，杭州一批企业家敢闯敢干、敢为人先、

● 杭州高新技术产业开发区（滨江区）

走在前列，成为时代的弄潮儿。尤其进入承上启下的20世纪90年代，以1990年3月"天堂硅谷"——杭州高新技术产业开发区成立为标志，杭州阔步跨进创新时代。

1991年，杭州中国茶叶博物馆开馆，胡庆余堂中药博物馆开放。1992年，"东方风来满眼春"，3月22日开始，杭州开展为时1个多月的解放思想大讨论，改革再出发。1993年，杭州企业创下各种第一，其中包括杭州地区第一家上市公司——杭州天目山药业股份有限公司在上海证券交易所挂牌交易；杭州首家私营企业集团——浙江金义集团有限公司成立。1994年，首届中国经营大师评选结果在京揭晓，杭州市有3位企业家入选，他们是宗庆后、鲁冠球和方文，成为改革开放后第一代开拓创新企业家的代表……

活力杭州，是改革进取的杭州。杭州是一个吃"改革饭"发展起来的城市。杭州有"变革者"创新开拓的勇气，有"探路者"直面荆棘的勇气。

近年来，杭州敢为人先，以"最多跑一次"改革打造"移动办事之城"，全面推动减环节、简流程、压时限、提效率、优服务，努力使"跑一次是底线，一次不用跑成为常态，跑多次是例外"变为现实，从而营造透明高效的政务环境，持续优化一流的营商环境，不断激发各类市场主体活力。

活力杭州，是大气开放的杭州。更深层次的改革和更高水平的开放，是两条并行向前的铁轨，相辅相成。开放的杭州，越来越多元，越来越包容，越来越受人欢迎。

勇立潮头

"办好一个会，提升一座城。"盛会是一座城市大气开放的一个标志。

"中国有句俗语，上有天堂，下有苏杭。意思是说，杭州和苏州风景如画，堪称'人间天堂'。杭州是历史文化名城，也是创新活力之城，相信2016年峰会将给大家呈现一种历史和现实交汇的独特韵味。"G20杭州峰会于2016年9月4日至5日召开，主题是"构建创新、活力、联动、包容的世界经济"。

天开图画迎嘉宾。我为9月2日《杭州日报》头版刊发的欢迎词《杭州欢迎您》写下开头三句话：

> 杭州欢迎您，淡妆浓抹的潋滟水光为您荡漾涟漪；
>
> 杭州欢迎您，敲在心坎的南屏晚钟为您悠扬响起；
>
> 杭州欢迎您，叶含春雨的龙井香茗为您芬芳四溢！

G20杭州峰会的成功举办，开启了杭州更新起点更高发展的新征程，使杭州越来越具有全球化视野，不断提升这座城市的国际化水平。杭州成为天下的杭州，天下从此重杭州。

接下来的2022年第19届亚运会将在杭州精彩亮相。"心心相融，@未来""Heart to Heart, @Future"，琮琮、莲莲、宸宸，三位"江南忆"的好伙伴，高喊着饱含情感的杭州2022年第19届亚运会主题口号，向亚洲和世界发出"2022，相聚杭州亚运会"的盛情之约。

● 杭州2022年第19届亚运会吉祥物琮琮（左）、莲莲（中）、宸宸（右）

活力杭州，是数字经济的杭州。数字经济是杭州的"柱"和"梁"，体现了城市发展的高度，杭州正致力于打造"全国数字经济第一城"。

杭州因数字经济而兴、因数字经济而荣，数字经济已成为杭州新旧动能转换的关键、城市转型发展的支柱。以前人们提到杭州，就会想到西湖；将来人们一提到杭州，应该想到的是一座数字化的城市，一座以数字经济为特色、参与全世界竞争的城市。

创新，就是于危机中育先机、于变局中开新局。"创新决定我们飞得有多高，质量决定我们走得有多远。"数字经济就是创新经济。在数字经济的驱动下，杭州已经形成了信息软件、电子商务、云计算大数据、数字内容等优势产业，涌现了阿里巴巴、海康威视、新华三等20多家龙头企业，孕育了云栖小镇、梦想小镇等诸多特色小镇，集聚了西湖大学、之江实验室、阿里巴巴达摩院等高精尖科研机构。从"移动支付之城""移动办事之城"到"5G之城"，数字经济的基因已经深深植入杭州。杭州，成为中国数字经济发展样本。

尤为可贵的是，在数字经济的大旗下，杭州成为创业沃土、创新家园，创客齐聚、人才云集。杭州坚持以一流环境吸引一流人才、以一流人才建设一流城市，杭州的人才流入率、海归人才净流入率，已连续多年位居全国城市首位。

欲穷创新千里目，数字经济成头部。杭州是全国第十个GDP超万亿元城市，其中数字经济功不可没。如今数字经济增加值占全市经济总量超25%，对全市经济增长贡献率逾50%；预计到2022年，杭州数字经济总量将达到1.2万亿元以上。

数字经济的杭州,实施"拥江发展"战略,从"三面云山一面城"的"西湖时代",大步迈向"一江春水穿城过"的"钱塘江时代",这正是蓬勃活力的体现。以杭州境域内的235千米钱塘江为主轴,完善"多中心、网络化、组团式、生态型"城市框架,构建城市的大格局,这是城市发展的一次嬗变。

活力杭州,是智慧文明的杭州。杭州既是"智慧城市",更是全国文明城市。杭州不断创新治理机制,提升治理能力,做强做优"城市大脑",优化城市治理现代化的数字系统解决方案,打造全国新型智慧城市建设"重要窗口";杭州成为新型智慧城市建设新理念、新技术、新模式的策源地,开创具有杭州特点的大城市治理现代化新道路。

文明杭州,是"最美现象"发源地,涌现出以"最美妈妈""最美司机"为代表的"最美群体"。

"2007年度中国最具幸福感城市"颁奖盛典在杭州举行,十个获奖城市的榜首就是杭州,自此杭州成为中国最具幸福感城市的"常青树"。

2008年5月1日,随着第一批公共自行车(共2800辆)正式在西湖边投入使用,杭州在全国率先建成公共自行车系统。杭州的"小红车",逐步发展成全世界规模最大、经营最好的城市公共自行车系统。作为杭州市政协委员,笔者当年正是杭州建设公共自行车系统最早最详细的建言者。为此,2010年1月

● 杭州街头的"小红车"

● "礼让斑马线"

25日《人民政协报》头版头条报道《杭州市政协科学高效建言民生工程》,其中有一段这样写道:

"红色旋风"在杭州乃至全国都是一道亮丽的风景线,无论是杭州市民还是外地游客,都被遍布杭州全城、触角延伸到风景区的"红色旋风"所感染。这就是备受市民好评的"公共自行车"。公共自行车风行杭州,不仅对这个风景旅游城市倡导的绿色出游有益,也大大方便了市民出行……市政协委员徐迅雷通过社情民意信息提出,"杭州城市不大不小,比较适宜骑自行车出行"。建议"将自行车纳入城市交通发展规划,借鉴经验保障自行车的行路权,发展出租自行车"等。他的建议得到有关部门的重视和采纳。如今,被誉为"红色旋风"的小小自行车在杭州城内成为人们出行的主要交通工具,并占据了"公共自行车"惠民举措的重要地位。

对一座城市而言,斑马线是一条呈现文明素养的刻度线。2009年,杭州率先提出"礼让斑马线"这一理念——遵循"以人为本"的原则,从交通管理者和参与者入手,明确了"文明出行,杭州先行"的目标。十多年来,杭州"礼让斑马线"成为城市共识,成为全国的典范。

2020年,杭州进入抗击新冠肺炎的"战疫"期,一手抓防疫,一

● 疫情期间,杭州首创"杭州健康码"

手抓发展,杭州成为全国"战疫"做得最好、最成功的城市之一,杭州活力在最短时间内得以恢复。

当今杭州,正致力于推进"六治":

> 推进统筹之治,打造高能级的城市。
>
> 推进科技之治,打造数字化的城市。
>
> 推进良法之治,打造知敬畏的城市。
>
> 推进协商之治,打造老百姓的城市。
>
> 推进人文之治,打造有情怀的城市。
>
> 推进开放之治,打造国际范的城市。

这"六治",正是杭州澎湃活力可持续发展的强力保证。

活力杭州,干在实处、走在前列、勇立潮头的精神密码是什么?

精神密码就是"杭铁头"。硬气的杭州人,被称为"杭铁头"。

●阿里云大楼

"杭铁头",倔强硬气,敢闯敢干,铁血不服输;"杭铁头"具有敢为人先、坚韧不拔、立己达人、大气开放的风采。"杭铁头精神"就是创新精神,就是"弄潮儿精神",与时俱进,历久弥新。

杭州发展的基因就是创新。创新是经济、文化、社会发展的根与魂。创新,是人的创新;人对了,创新的事业才会对。

一代人有一代人的使命,一代人有一代人的担当。2019年9月4日,在革命、建设、改革各时期做出突出贡献的8位代表,获颁"庆祝中华人民共和国成立70周年"纪念章。他们是经历长征、参加辽沈战役和平津战役的老红军贾少山，参加淮海战役、渡江战役和多次援外任务的老战士曲福仁，决策开放第一代义乌小商品市场的改革先锋谢高华，成功研制出甲肝减毒活疫苗的中科院院士毛江森，促进教育改革进步的功勋教师徐承楠，扎根杭州天子岭垃圾填埋场近三十年的城市美容师缪文根，为浙江平安建设奉献毕生心血的老公安蔡杨蒙，推动杭州经济体制改革的亲历者湛青。

少年强，则国强，江山代有才人出。2019年，杭州推选出10名第十五届"美德少年"，头一位是杭州市大关小学徐子琪同学，她连续6年用歌舞传递真善美，参加文化志愿者活动多达80余次；她在G20杭州峰会文艺演出《最忆是杭州》中，和歌唱家廖昌永合唱《我和我的祖国》；她关爱弱势群体，多次进敬老院、孤儿院慰问……2020年，杭州市第十六届"美德少年"揭晓，朱紫萱等10位同学以美德征服了评委，他们是诚信守礼、尊师孝亲、勤学创新、自强自立、热心公益的好少年代表。"美哉少年"，后生不仅可畏，而且可敬。

"浩渺行无极，扬帆但信风。"杭州这座独具韵味的历史文化名城，这座别样精彩的创新活力之城，正在朝气蓬勃地大踏步走向未来。

杭州告诉世界：未来已来！

● 2021年第十七届中国国际动漫节主题动漫展（邹强摄）

当梦想照进小镇

◎ 孙 波

孙波，湖南长沙人。出版设计策划人，杭州文旅文创公司创始人，杭州市引进高层次人才，中国美院公共艺术研究院顾问，副编审。出版并发表专著、创作作品若干。担任总策划的文化项目获国际级、国家级和省级奖项数十项。

多年以后，当苏轼第二次离开杭州，回首眺望这座繁华都市时，一定还会记得他第一次从京城来到杭州，又策马扬鞭一路向西，来到天目山下的洞霄宫，并留下"前生我已到杭州，到处长如到旧游。更欲洞霄为隐吏，一庵闲地且相留"的诗句。然而他的这个小小的梦想终究没有实现。

又过去许多年，北宋更替为南宋，历代皇帝每年夏季，都会带着官兵、妃子、仆从们从玉皇山下出发，浩浩荡荡沿着余杭塘河一路向西，前往洞霄宫避暑兼办公。这一路上，他们经过了今天的西溪湿地、五常湿地、和睦湿地，也多半会经过一个叫作仓前的小镇。那个时候的仓前，是一片沃野，河网密布，阡陌纵横，是实实在在的鱼米之乡，自此往北约20分钟车程，就是5000年中华文明发源的有力见证地——良渚。

徐霞客从仓前街上匆匆走过，心中不禁暗暗赞叹，真是个山水华滋的好地方；洪昇在西溪附近游荡，顺手写了部《长生殿》……

1869年，仓前余杭塘河畔的一座老宅子里，诞生了一位中国近代民主主义革命家、思想家和国学大师章太炎。章先生出生、成长、学习于此，并从这里走出去，开始了他波澜壮阔的一生。

先人们在这片土地上渔樵耕读，筚路蓝缕，但他们无论如何也想象不到，这片土地会变成今天这个样子。

大约10年前，国家布局杭州未来科技城，落子于余杭西部，浙江集全省之力，经过短短几年建设，这里迅速变身为城西科技大走廊，被誉为"中国的硅谷"。海创园、梦想小镇、人工智能小镇、海康威视、菜鸟网络、之江实验室、阿里巴巴达摩院等相继落户。作为浙江海外引才的重要平台，未来科技城是全省高层次人才最为密集、增长最快的区域，吸引集聚了以"阿里系、浙大系、海归系、浙商系"为代表的创业"新四军"。

梦想小镇建成于2015年，属于国家级科技城——未来科技城的核心组成部分，位于杭州市余杭区仓前街道，规划面积约3平方千米，分为四个区块——互联网村、创业大街、天使村和创业集市，是首批通过浙江省验收的特色小镇，是中国特色小镇的先行者、排头兵。2018年12月，梦想小镇获得了"国家AAAA级旅游景区"的称号，成为产业小镇和旅游小镇双结合的特色小镇典范。

2019年6月，"全国大众创业、万众创新活动周"的主场地设在梦想小镇，使得梦想小镇再次成为全球创客瞩目的焦点。

● 未来科技城

梦想小镇互联网村由南宋始建的国家粮仓改造而成。在此兴建皇家粮仓是宋高宗赵构决定的，于1132年顺利完工。仓成之日，赵构带着文武百官亲自到皇仓视察，甚为满意，并当即对有功人员论功行赏。之后，督粮署设立，负责粮仓

● 梦想小镇互联网村

的管理，此地于是更加兴盛：粮船商贾云集，各地运粮船皆集中于此，久而久之，这里便成为一个非常繁华的集镇。到明代及清康熙、光绪年间，粮仓被重建、扩建，声名鹊起，成为当时国家最大的粮仓，繁荣一时。江浙向来是中国的饭碗和钱袋，而江南的钱粮多集中于此处，由门前的余杭塘河进入京杭大运河，运往京城。因此这里是名副其实的财富聚集、货通天下之地。坐落于此的国家重点保护单位"四无粮仓"同时也是一座粮仓博物馆，是历史的最佳见证。如今，昔日的粮仓完成了自身的蜕变，成为众多孵化器的聚集之地以及初创企业的孕育之地。众多初创企业在这里播下梦想的种子，成长为成熟的企业乃至"独角兽"。

梦想小镇的创业大街是一条具有880多年历史的老街，水网密布，保留了一大批明清古建筑，具有浓郁的江南水乡风貌。章太炎故居就坐落在这条老街上，旁边的百年老

● 梦想小镇创业大街

● 章太炎故居

药号"钱爱仁堂"因杨乃武与小白菜的故事给后人留下了更多感慨和唏嘘。老街里既有创新企业，也有餐厅、酒吧、茶馆、咖啡屋、书店、影院等，一应俱全。年轻人在此将生活和工作完全融合在一起，是先生态、后生活、再生产的理想"三生谷"。

梦想小镇的天使村聚集众多创投机构和金融机构，为优秀的初创企业提供资金的扶持，为它们渡过难关和后续发展保驾护航。创业集市为做大做强的企业提供更为宽敞的办公空间以及配套商业金融服务。梦想小镇的创业集市有很多创意机构、研发机构，也有银行、饭店、商务酒店等与之配套。

梦想小镇的区位优势日益凸显，坐拥连片湿地生态。这里距离地铁 5 号线良睦路站一步之遥，地铁 5 号线、3 号线、机场快线，建设中的高铁西站以及多条公交线路和专线，使住在小镇的人们出行日益便捷。大企业、大园区，杭州师范大学、省委党校、湖畔大学等高校密布周边，人才和创业生态愈加多元。尤为重要的是，省、市、区政府制定了各种人才扶持政策，包括人才引进和认定、房租减免、税收优惠、金融借贷、落户、子女入学等；第三方服务公司提供企业各种培训、讲座、外包、财务、法律、招聘等支持，使得创业者能以最低的成本创业，有效地延长了企业的寿命。

勇立潮头

"剑骑临边塞，风尘起大荒。"太炎先生曾经写下的这句诗，背后却是无尽的悲凉。当年，他被任命为东三省筹边使，书生意气而又踌躇满志、一腔热血的他走马上任，通过走访调查，拟定了发展东三省的规划，希望以发展实业来实现他救国兴邦的理想。然而，当时袁世凯仅仅是希望他远离自己而已，对他的规划方案根本置之不理，太炎先生愤而辞职。

百年沧桑之后，太炎先生未尽的理想和抱负在他的故乡得以以另外一种形式实现。梦想小镇以深厚的历史文化底蕴和"在出世与入世之间自由徜徉"的自然生态系统为载体，以未来科技城开放、包容、创新、服务的政务生态系统为支撑，以阿里巴巴总部和金融资源集聚发展的产业生态系统为驱动，以"苗圃＋孵化器＋加速器"孵化链条，打造完善的创业生态系统，使梦想小镇成为天下有创业激情的年轻人顺应"大众创新、万众创业"的发展机遇，将梦想带进现实的热土。

● 鸟瞰梦想小镇

钱江潮涌　我心飞扬

◎ 马飞达

马飞达，浙江东阳人。当代实力派国画家、书法家。现任中国美术家书画院副院长、当代浙派书画院院长。曾受教于陆俨少、姚耕耘、沙孟海等前辈。其巨幅工笔国画长卷《水乡古镇蚕花节》入选2010年上海世博会并永久珍藏于中国馆贵宾厅，2015年入选意大利米兰世博会并荣获金奖。受中国邮政之邀设计了《钱塘江大潮》《大雁》等特种邮票。

"中国邮政于2015年7月1日发行《钱塘江大潮》邮票一套三枚，该特种邮票由著名浙派画家马飞达设计，内容分为交叉潮、一线潮和回头潮景观，全套邮票面值为3.9元。"犹记当时听到媒体的报道，作为设计者的我，心潮澎湃，思绪万千。

"钱江秋潮"自古闻名遐迩。得益于独特的地理因素，即喇叭形海湾、河口狭窄和江底沙坎，加之天文、气象因素，钱江潮气势颇为雄伟，堪称"天下奇观"。战国时期哲学家庄周曾这样描述："浙河之水，涛山浪屋，雷击霆砰，有吞天沃日之势。"

钱江潮不但气势宏伟，而且波形变幻万千，既有横贯江面的一线潮，也有前后相随的二度潮、去而复返的回头潮、形似蘑菇的兜潮等，表现形态各异，可谓变幻万千。

勇立潮头

千百年来，作为一道独特而壮美的奇观，钱江潮吸引了无数文人墨客用最华美激扬的文字去讴歌它，也吸引了无数丹青妙手用最遒劲美丽的线条去勾勒它。

李白梦游天姥后，面对天下奇观钱江潮，惊诧地问："浙江八月何

● 钱江潮水连海平

如此，涛似连山喷雪来！"其实他还不知，唐初诗人宋之问比他来得早，"楼观沧海日，门对浙江潮"的诗联已被人书写，挂在韬光庵门两边了。咏潮之佳篇颇多，到晚唐赵嘏的"一千里色中秋月，十万军声半夜潮"一出，读者无不为之叫绝。

北宋初来了一位叫潘阆的诗人，他的十首《酒泉子》为人传诵，其中一首应予以特别推荐。上半片写"满郭人争江上望"的宏大场面，下半片写"弄潮儿向涛头立，手把红旗旗不湿。别来几向梦中看，梦觉尚心寒"。这并不是浪漫主义的想象，而是实际所见之景，使我们领悟到浙江先民早就有了勇敢的弄潮儿精神。迎潮而上，敢为天下先，且能"手把红旗旗不湿"。

我与钱江潮有不解之缘，钱江潮文化的魅力令我着迷，从2008年应邀创作第一幅《钱江潮》至今，我已数度用不同的绘画语言，或工笔重彩，或写意淡彩，来描绘我心目中汹涌激扬的钱塘江大潮。

"干在实处、走在前列、勇立潮头"，这是习近平总书记对浙江的期望。为迎接G20杭州峰会的召开，2014年冬，我受中国邮政总公司的邀请，有幸担纲设计《钱塘江大潮》的三联张邮票画稿。

● 《钱塘江大潮》邮票（发行于2015年）（由马飞达提供）

自接受这项光荣的任务，我便暗下决心，一定要打造一张精美的"国家名片"。

为此，我三度赴观潮胜地浙江海宁采风写生，在那里候潮、听潮、迎潮、赏潮、追潮、送潮，探寻涌潮的起因、规律、内涵和灵气，并收集了大量的书籍和影视资料。经过反复构思、比较及征求多方意见，画作几易其稿，直至通过有关部门审定。

整幅作品，我采用国画长卷的形式，运用"S"形构图，将"交叉潮""一线潮""回头潮"三种潮水跨时空地、有机地交织在一起，组成一幅场面恢宏、气势连贯的画面。这是一次前无古人的绘画探索："交叉潮"从远处而来，丝丝曲线，肌理分明；"一线潮"向前奔涌，极具张力和气势；"回头潮"翻卷后垂直回落，飞溅的水花如纷纷落叶。

在以三种潮水为表现主体的画面中，似有若无的云霞、宁静悠远的小山、壮阔奇美的江面、波光粼粼的浪花、如丝如缕的水雾、展翅飞翔的白鹭、堤岸上或静或动的树木、形态各异的观潮人群等，营造了江南如诗如画的和谐美景，反衬出潮水汹涌雄浑的气势。而雄伟挺拔的占鳌塔、古老厚实的鱼鳞石塘、静默健硕的铁牛、有着动人传说的海神庙、天风观涛亭、毛泽东观潮诗碑亭及高高吊起的渔船、手持网兜捕潮头鱼的渔民等，展示出钱江潮文化的厚重积淀。

方寸之间,"云霞与白鹭齐飞,潮水共长天一色",钱江潮的神韵和气势令人心旷神怡而又心潮澎湃。

钱塘江大潮,这简单的五个字,包含着多少岁月冲刷不走且至今仍在传说的故事,激荡着多少颗拼搏进取、积极向上的心灵,又承载着多少美好的愿望和期待……所有的这一切,也如钱江潮水般在我心中激荡澎湃!

● 远眺钱塘江

钱塘潮

寻找杭州视觉符号：从G20到亚运会会徽

◎ 袁由敏

袁由敏，安徽合肥人。平面设计师，中国美术学院教授，博士生导师，中国美术学院美术馆副馆长，中国国际设计博物馆执行馆长。2016年G20杭州峰会会标、杭州2022年第19届亚运会会徽主设计师。杭州市"五一劳动奖章"获得者。

缘起

2008年夏天，我结束了法兰西游学生活回国，着手组建成立了九月九号设计事务所，事务所为客户和受众提供品牌策略及定位、品牌设计、视觉识别、活动形象、展览视觉、产品包装、用户界面、印刷品等方面的设计服务。事务所的项目建立在这几个原则上：一、设计必须是原创，这是设计的立足之本；二、所有接手项目必须是客户委托的真实项目；三、文化辨识度；四、寻找人人都能懂的视觉符号；五、坚持以内容为方法，内容和视觉的双生产。

2016年G20杭州峰会会标和杭州2022年第19届亚运会会徽两个国家重大项目，就是在这样的机制指导下设计出来的。

2016年G20杭州峰会会标

何谓G20?它是一个怎样的机制?中国需要什么样的视觉回应?我们从符号的选择、视觉的组织和文化的辨识度三个层面展开工作。

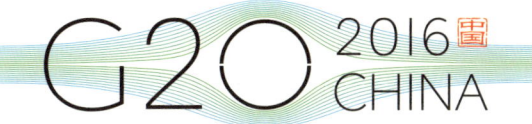

● 2016年G20杭州峰会会标

首先是桥作为形象载体的概念提出。一方面,桥作为连接双边、构建对话的载体,代表了开放、包容、理解和沟通。另一层意义上,桥与西湖、与杭州已经须臾不可分离,大运河上有拱宸桥,苏堤有映波、锁澜、望山、压堤、东浦、跨虹"六吊桥",白堤上有断桥、锦带桥等,桥是这个城市特有的一个文化符号。它很好地回应了"G20峰会旨在推动以工业化的发达国家和新兴市场国家之间就实质性问题进行开放及有建设性的讨论和研究,以寻求合作并促进国际金融稳定和经济的持续增长"的会议内涵。桥作为一个符号,代表的是开放、包容和国与国之间的相互理解和沟通,这是一座精神之桥。

其次是视觉组织呈现。桥的方案初步成型,20根线条代表20个国家,它们等粗等距;会标上的桥也正连接着"左东右西",两端没有封闭;圆形的桥洞既代表了"G20"中的"0",又寓意着这是一次平等、互通、开放的圆桌会议。"G20 2016 CHINA"作为会标中构建信息的主体因素,我们在保证可读性的前提下,尽量弱化了字体设计自身的气质特点,将原字体的特性降低到"无"的层面。另外,在整体视觉上,我们做了无数的"小动作",比如"G20"中的"0"这个圆不完全是正圆,正圆会偏扁,这个拉长了一点。字体也加粗了一点，包括字体原本是直边的，我们稍微曲线化了一点，因为这种曲线带来的趣味比较中国。我们正是有意识地利用了这些视错觉的小把戏，达成一些"正确的"视觉结果。

本着对经济增长与环境保护共生的一个期许，我们首先定下蓝色。但对于杭州这座城市而言，绿色绝对是它的主基调，西湖的那种烟雨朦胧、水天一色的柔和美，也是蓝绿渐变的一个重要成因。

由于G20会议有一个明确要求——主宾国不得出现当国文字，于是有了印章的故事。印章的出现解决了三个问题：一、印章作为一种契约精神嵌入会标中，体现中国担当及对世界的庄严承诺；二、汉字顺理成章地化身为图形符号，植入了会标中；三、红色印章对应整个会标的蓝绿色，让整体视觉呈现了浓郁的东方特色。值得一提的是，一开始把"2016"做成章，后来变成"三潭印月"，我院两位书法系教授出力，到最后由西泠印社专家操刀变成隶书，中间汇聚了无数人的汗水和智慧。

每个国家的设计师都把自己民族的特色注入到峰会会标的设计之中，我们也不例外，设计过程中一直有一种强烈的"国家"意识在指引我们，这里的"国"指中国，"家"指家园。希望能优雅地体现出中国元素，用诗意、自然、简洁的形态来展现我们的软实力，所以会标的设计既要有美学，又要有国际语言，既要让中国人看得懂，又能让外国人一目了然。将最后的会标置身于以往的数个会标之中，能够第一眼识别出来，我想，这是符合所有中国人期望的。会标能够回应峰会的宗旨，体现了中国的历史担当，视觉注入了东方本土的审美意识。G20会标是世界的、今天的，西方人看是中国的，中国人看是江南的。

杭州2022年第19届亚运会会徽

2015年9月16日,在土库曼斯坦首都阿什哈巴德举行的第34届亚奥理事会代表大会上,亚奥理事会主席艾哈迈德亲王郑重宣布:"中国杭州获得2022年亚运会主办权。"杭州继北京、广州之后,成为第三座举办亚运会的中国城市。2018年1月29日,第19届亚运会组委会向全球征集杭州亚运会会徽的设计方案。能够为一届世界、洲际范畴的重大赛事奉献视觉语言,成为很多设计师的梦想,我们自然不例外。

会徽是运动会第一层级的视觉形象,杭州亚运会会徽作为精神性视觉符号,也是展示杭州亚运会理念和中国文化的重要载体。讲好杭州故事,是本会徽设计的初衷,一个验证浙江时代精神、契合杭州地域人文的载体被作为要求提了出来。

首先,聚焦象征浙江人的"勇立潮头"精神的钱江潮水。"钱塘自古繁华",钱塘江是浙江独有的自然与人文景观,世界范围内大江、大河有海潮涌动这一自然景观的,唯南美的亚马逊河和东亚的钱塘江,与亚马逊河不同的是,杭州的钱塘潮涌这一自然现象历经数千年,观潮已变成独特的人文景观。习近平总书记早在2016年G20杭州峰会期间对浙江省委作出指示——"秉持浙江精神,干在实处、走在前列、勇立潮头",能够将这独特的自然及人文景观转化成图腾,这是团队的原始冲动。

● 钱塘潮

● 袁由敏与团队讨论杭州亚运会会徽设计创意（由袁由敏提供）

如何将"勇立潮头"的概念转换成一个具有全新视觉体验的会徽。"潮"既是自然景观又是人文景观；"涌"既是江潮奔涌之涌，又是勇立潮头之勇。"潮涌"把握了会徽的形象核心，既写河山之势，又明竞赛之质。大潮涌动，这是一种气势，也是一种态势，意寓中国特色社会主义的大潮在浙江的发展和涌动。我们反复把设计稿置入过往的18届会徽中，纵向比较，寻找问题。我们梳理出百年奥运、亚运形象中的常用和未使用色域，将其作为突破口，将互联网、屏显时代的色彩趋势作为可依据的方向提出了色彩方案。从结果看，色彩符合杭州地域特质，也在历届亚运形象中有辨识度。

杭州城市形象的整体战略思考也是本次亚运会会徽设计的一个重要思考，团队在设计过程中，反复将亚运会会徽设计稿置入杭州历史重大事件、重要形象的设计中，通过并置、关联等方法，用线条语言意向表达"诗意""知水"的诗意内涵，线型、水系既能回应杭州亚运会互联、共享的城市精神指向，又能整合出城市独有的视觉基因系统。最终，杭州亚运会会徽与G20杭州峰会会标有了视觉上的姊妹篇关联。

杭州2022年第19届亚运会会徽设计及修改工作历经半年，鏖战九轮，终于2018年8月6日揭开面纱，在公众前亮相。杭州2022年第19届亚运会会徽主体图形由扇面、钱塘江、潮头、赛道、互联网符号及象征亚奥理事会的太阳图形六个元素组成，下方是主办城市名称与举办年份的印

鉴。扇面造型反映江南人文意蕴，赛道代表体育竞技，潮头彰显浙江人精神及体育竞技实质，互联网符号契合杭州城市特色，太阳图形是亚奥理事会的象征符号，也是历届亚运会会徽必须使用的官方元素。

● 杭州2022年第19届亚运会会徽

这一设计，视觉上舒缓、柔和，但在平静之中大潮涌动，"因看平地波翻起，知是沧浪鼎沸时。初似长平万瓦震，忽如圆峤六鳌移"，而这种平地波翻起、沧浪鼎沸时的境界也正是体育竞技所追求、所提倡的，潮涌回应竞技，用弄潮儿比喻运动健儿，这是一个公众视角的会徽。

结语

作为生活于杭州、工作于杭州的新杭州人，作为平面设计师，我们是幸运和满足的。我们一直期望能够把自身专业知识服务于具体社会生产中的理想在重大项目中得以实现；我们一直为这座城市的经济建设及文化生产脚踏实地助力；我们一直尝试为杭州城市寻找自己独有的城市符号；我们更希望为这座诗意的城市奉献独特的视觉语言。希望杭州的城市建设越来越好，越来越具有时代气息、江南韵味和国际视野。衷心希望2016年G20杭州峰会会标与杭州2022年第19届亚运会会徽一起能够变成杭州这座城市的文化遗产，所有杭州人的文化记忆。

视觉杭州

世界游泳看杭州

◎ 叶诗文

叶诗文，浙江杭州人。中国女子游泳队运动员，女子 200 米混合泳奥运会纪录保持者。中国泳坛首位金满贯运动员，集奥运会、长池世锦赛、短池世锦赛、游泳世界杯、亚运会、全运会冠军于一身。2018 年 1 月 30 日，当选为第十三届全国人民代表大会代表。

杭州，集江、河、湖、海、溪于一城，面海而栖，濒江而建，沿溪而聚，因河而兴，由湖而名。总而言之，杭州是一座建在水面上的城市。这一切，早已注定了它与水的不解之缘，似乎也注定了它与游泳的缘分。

国际游泳界有这样一句话："世界游泳看中国，中国游泳看浙江，浙江游泳看杭州。"翻开浙江特别是杭州游泳的历史相册，我们便明白这是一句用成绩来浇筑的话语，而且将会有更多的人用汗水来将它浇灌，使之更加茁壮、光辉。

浙江历史上一共出了 12 位奥运冠军，杭州便占据 5 席，而其中有 3 位是游泳奥运冠军。罗雪娟、吴鹏、孙杨、傅园慧……他们矫健的身姿在泳池中释放青春，传递着杭州游泳人的接力棒。

游泳是杭州老百姓最喜爱的运动之一，杭州拥有众多的天然水域，还有星罗棋布的游泳馆。20 世纪 80 年代，浙江省体育局统一部署，大力发展游泳业，如今浙江省大小公共游泳场馆早已超过1000个。我们还拥有千岛湖国家水上运动训练基地，国家队一年里有六个月以上的时间在这里训练。2017年9月24日，国家体育总局还与浙江省人民政府在杭州签署共建中国（浙江）国家游泳队合作协议，将以浙江为基础发展培养国家游泳队。

● 叶诗文参加比赛（由叶诗文提供）

  暑假里，在杭州的游泳馆外，家长们顶着烈日看自己的孩子学游泳是很常见的情景，在他们看来，练游泳"既能增强孩子体质，又是一项生存技能"。而且从很久之前，各大专业团队，比如陈经纶体校的教练员、助教就每年都会去各大幼儿园，从适龄孩子中挑选苗子。我就是在家长这样的认知里，通过这样的选择方式，与游泳结缘的。

  大约6岁时，我还在上幼儿园大班，因为个子比同龄的孩子高一些，手脚也很大，老师就建议我去体校练游泳。懵懵懂懂中，我将老师的话转达给了父母，他们的想法很简单，多学习一门技能——"掉进水里也不会淹死"，就很自然地给我报了陈经纶体校游泳班。只是没想到，这次偶然让游泳成了我将为之奋斗一生的事业。

  2002年的夏天，经过两个月的训练，我被选入了游泳专业班，也爱上了游泳这项运动。我开始跟着启蒙教练魏巍训练，这一跟就是五年。对于完全不会游泳的我，魏巍教练耐着性子一点一点地教着，根据我的个人特点制订专门的训练方法，为我打下扎实的基础，蝶泳、仰泳、蛙泳、自由泳，所有泳姿一样都没落下。他后来评价我时说："我的学生，没有偏向的，基本上四个泳姿都不错。"一年365天，除了泳池换水的那几天，我一天也不落地下水。

2007年，小学还没毕业的我很顺利地进入了浙江省游泳队，遇到了曾是游泳运动员的楼霞教练。有次训练，教练让队员们进行打水球比赛，谁输了就从10米跳台往下跳，队员们吓得哇哇直哭，爬上去不敢跳，又爬下来。我骨子里的倔强上来了，二话不说直接上去就跳了。一年后，教练楼霞因为身体原因，将我托付给了她的丈夫徐国义教练，也开启了我的另一段游泳生涯。

徐导本身就是一名非常优秀的运动员，退役之后一直担任浙江游泳队的教练，他曾带出过罗雪娟、吴鹏这样非常优秀的前辈，还有傅园慧、周雅菲、徐嘉余、李朱濠……他和楼霞教练为了不分散精力，一直没要孩子，

● 叶诗文在2012年伦敦奥运会夺冠（由叶诗文提供）

但将我们当作了自己的孩子，既严厉又慈爱。只是，这位一直站在我们身后，见证我们喜怒哀乐的人，终究没能躲过病魔的纠缠，过世时年仅50岁……

● 叶诗文蛙泳比赛中（由叶诗文提供）

2009年，我刚进国家队的时候才14岁，从此走上职业运动员的道路。一下子到了一个陌生的环境，能感受到很大的压力。非常感谢徐导当时的严厉，锻炼了我的韧性，让我能够慢慢拥有一颗强大的内心，也更让我坚定了有朝一日要让中国国旗在奥运会领奖台上升起的梦想。

2011年世锦赛，我成功拿到200米混合泳冠军。2012年世锦赛，我打破了亚洲纪录。一时间，所有的鲜花和光环都在向我招手。我觉得自己的所有努力没有白费，所有的耕耘，开始有了收获。但我又深深地明白，这只是个开始，以后还有很长的路要走，还要继续努力，拿更多第一。

但是，我错了。一旦有了名次的要求和束缚，我便扛上了巨大的压力。那段时间，我在比赛中开始频频失利，越想拿第一，越拿不了第一，走入了一个低谷。这种状态持续了将近一年的时间。2014年，我开始给自己减负，努力调整好自己的心态，开始享受比赛的过程，让自己不要那么看重结果。2017年，在清华大学读书期间，我想通了很多事情，决定回到泳池，从零开始。终于，在2018年，我再次回到泳池，开始我游泳生涯新的阶段。

我想，庞大的游泳基础和高水平的基层教练就是杭州世界级游泳运动员层出不穷的秘密所在。除了徐国义教练，还有大家熟悉的朱志根教练等。就像张亚东局长所说的，浙江在这几年引领了中国游泳的半边天，而浙江的师资力量一直引领着中国游泳。我们的队伍是一个"传帮带"的复合型团队，在基层游泳中，每年都会涌现大量优秀的教练，帮我们打下扎实的基础，将一批批优秀的苗子输送到专业队。浙江游泳的精神，第一条就是团队协作，每一个环节都衔接得很好。资深教练员会给年轻教练定期讲课，老队员会向新队员传授经验。可以说杭州游泳的基础和传统从没有断过。也正因为杭州体育的迅猛发展及杭州游泳的世界地位，我们争取到了2022年第19届亚运会的举办资格，这是杭州的使命和光荣。

在杭州，无论是专业的，还是业余的，游泳的队伍都在日渐壮大。2018年，闲暇之余我完成了《跟奥运冠军学蛙泳》的撰写并顺利出版。蛙泳是比较容易入门的一种泳姿。在这本书中，我用简单的语言和可爱的漫画来讲解专业的游泳知识，希望有更多的人加入游泳这支队伍中。

刚结束的东京奥运会上，中国队让五星红旗一次次闪耀东京，中国游泳队也再次用成绩证明了我们的实力。

杭州2022年第19届亚运会马上就要到来了，这场家门口的盛会，我一定会出席。但对于成绩，我已经没那么看重。我会调整心态，享受比赛的过程，体会比赛的乐趣。在这里，也预祝亚运会圆满成功！祝游泳小将们越来越出色！

创
新
魅
力

江河湖海共一城

◎ 杨晓光

杨晓光，江西广昌人。浙江省人民政府咨询委员会委员，西泠印社社员。曾任中共浙江省纪律检查委员会常务副书记，浙江省第十一、第十二届人大常委会委员。著有廉政散文集《大道行：杨晓光廉政散文集》《国（境）外财产申报制度比较研究——兼论我国财产申报制度的构建思路》《云图——当代摄影与现代水墨的对话·摄影卷》等，曾为《家国情·赤子心》音乐专辑作词。

水，生命之源。一部人类生存发展史，就是一部逐水而居、依水而生的历史。杭州的历史，也是一部因水而生、因水而兴、因水而名、因水而进的历史。杭州境内的西湖、钱塘江、大运河、西溪湿地等水资源，妙在彼此和谐共生，水依城、城傍水，各自发挥着其独特的作用。

说起杭州，人们首先会想到西湖，从某种意义上讲，西湖就是杭州的代名词。西湖之美，美在山水；西湖之美，美在文化；西湖之美，更美在山水与文化的相生相融。2011年6月，杭州西湖被联合国列入《世界遗产名录》，从而论定它是自然美与人文美完美结合的典范。

据考证，在侏罗纪末期至白垩纪时期，杭州西湖地区是一片海洋，强烈的火山喷发，让炙热的岩浆不断地从岩缝中喷涌而出，宝石山和西湖湖底堆积下大量火山岩块，因此出现火山口陷落，造成马蹄形核心低洼积水，即西湖的雏形。后由于海潮的出没，钱塘江沙坎发育，潮汐带来的泥

创新魅力

● 鸟瞰西湖

沙和钱塘江入口的泥沙不断堆积，封闭了湖和大海的通路，演变成被后人称作"西湖"的湖泊。西湖出现在了东南大地。

西湖作为一个潟湖，没有和其他潟湖一样在日久天长后从地球上消失，反而日益焕发出亮丽的光彩，本身就是个奇迹。这，与历朝历代先贤的呵护与治理分不开。

据载，唐朝玄宗时期，李泌任杭州刺史，在西湖周边"开凿六井"。这被称为"井"的水池，池中有水道与西湖相通。从此，西湖之水开始注入杭州古城，滋润了千家万户。

白居易来到杭州做刺史，距李泌"开凿六井"已40年，当时的西湖杂草堵塞，水量越来越少。白居易主持了一项为时三年的水利工程，整治西湖有了明显的效果。西湖断桥所在的这条堤，原来叫"白沙堤"，后来杭州百姓为纪念白居易治理西湖，将其改名为"白堤"。

● 苏堤春晓（韩盛摄）

宋代苏东坡出任杭州太守那年，遇大旱，井水干涸。于是他领导百姓疏浚西湖、浚治六井。满湖的淤泥和杂草，为西湖美景中苏堤的出现，埋下了伏笔。苏堤的建成，不但让南来北往的车马行人，不再需要环湖远绕，而且为西湖空阔的水面，平添了一道贯通两岸的六桥风光。充满诗情画意的苏堤，成了画家笔下"西湖十景"中的"苏堤春晓"。也许是苏东坡治湖有感，他才会留下永久绝唱："水光潋滟晴方好，山色空蒙雨亦奇。欲把西湖比西子，淡妆浓抹总相宜。"此后，西湖又有了"诗湖"的雅称，文人墨客对其的咏叹不绝于耳，"接天莲叶无穷碧，映日荷花别样红""山色湖光步步随，古今难画亦难诗""西湖烟水茫茫，百顷风潭，十里荷香""六月荷花香满湖，红衣绿扇映清波"……千百年来，人们不吝用最美的诗句来赞美西湖。

杭州与水的历史最早可以追溯到距今8000年前后的跨湖桥文化。闻名世界的良渚文化的核心区域就在杭州。良者，美也；渚者，洲也。距今约5000年前，杭州的先民们就在这块美丽之洲依水筑城而居，使之成为中华文明起源地之一。世界各地早期文明的出现，都与治水活动密切相关。而良渚古城外围的水利系统是中国现存最早的大型水利工程，也是世界上最早的拦洪水坝系统。2019年7月，良渚古城遗址正式列入《世界遗产名录》。

创新魅力

　　同样被评为"世界文化遗产"的中国大运河，最早开凿于春秋时期，是世界上里程最长、工程最大的古代运河。运河的开通，营造了新的自然环境、生态环境、生产环境，极大地促进了整个运河区域社会经济的发展，对杭州的早期发展和城市形态的形成起到了主导作用。这条流淌了千年的运河，见证了古都杭州翻天覆地的变化。如今，运河还连接钱塘江，杭州市政府利用江河交汇的景观资源，修建运河主题公园。京杭大运河的拱墅段着力于展示古运河传统风貌，修建了旅游文化长廊，开发了众多的公共景点。2021年7月，融入大量运河元素的运河大剧院正式启用。剧院毗邻京杭大运河，与京杭大运河杭州段的标志性建筑拱宸桥遥相呼应。当云淡风轻、皓月当空之夜，伫立在有着近400年历史的拱宸桥头，俯瞰大运河静静地从杭州穿城而过，环视两岸闪烁的万家灯火，你会发思古之幽情，也会叹今日之繁华。中国大运河，这条世界上最古老的人工运

● 拱宸桥雪景（钟黎明摄）

河，不仅是中华文明的一部分，也是世界文明的一部分。如果把运河比作一条彩带，杭州无疑是这条彩带上一颗璀璨的明珠。

今天的运河已与西湖、钱塘江相贯通，人们可以坐船游览。杭州市区的中东河水流清澈，船儿荡漾，河岸上绿草茵茵，充满浓厚的市井气息，充满着人间烟火的味道。

杭州不仅有湖，有河，还有江。浙江的母亲河钱塘江因流经此地而得名。奔腾不息的江水从这里注入杭州湾，融入浩瀚的东海。

和运河水的沉静淳厚不同，钱塘江水既有"潮平两岸阔"的壮美，也有"潮起动天地"的霸气。得天时地利，这里有天下闻名的钱江潮。潮汐形成汹涌的浪涛，犹如万马奔腾，成"滔天浊浪排空来，翻江倒海山为摧"之势。近1000年前的苏东坡曾感叹"八月十八潮，壮观天下无"。这壮观

● 钱江潮

的潮水催生了观潮文化，在唐宋时就已盛行钱江观潮的习俗。每当大潮来临之日，路上车如水流，人如潮涌。无数的文人墨客留下了数不清的观潮诗句。新中国开国领袖毛泽东观潮后诗兴大发，留下了"千里波涛滚滚来，雪花飞向钓鱼台"的诗句。

地处钱塘江入海口的杭州，得舟楫之利，货畅其流，商贸发达，成为东南沿海的商贸重镇。20世纪30年代，我国自行设计、建造的第一座双层铁路、公路两用桥，横贯钱塘江南北，把钱江两岸紧紧地连在一起，实现了天堑变通途的梦想。如今，钱塘江上已横跨了九座大桥，两岸因江水阻隔交通不便的状况得到了极大的改变。江上造型各异的一座座桥梁成了杭州一道道美丽的风景线。杭州，已从"三面云山一面城"的"西湖时代"昂首迈进"一江春水穿城过"的"钱塘江时代"。

● 西溪湿地

说杭州的水，不能不提位于城市西部的西溪湿地。这个面积为11.5平方千米，河流总长100多千米，约70%的面积为河港、池塘、湖漾、沼泽的湿地，其间水道如巷、河汊如网，鱼塘栉比、诸岛棋布。西溪的水，看不到源头，不紧不慢地自然流淌，100多种鱼类就这样自由自在地生活在这水的王国。初秋，水面生起一层薄薄的雾霭，船在水中行，人在画中游，仿若仙境。西溪湿地以它独有的风貌和人文景观被列入《国际重要湿地名录》，成为中国第一个集城市湿地、农耕湿地、文化湿地于一体的国家级湿地公园。

杭州多水，城区有460余条、长达1000多千米的河道穿行其中，可以说整个杭州的城市布局就是以水资源的分布为基础，水是杭城的灵魂与生命线。

杭州拥有江、河、湖、海共一城的山水布局，还有湿地、山泉与溪流的水系交融，实属少见，可与世界上著名的水城威尼斯、阿姆斯特丹、斯德哥尔摩、巴黎等城市相媲美。

一方水土养一方人。从某种意义上说，杭州的水也塑造了杭州人的性格。西湖的秀美，运河的淳厚，西溪的内敛，钱塘江的大气，都根植在杭州人的性格之中，于是就有了"精致和谐、大气开放"的杭州人文精神。而海纳百川、兼容并蓄的文化，则让这座城市更加具有活力。那手执红旗与潮水相搏的弄潮儿，已成为敢闯敢干、勇于创新的代名词。改革开放以来，这里涌现出一大批勇立涛头，在商海中搏击的弄潮儿，他们从这里走向全国，走向世界。

湖水碧波

杭州山水汇英才

◎ 陈桂秋

陈桂秋，浙江温岭人。教授级城市规划师。中国城市规划协会副会长、中国民主建国会浙江省委会副主委、浙江省城乡规划设计研究院院长、浙江省人民政府参事。著有《宗族文化与浙江传统村落》一书。

杭州为何自古人文荟萃？山水间一定藏着空间密码！

杭州是海洋和大陆的交汇点。杭州东临东海，再往东连接的是占地球表面积 35.6% 的地球最大洋——太平洋。杭州西靠的是占地球表面积 10.7% 的最大的大陆——欧亚大陆。大洋、大陆的连接成就了杭州通江达海、贾通天下的便利。古代的丝绸之路从这里出发，产自杭州及其他江南城镇的精美丝绸源源不断地横跨欧亚大陆输往欧洲各地。南宋杭州的钱塘商船不仅可溯流经富春江、兰江前往上游金衢盆地，再经新安江往西前往安徽黄山等地，还可以从钱塘江向东出海，前往东南沿海各地和东北亚及东南亚等地，甚至远达阿拉伯半岛和非洲东海岸。这条航线就是海上丝绸之路。

唐代"安史之乱"后，西域战乱频发，导致陆上丝路逐渐衰落。而宋代造船技术进步以及指南针在航海中的应用，使得海上丝绸之路逐渐兴

● 沧海桑田（由陈桂秋提供）

起。那时的临安（现杭州）就和明州（现宁波）、泉州、广州并列为全国四大沿海对外贸易港口。只不过宋元之后，黄淮变道，长江乱流，上游植被遭破坏，水土流失严重，致下游河流淤涨，泥沙入海，促使了东南沿海沧海桑田的变迁，也造成了钱塘江口泥沙淤积、河床变浅和钱江大潮更加汹涌的后果。从此以后，杭州的海港地位就慢慢弱化了。

　　地处海陆交融之地，成就了杭州胸怀四方、广纳英才的海洋文明特征和海纳百川的精神气质。这种交融与连接在历史和现实中的重要性，在于它会产生新的社会联系、物质交换与精神互动，从而催生新的社会结构与精神气候，地缘、血缘与人缘的联系会发生化合反应。正如南宋时期的人口大迁徙，跨越长江与太湖，以杭州这座城市为中心，形成了一个新的政治中心，并造成了区域社会经济的极大繁荣。中国的经济重心正是从那个时候开始转移到江南，连杭州的方言都带上了北方的语汇与音韵特征。

　　明清以来虽然海禁不绝，但杭州近代化的脚步从未停止过。晚清民国时期，由于杭州与上海、宁波通商口岸相邻，较早接受了西风东渐的影响，"海派"生活方式与新式学堂很早扎根。医院、银行、邮局、海关的创设，沪杭铁路的开通，各种工厂的开设，杭州与海外交流频繁、人口流动、思想活跃，使得它比内地的省会城市变化更大和更为进步。处于大陆与海洋交汇点的杭州，在这一历史进程中，扮演了一个承接、交融和整合的角色，起到了一个继往开来的作用。

杭州是平原和丘陵的交汇点。杭州北面是20万平方千米的长江中下游平原，再往北连接30万平方千米的华北平原。杭州向南则连接近100万平方千米的我国最大的丘陵——东南丘陵。一泻千里的平原，促成了语言及文化的趋同，也催生了大气豁达的民风特征。江南水乡的沃原，促成了精耕细作的农业特色。地形多变的丘陵，则又催生了丰富的物产、语言、文化和杭州人热情好客的性格特点。正是这多元的地理特征在杭州的交汇过渡，不同地理背景的人口的交叉交流，造就了杭州人多元、开放、包容的文化形态特征。

● 杭州鼓楼（亦鸣摄）

平原和丘陵的连接，促成了物产的交易和思想的交流，促使经济的繁荣、市邑的兴起、思想的变革与创新，以及人才的产生。平原和丘陵的结合，造就了自然地理环境、动植物资源及天然药材的多样性，促进了传统自然医学的产生和兴起，并给这一方水土的原住民的健康提供了保障。民众的健康和平均寿命的延长，也给这片土地文明的存续与发展提供了动能。

作为平原的边缘,丘陵的休止符,又是两者的接合部,杭州不仅形塑了自然风光的旖旎起伏,还逐渐形成了一种城市性格:复合、兼容与精细。文化心态、政治意识与商业头脑,可以在一个人身上共存,如胡雪岩;民族情怀、道德文采与远见卓识也能在一个人身上交融,如龚自珍。这就是平原和丘陵共同托起的杭州人物,这就是山川交汇中的杭州品格。

杭州是名山和秀水的交汇点。杭州不是水城却胜过水城。城东有波涛汹涌的杭州湾和钱江潮,城南有富春江、浦阳江汇流而成钱塘江,城西更有人人皆知的西湖,城北则有联通四方的古运河。除了江、河、湖、海之外,杭州还有深藏西湖群山中的九溪和城西北的西溪湿地、五常湿地、和睦水乡等湿地水泽。

杭州的湖名起西湖,其实除了西湖,杭州还有同样被山环抱、景色秀丽而被誉为西湖"姐妹湖"的湘湖,还有比西湖更西而被称为"新西湖"

● 远眺雷峰塔

的老余杭城区南侧群山之中的南湖,还有同处西湖区,被灵山、公馆山、花山环抱,不为人所知的铜鉴湖。至于城北塘栖古镇和超山景区之间的丁山湖,由于身处郊野,至今还保持着村姑般的淳朴。

杭州湾、钱塘江、西湖、大运河、九溪十八涧、古杭城八井、虎跑泉、西溪湿地等不同的水形,使得杭州"湾""江""湖""河""涧""井""泉""湿地"齐全,可谓之"八水润城"。

杭城多山,且杭城的山极具大自然的灵性。西湖南侧虎跑山上的石英砂岩,带来了清冽的虎跑泉水,成就了龙井茶与虎跑泉的绝配之妙!西湖之北宝

● 京杭大运河杭州段

石山上镶嵌着红色玛瑙似的火山流纹岩,造就了"宝石流霞"的奇特景观。西湖东南的吴山、玉皇山和西湖西南的满觉陇一带则是洞穴散布的喀斯特地貌,形成了泉滴回音的水乐洞、洞如轩厅的石屋洞、洞雾如纱的烟霞洞、题刻精美的瑞石古洞,以及一半天成一半人工的紫云洞。位于北高峰南麓的灵隐寺门外更有一座奇峰叫"飞来峰",飞来峰周围均为火成岩,唯独飞来峰却是由密如凝脂的石灰石构成。它因受地下水长期溶蚀,形成如龙泓洞、射旭洞、呼猿洞等许多奇幻的洞壑。飞来峰下,洞内洞外多有造像,一千多年来能工巧匠共雕刻了近五百座精美的石刻造像,现完好保存的尚有三百多尊。

杭州的山虽然不高，但山湖环抱，城山相依，尽其所能呵护这一湖、一城。杭州西湖山、水的默契程度堪称典范，可以说山再高显湖小，湖再广则嫌旷。而杭州城与山水的融合，则为天才的诞生创造了良好的地理环境条件。美国记者埃里克·韦纳在其所写的《天才地理学》中对杭州的描写是"天才不稀奇"。因为杭州从五千年前的良渚古城，到近九百年前马可·波罗眼中"世界上最美丽华贵之天城"的古都临安，再到现代杭州，都是当时的中心城市，"村落抚养孩子，城市培养天才"。因为杭州是山水城市，"若一座城市与大自然隔离，必定死寂一片，创意无处激发"，山水的宁静能成为创新及天才诞生的最佳催化剂。因为杭州有龙井茶，"咖啡让人快速思考，但茶让人进行深度思考"，思考的深度可成就天才的高度。

杭州城名山和秀水交融，那精美的山、多情的水，不仅培养了杭州人对生活品质的追求和温情浪漫的生活态度，也培育了天才诞生的肥沃土壤。

杭州是历史和未来的交汇点。杭州的历史具有闪亮的起点。在五千多年前，杭州就拥有了独特的良渚文明。根据杭州山海演变的规律推测，那时地处大雄山和东明山之间的良渚古城可能位于半岛之上，东、西、南三面环海，古城四周围绕着的低矮土城墙和自然山包，仅起防御海潮之用。五千年来，海岸线不断东移，留下了从余杭南湖、和睦水乡、五常湿地、西溪湿地到西湖和湘湖的一连串"海迹湖"。这些湖成了沧海桑田的变化足迹，也留下了许多历史故事和丰厚的文明积淀。

良渚是东方文明的曙光，与杭州形成了奇妙的前世今生的关系，活力、智慧与创造则是它们的共性。良渚文化是人类的伟大功业：精湛的玉器、石器与黑陶工艺及其所表征的社会礼仪制度，早期城市规划与大型建筑及水利工程营建和社会组织系统，最早的大规模犁耕稻作农业，早期科学技术思想与手工业专门化，早期商业的萌生……

● 良渚水乡（由良渚博物院提供）

同样在这片土地上，就在良渚遗址的不远处，一个新的文明正在蓬勃发展。杭州未来科技城正在上演着一场后工业时代生态文明和数字文明叠加的文明新剧，构建着一个生态科技、人工智能、生物医药与互联网经济的新时空，实践着一次国际范、开放性、人性化交互方式的演进。所有这些都与良渚古老文明、南宋以来的江南文化、民国以来的多元文化，不断地进行交汇、激荡与跨越。

良渚文明之所以从五千年前传承至今犹能古今相接、持续辉煌，是因为杭州这方山水少有天灾并具有良好的天然防灾能力，这是古老文明能亘古绵延的基本条件。杭州及周边的古火山已经沉寂了亿万年，大地安稳、水系安定。能威胁杭州的最近的地震带远在日本列岛，如有地震导致的海啸则会被宽大的东海大陆架阻挡在杭州湾外海。西太平洋的热带气旋的风暴之灾虽然经常会袭扰杭州，但如有强台风来临，很可能会被前方台州的括苍山和天台山、宁波的四明山、绍兴的会稽山拦阻削弱，到达杭州时往往已成强弩之末，仅剩雨水和清凉之利。正是因为杭州有这方安定的青山秀水，才能佑护社会、经济、文化的稳定发展，并孕育了辈出的天才，汇聚了四方的英才。

正因为杭州兼具山与海的大气、江与湖的秀气、河与溪的灵气以及湿地与港湾的浪漫神气，它才成了历代文人雅士汇聚的宝地、人才辈出的福地和文武百官施展才华的天地。从唐代著名诗人、杭州刺史白居易的"白堤"到宋代著名文学家、杭州知州苏东坡的"苏堤"，文人儒官和西湖山水浪漫结合；从大禹治水到钱镠创建吴越国，杭州的政治家辈出；以《梦溪笔谈》的作者沈括为代表，许多科学天才出自杭州；以"精忠报国"的岳飞为代表，许多精武良将把故事留在了杭州；如"红顶商人"胡雪岩，颇有商业头脑的中国人屡屡出自杭州；如《富春山居图》的作者黄公望，许多书画家将笔墨泼向西湖及杭州的山山水水。

　　正因为杭州的山水形胜，五千多年来，杭州孕育了璀璨的文化，留下了"杭州西湖""中国大运河""良渚古城遗址"等世界遗产，使杭州成了厚厚的一本书，值得我们花一辈子的时光去品读、去续写。

　　正因为杭州的好山好水，各方英才被吸引汇聚，催生了许多创新文化和创新科技，使杭州这座海陆交接、山水交融之城成了中华南北文明的交织之所、中外文化的交往之地，也成了历史和未来的交汇点。

雷峰塔的前世今生

◎ 朱炳仁

朱炳仁，浙江杭州人。"中国当代铜建筑之父"。中国工艺美术大师，国家级非遗铜雕技艺代表性传承人，"朱府铜艺"第四代传承人，中国艺术研究院研究员，北京故宫博物院文创顾问，西泠印社社员。

每当我站在雷峰塔前，心情总是十分激动。我永远不会忘记，当杭州市政府把重建雷峰塔的工程交给我的那一天。

从那一刻，我就进入了雷峰塔的历史空间。

公元975年，雷峰塔开建，977年建成，与白塔、六和塔、保俶塔合称"钱塘四塔"，是吴越国"东南佛国"的象征。

此塔原名"皇妃塔""黄妃塔"，建于杭州西湖南岸夕照山的中峰上，因中峰又称为"雷峰"，民间便称其为"雷峰塔"。后人称雷峰塔景致为"雷峰夕照"，将其列为"西湖十景"之一。后雷峰塔屡次被毁，至明嘉靖年间，雷峰塔遭倭寇纵火焚烧，仅留残塔。

● 古雷峰塔

1924年9月25日，雷峰塔在西湖边站立了949年之后，被杭州人亲手挖倒了，原因是当时的人们相信雷峰塔里藏有辟邪的经砖。从此，令杭州人自豪的"雷峰夕照"，成了杭州人悲喜交加的记忆。

围绕雷峰塔的倒塌，有着许多不同的声音。鲁迅发表《论雷峰塔的倒掉》一文，认为雷峰塔的倒掉象征着压在中国人民头上的大山倒了；哲学家艾思奇撰文《追论雷峰塔的倒塌——质量互变律》，深入浅出地阐述了哲学上质变与量变的关系；而把雷峰塔当作精神支柱的晚清进士陈曾寿，在目睹雷峰塔倒掉之后，提笔写了一首《浣溪沙》："修到南屏数晚钟，目成朝暮一雷峰。缥黄深浅画难工。千古苍凉天水碧，一生缱绻夕阳红。为谁粉碎到虚空。"词中反映了他当时复杂的心情。

随着岁月的流逝，重修雷峰塔的话题经历了多少代人的讨论。新中国成立后，毛主席到杭州考察，常住雷峰塔遗址附近的汪庄宾馆。曾有人提起这个话题，毛主席诙谐地说："还是让白蛇解放、自由吧！"

● 今日雷峰塔

倒塌了70多年的雷峰塔，不仅使西湖南线景区空虚无力，且使"西湖十景"中一处如雷贯耳的景观"雷峰夕照"成为历史，揪紧了千万杭州人的心。尊重历史、顺应民意成了政府和专家的职责所在。到了世纪之交的最后几个月，雷峰塔重建的大事终于敲定了。

当清华大学郭黛姮总设计师把设计重建雷峰塔的新蓝图展示在我面前时,我顿时激动了。郭教授创造性地提出了将复原雷峰塔和遗址保护结合起来的新理念,将遗址架空保护,复原的雷峰塔盖在上面成为遗址保护罩。

老塔遗址留下的是令人震撼的伟大,给当代工匠们树立了样板。重建的雷峰塔应该是什么模样?怎样才能对得起先人,对得起老塔?这些疑问终日萦绕在我的脑海里。在反复论证后,我认为,雷峰塔不应是一个假古董,应该是一件艺术精品。当时,我大胆提出:用彩铜作为塔的外包材料,给古塔"披"上五彩新铜衣。

在论证会上,我说了这样一段"很有意思"的话——中国有3400多座塔,多为砖、木、石结构,若重建的雷峰塔也采用类似工艺,可能是轻车熟路,既合乎仿古潮流,又没有大的风险,但如此,千年盛名的雷峰塔,必将湮没在群塔之中,毫无风采可言。而建一座古代历史上没有的彩色铜塔,则是创造了"中国第一"。

但铜的寿命怎么样?建造过程中会不会带来诸多不利影响?在郭黛姮教授的支持下,我又对国内外古建筑的现状和技术发展趋势进行了广泛深入的调查研究,对中国传统的铜雕艺术在建筑中的应用优势进行了科学论证。在论证过程中,我以翔实的数据和精辟论述,得到了领导和专家的认可:给新塔披一件精致的"铜衣"是可行的!

● 朱炳仁(右)与金庸先生(由朱炳仁提供)

我的心里涌上强烈的荣誉感,作为新雷峰塔主体铜工程的总工程师,这是历史性的机遇,是一名当代铜匠在青铜文化的高峰上将飞跃的新高度。在接下雷峰塔工程的当天,我写下了这样的诗句:"上苍无意留古砖,盛世有心铸新瓦。"我一直在想,新雷峰塔应该成为一座承上启下的经典建筑,一方面延续历史,一方面凝结和见证现代文化。这就意味着,我既要完美地再现雷峰塔的南宋风貌,又要打下现代审美的印记,还要寻求铜雕工艺的新突破。

在一股强烈的激情驱使下,我和雷峰塔"融"为一体。在给雷峰塔"穿"铜衣的时候,我觉得雷峰塔要"穿"上一袭彩色的铜衣。可古今中外还没有彩色铜雕之说,由于铜的不稳定性和氧化色的单一,彩铜一直是中外艺术家难以跨越的屏障。自古人们都称铜为老黄铜,然而我不信那一套,开始了无休止的实验和探索。

经过无数次的配方实验,终于,我找到了一种把铜的预氧化工艺与涂层工艺结合起来的新方法,获得了比木漆颜色更鲜艳更持久的多种铜色彩。

我们现在看到的雷峰塔,是中国第一座彩色铜雕塔,高度达72米,铜的用量达280吨,它以钢结构为骨架,以铜构件为主体,以彩色铜雕工艺作为主体工艺。瓦为青铜铸成,色泽是稳定的黑古色;斗拱、月梁、额枋的主体色彩是传统的富贵红;栏杆是典雅的古铜红,用刻铜工艺制成的宋式图案在阳光下闪耀着熠熠金光。42樘窗用铸、轧、焊工艺组合制成,色泽是预氧化工艺制成的老黄铜色。

2002年10月25日,按原址、原样、原大和原风貌建造的雷峰新塔身披铜衣,出现在人们的眼前。雷峰塔成为国内景观建设的一个成功范例。

● 雷峰夕照

我们在新塔里面能清楚地看到老塔的遗址。人们在游览时，看到这一场景，仿佛穿越千年，见证雷峰塔的前世今生。西湖山色又回复了往日的和谐与美丽，"西湖十景"也真正地团圆而十全十美了。

落成之际，为庆祝千年古塔雷峰塔重建而举办的《雷峰夕照》音乐大典，在雷峰塔下的露天大平台隆重上演。千余名演员在杨丽萍、朱哲琴等著名歌舞演员的带领下，为人们演绎了"许仙与白蛇"的千古爱情传唱。

如果鲁迅还在，我一定会邀请他登上新雷峰塔。他曾说，"那时我唯一的希望，就在这雷峰塔的倒掉"。现在呢？新塔、老塔等着他，他是否会再写一篇《论雷峰塔的重建》？

眼前的雷峰塔，延续了5000年的中国青铜文化，在川流不息的人流中，巍然耸立，述说着它的传奇。能参与到它的前世今生中，是我一生的幸福。

雷峰塔

西溪且留下

◎ 占 飞

占飞,浙江杭州人。长期从事旅游相关行业。酷爱旅游,曾自驾游历西藏、新疆、青海,探访全国千余特色乡村,品读名山大川,领略风土人情。

昨晚夜宿西溪,与友人在河边的小馆煮茶观景,小叙一番后,竟然治好了我春来少眠的毛病,睡得出奇踏实。在一片虫鸣蛙叫声中,我缓缓醒来,推开临湖的窗户,手中不由一滞,瞬间没了动作。

旭日初升尚弱,撕不开这纵横西溪河道的雾气,隐隐约约的河面上,好似有一艘小船划过,看得不真切,却传来了清晰的摇橹划水之声。唯一能看清的就是窗下不远处,两位汉服少女端坐湖边的长条石凳之上,画面仿佛定格,如果不是听见有人在招呼两位少女换个姿势再来一张,着实有些扑朔迷离的味道,不由哑然失笑。

稍加洗漱之后,我特意没唤友人,便快步下了楼。来过西溪数次,却从来没有见过如此的西溪,心中不免有些激动。踏上河渚街的青石板,白日里热闹的街巷,现下有些清冷,客栈的阿婆在门口扫着落叶,看见我招呼了一声,暖暖地一笑。

创新魅力

倘若友人来杭，让我推荐杭州值得去的景点，我脑子里会最先蹦出两个选项：一个是西湖，另外一个就是西溪。未曾来过杭州，西湖是一个念想；但值得一去再去的，还是推荐西溪。西溪有着因时而变的四季风情，有着历史长河中留下的众多文化瑰宝，每次去都会产生新的感悟和体会。在繁华的都市之中，觅得一处野、雅、幽、静之地，恍如隔世的动静之别让西溪湿地中所有的一切都显得异常珍贵。

西溪湿地是我国第一个国家湿地公园，总面积有 11.5 平方千米。漫游西溪有许多选项，可以乘坐摇橹船在桨声欸乃中、在芦苇曳影里尽览西溪之美；可以登上观光氦气球"空中览胜"；而我最推荐的方式还是用双脚丈量这一片美丽的土地，曲径通幽处，不知等待你的将会是怎样的惊喜。

历史上的西溪经历了汉晋初显、唐宋发展、明清鼎盛、民国衰败、当代复兴五个历史演变过程。在漫漫的历史长河中，于千年之前，这里不过是海边的滩涂，潮涨而泽，潮退而现。那时候的西湖群山还是潮汐岛，那时候的良渚先民，是否也会像我们现在海边的渔民一样，拿着简陋的石矛、光着脚板过来赶海，享受大海的馈赠。

河渚街那堵青瓦白墙上的"西溪且留下"五个黑色的大字，格外地引人注目。数百年之前，宋高宗赵构带着北宋的兵将，被金兵的铁骑驱赶到了这一片沼泽之中，兵甲褴褛，疲惫不堪。赵构跑不动了，也不想跑了，望着西溪湿地的宁静祥

●西溪清晨

● 西溪且留下

和，赵构梦想着把皇宫建在此处。只因湿地上建造皇宫的工程太过庞大，无奈之下，他只能感叹一句"西溪且留下"，而后选址凤凰山麓。

西溪熬过了元军的烧杀抢掠，等来了明清时期的大放异彩，无数文人墨客在此驻足停留，为她留下了无数辞藻华丽的耀眼诗篇，更有众多名士大家选择在此处隐居避世。平日里邀来三五好友，清茶一盏，浊酒一杯，夏秋就着如雪的蒹葭小酌，冬春陪着满园的蜡梅饮茶，击缶而歌，低吟浅唱，谈古论今，且道春秋。如今西溪的"三十六庵，七十二茅棚"，多为旧日名士大家所留下的居所，墙内屋外所遗名人真迹众多，亦为西溪人文添上了浓浓的一笔。其中最值得称道的当数洪氏家族一脉。西溪洪氏家族繁衍生息800余年，至今仍兴盛不衰，代代皆有英才。清代著名戏曲家洪昇在洪园内创作了昆曲《长生殿》，如今的洪园，以"钱塘望族"洪氏家族的文化故事为基础，演绎着一出"今夕共西溪"的故事。

西溪送走了明清的繁华，却又迎来了最凄凉的军阀统治与民国时期，军阀混战的硝烟未尽，日寇的铁蹄又至。所幸黑暗是短暂的，新中国的曙光在西溪最无助的时刻，照耀在了这一片秀美的水乡泽国。

然而，随着城市化进程的加快，西溪湿地逐渐被蚕食，面积已从历史上的60多平方千米减少到目前的11.5平方千米。一场大规模的西溪湿地综合治理排上了日程，西溪有了崭新面貌。

2003年，杭州市委、市政府开始对西溪湿地进行综合保护。

2005年，西溪湿地一期建成，正式开园，并被国家林业局批准为首个国家湿地公园。

2006年，西溪湿地二期综合保护工程启动。

● 西溪火柿节（韩盛摄）

2007年，西溪湿地二期开园，同时，西溪三期保护工程开工建设。

2008年9月，西溪湿地综合保护工程三期有限开园。

2009年11月2日，中国湿地博物馆正式落成并对外开放。

2012年1月11日，西溪湿地被正式授予"国家AAAAA级旅游景区"称号。

2020年3月31日，习近平总书记来到西溪国家湿地公园，就西溪湿地保护利用情况进行考察调研。进一步做好西溪湿地保护、管理、经营、研究工作，把西溪变得更美，这也是习近平总书记对西溪湿地建设的殷切期望。

都说西溪是一个景区，但是在杭州老百姓看来，它更是一种生活。湿地被称为"地球之肾"，调节着杭城的空气质量和气候，也维持着生物多样性，是很多濒危鸟类、迁徙候鸟以及其他野生动物的栖息繁殖地。其他湿地也许仅仅只是大自然的成就，而西溪湿地却是人与自然的共同成就，人们可以通过西溪湿地感受四季的变化。

杭城韵味

西溪的四季，不仅有春花秋月，夏树冬雪，更有着千年以来历史的印记。始于宋代的西溪探梅，古人以诗词咏之，如今以相机拍之，勿分优劣，都是在记录心底那份美好。始于唐代的西溪花朝节，如今还是与一千多年前一样，待到百花齐放之时，杭城百姓纷纷赶赴西溪赏花踏青。还有乾隆皇帝下江南时御封的"龙舟胜会"；以"火柿映波秋西溪"闻名的西溪火柿节；杭州风景"三胜"之一的西溪秋雪芦花……西溪的四季美景不同，若一定要我推荐，当数秋季的西溪。"千顷蒹葭十里洲，溪居宜月更宜秋。黄橙红柿紫菱角，不羡人间万户侯。"

如今的西溪，秉着"生态优先、最小干预、修旧如旧、注重文化、以人为本、可持续发展"这六大原则进行建设和保护，早已搬迁的西溪原住民，也纷纷回到这里继续操持着祖祖辈辈生活的土地，或是改善环境，或是农耕养殖，更多的是开设店铺、养蚕织布等，让西溪河渚街恢复了明代以来"七店八铺"的繁荣景象。河渚街上种类繁多的店铺，形式各异

创新魅力

的工艺品，热闹非凡的民俗表演，都有着浓郁的江南水乡小镇风情。而文化的传承也在不断延续，西溪创意产业园名人云集，"世界创意产业之父"约翰·霍金斯，著名国画家潘公凯，著名漫画家朱德庸，著名导演崔巍、皮托夫，著名作家及编剧余华、刘恒、麦家、邹静之、朱海纷纷入驻，文化艺术原创力量源源不断地汇聚西溪。

这就是西溪，左手牵着万卷史书，右手拉着百姓生计，满头的青丝上每一根都缠绕着英雄豪杰、文人墨客的信仰与气概，走过千年，走到现在，走向更美好的未来。西溪且留下，留与江山如画，留与岁月如歌，也留与我们的子孙万代。

西溪花朝节

● 鸟瞰西溪（邱国强摄）

西溪龙舟

◎ 蒋建华

蒋建华，浙江杭州人。现为西湖区文新街道登云圩村主任。曾任西湖区蒋村乡登云圩村支部书记。带领龙舟队代表浙江省参加全国第四届农民运动会，获得龙舟大赛第三名。多次带队赴绵阳、无锡、香港等地参加龙舟比赛，获得各种奖项，为家乡"西溪蒋村龙舟胜会"增添了一道亮丽的风景线。

农历五月初五端午节，在蒋村深潭口的河道中，锣鼓喧天、旌旗翻飞、浪花飞溅、龙头争锋。杭州第一次举办国际龙舟赛，我作为蒋村的一名龙舟队老队员，迎来了美国、俄罗斯、英国、德国、法国、荷兰等国家和地区的十二支"洋团队"，参赛者都采用国际标准龙舟，进行水上竞渡比赛。

有一位老华侨，不远万里，慕名前来观看。

哇，游人真多！太阳真毒！

但老人兴趣盎然，不停按动快门，拍摄下一个个精彩瞬间。

劈波斩浪，同舟共济，齐心协力，争分夺秒，奋勇向前！向前！再向前！

蒋村龙舟胜会，独具西溪韵味。那龙舟竞渡的赛场，充满了舍我其谁、一往无前的竞赛精神。水中龙舟手与岸上观赏者，无不热血沸腾，慷慨激昂！龙舟赛刚结束，我接受了那位老华侨的采访。原来他是一位来自威尼斯水城的国际友人、摄影大师！

创新魅力

举办龙舟竞赛，是我国农历五月端午节的一项传统习俗。相传，端午节龙舟竞赛起源于我国战国时期楚国，人们因痛惜一代贤臣屈原投江而逝，纷纷划船追赶、试图拯救，争先恐后地追到了洞庭湖，终不见伟人的身影。由此，每年农历五月初五，人们便划龙舟缅怀屈原，久而久之，沿袭成俗。其实，据闻一多先生在《端午考》中所述，在屈原投江千余年前，划龙舟的习俗就已经存在于吴越水乡一带，目的是通过祭祀"龙"图腾，祈求避免水患之灾。

"龙"是远古时代黄帝统一中原后，把自己的部落标志与其他氏族、部落的标志拼合而成的一种图腾。此后，龙被逐步确定为汉民族的独特标志。据《河姆渡遗址第一期发掘报告》分析，早在八千年前，浙江的远古先民，便已经用独木刳斫成舟，行舟水上。尤其在南方水乡，村民常常以舟代步，以舟作为生产或交通工具。村民在捕捉鱼虾的劳作过程中，攀比鱼获的多寡，休闲时还相约举办划舟竞赛……这是远古时代龙舟竞渡的雏形。据《新镌古今事物原始全书》记载："竞渡之事，起于越王勾践，今龙舟是也。"

2007年，《浙江省非物质文化遗产保护条例》颁布施行，继

● 满天装龙舟

杭州西溪的"五常龙舟胜会"被列为国家级非物质文化遗产项目之后,"蒋村龙舟胜会"亦被列入第二批《国家级非物质文化遗产名录》。

蒋村,是杭州西溪一个以家族姓氏命名的小村庄,最早出现在唐宋时期的志书里。这里的龙舟胜会,盛于南宋,兴于明朝中叶。据说,清代乾隆皇帝下江南时,于农历五月初五至蒋村深潭口观看划龙舟比赛,龙颜大悦,欣然御封,"蒋村龙舟胜会"遂得盛名……至今在深潭口的大樟树下,仍能看到有关"蒋村龙舟胜会"的碑文。

蒋村龙舟的造型有满天装、半天装、赤膊龙舟和泼水龙舟四种,在龙舟划法上既重视表演、观赏性,又重视竞技、竞争性,要求团队合作,奋勇拼搏。

蒋村龙舟一般有十二名桨手,可分五档,各司其职。一档、二档把握方向,护卫龙头;三档防止水淹,保护船舱;四档最用力气,掌握快慢;五档最为出彩,司掌表演。除十二名桨手,龙舟梢上还站立一人,称为压艄人,又叫踩艄龙头。压艄人要选体魄健壮、力气较大的汉子出任,任务是把龙舟的船尾压低,不使龙舟头重脚轻,从而避免折桨沉船的危险。

蒋村龙舟赛,看似随心闹着玩,实际充分展现了团队精神。比赛中,一比击桨整齐有力;二比踩艄姿态优美,踩艄与划桨动作协调;三比龙头翘得高,水浪抛得高;四比龙嘴吐水量大——龙首时而入水、时而高昂,碧水从龙嘴里喷射而出,不是蛟龙,胜似蛟龙。蒋村龙舟胜

● 龙舟下水

会，是一场划龙舟活动的大献艺、大竞技，即兴表演大于速度争锋。

蒋村龙舟赛，一般从农历四月二十四日开始，到农历五月十三日才算结束。其中农历五月初五和五月十三日被称作"大端午"和"小端午"。胜会的仪式主要包括请龙王、胜漾、龙王巡游、谢龙王和龙王散福等，每一环节都体现出蒋村人对龙和龙舟胜会的一片虔诚之心。

请龙王，一般在端午节前一周举行，最早不能早于农历四月二十四日。举行祭龙仪式的时候，主事者会带领所有人敲锣打鼓地将各种物件拿出来，将旗帜穿好分立在大门两侧，然后架起双梯，将存放在宗祠、庙宇或主事者家堂高处的龙头取下，将其迎至举行仪式处的供桌上，将龙头放于面朝南方的正位。

供桌上已点燃大红蜡烛，前方左右分别竖立着头档龙舟划桨。然后，从主事者开始，众人依次敬香叩拜。祭品主要为猪头、鲤鱼、大红雄鸡。猪头是水乡人民举办任何重大祭祀活动的必需品，以表示对龙王的重视与尊敬；鲤鱼，在水乡随处可得，选择它也是因为鲤鱼有"越过龙门，幻化成龙"的寓意；大红雄鸡是因外形的特殊性，被视为辟邪除祟之物。

除"猪头三牲"，其他的祭品如粽子、菜肴、糕点、果品等都放在红漆小木盘里，一起祭祀。凡龙王享用过的祭品，因为沾有龙福，被称为福供。众人敬香完毕，主事者带领大家将龙头从供桌上请下，在锣鼓声中，由两面龙旗开道簇拥着到达河埠，登上已经扎好旗幡的龙舟，将龙头安放在龙舟上，然后还要给龙头插上龙角，再在龙角上缠上象征吉祥的红丝锦，称为"龙披红"。

● 鸟瞰西溪龙舟

披红结束,村民会在河埠燃放鞭炮,在龙舟船头燃起一对小蜡烛,由德高望重的人用毛笔蘸上清水在龙的眼睛上点一下,谓之"点睛"——象征着龙王已经"睁眼",可以开始龙舟比赛了。

胜漾,是一句西溪地区的方言,是指驾着龙舟前往村子前或附近较为宽敞的水域进行试划。这是划龙舟的热身活动,也是检验龙舟性能的过程。随着锣鼓声响,龙舟上的人们各司其职,向目标水域出发,到达后,会演练一下划龙舟的系列动作。这个环节是必不可少的,因为只有经历了胜漾,龙舟才能去各个村庄巡游。

龙王巡游,指龙舟上的人按照规定路线,将龙舟划遍附近村庄。蒋村人认为,龙王巡游来到村庄,将会保佑村子平安祥瑞、风调雨顺、蚕花茂盛。所以村民都会以龙舟进村为荣,而且多多益善。巡游时,村民大多

守候在河埠,等待迎接龙王巡游,不仅是看热闹,更是庆贺平安康乐。

此时此刻,除了观看龙王巡游,岸上人家往往还会给龙舟上的人送上红包、整坛黄酒或者啤酒。红包往往都是放在盛着大米的红漆盘中,龙舟上的人将犒赏之物递给避艄船,避艄船收取后,会在红漆盘中放上一张大红会帖,回赠村民。

会帖是一张红纸,上面印有云、龙图案和"某某龙舟胜会"字样,是龙舟来过的凭据,也是龙舟手感谢村民的谢状。主人拿到龙舟会帖,都会将其贴在自家堂前。龙舟手收取赏米,在将米倒入避艄船的器具里时,会用拇指按住少许米粒,给主人留下几粒。被留下的米粒称为"蚕花米",用来回馈主人,祝福主人家蚕茧丰收。主人会将蚕花米带回家,喜气洋洋地倒入米缸。

向龙舟献上礼物后,村民会将木桶或者其他器具交给龙舟手,让龙舟手取龙舟舱内的一些积水,给他们带回家擦洗大门和门槛。这些积水称作"龙舟水"。据说用"龙舟水"清洗过,可使毒虫、病痛不入门户。

● 劈波斩浪　同舟共济

在龙王巡游的过程中，若有初逢龙舟的男婴男童，家长一定会抱着小孩，为龙头披红，然后将孩子交给龙舟中的头档左侧划手，逐档向后递传，经踩艄者转至右侧并向前传递，最后由右侧的头档划手再将孩童送回家长手中。这一过程称为"认龙祖"，全程有锣鼓声伴随。这意味着该小孩以后就是龙的传人，也必将得到龙王的保佑，健康成长。

谢龙王的仪式，一般都在龙舟胜会结束后的一两日内进行。谢龙王前需要先将龙头从龙舟上请下来。其时，鞭炮燃放，敲锣打鼓，主事者将龙头从龙舟上取下，恭敬地双手捧至来年的主事者家中，然后将龙头供奉在供桌上，再次燃放鞭炮，焚香烛，众人依次分享龙船酒。

吃完龙船酒，还要举行龙王散福仪式。吃龙船酒的人，会将龙头上的红丝锦扯下，换上自己带来的，然后将扯下来的红丝锦带回家中珍藏，等到秋季天凉之后，将其放入孩子棉衣紧贴心窝处，期望孩子能够得到龙王保佑。

采访到此结束时，我告诉那位来自意大利的老摄影师：蒋村龙舟胜会，在百船竞渡、劈波斩浪间所彰显出来的是一种团队精神！在当今世界，我们正需要这种同舟共济、一往无前的团队合作精神。

"咔嚓"一声，老人将我神采飞扬的瞬间，定格在他的照片之中。他由衷地赞叹："蒋村龙舟胜会，独具西溪韵味！"

起飞在笕桥

◎ 金垒允

金垒允，浙江杭州人。曾任一机部沈阳铸造研究所技术员，杭州制氧机厂技术员、工程师、铸造车间主任、副厂长、厂长（兼党委书记），浙江省机械工业厅副厅长、厅长（兼党组书记）。曾任政协第八届浙江省常委会常委，经济委员会副主任。

位于杭州东郊的笕桥镇自古繁华，南宋《咸淳临安志》和《梦粱录》记载该地因产茧闻名遐迩，地亦以物命名，称"茧桥"，一直到《嘉靖仁和县志》中才有"笕桥"的记载。

同样闻名的还有笕桥的农业。在南宋时期，杭州"东菜西鱼，南柴北米，艮山门外弥望皆菜圃"，于是有了"笕桥是杭州菜篮子"的说法。

就是这样一个农业发达的小镇，后来竟然成了中国空军的摇篮。这里有"两弹一星"元勋钱学森曾经实习过的中央杭州飞机制造厂（以下简称"中杭厂"），有曾经培养了中国空军"四大金刚"——高志航、刘粹刚、李桂丹、乐以琴的中央航空学校（以下简称"中央航校"），也有尼克松访华时曾经降落过的笕桥机场。

1933年12月，因为航空事业孱弱，时任财政部部长的孔祥熙代表国民政府与美国联洲航空公司代表威廉·道格拉斯·鲍利在南京签订合同，决定合资在杭州笕桥机场北面建造一处从事飞机部件、设备制造和对飞机进行组装、修理等的工厂，即后来的中杭厂。建厂伊始，除了一批美国专家来杭之外，中杭厂招了一批技术人员和学徒工。我的父亲金超就是在这个时候进入了中杭厂，此后一生都致力于航空制造业。

中杭厂是当时杭州乃至中国最早的中美合资企业。先进的硬件设施和令人羡慕的薪资吸引了全国的能工巧匠。中杭厂和中央航校，一个制造飞机，一个培养飞行员，为我国早期航空事业做出了积极贡献，为我们中华民族的空军梦、航空梦提供了保障和支持。

● 中央航校校训

中央航校作为和黄埔军校齐名的学校，在1930年建立之初，就将"我们的身体、飞机和炸弹，当与敌人兵舰、阵地同归于尽"这样的校训立在学校门口。

值得一提的是，林徽因的弟弟林恒也是中央航校的学员。七七事变爆发时，已经考取清华大学的林恒毅然去报考航空学校，成为笕桥中央航校的学员。1941年，林恒壮烈殉国，三年后，林徽因给亡弟写下了《哭三弟恒》一诗："这冷酷简单的壮烈是时代的诗，这沉默的光荣是你。"

1934年8月，中杭厂正式运营，由美方全权管理，中方仅任命一位监理。因此，当时在中杭厂都是讲英语的。我父亲不懂英语，为了更好地交流，他进厂以后就白天上班，晚上到杭州青年会学英语。由于机械基础技能扎实，父亲在中杭厂如鱼得水，很快掌握了焊接技术。他的焊接样品，

经常被评为标杆放在车间橱窗里展示。进厂仅一年多,我父亲因为技术优异,工作勤奋,为人正直,又熟练地掌握英语,被任命为第一副工长(车间副主任),即工长(车间主任)美国专家苏泊尔的副手。

笕桥为更多人关注到是因为"八一四"空战,这次战役是中国空军首次较大规模地抗击日本空军。

1937年8月13日,淞沪会战爆发,日军入侵上海,并企图偷袭杭州笕桥、安徽广德及江苏南京机场,但因14日凌晨来临的台风被迫放弃。而国民政府在14日清晨不顾台风影响,对日军驻黄浦江上的"出云号"以及陆战队司令部大楼进行轰炸,并在中午时分重伤"出云号"。实施这次轰炸的战机就是由中杭厂生产的"诺斯罗普"轰炸机。

为报复国民政府的偷袭,当天下午,日军准备轰炸象征中国最强空中力量的笕桥机场和广德机场,这个消息被中国空军截获,二十一中队的中队长李桂丹率领驻河南周家口的第四大队立即赶往笕桥。下午4时,先期到达笕桥的高志航率领刚抵达笕桥的第四大队9架"霍克-3"型战机奋起应战。双方战机在云雨密布的笕桥机场上空激战近20分钟,高志航等人打下了多架日机,大大打击了日本侵略军的气焰,打破了日军不可战胜的神话。

因上海、杭州局势紧张,1937年8月,中杭厂不得不西迁保存实力。自1934年8月正式运营至1937年8月西迁,这三年的时间里,

● 中杭厂一角

● 中央航校校园

中杭厂以平均4天组装和大修一架飞机的速度，完成了战斗机、轰炸机、侦察机、教练机、攻击机等机型共235架飞机的生产。这些飞机质量稳定可靠，颇得中央航校和军方的信任和好评。

西迁至武汉汉口后，中杭厂重建厂房，招收员工，恢复生产，大部分员工也一起西迁。次年，1938年8月，武汉局势吃紧，中杭厂又沿衡阳、桂林、柳州、贵阳撤退至云南瑞丽县垒允村。这个小村仅有十来户傣族人家，它远离战线，比较隐蔽，且与缅甸仅一江之隔，陆路和水路运输方便。

我父亲在赴垒允途中，奉命带着一支四五十人的队伍，前往中央航校初级班搬迁地云南驿（今云南省祥云县）协助修理大量损坏的教练机。我正好出生在这个时候。两三个月后，也就是1939年六七月份，我父亲带领这支队伍绕道缅甸到达了中国云南垒允，于是父亲给我取名垒允，以纪念他们不远千里来此重建"中央垒允飞机制造厂"（以下简称"垒允厂"）。

1939年7月1日，垒允厂正式开工投产。招聘员工时，海外华侨、西南联大等大学的毕业生，都慕名前来这个在亚热带丛林中的飞机制造厂，职工最多时达到2900人。

垒允厂的正式名称一直是"中央杭州飞机制造厂"，后来也修建了南山机场、八莫发动机厂等配套设施。1941年4月，美国罗斯福总统批准组建美国志愿援华航空队，即后来的"飞虎队"，并把100架P-40战机组

件让渡给中国。美国志愿援华航空队约 250 名飞行员和地勤人员，以中杭厂雇员的身份到缅甸同古机场训练。垒允厂则派了 200 多名员工，秘密长途跋涉，赴缅甸仰光明加拉东机场，接收飞机散件，组装修理飞机。12 月 20 日，飞虎队在昆明上空击落 9 架日机，飞虎队无伤亡。从此，飞虎队飞机的身上画上了"鲨鱼头"，成了日机克星的象征。

1941 年 12 月，太平洋战争爆发，滇缅战场的形势也急转直下。1942 年 3 月，仰光沦陷，垒允厂不得不在 5 月自焚工厂，向昆明撤退，几天后就解散了垒允厂。

中杭厂员工历经八年苦难，五次建厂，三次被炸，死伤员工家属 300 余名。聚是一团火，散是满天星。虽然中杭厂解散了，但员工们仍然顽强拼搏，支援抗日。

1943 年，国民政府建立了中国航空公司，寻找之前解散的中杭厂的员工，并和美国开通了"驼峰航线"。飞行员们从印度汀江机场出发，穿越极度危险的喜马拉雅山脉，将物资运到重庆、宜宾、昆明等地。当时我父亲前往印度的加尔各答，为"驼峰航线"做些具体的管理工作，一直到抗战胜利，他才经昆明回到了上海。

解放战争爆发时，中国航空公司撤退到了香港。1949 年夏天，香港中国航空公司、中央航空公司（以下简称"两航"）约 4000 名员工在中国共产党的领导下，成立了以中杭厂老员工为主要骨干的港九民航职工总会，为回到内地做积极准备。我父亲担任组织委员、护厂大队长。当时我们一家人都在香港，依然选择了回内地建设新中国。

新中国成立初期，民航缺少发展基础，因为"两航起义"，三四千名技术人员及家属，以及当时停留在香港的多架飞机和多件器材得以回到内地。这对新中国的军用航空、民航系统的发展和国家的建设起了很大的作用。

中杭厂在历史上仅存续了八年，但在这八年里，除了生产、组装、大修了600多架战机，中杭厂还锻炼、培养出了中国第一代航空制造业的技术人才和产业工人。这些人中的不少人在新中国成立后成了航空航天事业的专家。所以说，不仅仅是抗战时期的航空梦，还有新中国成立以来的航空梦，中华民族的航空梦，都在杭州笕桥起飞。

● 西子航空生产车间

今天，坐落于杭州萧山的浙江西子势必锐航空工业有限公司（以下简称"西子航空"）为中国的航空事业继续添砖加瓦。2017年5月5日，我国国产大型客机C919在上海浦东国际机场成功首飞。作为9家机体供应商中唯一的中国民营企业，西子航空见证并参与了C919从诞生到首飞的历史时刻。

夜幕慢慢降临，笕桥的灯也亮起来了。中国航天事业在这里起飞，将飞向更广阔的天空！

启真厚德话求是　国有成均说浙大

◎ 郭华巍　黄　亮

郭华巍，浙江临海人。同济大学管理理论与工业工程博士。现任浙江省社科联党组书记、副主席。

"国有成均，在浙之滨。昔言求是，实启尔求真。"这句歌词出自浙江大学校歌《大不自多》。从求是书院到浙江大学，历经百年风雨，先贤"国有成均，在浙之滨"的梦想成为现实。

在孤山放鹤亭边，矗立着一尊林启铜像。有一副挽联这样评价林启："教育及蚕桑，三载贤劳襄太守；追随有梅鹤，一龛香火共孤山。"

124年前，胸怀"实业救国，教育兴国"抱负的林启来到杭州担任知府，深感"居今日而图治，以培养人才为第一义；居今日而育才，以讲求实学为第一义"，毅然创办了求是书院，这便是浙江大学的前身。

● 林启铜像

● 求是书院旧址

求是书院是中国近代史上效法西方学制最早创办的几所新式高等学校之一。书院重视"西学",课程设国文、英文、算学、历史、地理、格致(物理)、化学、体育等科目。这种中西结合的办学理念和课程设置在当时开风气之先,显现代教育雏形,浙江高等教育由此发轫。

清正廉明为官、笃实力行办学的林启逝世后,求是书院更名为"浙江求是大学堂",后又几经更名,直至1928年由"国立第三中山大学"改为"浙江大学"。历届继任者始终秉承求是初心,筚路蓝缕,砥砺前行。

1936年4月,著名气象学家、地理学家竺可桢出任浙江大学校长。翌年,抗日战争全面爆发,大片国土沦丧,杭州岌岌可危。为延续文脉、为国育才,竺可桢力排众议,决定西迁。这是一场史诗级的悲壮远行,尘土飞扬的公路,蜿蜒崎岖的小道,头顶有敌机轰炸,后面有追兵喊杀。学子们背着书包扛着行李,教授们夹着讲义牵着家小,员工们不惜生命,使用一切可用的运载工具,抢运图书资料和仪器设备。这不是流亡,是一次人才的战略转移;这不是逃难,是民族精英冒着敌人的炮火前进!竺可桢以惊人的毅力带领浙大千余师生,先后经浙、赣、湘、粤、桂、黔六省,行程2500多千米,耗时1000余天,于1940年初抵达贵州遵义市湄潭县,在当地坚持办学长达七年之久。其间,苏步青、陈建功、王淦昌、谈家桢、贝时璋等一批国内外著名学者纷纷集聚浙江大学,并培养出后来的中国西医学教育先驱厉绥之,"中国雷达之父"束星北,诺贝尔物理学奖获得者李政道,国家最高科学技术奖获得者叶笃正、谷超豪、程开甲,等等。

● 竺可桢

碧水之滨,高山之巅,民居大院,庙宇佛殿,处处是课堂。数千师生,边走边教,边学边走。所有浙大人只有一个信念:救亡图存,学成报国。半个世纪后,时任全国人大常委会委员长彭真将浙大西迁誉为"文军长征"。在颠沛流离的战争环境下,竺可桢奇迹般地领导浙江大学从一所地方性大学一跃成为拥有7个学院25个系的综合性大学,被英国著名科学史家李约瑟称誉为"东方剑桥"。

新中国成立后,百业待兴,百废待举。1952年,中央对高校院系进行全国范围的大调整。浙江大学的文、理、工、农、医等学科及师资,一部分调到复旦大学、华东师范大学、厦门大学、山东大学、南京大学以及中国科学院等院校,一部分留在杭州,组建成浙江大学、浙江师范学院(杭州大学前身)、浙江农学院、浙江医学院四所大学。综合性的浙江大学变成了一所多科性的工科大学。在此过程中,浙江大学始终坚持"全国一盘棋",积极配合中央的战略安排,选送出相关学科的优秀人才,为新中国高等教育和科学研

● 西迁途中的浙大师生

究事业的重新布局和发展做出重大贡献。据不完全统计，当时调离浙江大学的教师中，有数十人后来当选为两院院士。1998年9月，为进一步实施"科教兴国"战略，推动我国高等教育体制改革和资源优化配置，源出一脉的四所高校重新合并。在分分合合的过程中，浙江大学始终大公无私，坚持以国家利益为重，显示了海纳百川的博大胸怀。

组建后的浙江大学重新成为综合性大学，在党和国家的高度重视和亲切关怀下进入发展的快车道。时任浙江省委书记的习近平对浙江大学的发展十分关心、高度重视，把浙江大学作为工作联系点，先后18次莅临校园调研指导，多次对浙江大学的发展做出重要指示批示，并期望浙江大学早日建成世界一流大学。

如今，浙江大学已成为一所实力雄厚、特色鲜明、在海内外有广泛影响的综合性研究型大学。学校有紫金港、玉泉、西溪、华家池、之江、舟山、海宁、宁波8个校区，设有7个学部、37个专业学院（系）、1个工程师学院、2个中外合作办学学院、7家附属医院。2021年6月，2022年QS世界大学排名发布，浙江大学排名中国大陆第4位，排名世界第45位，首次进入全球前50位。

● 浙江大学紫金港校区

创新魅力

● 浙江大学紫金港校区标志性建筑——铜门楼

在神舟飞船、嫦娥系列探月工程、大飞机、蛟龙号潜水器、高铁、港珠澳大桥等大国重器的研制建设中，浙大人都发挥了重要作用，有200余位校友当选为中国科学院院士、中国工程院院士。可以说，国家每有重大科学成果，背后总能看见浙大人的身影；国家每临用人之际，总有深明大义的浙大人挺身而出。"何以新之，开物前民"，肩负天下使命，是每一个浙大人的价值取向。

看今朝，浙江大学秉承"求是创新"之校训，以"海纳江河，启真厚德，开物前民，树我邦国"之精神，朝着建设中国特色世界一流大学阔步前行，在中国特色社会主义现代化建设的新征程中，必将为中华民族伟大复兴、促进人类文明进步做出卓越贡献。

今日之浙大，处处生机盎然，春潮涌动；今日之浙大，人人意气风发，勇立潮头！

一个人·一条路·一所学校

◎ 王 超

王超，浙江绍兴人。现任杭州市惠兴中学校长。获杭州市"教坛新匠"、杭州市首批"新锐教师"、上城名师"金桂奖"等荣誉称号。

走过杭州市文化宫前那条名曰惠兴路的马路时，总有些琅琅读书声传来，更多的是洋溢着青春气息的欢声笑语。这些来自惠兴中学的声音仿佛都在告慰那个名叫惠兴的满族女子。

清朝末年，大办新学。瓜尔佳氏·惠兴（1870—1905年）自小便跟随长辈迁居到杭州，她喜好读书，天资聪慧，性格坚毅。虽为女子，惠兴却不肯关在闺房里绣花度日，而是时时关心时事。特别是读完张之洞的《劝学篇》后，她认为女子要摆脱受压迫的地位，就必须读书识字，求得谋生本领。

清光绪二十九年（1903年），慈禧太后允许地方兴办女子学堂。杭州的汉人兴办了女子学堂，惠兴高高兴兴地前去报名，却不想因自己满族旗人的身份而被拒之门外。但她没有就此放弃，而是心生自己办学的念头，想为满族妇女做一点事。惠兴延请杭州有声望的满族绅士和商人，商议开办女学之事，向各方筹得300多元的办学资金。为取得建校土地，惠兴四处奔走，苦口婆心地游说浙江巡抚、镇守将军等，他们最终将旗营内的梅青书院（在今邮电路惠兴路口东北面）划给惠兴办学。好不容易校址有了，老师有了，但钱远远不够。

巧妇难为无米之炊，惠兴因此再度四处奔波，到旗营中一些富有的女眷中募款。女眷们开始时满口答应在新校舍落成时兑现千余元钱，但后来却并未一一兑现承诺。

● 惠兴中学创始人——瓜尔佳氏·惠兴（由惠兴中学提供）

1904年10月24日，惠兴一手创办的"贞文女子学堂"终于勉强建成了。开校礼上，惠兴演说道："今日我国人有普通下劣之习惯者二：一为好骂人，一为好撒谎。此二习惯，其起源由何而来，诸君曾一研究乎？……今日女校成立，是预造贤母良妻之起点。将来人种之改良，于是乎赖焉。"这话说得铿锵有力，掷地有声，但内里却是虚弱无比。建造学校的工匠们不断上门讨要拖欠的工钱，那些曾经答应给钱的豪门女眷不仅纷纷变卦，甚至还有人讥讽惠兴办学是喜欢折腾、爱出风头。

退无可退的惠兴，心中承受着巨大压力。她在开校礼上挽起衣袖，割破手臂，当着众人的面说："倘这女校半途停废，我势必要把这身子，来殉这学校的。"而后，她不辞辛苦地聘来教员，又亲自授课，苦口婆心地劝乡邻送女子上学，顽强地维持和发展着女校。但不久之后，惠兴筹集而来的钱就花光了，又没有别的资金供应，教员们相继辞去。她便开始变卖衣物、首饰，接着又变卖祖上遗留下来的产业，产业卖完，就去借贷，借贷无路，就四处劝募。惠兴在求天天不应，告地地不灵的万般无奈之下，决心"以身殉学"。

12月的杭州，空气里总是带着湿冷，内心绝望的惠兴大约已经感受不到温度。她在房内仔细地写着书信，一连写了8封，藏在桌子里面，又另外详细写了一张开办女学的账单。她看着自己准备的一切，决然地服下了大量鸦片。惠兴预估着毒发时间，想亲自将书信送去官府堂上。可刚走出房门，家人就发觉她神色不对，全力抢救，但已经来不及了。惠兴濒临断气之时，竭力睁开眼睛，很吃力地说："我因无法维持女校，仰慕古人有以身殉道之义举，服毒正为了我死而女校可活。"临终时，她让人把绝命书交上去——一封给镇守将军，一封给全校学生。

清光绪三十年十一月二十五日（1905年12月21日）午后，惠兴去世，年仅35岁。一个年轻的生命带着满心的无奈逝去，让人唏嘘。

惠兴一心办学，内心最放心不下的便是那些学生们。她也怕自己的选择会对学生造成不好的影响，所以在决心殉学前给他们的信中这样写道：

众学生鉴：

愚为首创之人，并非容易。自知力弱无能，初意在鼓动能事之人，如三太太，凤老太太，柏、哲二位少奶奶，以热心创此义务。谁知这几位，都厌我好事。唉！我并非好事，实因现在的时势，正是变法改良的时候。你们看汉人创兴学务，再过几年，就与此时不同了。你们不相信，自己想想，五六年前是怎样，这两年是怎样啊！我今以死替你们求领常年经费，使你们常常在一处上学。但愿你们都依着"忠孝节义"四字行事，方于世界有益。

我今虽然捐生,这不叫短见,这是古时定下的规矩,名叫"尽牺牲",是为所兴的事求其成功。譬如为病求神保佑,病好之后,必买香烛还愿。如今学堂成了,就如同病好了,这个愿是一定要还的。女学堂如病人。求常年经费的禀,如同病方,呈准了禀,如同病好了。我八月间,就要死的,因为经费没定准,没钱请先生,只得暂且支吾。我有些过失,几乎把你们都得罪了。望你们可怜我些,不记恨我,则我虽死如生矣。你们不必哭我,只要听我一言,以后好好事奉先生,听先生教训,总有益于身的。与外人争气,不要与同部人争意气,被外人笑话。话长心苦,不尽所言。

十一月二十三日

绝命书写得异常真诚,饱含了心酸、凄苦、绝望,饱含了血和泪的悲楚、牺牲的决绝,也饱含了对学生拳拳的爱和满心的期望,对民族命运的担忧。

这份绝命书不仅流露出惠兴的心声,确立了女性的主体身份,而且还饱含着强烈的民族自觉和自强意识。惠兴提醒同胞们特别注意:要想在这发生巨变的转型时期维护其统治地位,就必须力图改革、不断进取。

惠兴办学的义举被广泛传播。镇守将军会同浙江巡抚联名上书朝廷,慈禧钦佩惠兴义举,下旨给惠兴建牌坊,上书"贞心毅力"四字予以表彰。惠兴的遗体被安葬于孤山放鹤亭后。当时北京一些梨园名角还为惠兴的学校义演筹款,筹得3600多两银子汇往杭州,资助贞文女校办学。

● 惠兴中学校门(由惠兴中学提供)

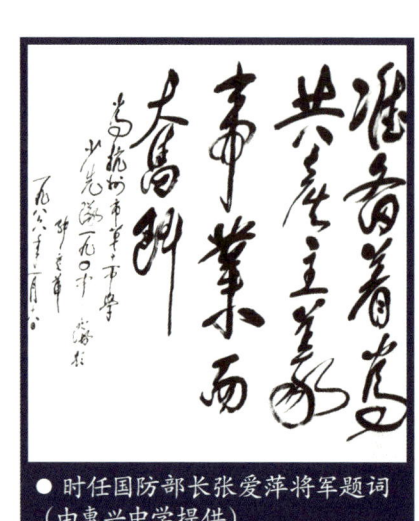

● 时任国防部长张爱萍将军题词
（由惠兴中学提供）

惠兴去世后，学校办学性质几变，校名亦多更迭，始为贞文女学堂，后为官立惠兴女学堂、私立惠兴女子中学，1956年与私立东瓯中学合并为公立学校，更名为杭州第十一中学，校名由著名国学大师马一浮题写。2000年，初高中办学分离，原校址办初中，恢复惠兴中学的校名。第十一中学外迁至拱墅区，办高中，沿用原名。

惠兴中学创办过程中，历任校长恪守"勤、敬、恒"校训，坚持以培养完善之女国民作为学校教育目的（新中国成立前，学校只招女生。新中国成立后，男女生统招），广泛挖掘社会教育资源，先后有教育家蔡元培、实业家汤寿潜、民主人士沈钧儒、经济学家马寅初、数学家苏步青、文学家沈尹默、词学家夏承焘等一批社会名流走进惠兴中学任校董，丰富了学校教育的资源，提升了学校的办学品质，培养了一大批优秀的学生服务社会。

随着改革开放的不断深入，学校在思想道德教育、教学管理、教学质量、教育科研等方面都取得了长足的发展，成为杭州市普通高中统一招生第一批录取学校。教师锐意进取，教风严谨务实，教学成果斐然，培养了各界杰出人才。进入新时代，百年老校再创辉煌。新一代惠兴人将发扬惠兴女士敢为天下先、勇于牺牲的精神，砥砺前行，推进课程改革，让名校辉煌再续。

从教会医院到浙大二院

◎ 王伟林

王伟林，浙江义乌人。浙江大学医学院附属第二医院院长，浙江省人民政府参事，浙江省特级专家，中华人民共和国成立 70 周年纪念奖章获得者，香港外科医学院荣誉院士，中国医院协会副会长，国内外著名的肝胆胰外科专家和器官移植专家。获"中国医师奖"等称号，国家科技进步一等奖 2 项、国家科技进步二等奖 1 项、浙江省科技进步一等奖 4 项。

1869 年，在杭州横大方伯巷（今解放路）的三楹木屋中，英国圣公会开设杭州戒烟所，专治戒烟病人。1871 年改名为广济医院，乃是取"广泽济世"一义，可谓寓意悠长，这就是今天的浙江大学医学院附属第二医院的前身。

广济医院的老院长梅藤更，有一张老照片广为流传：两鬓华发的他向一名小患者深深地鞠躬，照片上一老一小，一医一患，一个穿长衫，一个戴礼帽，行的是标准的 90 度鞠躬礼，体现的是医患之间相互尊重与信任。梅藤更为医院带来的不仅仅是精神上的支撑，更有干在

● 医患之间的尊重与信任（由浙大二院提供）

实处的医疗发展。在其任间，广济医院日臻完善，发展迅速，构建起宏大的"医疗版图"，从总院扩展到诸多分院，并于1885年开办广济医校，首开浙江西医教育之先河，培养了大批优秀的医、药、产、护等医学人才。广济学子如瞿缦云、杨玉生、陈省几、曾宝菡等就如同一粒粒撒播到各地的种子，传播医道仁心，造福着一方百姓，推动了浙江乃至中国医疗事业的发展与腾飞。

"广济人"满腔热血，为国献力，为民护命，从一而终。辛亥革命期间，广济医校学生纷纷响应号召奔赴战地，在革命军前线各部队的医疗岗位上发光发热。抗日战争时期，医院成为伤兵和难民的避难所，被誉为"孤岛里的一盏灯"。新中国成立后，医院迅速完成恢复与重建工作，并积极投入"抗美援朝、保家卫国"的行动之中。一年多时间，他们救治了两千多名伤员，取出了数千枚弹片。

1952年，广济医院将全部财产无条件移交给浙江省人民政府，更名为"浙江医学院附属第二医院"（以下简称"浙医二院"）。秉持爱国之心，"浙二人"积极投身于新中国建设。此后的十年，是浙医二院飞速发展的黄金时期，新建门诊大楼及住院病房，医疗用房面积大大增加，浙医二院病床扩展到450张，同时不断优化学科，加强教研，在内科学稳步发展的同时，领航浙江省外科技术的发展。

● 抗美援朝医疗队合照（由浙大二院提供）

创新魅力

20世纪80年代，浙医二院乘着改革开放的春风，在许多学科中不断推陈出新，创造出了领衔全省乃至全国的辉煌成就。此时医院床位增加至600张。同时，医院引进浙江省第一台CT、核磁共振机。除了在硬件设施方面的快速改善外，医院更重视医疗安全，岗位责任制、三级查房等制度在这时期被完善并重新开始执行。1989年，浙医二院成立浙江省最早的麻醉质控中心，之后陆续共有12个质控中心和技术指导中心落户医院；同年，还作为试点在全国首家通过三级甲等医院评审。

1998年，浙医二院被评为"全国百佳医院"。同年，浙江大学、杭州大学、浙江农业大学、浙江医科大学四校合并，由此浙医二院正式更名为"浙江大学医学院附属第二医院"（以下简称"浙大二院"）。

迈入21世纪，随着门诊楼、急诊楼、脑科大楼及国际保健大楼陆续建成，医院发展进入快车道：在理念上，浙大二院明确了以质量为核心，创一流的技术，服务理念迭代升级，创一流的环境，尊重患者的就医体验。

为民谋利，薪火绵延，"浙二人"始终演绎着医者仁心，夜以继日，以精湛的技术、细致入微的关爱，挽救、服务了无数患者。"患者与服务对象至上"，是浙大二院一百五十多年来始终秉承的核心价值观，横亘于岁月，渗入了一代代医护人员的血脉，化入一日日平实日常的言行。

2020年，新冠肺炎疫情暴发。国有难，召必应，在疫情防控的全过程中，浙大二院党委主动作为，93个在职党支部、3000余名员工党员第一时间请战，全情奋战在各条战线上，同时向疫情最严重的武汉、温州、衢州、喀什、大连、石家庄、邢台，以及省定点机构等核心战场共派出200余名骨干队员，其中党员132人，是抗疫支援点多、单家医疗队规模大、党员

比例高的医院之一。本着战必胜的信念，历时67天，转战湖北、浙江4地13家医疗机构，"浙二力量"勇担使命，支援人员"零感染"，涌现出大量可歌可泣的感人故事。

2020年9月8日，在全国抗击新冠肺炎疫情表彰大会上，浙大二院荣获"全国抗击新冠肺炎疫情先进集体"，重症医学科主任崔巍荣获"全国抗击新冠肺炎疫情先进个人""全国优秀共产党员"称号。

浙大二院是浙江省西医发源地，一个半世纪以来，医院砥砺前行，勇于创新，在学术上创造了诸多中国乃至世界"第一"：中国首例胰腺十二指肠切除术；国际首例断足移位再植手术；攻克"胰肠吻合口漏"世界难题，发明"神刀"，改写了世界外科器械史；国际上最早发现三个与大肠癌相关的新基因，揭开大肠癌的神秘面纱……

党的十八大以来，浙大二院在创新道路上全面突破，硕果累累：医院将飞秒激光技术应用于高难度复杂白内障手术，首开国际先河；常规开展大器官移植、小儿活体肝脏移植、多器官联合移植及角膜、骨髓等组织移植技术，达国际先进水平；围绕中国结直肠癌大样本人群防治难题，开创结直肠癌规范性防治中国模式，为中国大肠癌的诊治奠基地；脑机接口临床转化应用研究取得多项前沿性、原创性成果，首次实现高位截瘫患者大脑意念控制机械手；为改进创面愈合技术，用20年攻关研发中国人自己的"人工真皮"，科研成果连续两年荣登中国医院科技量值烧伤外科学第一名；创建全国唯一的罕见病病区，成为国内领先的罕见病精准医疗诊治基地；医学影像中心入选科技部"重点领域创新团队"；拥有"最新、最多、最全"的手术机器人，纵深推进精准医疗……还有依托浙大二院建

设的国家心血管区域医疗中心和国家创伤区域医疗中心,屡屡创造医疗奇迹、树立医学标杆。

"中国形象,世界风范"——这是医院绘制的新名片。正如浙大二院提出的"我需要世界,让世界需要我"全球化战略,以全球资源作为实现跨越式发展的平台和跳板,取人所长,为我所用,"引进来"和"走出去"两条腿走路。围绕着这一战略,浙大二院提出了"学科共建、项目共研、远程嫁接、难病共治、联合培训、人才共享、瞄准一流、资源互补"的方针。

同时,浙大二院也紧跟时代步伐,依托互联网平台,深植百姓需求,先后与全国20余个省(市、自治区)、200余家医疗机构建立远程协作关系,构建了国际知名医疗机构—浙大二院—县域—乡镇的国际四级医疗会诊和教育管理网络平台,成为国内规模最大的国际远程联合诊断中心之一。并且打造全国首个"5G远程绿色急救通道"和首个"5G空中数字化神经外科手术室",开通全国首个无人机血液运输航线通航,建立引领全球的立体、复合、智慧化创伤急救医疗保障体系,成为"互联网+应急"全国示范。

● 远眺浙江大学医学院附属第二医院

跨越钱江两岸,浙大二院接过时代的使命,用时间和空间担负起百姓的重托,实现两个时代的握手!优质医疗资源坐落于钱塘江两翼,拥有解放路院区、滨江院区、萧山院区(在建)、柯桥院区(在建)四大综合性主院区,和城东院区、浙大院区、眼科院区等若干精品专科群院区,探索出一套浙二特色的"一院多区"发展模式,立足长三角、辐射全中国、影响全世界,成为全球示范性大学医学中心、国际一流医疗领跑者。

岁月悠悠,唯心永恒,漫步浙大二院(解放路院区)的门诊楼前,一座还原历史的红色门楼上,书写着蔡元培当年的题词——"济人寿世",时刻提醒着医者"看的是病,救的是心,开的是药,给的是情"。这便是这所百年名院给这座城市最有温度的礼物,更是给这座城市的百姓最温馨可靠的承诺。

● 济人寿世(由浙大二院提供)

福井·杭州友好公园

◎ [日] 酒井哲夫

酒井哲夫，日本人。曾任福井市市长，公益社团法人日中友好协会副会长，日中友好协会名誉副会长。杭州市荣誉市民。获杭州市·福井市友好贡献奖，获浙江省·福井县友好贡献感谢信（浙江省人民对外友好协会颁发），获人民友谊贡献奖，获杭州市·福井市友好贡献特别贡献奖，获中国友谊贡献奖。

马可·波罗将杭州和苏州比喻为人间天堂，称赞这里是"世界上最美丽华贵之天城"。

这份赞赏至今仍没有改变。改革开放后，我目睹了杭州经济的快速增长。这40多年中，杭州凭借沿海地区的地利和改革开放的天时，政府与民间共同携手，在软件、硬件两方面努力推动城市建设。我相信，这样的成就没有"人和"是无法实现的。换句话说，杭州表里如一地不断发展是"天、地、人"三者共同推动的结果。

同时，杭州还举办了国内外重要活动。特别是2016年，世界各国首脑汇聚于此，成功举办了G20杭州峰会。2022年，杭州还将举办第19届亚运会。也许来自世界的友人们，看见杭州西湖的美景，说不定有人会成为第二个马可·波罗。

● 福井市风光（由酒井哲夫提供）

1989年11月，福井市与杭州市签订了友好城市协议。当时，大武幸夫市长兼任福井县日中友好协会会长一职，他力排众议，对市民说："如果我们不能在现在与杭州结为友好城市，那福井市永远都不可能与中国的其他城市结为友好城市。"因此，福井市才顺利地与杭州市缔结为友好城市。

这是2009年11月在杭州举办两市缔结友好关系20周年纪念大会上，时任杭州市市长蔡奇先生所提起的。他高度评价了大武幸夫市长在杭州市与福井市缔结友好城市时的英明决断。我有幸在场聆听，感触颇深。

2019年10月，我与福井县女性团体一同访问杭州。时隔20年，再次与老朋友王永明市长（1994年11月，福井·杭州友好公园建成时，王永明为时任杭州市市长）重温友谊。我们聊的话题是友好公园和西湖马拉松。

在这里，我想说一下福井市为什么向杭州市捐赠建设友好公园。

福井市与杭州市缔结友好城市后，两市之间在经济、文化、行政等领域开展了频繁的交流。第三年，双方决定在5周年之际举办纪念大会。具体设想是在现在的世界文化遗产——杭州西湖湖畔建设一座象征两地友谊的友好公园。为实现这一目标，双方同意由民间和政府两方面共同推动这一设想落地。

民间方面，福井市成立了杭州福井公园建设会，由福井市日中友好协会田中广昌会长任建设会会长，青园谦三郎（福井电视台社长）、竹下清

（福井市日中友好协会副会长）、丰冈北士（福井市日中友好协会事务局局长）等著名人士为代表的自治会、联合会等各种团体共同助力。政府方面，经市议会全体议员通过，建立了以大武市长牵头，国际交流部局奈良一机（后任副市长）、和田高枝等参与的强有力的推动机制。

负责工程建设的是"杭州福井公园建设会"，不依靠政府行政力量，而是尽可能借助福井市民的力量筹集建设资金。结果，从福井市民中筹得资金4400万日元，加上市财政2300万日元，建设会共筹集到6700万日元用于建设公园。杭州方面也给予了最大支持，将"西湖十景"中风光最为明媚的曲院风荷作为公园建设用地。

公园建成后，命名为福井·杭州友好公园，在入口石碑的背面，镌刻了捐赠市民的名字。同时，在友好公园内还建造了"友爱之像"，在塑像前面，根据大武市长夫人的意愿，埋着大武市长的遗骨。此外，还摆放了鲁迅先生的老师藤野严九郎的石碑，建有日式房屋，并以浮雕的形式介绍了福井市的名胜古迹和产业情况。

● 福井·杭州友好公园

1994年3月，我继承了大武市长的遗志，继续推动友好公园的建设。之后，建设工程按计划推进，于当年11月迎来了结好五周年纪念大会。

纪念大会分为三个部分，分别是两市缔结友城五周年纪念式、友好公园开业式和福井杭州友好交流备忘录签订式。

11月7日，纪念大会在杭州市东坡剧院进行。福井方面，市政府、市议会、市民等250人参加，杭州方面，王永明市长及各界代表400人参加。特别是杭州市，邀请了杭州市人民代表大会主任、中共杭州市委书记李金明，浙江省对外友好协会会长沈祖伦列席，日本国驻上海总领事馆副领事千岛等也作为来宾出席纪念大会。

在纪念大会讲话的结尾，我仿照福井的乡土诗人橘曙览的"独乐吟"作诗一首："快乐就是杭州与福井的人们在西湖畔不断书写永远友好的篇章。"

纪念大会后，全体与会人员前往福井·杭州友好公园，参加了盛大的公园落成仪式。

1994年至2006年，我担任福井市市长期间与杭州市进行了频繁的交流，对王永明市长的后任仇保兴市长也印象深刻，也多次承蒙杭州市人民政府相关工作人员的关照，在此深表谢意！

特别是杭州市对外友好协会鲁荣仁前会长、王金财会长以及在福井市交流过三个月的董祖德先生等各位友协的朋友们给了我很多的帮助。

福井县与浙江省的关系源远流长。现在，我跟随前市长的脚步，担任福井县日中友好协会会长，推动福井县与浙江省友好交流工作。在我还是福井县议会议员的时候，浙江省与福井县就已经缔结了友好关系。时任浙江省对外友好协会会长王家扬、沈祖伦（浙江省原省长）、梁平波、李强（上海市委书记）、陈金彪（浙江省委常委）以及阮忠训常务副会长和对外友协的各位朋友们，在这40年中，将心比心，与福井县开展交流。承蒙这些老朋友的关照，非常感谢！

● 福井·杭州友好公园一角

特别要说明的是，浙江省尤其是杭州市，让我如至宾归，从来没有感受过一丝不快。

到现在为止，有那么多的福井人访问浙江省，大家都对这里打出最高分——5分。

在2010年浙江省人民对外友好协会发行的《外国友人看浙江》中，我也投了稿。文中，我写到，这40年来，浙江省高速发展，这里的人民非常优秀。无论如何，我想说的是：浙江省是经济、文化的重要地域，是"天、地、人"三要素均衡发展之地。

杭州中美友谊民间纪念馆

◎ 潘 杰

潘杰，浙江杭州人。学者，作家，创建展览学，创办杭州中美友谊民间纪念馆。出版专著《展览艺术——展览学导论》《中国展览史》，长篇小说《云暗雪山》《匹夫三部曲》。

在杭州，有一座全国第一个、也是唯一一个中美友谊民间纪念馆，它坐落于杭州市中山北路 419 号。

这座纪念馆是我和妻子范祝华二十多年前筹办的。当时，我在浙江展览馆工作，翻阅资料时，看到钱学森院士提出的一个概念："展览是人民喜闻乐见的一种教育方式，可中国为什么没有一门展览学？也没有一所展览学院呢？"我开始重视起展览馆的意义，并自告奋勇研究起展览学。

当时，关于展览的资料寥寥无几，展览学更是门史无前例的学问。我依靠过去所学的美学知识与文艺理论知识等构建了一套全新的学问，并最终写成《展览艺术——展览学导论》一书。该书出版后，我立马寄给钱学森院士，得到他的回复与重视。自此，钱学森院士就通过书信指导我创建展览学，并时常邮寄有关资料给我，殷殷之心溢于言表。之后，我又完成了《中国展览史》一书，对展览学做了纵横研究。

在研究过程中，我发现中美友谊可以上溯至清代。1784年，美国独立不久，美国商人就组织"中国皇后号"抵达广州，美国货没几天就销售一空，他们也采购了不少中国货，绿茶、红茶、陶瓷、丝绸……第二年，华盛顿总统亲自写了一份采购单请商人来华代购。然而，国内熟悉这一段历史的人并不多。

● 杭州中美友谊民间纪念馆（由潘杰提供）

中美友谊与杭州又有密切的关系，杭州堪称新中国中美友谊发祥地。早在抗日战争时期，美国志愿援华航空队"飞虎队"以中央杭州飞机制造厂雇员的身份到缅甸同古机场训练，在战场上留下了许多感人的历史事迹，成就一段中美友谊佳话。

1971年，基辛格的秘密访华，促使时任美国总统尼克松于次年对中国开展破冰之行。访华期间，尼克松一行还专程来到杭州，游览了西湖名胜风光，参观了丝织厂，与杭州市民亲密交流。在西湖刘庄八角亭，周恩来总理与基辛格"睿智谈判"，敲定了中美第一联合公报——《上海公报》。中美友好关系由此徐徐拉开序幕。

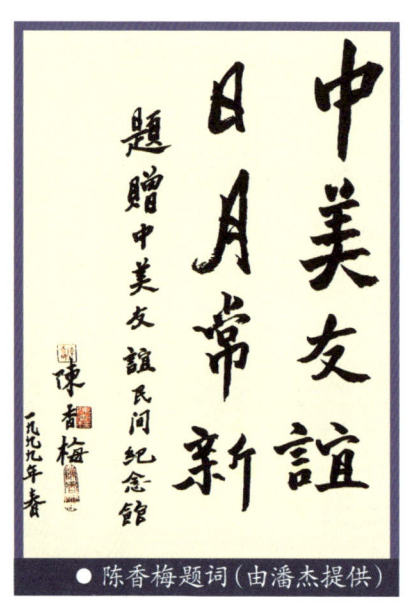

● 陈香梅题词（由潘杰提供）

在中美蜜月期，每当看到或听到中美关系升温的新闻，我总是暗暗抑制不住地高兴，也许这就为我后来萌发用展览的形式记录中美友谊的想法打下了基础。随着与美国学者的深入交流，加之钱学森院士一直对我继续研究展览学这门新学科寄予殷切期望，所以当前任妻子金雷芳提出办一个中美友谊纪念馆时，我欣然同意。

正当我积极准备创办纪念馆时，罹患重病的前任妻子突然撒手人寰，留给我的，只是一个殷切的遗愿。后来，在妻子范祝华的帮助与鼓励下，创办纪念馆的事才重新提上日程。为了收集资料，我们曾先后五次自费前往美国。在美国，我拜访了陈香梅和顾毓琇等知名人士，得到他们的鼓励和支持。因基辛格对中美友好的特殊贡献，办馆之初，我们即请他指导。他于2001年特寄有他亲笔签名的肖像照和向杭州人民与我馆的殷切寄语，此后又分别于2003年和2013年接见我们，他曾说："中国人的念旧情怀没有其他民族可以比得上。我永远是中国人民的好朋友。"

● 基辛格博士赠送给杭州中美友谊民间纪念馆的亲笔签名肖像照（由潘杰提供）

然而，个人自发办一个中美友谊纪念馆终究不容易。几经波折，纪念馆自1998年经浙江省文物局批准筹办，于2003年1月经浙江省文化厅批准正式建馆。馆址从最初的南星桥美国城搬到鼓楼，后又转移"阵地"到私宅青青家园，甚至在没有馆址的最困难的几年，我们通过"巡展"的方式跑遍整个浙江省，一直将办馆的决心和宗旨坚持到最后。

纪念馆创办后，得到了社会各界的关怀。众多朋友题词赠画，纷纷表示支持。2004年，上城区政府听说了我们在办民间纪念馆的事情，就将清吟街127号用房免费借给了我们。2007年底，清吟街127号要

● 纪念馆陈列的象征着和平和友谊的书画作品《和平鸽》（洪瑞绘）

进行整体修缮，民间纪念馆就搬到了城西亲亲家园的一家商铺内，一待就是9年，直到2017年上半年迁至中山北路419号的办馆场地，那里原是中山北路御街管委会的办公用房。

建馆至今，民间纪念馆已经筹办了10多场中美友谊展。其中，2005年，为纪念抗日战争胜利60周年筹办的《中美军民并肩抗日纪念展》"送"到了美国，在美国的华盛顿、费城、纽约、波士顿四大城市的画廊、会所

● 作者夫妇在美国举办的"中美友好二百年展"上的留影（由潘杰提供）

巡回展出，吸引了不少中西方友人参观、游览。

岁月不留人，我和妻子都年事已高，公益事业需要代代相传。欣逢赵国平、胡龙官两位先生热心公益事业，主动承担了中美友谊民间纪念馆的有关工作和活动费用，继续为纪念馆的管理和发展，为促进中美民间友好交流做出积极的贡献。

祝福中美友谊源远流长，万古长青！

最忆桂花香

◎ 王晨钰

王晨钰，浙江杭州人。艺术家，策展人，生活和工作于温哥华和杭州两地。加拿大西门菲沙大学工商管理学士、艾米丽卡尔艺术与设计大学艺术学士，现就职于温哥华 Access Gallery、EartHand Gleaners Society。

"桂花留晚色，帘影淡秋光。"古往今来，咏颂桂花的诗词数不胜数，或因其与满月、中秋的传说，或因其低调内敛却香远益清，或因其谐音"贵"而托物言志。元代山水画代表画家倪瓒的这首《桂花》别出心裁，借傍晚帘上清幽缥缈的桂影，向世人诉说着一种近乎唯美的淡淡乡愁。

作为一位长年旅居海外的华裔艺术家，identity（身份认知）、nostalgia（怀旧情怀）以及 diasporic culture（离散文化）常常被我不自觉地带入作品中。想来也是人之常情，漂泊在外的异乡客，对于故土的风物人情总免不了怀揣一份柔软的眷恋。一种天气、一种温度、一种光线或是一种气味，便能瞬间唤起某个久违的记忆。普鲁斯特效应告诉我们，与其他感官意识相比，嗅觉与记忆有着更为紧密的联系，熟悉的气味能立刻让我们沉浸在与之相关的记忆中。

前些日子，家乡杭州的老友发来某咖啡店不久前推出的桂花主题的茶具照片。"真是可爱极了呢！"她说。是啊，再有半月，秋分一过，杭州的第一批早桂就该开了。闭上双眼，深吸一口温哥华海边略带咸腥的清洌空气，我努力地搜索起脑海中与桂花有关的记忆。或许是在期盼普鲁斯特效应也能反向操作，通过追忆往昔赏桂的情景，说不定就能令我置身金秋十月弥漫杭城的醉人桂香之中呢。

在杭州，每年桂花的盛开仿佛是一件颇具仪式感的事，也是老百姓心目中默认的季节符号。杭州市人民政府已把桂花定为市花。白露过后，暑气渐消，虽说立秋已有一月，但真正让杭州人感到入秋的却是某日清晨忽然钻入鼻腔的一缕清丽悠远的桂花香，顺着香味定睛一看，才见到路边枝繁叶茂的桂树上已缀满一小簇一小簇的金色花粒，静静地自顾自开得美好。自此，金桂、银桂、丹桂相继盛开，当然还有四季常开的四季桂和郁达夫笔下开得不紧不慢却香味持久的"迟桂花"。小说《迟桂花》中，当年与满觉陇（今满陇桂雨）相比仍属冷僻的赏桂之地翁家山，如今也与灵隐、九溪等地一样成了人们熟知的赏桂好去处之一。杭州人对于桂花的感情可不止于一个市花的头衔。桂花在杭州已有近千年的栽种历史，南宋以来，数西湖以南满觉陇的桂花最为繁盛。

● 石屋洞（由王晨钇提供）

每逢中秋前后的三周盛花期，满觉陇一带桂树丛中的露天茶座必定是迎来送往、座无虚席。当地居

民以桂花为业,桂花糖、桂花糕、桂花茶、桂花酒,一应俱全。与其他花卉相比,恬淡从容、不争不抢的桂花,不但是人们秋日聚会上的焦点;赏桂、品桂也渐渐成了杭州人在中秋节与亲朋好友联络感情的不二之选。

酷暑过后,秋日高阳,正是花下品茶、闻香的好时节。一家老小早早地就到了龙井与三台山附近的农家小院,如愿在两大株金桂正下方的茶座坐定。大人们每人面前一杯碧绿鲜嫩的龙井,闲谈、打牌、阅读,时不时回头看一眼在一旁扎堆玩耍的孩子们,确定孩子们此刻玩得入神,便安心享受这难得的悠闲时光。孩子们饿了就吃上一碟应景的桂花年糕,满嘴的软糯香甜。这一口,像是把整个懵懂迷惘的童年都囫囵吞进了肚里。一阵微风拂过桂树丛,一粒粒金粟如细密的雨珠般缓缓散落,无声地落在了孩子们的头顶和大人们的绿茶中,大家相视一笑,呵,这可真的是沐雨披香啊!就这样消磨一个下午,一家人中秋团聚的习俗也在沁人的芬芳中完成了。

● 作者童年(由王晨钇提供)

和我的许多童年记忆一样,这一幕合家外出赏桂的情景似乎也在反复回忆下变得愈发唯美浪漫了。十多年来,每次想起儿时那些当下不以为意的瞬间,比如玩耍时低头遇见的一地金粟、桂雨飘落时扑鼻而来的一阵清香,还有母亲召唤我时的温柔笑颜,厚重的乡愁总能将当时或许不甚完美的种种神奇地过滤改写。久而久之,关于家乡的记忆,在游子的心中尽是岁月静好,时光安稳。

杭城韵味

● 杭城桂花（由王晨钇提供）

精致秀美的杭州在世人心中的印象，许多来自历代文人墨客对其的描述。也许是在思乡的月下，苏东坡吟诵出了"故乡无此好湖山"。关于杭州的诗词中，也不乏以桂花为主题的作品。唐代宋之问、皮日休、白居易都曾寄情咏颂"天竺桂子"（即灵隐、天竺一带的桂花），其中"山寺月中寻桂子，郡亭枕上看潮头"和"桂子月中落，天香云外飘"是最广为流传的两联。然而，到底有没有吴刚在月中无休止地砍月桂，从月中震落下的桂子到底有没有被灵隐寺的烧火僧人德明捡到，而就此在附近山间广为栽种，并不妨碍人们秋日里在此游赏桂花的兴致。就如引人入胜的典故传说，最终会和它所描述的一景一物相互交融、共同生长一样。远走他乡后，我对故土的眷恋与神往，也早已在我的个体身份里悄然留下痕迹。昔日在满觉陇桂树下玩耍的小女孩，如今面对北美西海岸辽阔壮丽的风光，总是禁不住去回忆里寻找家乡的样子。

满陇桂雨

动感山水

◎ 范　菠

范菠，浙江杭州人。杭州独角兽女神跑团团长。2017—2020年杭州市"健身跑使者"，2019年台州国际马拉松代言人，2019年杭州"奔竞钱塘"女子10公里代言人，2020年第二届杭州国际越野赛赛道体验官，央视综艺节目《开门大吉》2020—2021年参赛选手。

风将发丝轻轻撩起，眼前的风景掠过视线，脚下的步伐却不肯停留半分，我相信最美的风景永远在下一处。这些年，杭州四季的美毫不吝啬地满载于我们的生活，而我们用自己的双脚丈量着属于它的每一处。

在这方风景秀丽的土地上，西湖边被茂密植被所掩映的小道，哪怕最热的天，也能比周边低上几度，是以成了大量跑步爱好者的天堂。

卞之琳说："你站在桥上看风景，看风景的人在楼上看你。"这些年，在这座游人如织的城市里，我们大概也是别人眼中的一道亮丽风景线吧。作为西湖边众多跑团中的一员，我们绝对是最特别的存在之一——独角兽女神跑团。自2018

● 自行车赛

● 独角兽女神跑团风姿（由范菠提供）

年4月诞生以来，独角兽女神跑团有越来越多志同道合的女孩加入，各行各业的精英们，在忙碌的工作之余，扎起头发，换上舒适的球鞋，选择一场酣畅淋漓的奔跑。操着一口地地道道的江南普通话，在爱与运动中，我们用微笑和汗水表达自我，朝着"心灵纯洁为白，经济独立为富，内外兼修为美"的目标努力前行。独角兽女神跑团源自西湖，却也不局限于西湖。这些靓丽的身影出现在各式各样的马拉松比赛中，足迹遍布中国，甚至远渡重洋，用汗水换得块块奖牌。

说起独角兽女神跑团的由来，还得从一场对话开始。"你好像胖了！"对面这位身材苗条的优雅女性，也就是我的母亲，在认真地打量了我半天之后，郑重其事地说。一瞬间，有种五雷轰顶之感向我袭来。这么多年来，我享受父母的满腔爱意，茁壮成长。为了回报这份爱意，我的体重呈直线式上升，怡然自得。直到母亲真诚的话语，浇熄了它的喜悦，也让这条直线停止了生长。

日夜星辰，斗转星移，体重秤上的数字见证着每一滴汗水的分量。从减肥而起的初衷也升华成了喜爱，跑步成了我生活的一部分。在不断增加的里程里，我逐步提升自信，并收获珍贵的友谊。我们优雅动感的身姿倒映在水中，大约鱼儿也会为这样动人的景致吸引而伴随，穿梭在林间的小松鼠展示着自己的运动天赋，掠过水面的鸟儿为大家的坚持呐喊，与西湖的风景融为一体。

创新魅力

● 全民健身，健康杭州（由范菠提供）

"全民健身，健康杭州"的理念在杭州已经深入人心。政府认真做到丰富群众身边的体育赛事活动，完善群众身边的体育场地设施，开展探索群众身边的体育健身指导。如今，每年的8月8日是"全民健身日"，杭州市级公共体育场馆向市民免费开放或低收费开放，更有上百家民营体育场馆在活动期间免费开放，全市开展80多项丰富多彩的群众体育活动。无论早晚，只需稍稍在西湖边、运河边走一走，就会发现杭州市民自发组成的歌舞表演团一处又一处，这里处处皆舞台，人人是观众。

健身的人数和种类逐年不断地增加，跑步作为其中一项运动受到了越来越多人的喜爱。现如今的杭州，大街小巷都有向着运动勇敢进发的人们。不论男女老少，不论青涩起步或跑步健将，他们挥洒在空中的汗水，成了杭州最亮丽的一道风景线。

既要跑出去也要引进来。20世纪70年代末，中美建交的同时也带来了体育的交流。浙江省体委外事部门积极开展体育旅游业务，在国际体育旅游团的建议下，决定在杭州举行马拉松活动，时任省体委外事处处长的

● 独角兽女神跑团（由范菠提供）

叶嘉禾先生，联系西湖景区得天独厚的地理优势以及文化历史底蕴，构想西湖白堤、苏堤长跑活动，取义"历史长河"上跑，取名"诗人之路"。1987年，原名"西湖桂花马拉松"的杭州马拉松作为仅次于北京马拉松的中国历史第二悠久的马拉松赛事正式鸣枪起跑。在桂花飘香的秋天，杭州几乎每年都会热诚地迎接这场由中国田径协会、国际马拉松及路跑协会（AIMS）备案的国际级马拉松赛事。西湖边这条充满诗意的道路上，站满了来自全世界的跑步爱好者。杭州马拉松是属于全民的运动，是一项杭州全民参与的活动，更是一个友好的文化交流平台。随着各方的努力，2019年7月12日，杭州马拉松被授予国际田联金标赛事。

犹记得当初第一次参加杭州马拉松，我感到幸福与紧张互相交织。站在起点处，看着乌泱泱的人群，我心生胆怯。到底是谁给的勇气让我提交了报名表呢，内心忍不住泛起嘀咕。好在我还算有些自知之明，明智地选择了半马，可是终点依然遥远到让人胆战。

起跑线上攒动的人头里出现的一些人，将我的紧张感赶走了大半。几张稚气未脱的脸，身量不及我的肩膀，朝气蓬勃，脸上写满雀跃；几张写满岁月的脸，布满皱纹的眼角却有着明亮的眼神……我忍不住与一位老爷爷攀谈，好奇他的年龄。"我今年68岁了！"中气十足的声音向我袭来，在震动耳膜的同时，我的敬意也油然而生。

我在不分年龄、不分语言、不分肤色的人群中向前行进，原本觉得遥遥无期的终点变得不再恐怖，享受着对运动、对生活的那份热爱。不相识的路人的一句句"加油"，志愿者们递上的饮用水，一滴滴与跑道融为一体的汗水……这不是我一个人的马拉松。

熟悉的广场舞声音随着夜幕一起降临，来自西湖的风再次带来桂花的香甜，我们的独角兽女神跑团再次集结出发，与西湖的夜色融为一体，希望为这片美到极致的山水多添一份灵动。

● 独角兽女神跑团和其他跑步爱好者合影（由范菠提供）

纯真年代

◎ 朱锦绣

朱锦绣，浙江温州人。1979年自学考入厦门大学外语系，毕业后留校任教。1987年调入杭州商学院（今浙江工商大学）任英语教师，2000年创办"纯真年代"书吧。21年来，"纯真年代"书吧已成为杭州文化圈的精神地标，而朱锦绣也渐渐蜕变为这家著名书吧的"文化沙龙女主人"。

顺着北山路保俶塔前山路，走上236级台阶，就是一座两层的红漆窗房子——"纯真年代"书吧。这个"西湖边的文化客厅"，风景极佳，临西湖水，枕宝石山，依保俶塔，绿树环绕，推窗可揽湖光山色，文人墨客也常聚集于此。你若在这里遇上知名小说家、当红剧作家或是著名的诗人或文化学者等等，千万不要觉得惊讶。因为"纯真年代"书吧，就是这样一个地方：谈笑有鸿儒，往来无白丁。

这就是我和我先生盛子潮于2000年9月28日创办的杭城第一家书吧"纯真年代"。犹如一个新生命的诞生，它得到了文化圈朋友们和社会各界的关注与呵护。诺贝尔文学奖得主莫言就曾

● "纯真年代"书吧（由朱锦绣提供）

来过这里,为我们写下"看山揽锦绣,望湖问子潮"的赠联,巧妙地将我们夫妇的名字镶嵌其中。这副赠联不仅道出了"纯真年代"书吧的绝佳风景,更道出了"纯真年代"书吧的内涵,无数作家文人朋友为此赞叹不已,成为来往客人、读者的打卡点。

● 莫言(右二)、毕飞宇、叶开、盛厦、朱锦绣(右一)合照(由朱锦绣提供)

"纯真年代"是书吧,聚集的自然多是读书人。记得刚开张那年的一个冬夜,当我从书吧的阁楼下来,看到大厅里每盏台灯下读书的脸,开心极了——这就是我开书吧想望的场景。当时的书架顶天立地,记者采访时看到一位读者登上梯子去取高处的书,镜头被拍了下来,并把这张照片排版在报道中。读书的样子最美,我们的镜头也记录下许多读者在书吧阅读的专注神情。有好些孩子就是随着书吧长大的。今年高二的陈快意写了一篇诗评,洋洋洒洒,文采飞扬,评论得当。昨天他父亲联系我:"由邻居而成书吧好友,真是难得!我们一家人和书吧结下深情厚谊。"

书吧最早推出的是"每周读一本好书"系列活动,邀请一些作家与爱书之人在书里书外进行更深入的交流,作家朋友们都鼎力支持。开讲的是王旭烽(第五届茅盾文学奖得主),她讲刘亮程的《一个人的村庄》;另一期是她的茅盾文学奖获奖作品《南方有嘉木》创作谈。著名作家、杭州市作协原主席李杭育讲安东尼·伯吉斯的《发条橙》。著名文学评论家洪治纲讲阿来的《尘埃落定》。浙江省作协原主席叶文玲讲她的长篇传记文

学《敦煌守护神常书鸿》创作。我先生盛子潮（著名文学评论家、浙江文学院院长）讲王安忆的《长恨歌》……

当时，书吧是完全崭新的事物，文化沙龙也属稀罕的事情，在纸质媒体时代，报纸都会留出一块"豆腐干"把我们读书活动的书目、嘉宾、时间、地点甚至电话都列在上面。于是，每周六下午2点的文化沙龙，就成了书吧的节日。为了记录沙龙交流的内容，记录人们对文学的追求，2007年我们正式出版了一套《朋友丛书》，共四册。此后，书吧每年的文学迎新晚会都会印制一册《文学迎新手册》，从最早的薄薄的十几页到现在字数多达30万的沉甸甸的手册，涵盖了原创朗诵、沙龙采撷、书友慧言、媒体印象、锦绣微言等内容。它是我们每一年的累累果实的呈现，是送给朋友们的礼物，深受文化界的朋友们、书吧的读者们，尤其是书业同行们的喜欢。书吧的文化沙龙也成了其他书店学习的样板。

"纯真年代"书吧能成为杭城的一处文化客厅，这与全国文化界的朋友们无私的支持是分不开的，或寄语，或题词，或交流，或讲座……作家签名书柜成了书吧的亮点之一。王旭烽送来她的获奖作品《南方有嘉

● 作者与杨炼和德国文化界朋友及杭州诗歌界朋友合影（由朱锦绣提供）

木》，陈忠实回去后寄来了签上名的《白鹿原》，余华来书吧时人未坐定，他的粉丝们已围上去请他签名。2011年9月，我先生担任第八届茅盾文学奖评委，回来后，在书吧里举办获奖作品品读会。在诺贝尔文学奖提名者洛夫老师的诗歌品

● 作者（后中）与台湾诗人洛夫及其夫人陈琼芳合影（由朱锦绣提供）

读会上，书吧少主人盛厦自制了轿子，和书吧的小伙伴们一起把88岁高龄的洛夫老师"抬举"到宝石山腰。我在欢迎辞中这样说道："我曾说，我们是被西湖祝福的，是被诗歌祝福的。我们是在诗里遇见白居易的西湖，'未能抛得杭州去，一半勾留是此湖'；我们也是在诗里遇见苏轼的西湖，'水光潋滟晴方好，山色空蒙雨亦奇。欲把西湖比西子，淡妆浓抹总相宜'。今晚，我们将在诗里遇见洛夫的西湖，'只为等我到此一聚／苏堤打扮了好几百年'。"还记得台湾诗人郑愁予的诗歌品读会和他的诗歌明信片签售那天，队伍从书吧的窗口蜿蜒到了宝石山山下。台湾著名词人方文山在杨柳郡书吧结束分享会后给书友签名，几百名读者在书吧门外院子里排着长队。

　　书吧的底蕴就这样一点一点地聚集起来。在国内，文化圈有朋友戏谑："你没有去过'纯真年代'书吧，那你就不是著名文化人。"我们在欣慰书吧成为读书人精神的理想家园时，也曾一度面临经营上的现实困难。

　　幸运的是，杭州市历届政府对文化建设的重视、文化界对书吧的呵护、读者对文学的热爱，让"纯真年代"书吧一直留存至今。2008年，当获悉"纯真年代"书吧面临经营困难，杭州市政府的领导给予关心，景区

管委会的领导大力支持，并帮助解决一些困难，让"纯真年代"书吧有了这一处风水宝地——临西湖水、枕宝石山、依保俶塔。2010年9月29日，杭州西湖申遗期间，一众申遗专家陪同西湖申遗的主考官及国际古迹遗址理事会（ICOMOS）专家朴素贤教授考察，曾到"纯真年代"书吧小憩，我用英文向朴教授介绍了西湖的自然人文魅力，让朴教授一行对杭州留下了美好的印象。

"纯真年代"书吧是我患病时的愿望——想把自己家那种文化沙龙的氛围扩大成一个阅读空间和沙龙空间，给我先生和孩子留下一个念想，给社会留下我曾经的生命痕迹，我先生倾家荡产为我圆梦。但是，2013年8月29日，一起风雨同舟创办书吧的先生盛子潮却先我离世，留下了他的未了情。而我们唯一的儿子盛厦毅然辞去中信证券公司的工作，继承父亲的遗愿，帮我管理书吧。因为他知道，"纯真年代"书吧是我和他父亲互赠的生命礼物。

21岁的"纯真年代"书吧是生命的礼物，是爱情的见证，是友情的载体，为西湖带来一股清新的气息……

此情只应杭州有！

书香杭州

◎ 王自亮

王自亮，浙江台州人。诗人、作家、学者。先后担任台州行政公署秘书、《台州日报》总编辑、浙江省政府办公厅研究室主任、吉利汽车集团副总裁、浙江工商大学教授。出版学术专著、文学著作和财经著作多种。

莫言曾对我说："西湖就是一本书，读不厌的。"杭州之所以是世界的，就在于它的自然、人文和传说融为一体，是活着的、行进中的影像。藏书、刻书、读书，无疑为杭州之悠久传统，而书店则是这座城市的一大风景。

文澜阁与《四库全书》

藏书、刻书、贩书，统称为"书业"，此乃杭州"景中景"。杭州的贩书业最早可追溯至东汉，有据可考的藏书业始于魏晋，刻书业则在中唐兴起。宋室南渡后，杭州逐渐成为全国政治、经济、文化中心，其书业文化的发展也达到了空前高度，各类藏书活动得以齐全展示，官府藏书尤为壮观。

● 文澜阁

● 文澜阁敷文观海匾

文澜阁位于孤山脚下、西子湖畔，曾是存放《四库全书》的皇家藏书楼。"文澜"不只是文字之"澜"，更是兴亡之"澜"。从官办"文澜阁"到私家"八千卷楼"等诸多藏书楼的历史发展，书写了一部近代杭州藏书史。当然，其中也包括胡藻青与曾任翰林院编修的邵伯炯创办的"杭州藏书楼"（后称"浙江藏书楼"），即浙江图书馆的前身。

文澜阁有《四库全书》、《古今图书集成》、嘉庆十九年内府刻《全唐文》、武英殿刊本《钦定平定粤匪方略》、闽刻《武英殿聚珍本丛书》等藏阁。民国元年（1912年），浙江图书馆孤山馆（今古籍部）落成，文澜阁的藏书全部移藏图书馆，从此书阁分离。

《四库全书》卷帙浩繁，共收书3503种，79337卷，分装3.6万册，达9.97亿字。乾隆四十七年（1782年）七月，乾隆"因思江浙为人文渊薮"，下令将其分抄三部，藏于扬州文汇阁、镇江文宗阁和杭州文澜阁，即"江南三阁"。乾隆五十五年（1790年）运抵杭州、入储文澜阁的《四库全书》精美无比，谁料时运不测，后来跌宕起伏的局势让它吃尽了苦头。

一座城、一个国家与一部书的命运，紧紧地联系在一起。

太平军入城后，阁书散佚殆尽。藏书家丁氏兄弟费心抢救，于同治三年（1864年）太平军撤出后，将抢救所得总计8689册（约占原藏书的四分之一）阁书运回城内，藏于杭州府学尊经阁。丁氏兄弟还在浙江巡抚谭

锺麟的支持下，耗时 11 年，抄书 26000 余册，尽力弥补文化瑰宝残缺的遗憾。后历经浙江省图书馆首任馆长钱恂、时任浙江省教育厅厅长的张宗祥两次补抄，补齐后的文澜阁《四库全书》成了七部抄本中最完整的。

1937 年七七事变后，为躲避战火，时任浙江图书馆馆长、陈布雷之弟陈训慈在浙大校长竺可桢的帮助下，将 140 箱文澜阁《四库全书》同其他善本 228 箱，装上了浙大西迁的卡车。自此，阁书开始了长达 8 年的颠沛流亡，辗转富阳、江山、南昌、长沙、贵阳、重庆等地，跨越六省，直到 1946 年 7 月才完好无损地运回杭州。其间，1938 年 2 月，日本"占领地区图书文献接收委员会"曾到杭州寻找阁书，而此时这些书已经运到了龙泉。时任浙江省图书馆孤山分馆主任的毛春翔对阁书感情至深，一路护送，舍生忘死。抗战胜利后，1946 年毛春翔随阁书回到杭州。他在《文澜阁〈四库全书〉战时播迁纪略》中写道："倭寇入侵，烧杀焚掠……阁书颠沛流离，奔徙数千里，其艰危亦远甚于往昔，八载深锢边陲，卒复完璧归杭。"

两百多年来，文澜阁《四库全书》在数次浩劫中几陷于毁灭，是几代文化人的侠肝义胆使其幸存至今。2002 年，位于杭州黄龙洞的浙江图书馆新馆落成，文澜阁《四库全书》从孤山搬到了浙江图书馆"恒温恒湿"的地下善本库房。这套旷世巨著终于有了长久安全的栖息之地。

○ 浙江图书馆内景

杭州刻印与十竹斋

古代藏书史上均以宋刻为善,而宋刻书多出自杭州——南宋三大刻印中心之首。雕版字体工整,刀法圆润,纸坚色白,墨色香淡,校勘缜密,这是后世珍视宋版书籍的主要原因。南宋时期,杭州印刷业发达,一直延续到元明清,元代朝廷所修的三部大型史书——《辽史》《金史》及《宋史》,就由杭州路儒学"锓梓印造装褙"。书院刻书多胜于宋版,尤以西湖书院之藏刻为佼佼者。晚清时期,杭州设立浙江官书局。咸丰、同治年间,谭献、黄以周等人接过校勘之责,出了一批底本考究、校勘精良的刻本,如《九通》《玉海》等,错讹极少、字体秀丽,质量可能超过殿本,胜过金陵书局。寺院佛经刻印中,元大德年间在杭州路大万寿寺所刊的《河西字大藏经》以少数民族文字刻印,充分显示了杭州印刷技术力量之雄厚。

杭州十竹斋是一家木版水印工作坊,传承并复兴了饾版印刷(即后来的木版水印)与"拱花"这两项几近失传的技艺,其历史可以追溯到明代。

● 杭州十竹斋木版水印技艺传人魏立中

"十竹斋"原为明末书画篆刻家、出版家胡正言的斋名。他辞官后潜心制墨、造纸、篆刻和刊书,为后人留下了《十竹斋画谱》《十竹斋笺谱》和《十竹斋印谱》。

2001年,师从陈品超、张耕源的魏立中复兴杭州十竹斋艺术馆,聘请原水印工厂的十几位专家传授技艺,并邀请吕济民、冯骥才、谢辰生、沈鹏等艺术名家进行指导。2014年,十竹斋"木版水印技艺"入

选《国家级非物质文化遗产名录》，魏立中成为"木版水印技艺"非遗代表性传承人。魏立中的传承精髓在于其画、刻、印三者均游刃有余，一笔一画、一刀一刻都

● 十竹斋木刻名人肖像

是力的初生、术的推衍与艺的回放。其东方主义的演绎——高调形式、低调表现，丝丝入扣，细腻入微。

十竹斋不仅是美术馆，还是艺术创作工作室、刻印中心，是艺术教育基地。近年来，十竹斋以饾版印刷与"拱花"技艺对古代艺术精品精心再创作，或独立创作与时俱进的水印版画新作品，梳理、再现了中国版画印刷史上的重要作品，并在中国美术馆、中国国家图书馆、中国美术学院美术馆、巴黎联合国教科文总部、瑞士日内瓦联合国总部万国宫、英国王储基金会传统艺术学院等地举办重要展览，作品为多家博物馆及名人收藏。十竹斋还为木版水印这门古老的艺术培养了一批高素质的专业人才。

晓风书屋

1996年，姜爱军与朱钰芳在杭州创办晓风书屋，如今晓风书屋遍布杭城，已有19家分店，并以其独特的"调性"，成为杭州读书人的"第二书房"。

晓风书屋选书，有三个标准：一是名社，一是名译，一是名家，选最经典的书。20世纪90年代，许多书店还以武侠、言情小说为主，这个20平方米的小书店内竟已有《二十四史》。姜爱军与朱钰芳希望读者为孩子买

书,孩子长大成人了还能看,成家后又可以给自己的孩子看,让这本书有传承功能。

书屋创办初期,就聚集了一大批"精神盟友"。浙江大学的罗卫东教授,中国美院的王犁教授、戴家妙教授等,都常来晓风书屋开书单给学生,或是与友人交谈。在晓风书屋,读者不仅能享受精神的共鸣,还能参与选书的过程。书店因此变得开阔而深厚,最终形成引导读者读好书的理念。如今,很多人进了晓风书屋,都会看看书屋的书单——杭州的精神路标之一。这就是书对于杭州的意义。

姜爱军与朱钰芳很看重书店同业人士,视他们为一种精神支撑。"杭州的特色书店很多,比如'纯真年代'这样的书吧,西西弗、钟书阁、单向街这样的全国连锁书店,还有晓书馆、理想谷这样的网红阅读空间。"

朱钰芳说,要在杭州开一家有想法、有意思的独立书店,就应该做好本土文化,"晓风要生存,必须走自己的路线,有自己的主题和特色,所以我们是小而精、小而美。"

晓风书屋的每家分店都有自己的主题特色,如大学分店是想影响大学通识教学;运河分店则讲杭州运河故事和非遗故事;良渚博物院分店,有考古史料类书籍;丝绸博物馆分店,则做文创产品和丝绸相关书籍等。

● 晓风书屋

至今,晓风书屋开办了4000余场名家讲座、沙龙、签售、展览,留下余光中、郑愁予、易中天、铁凝、张抗抗的足迹。北方的大气与南方的婉约在这里遇合,不仅有西风烈马的北方色彩,也有江南推窗一抹绿的静。书屋不仅是"晓风人"的,也是杭州读书人的。晓风书屋的"调性",让更多的读书人能在这里有归属感,找到共鸣。

书籍是人类进步的阶梯。阅读怡神,读书养性。如今,杭州书店林立,满城书香,读书已成为杭州人的一种时尚。

● 博库书城内景

江湖一揽旗袍美

◎ 章杰群

章杰群,浙江杭州人。热爱文学,喜欢旗袍。杭州嘉和商务咨询有限公司总经理,浙江省传统文化促进会理事,浙江省传统文化促进会萧山旗袍文化专委会会长,"乡村振兴"萧山区金凤凰创业服务中心副会长,杭州市萧山区食品安全监督协会副秘书长。

她一直就在那里,雍容又灵动,内敛也张扬。她穿越时空,从三百年前走来,带着皇城里的奢华和精致,在女子学堂前流连徜徉,步入十里洋场的纸醉金迷,在文化自信的今天,风华依旧。她是中国传统女性服饰的代表,也是最具东方神韵的中国符号——旗袍。

张爱玲说:"再没有心肝的女子,说起她去年那件织锦缎夹袍的时候,也是一往情深的。"那些徜徉于西湖和钱江之畔的名媛才女们就像一道道闪亮的光芒和一簇簇耀眼的花朵,开启了中国新纪元,照耀了20世纪,倩影永存。

20世纪20年代,一头西式短发,着一身两截式旗袍的她亭亭玉立于杭州陆家巷一方江南小庭院中。钟灵毓秀的江南山水赋予了她美丽和才华,优雅与知性。她和徐志摩、梁思成、金岳霖等青年才俊在诗词与建筑文化中贯穿古今、谈笑风生。她和徐志摩、印度诗人泰戈尔被称为文坛

"岁寒三友",成就20世纪文坛的一个传奇。1924年,泰戈尔访问杭州,泛舟西湖游览美景,当时徐志摩向泰戈尔透露对她的爱慕之情,委托其居中做月老,奈何她明月无心。泰戈尔临别赠诗一首:"天空的蔚蓝爱上了大地的碧绿,他们之间的微风叹了声'哎'!"十年后,当她再次来到杭州与会商讨六和塔重修事宜时,已经和梁思成结成伉俪。她是绝代芳华于人间四月天的林徽因。似乎因为有了她,一想起她,杭州便总是春天了,总会嫣然一笑了。

● 旗袍

今天,如果您来到杭州,从蔡官巷往东,沿着南山路,一路到太子湾公园对面的花港观鱼,水边的一棵百年樟树下,有一座林徽因纪念碑。纪念碑由清华大学建筑学院设计,以青铜作诗笺,上雕诗句,透过湖光水色,映出林徽因身着旗袍的倩影,一如百年前的她明亮而生动。

一江钱塘水,几多风流情。1928年2月,富春郁达夫牵着她的手,在杭州西子湖畔举行了盛大的婚礼,轰动杭州城。春风沉醉的夜晚,温柔美人的陪伴,才子佳人的结合令人羡慕。她就是当年的"杭州第一美人"王映霞。她与风流才子郁达夫的唯美爱情,被称为"现代文学史中最著名的情事",柳亚子以"富春江上神仙侣"诗句赞美二人的感情。但神仙不永,眷侣不长,最终双栖鸟儿各自飞散。结婚风光,离婚也惊世。她美得太耀眼,变换着剪裁得当、装饰得宜的花色旗袍,从杭州到山城重庆,举座皆

137

● 旗袍

惊。岁月如流，爱恨成烟云，她的美如孤山晚霞映红一池湖水。

旧的已过去，新的正到来。旗袍的出现离不开当时政治和文化的影响。女性追求自由、平等、独立的思潮和女权主义的兴起，是旗袍产生的思想文化基础。民国时期，中西文化互相交融、新旧文化激烈碰撞，旗袍成了新女性的形象代名词。

"国事心常在，梨花手自栽。"她是中华民国缔造者之一的章太炎的夫人汤国梨。余杭仓前古镇"章太炎故居"里，保存着她的许多家书和诗词。汤国梨性情刚强，有丈夫气概，且天资聪慧，胸怀政治抱负，为中国近代妇女运动的先驱、诗词家、书法家，博学多才，有"旷代清才，直与贺、柳并辔"之美誉。

民国初期，她和各界妇女共同发起建立"神州女界共和协济社"，提出妇女参政要求。后来她又创办《神州女报》，宣传妇女必须学习文化知识、经济自立、参与政治、男女平等等新思想。1913年，汤国梨和章太炎结婚后，积极支持先生参加革命工作，独立支撑全家，敬养婆母，抚育儿女，不辞辛劳。抗战期间，她募捐筹建"伤兵医院"，支援抗日救国运动。同时，她还协助章太炎创办"章氏国学讲习社"，任教务长，将内外事务管理得井井有条。书画名家蒋吟秋曾作联赞誉："大师讲学称贤助，淑德扬风仰久长。"1986年，汤国梨墓由苏州迁葬于杭州西子湖畔南屏山麓章

创新魅力

太炎墓侧。从此,杭州又多了一位如秋瑾般的豪侠女子永久陪伴。

走过百年岁月,旗袍以其独有的服饰风格、气质,体现了民国初期女子追求男女平等、自由独立、才华学识的新思想观念。随着审美观念的不断加强,旗袍也从单一的裁剪样式慢慢走到了今天的时尚多样化。历史总是深深地刻着民族的文化印记。旗袍如歌,绕梁不绝。

继1929年旗袍被指定为国家礼服之一后,1984年旗袍被国务院指定为女性外交人员的礼服。2011年,旗袍手工制作工艺成为第三批国家非物质文化遗产项目。2014年亚太经合组织(APEC)第二十二次领导人非正式会议上,中国政府选择旗袍作为与会各国领导人夫人的服装。2016年G20杭州峰会,为大家服务的礼仪小姐大方、素雅的旗袍同样让人眼前一亮。

自此,旗袍便如林徽因的诗句般一树又一树地花开在了中国大地,也在国际上兴起了一股潮流。旗袍在历史街巷中,在现代都市间,在每一个中国女人的生活、故事里。杭州的大街小巷里,胡雪岩故居的庭院中,大运河的拱宸桥上,良渚古城遗址的阡陌间,着旗袍的身影如丁香花一般暗香流动。

杭州青年路的振兴祥旗袍店是利民服装厂的老店,是我国历史上完整保留至今从未间断过的中式服装生产老字号,拥有一项国家级非遗技艺——"振兴祥"中式服装制作技艺。

● 杭州旗袍展

自2017年开始,杭州市文化广电旅游局推出"全球旗袍日"活动,以丝绸与旗袍为载体,向全球讲述杭州故事,书写东方华章。旗袍作为东方女性的经典服饰,在中西文化交流的舞台上大放异彩。

● 人间西湖旗袍秀

钱塘记忆

文化遗产看杭州

◎ 杨建新

杨建新，浙江诸暨人。浙江省人民政府参事，浙江省非物质文化遗产保护协会会长，长期从事宣传文化工作。

迄今为止，中国已拥有 56 项世界遗产，名列全球第一，其中包括 38 项世界文化遗产。而杭州就拥有其中三项，这就是杭州西湖、中国大运河和良渚古城遗址。一座城市能有三处世界文化遗产，放眼全国，并不多见。

2011 年 6 月 24 日，这是个令中国人更是让杭州人激动的日子，"杭州西湖文化景观"在联合国教科文组织世界遗产委员会第 35 届会议上通过审议，被列入《世界遗产名录》，成为中国的第 29 个也是杭州的第 1 个世界文化遗产。世界遗产委员会对西湖列入《世界遗产名录》的评语是："杭州西湖文化景观是文化景观的一个杰出典范，它极为清晰地展现了中国景观的美学思想，对中国乃至世界的园林设计影响深远。在景观营造的文化传统中，西湖是对'天人合一'这一理想境界的最佳阐释。"

在中国的湖泊中，西湖是少有的奇葩。它是美不胜收的自然山水和博大精深的中华文化完美融合的典范。西湖之美，美在山水，更美在人文；

钱塘记忆

美在一日多时,更美在一年四季。在西湖的湖光山色之中,几乎融汇了所有中国文化的元素:园林,建筑,宗教,诗词,戏曲,酒茶等。从历史上看,2000多年前的西湖还是钱塘江的一部分,由于长年累月的泥沙淤积,慢慢形成了湖泊,又因在杭城之西,故称"西湖"。关于西湖的治理,可以追溯到9世纪的唐朝。唐朝以降,1000多年来,历代官民都为治理西湖付出良多,无数的古籍史志记录了他们的功绩。宋元以降,更多文人雅士聚集于此,使得西湖越来越呈现出湖光山色与人文古迹交相辉映的大美景象。杭州西湖成为世界文化遗产,这是杭州人也是中国人对全人类的一个贡献。

继西湖之后,大运河于2014年6月成功申遗。虽然中国大运河流经浙江、江苏、山东、安徽、河南、河北和天津、北京六省两市,非杭州一地所有,但它与杭州有着特殊的关系,它的主要部分被冠以京杭大运河之

● 美丽的京杭大运河

名，杭州与北京遥相呼应，成为大运河的两端。大运河始建于2500多年前的春秋时期，自吴国开凿邗沟始。此后历朝历代对大运河都有开凿、疏浚、改造，以隋唐时期规模最大。隋唐以后，大运河基本定型，包括隋唐大运河、京杭大运河和浙东大运河三部分，由南向北，贯通钱塘江、长江、淮河、黄河、海河五大水系，是迄今为止世界上开凿最早、里程最长、工程最大的古代内陆运河。

京杭大运河（杭州段）流经杭州的四个城区，全长39千米。今天，流淌了1000多年的京杭大运河（杭州段），不仅是杭城不可或缺的航运通道，也是一条美丽的风景带。

2019年7月6日，良渚古城遗址被列入《世界遗产名录》。自1936年浙江省立西湖博物馆（现"浙江省博物馆"）的职员施昕更在余杭良渚镇发现了良渚遗址起，考古人员在这里进行了多次发掘。大量的出土文物证明，这是一个新石器晚期的代表性文化遗存，1959年被命名为"良渚文化"，距今5300—4300年。其范围大致分布于长江下游环太湖流域。良渚古城地处浙西山地丘陵与杭嘉湖平原的接壤地带，地势西高东低，东苕溪和良渚港分别从城的南北两侧向东流过。古城呈圆角长方形，四周筑有城墙，城墙大致宽40—60米，底部铺垫石块作为基础，上部用黄土堆筑。城墙上发

● 良渚国家考古遗址公园（由良渚国家考古遗址公园提供）

现有六座水门。在5000年前的新石器时代,这样的水利工程令人叹为观止。良渚古城的发现,大大突破了人们对原有良渚文化的认识,良渚时期并非传统意义上的部落联盟,良渚文化也不是史前文明,而是已经进入了文明时代。墓地中大量陪葬物品的出

● 玉琮(由良渚国家考古遗址公园提供)

现,说明良渚社会不仅已经阶级分化,而且统治者内部也有了严格的礼仪等级制度。在出土的玉器和陶器上,还发现了一些刻画符号,这些符号已非常接近早期的文字,故被认定为原始文字。这是文明社会的重要标志。而规模宏大的良渚古城以及大型水利系统的建设所需要的动员能力和组织能力,应该是一个国家形态的政权机构才拥有的。由此可见,在5000年前的环太湖流域,曾经存在过一个以稻作农业为基础的、具有明显社会等级制度和统一信仰的区域性国家,良渚古城就是当时的国都所在。良渚古城遗址的申遗成功,不仅为印证中华文明5000年的历史提供了学术支撑和实物依据,而且也表明了这一史实得到了国际社会的广泛认可。

此外,杭州也是联合国非物质文化遗产项目最为丰富的地区之一。中国共有42项非物质文化遗产被列入联合国教科文组织《人类非物质文化遗产代表作名录》,居世界第一。其中5项是属于杭州的或与杭州不可分割的。

●古琴（由李杭阳提供）

第一项是"昆曲"。昆曲（现又称"昆剧"）是现存的中国最古老的剧种，已有600多年的历史。这是中国第一个进入联合国教科文组织《人类非物质文化遗产代表作名录》的项目。中国目前一共仅有八个昆曲专业剧团，而其中著名的浙江昆剧团就在杭州。

第二项是"古琴艺术"。这是中国第二个申报的非遗项目，于2003年被联合国教科文组织列入第二批《人类口头和非物质遗产代表作名录》。古琴是中国民族乐器中最具代表性的一种，已经有3000多年的历史。古琴艺术经过了漫长的发展和演变，在全国范围形成了多个不同的流派。而以杭州为中心的浙派古琴艺术，就是其中很重要的一支。它于2008年被列为第一批《国家级非物质文化遗产名录》的扩展项目。

第三项是"中国传统蚕桑丝织技艺"。这是2009年被列入《人类非物质文化遗产代表作名录》的项目。蚕桑丝织是中华先民的伟大发明和对人类的重要贡献，其起源至少可以追溯到5000年前。杭州的杭罗织造技艺和余杭清水丝绵制作技艺作为子项目被列入了非遗名录之中。杭罗是杭州地区特有的一种丝绸品种，早在宋代就有记载。因其生产工艺非常复杂烦冗，对生产者技能的要求极高，故掌握这门技艺的师傅屈指可数，产出很少。

第四项是"中国篆刻"，于2009年获准列入非遗名录。中国篆刻是一门以书法（主要是篆书）和镌刻相结合来制作印章的古老艺术，其历史可

以上溯到2000多年前的春秋战国时期。它也是中国传统文化的标志性艺术之一。1904年，杭州西泠印社的创立，对中国篆刻艺术贡献良多。西泠印社以"保存金石，研究印学，兼及书画"为宗旨，广泛团结印人和书画家开展活动，历百余年而不衰，成为海内外研究金石篆刻历史最悠久、成就最高、影响最广的国际性印学书画民间艺术团体。

第五项是"二十四节气"。这是中国在2016年被正式列入联合国教科文组织《人类非物质文化遗产代表作名录》的第31个非遗项目，而杭州的半山立夏习俗则是其中的子项目。二十四节气是上古时代农耕文明的产物，它是中华先民顺应农时，通过观察太阳运行，认知一年中时令、气候、物候等变化规律所形成的知识体系，准确地反映了自然节律的变化。流传于杭州拱墅区半山街道的立夏习俗，起源很早，盛行于明清，延续至今。每逢立夏日，周边群众都会自发聚集到半山娘娘庙附近，按照传统习俗举行送春迎夏仪式。近年来，当地每年都举行"半山立夏节"，深受民众和八方游客的喜爱。

以上介绍的只是联合国教科文组织通过的非遗项目。杭州还拥有中国国家级非遗项目48项，浙江省级非遗项目185项，市级非遗项目368项，以及众多的县、区级的非遗项目。

运河文化

杭州"老市长"苏东坡

◎ 胡 坚

胡坚,浙江温州人。浙江省人民政府参事、浙江省人民政府咨询委员会委员、浙江省政协智库专家,浙江大学、中国美术学院等校兼职教授。曾任浙江省委宣传部常务副部长。著有《思想的力量》《语言的力量》《文化的力量》《文化浙江十二讲》等专著,在刊物上发表研究文章50余篇,并主持"红船精神研究"特别项目。

在杭州,无人不晓苏东坡,东坡先生与杭州和西湖真的是结下了不解之缘,许多人称苏东坡为杭州"老市长"。

苏东坡(1037年1月8日—1101年8月24日),名苏轼,字子瞻,号铁冠道人、东坡居士,汉族,眉州眉山(今四川省眉山市)人,祖籍河北栾城。

苏东坡一生两次在杭州任职。熙宁四年(1071年),苏东坡因上书反对王安石变法中的流弊,遭到政敌的攻讦而不得不离开宋朝都城东京开封,36岁的他带着一腔悲凉赴

● 《古清波门》(傅伯星绘)

杭州担任通判，但他失意却没有失志。苏东坡的这个职务主要是负责监督当地的知州陈襄的，哪知苏东坡和知州陈襄一见如故，两人工作配合默契，情同手足。当时，杭州市民吃水难是个大问题。此前，历代官员也想过很多办法，修建水库，把西湖的水引入城中，但因引水管道损坏严重，居民经常吃带咸味的水。苏东坡与陈襄一起

● 苏东坡雕像

带领民众新建了两个水库，用陶瓷管代替以前的竹子管道，还通过挖沟、换井壁、修补漏洞等措施，为杭州修复了六口水井。这些工程建成后，杭州市民吃水就得到保障了，百姓交口称赞。关于此事，苏东坡在《钱塘六井记》中有明确记载。熙宁七年（1074年），39岁的苏东坡结束了杭州通判的任期，离开杭州。他第一次在杭州任职头尾共四年，但从此与杭州结下深厚的情谊。

元祐四年（1089年），苏轼任龙图阁学士、知杭州。这是他第二次到杭州任职，一个人一辈子能两次到同一个地方任职，这十分难得。他到杭州时，正值杭州大旱，饥馑瘟疫一起发生。苏东坡向朝廷请求，鉴于灾害，减免杭州上供的稻米三分之一。他吩咐搭建粥棚，为穷苦百姓煮粥施粥，还派医生一个街坊一个街坊地跑，给穷人治病；又从公款里拨出两千缗，自己捐出五十两黄金，在众安桥组建了一家名为"安乐坊"的医院，两年内治疗了上千个病人。后来，医院迁至西湖边上，改名为"安济坊"，苏东坡离开杭州后，医院还照常为人看病。他还亲自主持配制了"圣散子"这一味药，价格便宜，疗效显著，救了不少传染病病人。元祐六年（1091年），苏东坡

重新受到朝廷重用,于是调离了杭州。这次他在杭州任职头尾共三年。

苏东坡名苏轼,其名"轼"原意为车前的扶手,取其默默无闻却扶危救困、不可或缺之意。苏东坡一辈子任过许多地方的官,任上他充分展现了"为官一任、造福一方"的为官做"轼"理念,主政杭州就是他体现为官理念的典型代表时期。

杭州人民特别记得这位"老市长",如今的杭州,到处有这位"老市长"的足迹:苏堤、三潭印月、葛岭、众安桥、钱塘江、虎跑、柳浪闻莺、灵隐寺等。杭州人民命名一条"东坡路"记着他的好,知道他喜欢艺术,专门命名一个"东坡大剧院"让他看个够。已经有一条"东坡路"了,还觉得不够,再命名一条"学士路",因为苏东坡曾任翰林学士,人称东坡大学士,所以"学士路"也与苏东坡有关。所有的这些还不够,杭州人民还专门在苏堤南岸建起了苏东坡纪念馆。杭州人感念苏东坡,不仅是因为他主政杭州时造福民众,还因为他保护西湖,给西湖的山水赋予了诗化的灵性。

苏东坡第一次来杭州任职时,西湖上杂草丛生,淤泥阻塞的面积已近十分之三。他第二次到杭州任职时,由于原来疏于治理,西湖已经荒草丛生,水光潋滟早已不在,山雨空蒙已非往昔,西湖的淤塞已经十分之六七了。苏东坡非常痛心,他上表朝廷说如果再不治理,20年以后西湖就会被野草遮蔽,从此人间再无西湖。可以读读他为西湖写的奏章《乞开杭州西湖状》:"熙宁中,

● 西湖山色

臣通判本州，则湖之葑合盖十二三耳。至今才十六七年之间，遂堙塞其半。父老皆言十年以来，水浅葑横，如云翳空，倏忽便满。更二十年，无西湖矣。"其忡忡之忧心，溢于言表。

为了疏浚西湖，苏东坡面临的困难重重。经费从何而来？当时有人算过，至少需要三万四千贯钱，这在当时不是一个小数目。朝廷虽然批准了疏浚西湖的请求，但并没有直接给经费，而是给了100张度牒（度牒为僧人出家的身份凭证）作为经费。苏东坡用这100张度牒，卖了一万七千贯钱，加上通过各方面筹措的资金，带领杭州市民开始了浩浩荡荡的治理西湖的工程。工程进行中遇到一个棘手问题：疏浚出的像山一样堆积的西湖淤泥怎么办？苏东坡依据他在各地任职多年的经验，结合多方意见，以他艺术家的设计，用这些淤泥在西湖上建筑了一条长堤。长堤上栽种花木杨柳，建起小桥亭阁，形成了一道杨柳莺莺、美丽如画的风景线，也就是后人命名的"苏堤"。苏东坡的诗句"六桥横绝天汉上，北山始与南屏通。忽惊二十五万丈，老葑席卷苍云空"就描述了这一长堤的优美景象，还说明这条长堤贯通了西湖的南北两岸，大大缩短了游玩西湖的往返距离。

西湖疏浚后，苏东坡思考一个问题：怎样才能有一个长效的办法让西湖中的杂草不再滋生？苏东坡通过走访各方，提出了一个两全其美的办法：将岸边的湖面租给民众种植菱角，种植菱角就必须定期拔草，由此保证了西湖的杂草不再泛滥。同时，官府将所得的租费用于湖堤的保养。当时还在西湖中建造了三座小石塔，围成一个水域，划出的这个水域内标注不能种植菱角，以便通航。这三座小石塔经过历代的修整，逐渐演变为著名的西湖美景"三潭印月"。

苏轼不仅是个政治家,他还是一个文学家、书法家、美食家、画家,在文、诗、词三方面都达到了极高的造诣。他的这种高超的艺术修养与西湖的诗情画意一结合,就诞生了不朽的传世之作。历代写西湖的诗词无数,但是,最具代表性的,莫过于苏东坡的《饮湖上初晴后雨》:"水光潋滟晴方好,山色空蒙雨亦奇。欲把西湖比西子,淡妆浓抹总相宜。"这首妇孺皆知的诗,成了吟诵西湖山水的千古绝唱。还有那首《六月二十七日望湖楼醉书》:"黑云翻墨未遮山,白雨跳珠乱入船。卷地风来忽吹散,望湖楼下水如天。"也让无数后人传诵。

当然,对于老百姓来说,无论是否有文学修养,大家一致喜爱的莫过于吃"东坡肉"。选用半肥半瘦的猪肉,切成约二寸许的方正形,成菜后,薄皮嫩肉,色泽红亮,味醇汁浓,酥烂而形不碎,香糯而不腻口。据说苏东坡组织民工疏浚西湖、筑堤建桥,使西湖旧貌变新颜。杭州的老百姓感谢苏轼,听说他最喜欢吃猪肉,于是大家就抬着猪、挑着酒送他。苏东坡就指导大家将猪肉切成方块,用酒烧得红酥酥的,然后分送给参加疏浚西湖的民工们吃,大家吃后无不称奇,把他送来的肉亲切地称为"东坡肉",这就是东坡肉的由来。吃东坡肉不仅只是吃肉了,还吃出文化,吃出一种为民的情怀。

从苏东坡身上,我们信了一个道理:千百年来,官不忘民,民定不忘官。

苏东坡在杭州

● 西湖南线风光

南宋时代的杭州

◎ 夏燕平

夏燕平，浙江杭州人。撰稿人，电视文艺、纪录片导演，高级编辑。先后毕业于杭州"五七"文艺学校、中国传媒大学、中央戏剧学院。主要作品有电视纪录片《西湖》《南宋》《中国村落》等。作品曾获中宣部"五个一工程"奖，中国电视"星光奖""金鹰奖"等。

一直以来，有两段关于杭州的评价路人皆知：一是"上有天堂，下有苏杭"；二是林升的《题临安邸》，"山外青山楼外楼，西湖歌舞几时休。暖风熏得游人醉，直把杭州作汴州"。前者说杭州的美丽富饶，后者说南宋朝廷的懦弱无能。

那个如天堂般美丽富饶的杭州，是怎么来的？你别说，还真离不开那个"懦弱无能"的南宋朝廷。

没有人统计宋室南渡时到底有多少北方人口南迁，但有域外学者根据杭州当时某一食材的日消费量计算出，最低估计在150万人左右，最高到500万人左右。

今天的人对人口的数字有点"审美疲劳"。我们来对比一下唐朝首都长安、北宋都城开封，以及11世纪欧洲最繁华、人口最集中的威尼斯的人口数字，或许会让你大跌眼镜：长安最富裕时人口是80万至100万，开封最富裕时人口是 100 万至 120 万，而此时威尼斯的人口约是 10 万。

难怪威尼斯人马可·波罗要惊呼，杭州是"世界上最美丽华贵之天城"。需要指出的是，马可·波罗抵达杭州的时间已是元朝初期，此时的杭州已经远不能与当时的南宋都城同日而语了。

其实，林升的讽喻诗里也流露了对南宋杭州（临安）华贵的感叹："山外山""楼外楼"，"西湖歌舞""游人醉"。

南宋吴自牧在《梦粱录》中这样记述杭州的街市："自大街及诸坊巷，大小铺席，连门俱是，即无虚空之屋""商贾买卖者十倍于昔，往来辐辏，非他郡比也"。临安城中常常出现这样的情景：夜市的店铺刚刚打烊，早市的店家就已经打开了排门迎接客人了。

经过北宋那原本就奢华的生活，南宋市民更讲究生活的品质：吃羊肉要到李七儿的店、上等的奶要数王家的、血肚羹得去宋小巴家吃……而卖咸鱼的专营店竟然有 200 家之多。

● 南宋皇城图（由夏燕平提供）

钱塘记忆

《梦粱录》记载了240多味的菜,《武林旧事》罗列了54种名酒。某次盛大的宴会,先后上了200多道菜,根据口味、营养、色香,这200多道菜的先后顺序是不能颠倒的。

当时酒楼林立,最大的是涌金楼和丰乐楼,设有300多个包厢。如果以一个包厢10平方米计算,则至少有3000多平方米。女服务员1000多人,酿酒师、厨师和其他的工种也有1000多人。这样的规模,今天的杭州还找不到。

淮河沿岸"将士百战身名裂",而西湖的歌舞却依旧在云水光影之中不做片刻的停歇。

吴自牧在《梦粱录》中记述:"仲春十五日为花朝节,浙间风俗,以为春序正中,百花争放之时,最堪游赏。"因气候的缘故,杭州四季都有花可赏。当时的赏花活动十分丰富,赏红、种花、扑蝶会、祭花神,寒食节等都算是可以赏花的节日。

周密《武林旧事》告诉我们,"西湖天下景,朝昏晴雨,四序总宜。杭人亦无时而不游"。除了流传至今的节日以外,南宋人初春时探春,春浓时放春,祭扫、佛诞、避暑、立秋、中元、观潮、重阳、冬至、赏雪等节日都有丰富的活动。

辛弃疾的《青玉案·元夕》写尽南宋皇城繁华和躁动的元宵之夜,那是怎样的一个元宵景象啊——"东风夜放花千树。更吹落,星如雨。宝马雕车香满路。凤箫声动,玉壶光转,一夜鱼龙舞。蛾儿雪柳黄金缕,笑语盈盈暗香去。众里寻他千百度,蓦然回首,那人却在,灯火阑珊处。"

众多的节日，民众的狂欢，还催生了一个行业——捡漏。总有人在曲终人散之后，低头寻找拥挤和兴奋的人们丢失的物件儿，运气好的话，没准能捡到个"娥儿翠柳"什么的。

这恐怕不是一句"醉生梦死"可以简单概括的。它得有经济基础。南宋王朝虽然疆域面积比较北宋要狭小许多，但也拥有从淮河以南直到东南沿海的一片广大富饶地区，而且从唐宋（北宋）开始，这片土地就已经是唐宋（北宋）帝国赖以生存的根本之地了。何况南宋王朝一度在政治、经济、军事、文化上励精图治："绍奕世之宏休，兴百年之不绪。"

杭州玉皇山南麓，有一块形同八卦的农田，这是南宋皇家籍田的遗址。南宋绍兴十三年（1143年）正月始，宋高宗赵构为表示对农事的重视和对丰收的祈祷，每年春耕开犁时，都会率文武百官到此行"籍礼"，象征性地执犁耕田，以劝农桑。

皇帝亲耕"籍田"当然只是摆个造型，但是要论对农业的重视，南宋一朝是有史可稽的：将滩涂改造成涂田，利用沙洲发展成沙田，在湖上筑坝拦水而成围田，水上借助葑草而变葑田，又在东南山区构筑起了层层叠叠的梯田。

● 南宋皇城图（由夏燕平提供）

为了让有限的田地长出更多的粮食,南宋研发种植再生稻、间作稻、连作稻,引进和培育早熟的稻米品种;同时推广新的耕作技术,逐渐形成一系列由种到收直至仓贮的先进农业技术。南宋孝宗末年(约1194年),全国水稻平均亩产已达312斤。而758年后的1952年,我国水稻的亩产量也恰好就是312斤。

● 八卦田

马克思说:"火药把骑士阶层炸得粉碎,指南针打开了世界市场并建立了殖民地,而印刷术则变成新教的工具,总的来说变成科学复兴的手段,变成对精神发展创造必要前提的最强大的杠杆。"这三项伟大的发明,来自中国,而其真正作用于社会,是在中国的南宋。

1126年,宰相李纲在守城时用霹雳炮击退了金兵,这应该是世界上最早的大炮;1130年,金军攻打陕州,宋军使用火药炮给金军以重大杀伤而取胜,这是世界上最早的地雷;1189年,猎人捕杀狐狸,将火药罐从树上扔下去,群狐仓皇而逃入网中,这是最原始的手榴弹。

大约在1224—1248年间,火药经由印度传入阿拉伯。之后,火药武器由阿拉伯人传入欧洲。

南宋时期南北割据,陆路无法通行,转为发展海上丝绸之路和瓷器之路。南宋提举福建路市舶司赵汝适在记述沿海通商之情的《诸蕃志》中写道:"舟舶往来,惟以指南针为则。"

12世纪末,指南针由中国传入阿拉伯,13世纪初由阿拉伯传入欧洲。

南宋文人周必大，从沈括的《梦溪笔谈》中学来了毕昇的印刷术（毕昇发明印刷术在北宋，但未得重视和利用），印了多部自己的著作《玉堂杂记》分送友人，此后，活字印刷术真正地普及开来，让宋代印刷业繁荣昌盛。大量的书籍被印刷和传播，其中有许多是关于如何提高农业技术、如何提高手工艺水平以及大量儒家经典的书籍。通过这些书籍，中国的科学技术和先进文化被传播到了全世界，整个社会因此发生巨大的变化。

不仅印书，还印钱，南宋已经尝试使用纸币了。除了经济发展使然，还有一个重要的前提：造纸技术的发展。在《清明上河图》中，我们已经看见了油纸伞，证明人们用它解决了防水问题。其时还出现了纸的衣服、纸的被子、纸的蚊帐。而纸币的出现更说明当时还有了防伪技术。

与造纸技术同样先进的是造船技术。南宋已经发明了最长36丈、约110米、装有24个转轮和6具"拍竿"、可载士卒千余人的车船，还有载重量达60吨的装甲船，掌握低重心流体减震装置、水密舱壁技术。陈列

钱塘记忆

在广东阳江海边的南宋古沉船"南海一号"就是最好的实证。这是迄今为止世界上发现的海上沉船中年代最早、船体最大、保存最完整的远洋贸易商船。"南海一号"整船出水文物有6万—8万件,除了大量的瓷器,还有许多金器、铁器、铜器等。要发掘完船上的文物,至少需要十年的时间。在"南海一号"的背后,我们看见了一个伟大的航海时代和那个富庶的王朝——南宋。

南宋时期重大发明众多,闪耀着时代的光辉,这些创造发明涉及天文学、数学、医药学、生物学、建筑技术等领域,广泛应用于文化、军事、农业和手工业生产。这些发明不仅是当然的世界第一,有许多发明还领先世界五六个世纪。

南宋的文化事业发达,著作众多:农学著作《陈旉农书》,陆游的《天彭牡丹谱》,世界上第一部关于制糖技术的专著《糖霜谱》,最早的菌类专著《菌谱》,最早的植物学辞典《全芳备祖》,最早的有关梅花的专著《梅

● 杭州"西湖十景"之一:南屏晚钟

谱》，被称为"幼科之鼻祖"的《小儿药证直诀》，中医史上最系统的妇科专著《妇人大全良方》，反映当时中国针灸医学最高水平的《针灸资生经》，世界上第一部系统的法医学专著《洗冤集录》……

南宋王朝的存续，不只是生命和生产的存续，它更是中华文化的存续和发展。

它贯通了中国历史的文澜道脉，发掘了江南文化的深层底蕴。

它促成了儒家思想由统治阶级和士大夫阶层向普通民众渗入的过程。

它让崇尚"真山真水""全山全水"的中国绘画，有了"马一角""夏半边"的无限空间的审美意趣。

它催生了中国戏曲艺术的最终成形。

它完成了中国茶艺的完美塑造。

它创造了中国瓷艺的又一个难以逾越的高峰。

它产生了资本主义的最初萌芽，西方学者称之为中国的"文艺复兴"。

它为东亚文明和世界文明贡献了宝贵的发现和发明……

南宋王朝是中国封建王朝历史上第一次那么近地面对蔚蓝色。尽管事出无奈，却带来了中华文明的大规模南移，对中国南方的经济、文化、科技的影响无可估量，并且，延祚至今。

西湖十景

钱塘记忆

钱王与金书铁券

◎ 钱越民

钱越民，浙江绍兴人。吴越国王钱镠第三十六代孙。毕业于浙江省湘湖师范学校，一生从事教育事业。先后在上虞、绍兴、嵊州任教。曾任副校长、教办主任、正校级协理员。参与合编《钱王后裔在嵊州》书三辑，担任副主编。参与嵊州长乐钱氏续修宗谱工作，受聘为顾问。

2010年春节期间，"国家宝藏——中国国家博物馆馆藏文物精品展"的巡回展，在浙江省博物馆举行。展出的精品文物中，有一件钱镠金书铁券，它是吴越国的珍宝。这件国家一级文物和嵊州市长乐镇钱姓家族密切相关。此次是这块铁券在阔别半个世纪后首次重新踏上浙江故土，因而引起媒体和社会人士的特别关注。

在我国历史上，唐朝曾有"贞观之治"和"开元之治"的辉煌时期，但到公元755年"安史之乱"爆发后，在各种原因下，唐王朝逐渐走向衰落，各地藩镇割据，乱象纷生。公元907年，宣武军节度使朱温废唐自立称帝，建都开封，史称后梁。自此历史转入五代时期。

五代十国之一的吴越国，建都于杭州，其地域曾包括浙江全境和江苏南部、福建北部的各一部分，立国者是钱镠。自公元907年钱镠被后梁册封为吴越王算起，至其孙钱弘俶（后改为钱俶）于公元978年纳土归宋

止，历五主（俗称"三世五王"），计72年。在五代十国时期，中央政权的五代更替和十国中的各国兴亡，吴越国是历时最长的。

在我国封建社会的历史上，浙江没有出过一个统治全国的国君，仅有过两个鼎峙一方的霸国雄主，这就是三国时期吴国的国王孙权和五代时期吴越国的国王钱镠。

钱镠，字具美，小名婆留，浙江临安人，生于公元852年。出身贫寒，幼喜习武。因系长子，16岁便冒险去海盐等地盐场肩挑私盐贩卖至安徽等地，换回粮食侍奉父母。21岁投军。24岁为当地石镜镇指挥使董昌的偏将。他骁勇善战，在唐末至五代时期，为平定两浙（浙东、浙西）战乱，屡立战功。特别是与刘汉宏、董昌的两次大战役，对他的发展和地位的稳固影响重大。公元882年，在越州（今绍兴）的浙东观察使刘汉宏叛乱，发兵二万至西陵（今杭州萧山区西兴），欲吞并浙西，时任杭州刺史的董昌命钱镠率八都兵御敌。经过四年的反复交战，公元886年底，钱镠攻克越州，亲斩刘汉宏于街市。当时越州乃会稽古城、浙东重镇，其繁华程度远胜杭州。按战前董昌许下的诺言，平定刘汉宏后，他去越州，把杭州让给钱镠。已经虚弱不堪的唐王朝也只能承认事实，遂授董昌为越州观察使（不久又升为节度使），钱镠为杭州刺史。公元895年二月，威胜军节度使（辖浙东各州，节度使驻越州）董昌僭位称帝，唐王朝即命钱镠讨

● 钱镠雕像

钱塘记忆

伐。因董昌曾是钱镠的上司,且二人是同乡,所以钱镠两次劝告董昌不可叛逆,但董昌不仅不听,反邀淮南杨行密夹击钱镠,致使钱镠腹背受敌,苏州失守。是年五月,钱镠拿下越州,被俘的董昌在从水路被押往杭州的途中,自惭无颜,在西小江投水自杀。

公元896年10月,钱镠被朝廷授为镇海(杭州)、镇东(越州)两军节度使,基本上控制了浙西和浙东地区。公元902年,唐朝廷封钱镠为越王;公元904年,又晋封为吴王。公元907年,朱温灭唐称梁,即封钱镠为吴越王;公元923年,又册封钱镠为吴越国王。

吴越国曾辖一军十三州,但于全国来说,吴越国毕竟地域小,力量弱,时常受强邻吴和南唐的威胁。钱镠审时度势,采取保境安民的国策,一面纳贡称藩笼络中原朝廷,借以牵制强邻,并取得外部道义上的支持;一面以软硬两手应对邻国,如与淮南多次交战,又屡加通好,甚而联姻,以取得休兵安定的局面。

钱镠在吴越国的治理上花了大力气。他扩杭城,建立稳固的城防工程;修海塘,使海潮不再灌入杭州;清理西湖,并开挖水井,改善环境和百姓饮水条件(今杭州尚保留有"钱王井");疏浚湖浦,大兴水利,对太湖、南湖、鉴湖、东钱湖等都有治绩;积极发展农桑,开发海运,扩大贸易,终使吴越之富"甲于天下"。公元932年,钱镠在杭州病亡,享年81岁,谥号武肃。他遗言要"子孙善事中国(中原政权)""如遇真主,宜速归附",并立下"钱氏家训",使后裔长期受益而人才辈出。对钱镠的功绩,后人口碑不绝,苏杭一带和越台等地,更有不少奉祀他的祠庙和纪念他的有关地名。现今有的学者誉称钱镠为"上有天堂,下有苏杭"的奠基人,且南

宋建都于临安（杭州），也基于吴越国对杭城的开发、建设和治理。

吴越国有"东南佛国"之称，作为吴越国的首都，杭州众多的寺庙几乎一半创建于吴越国时期，有据可查的不下200所，钱塘门外昭庆寺、南屏山的净慈寺、梵村的云栖寺、吴山上的宝成寺、六和塔西侧的开化寺、北高峰的韬光寺、南高峰下的法相寺、赤山埠的六通寺、九溪十八涧的理安寺、青芝坞的灵峰寺等。同时，吴越国还留下著名的"钱塘四塔"：白塔、六和塔、雷峰塔、保俶塔。

如今，在钱镠的出生和归葬之地临安，现存的钱王陵园和功臣塔已均被定为国家重点文物保护单位。而钱王的金书铁券也在历史潮涌中几经波折。

● 金书铁券

钱镠奉命讨伐董昌、统一两浙后，公元897年八月，唐昭宗遣中使焦楚锽赏赐钱镠金书铁券。该券呈拱形瓦状，长52厘米，宽29.8厘米，厚0.4厘米，系熔铁铸成；上有凹下用黄金镶嵌的字342个，其中正文325字，内容为表彰钱镠平定董昌叛乱的功绩和许诺让钱镠"长袭宠荣，克保富贵"，享受"卿恕九死，子孙三死，或犯常刑，有司不得加责"的优待。

钱镠及其子孙十分重视这块御赐铁券，世代妥为保藏。赵匡胤称帝建宋，逐渐统一全国。公元978年，第五位吴越国王钱俶从大局考虑，为保护生灵和生产力免遭破坏，遵照其祖武肃王钱镠的遗命，将所辖的一军十三州八十六县，五十五万零六百八十户和兵十一万五千零三十六人全部献给北宋王朝。其时宋太祖赵匡胤已亡。宋太宗赵光义加封钱镠并命其宗族子孙千余人全部自杭迁汴（北宋京城，今开封）。后铁券也送至开封。到宋仁宗时，铁券藏于驸马都尉钱景臻府中。1126年，金兵入侵，开封陷落，徽钦二帝及宗室几乎全被掳往东北，唯赵构（后为宋高宗）得以南逃。其时，景臻已死于战乱，已72岁的其妻大长公主（宋仁宗幼女）随子携带铁券南逃至浙江天台。150年后，元兵南下，南宋灭亡。当元兵将至天台时，钱氏家人负铁券逃难，死于途中，铁券便不知去向。1331年，一渔民在黄岩（温岭）县南附近一深水中偶然网得此铁券。那时铁券失落水中已56年。渔夫以斧试着劈铁券一角，见是铁件，便丢于家中。附近村中一老学究略知铁券的故事，便以铁价将铁券买走。天台钱氏得悉后，以10斛谷将铁券购回，以后一直藏于天台钱氏宗祠。1861年太平军入天台，钱氏后人为防铁券失落而将其沉于井底，局势稳定后，才捞出重新藏于宗祠。至1895年，铁券竟被人从宗祠里盗走。

1901年，有人将铁券带至嵊县出售，被嵊县县令徐印士（常熟人）以400块银元购下。这事被吴越国王钱镠第三十二代孙、举人钱文选（安徽广德人）获悉，适逢其兄钱乙斋正以观政兵部在浙江休假，遂告知嵊县长乐钱氏族人，一起力争以原价从徐县令手中赎回，同时赎回的还有乾隆皇帝御赐宝匣一只，时为1904年。长乐钱氏系1177年从天台迁徙而来。获券后长乐钱氏族人演戏10天，以示庆贺。后由长乐中段、前段、后段三房房长轮流保管；每年春节用花轿抬着铁券，在乐队吹打声中迎至大宗祠，与先祖遗像一起，以隆重仪式举行祭祀。抗日战争中，日军占领嵊城和长乐，长乐族人为防铁券遗失，设法以蜡严密保封，藏于后段房长钱赓麟家内的深井中,抗战胜利后才取出,藏于商会会长钱元瑞家。1949年5月,长乐解放,长乐钱氏族人感到中国共产党和人民政府可以信赖,遂将铁券献给国家,1951年由浙江省立西湖博物馆收藏并展出。1959年,这件国宝文物上调至北京新建的中国历史博物馆收藏。

这一金书铁券,历史上曾受宋太宗赵光义、宋仁宗赵祯、宋神宗赵顼、明太祖朱元璋、明成祖朱棣和清高宗爱新觉罗·弘历(乾隆)六位皇帝的御览。其中朱元璋曾御览了两次,乾隆皇帝则在览后归还时赐特制的装券宝匣一只,又亲作《观铁券歌》诗文赏赐。

2010年春节期间,我在杭州见到的这件国家一级文物钱镠金书铁券,因经历了1100多年的沧桑磨难,光是沉于水底就达60年之久,所以显得锈迹斑驳,已约有三分之一的铭文金色脱落、字迹模糊不清,在右下方还有一受斧砍而缺损的口子,但其基本面貌没有改变,依然不失为一件和史书记载相符的佐证五代十国时期历史的珍贵文物。在杭州重新建造的钱王祠里,有一块于铁券上调北京时所造的复制品。至半个世纪后的今天,此复制品已严重锈蚀,"金"字已不清(复制时并非真金镶嵌),可谓面目全非了。而钱镠金书铁券的实物在杭州巡展结束后,已于3月下旬运回北京收藏。

王阳明与杭州

◎ 潘建国

潘建国,笔名慈子,浙江杭州人。文化学者。现任浙江省稽山王阳明研究院执行院长、稽山书院执行院长、停云馆艺术总监、浙江省慈善义工协会会长。曾任大学教师、出版社编辑。

五百年前的王阳明,为何直到今天仍然备受推崇?

王阳明被称为儒学"第一完人",他临终前一句"此心光明,亦复何言"的告白,让多少人为之动容。

由"龙场悟道",王阳明逐步创立了以"心即理"为世界观和逻辑起点、以"知行合一"为人生观和方法论、以"致良知"为价值观和终极目标的"阳明心学",对中国文化乃至日、韩文化都影响深远。

追溯历史,"阳明心学"的创立与王阳明在杭州的修行有着密不可分的联系。

1503年春天,年轻的王阳明来到有"东南佛国"之称的吴越国首都——杭州,往来居住于净慈、虎跑、圣果诸名刹参禅悟道,究读佛经,习禅养疴。

王阳明画像

　　那年,在杭州虎跑寺,王阳明见一禅僧已闭关三年,终日坐禅念咒。他绕着这位禅僧走了三圈,突然大喝一声:"这和尚终日口巴巴说甚么!终日眼睁睁看甚么!"禅僧突然惊起,便开视对语。他问禅僧:"家里还有父母在吗?"禅僧说:"还在。"他继续问:"你还想念二位高堂吗?"禅僧黯然说道:"没有办法不想念。"于是,王阳明就用儒家的爱亲本性开示他,禅僧涕泣而谢,第二天就出关还乡,孝敬父母去了。

　　王阳明以儒家爱亲本性开示禅僧"顿悟"返乡这件事,对王阳明本人无疑也是有重大影响的,他醒悟到不能继续沉溺于道、佛之中,悟到了道、佛之非。自此,王阳明开始"复思用世",重新回归儒家。

　　可以说,如果没有王阳明"溺佛""溺道"的修行历程,就不一定有后来的"龙场悟道"。

● 杭州"西湖十景"之一:双峰插云

一生之中,王阳明多次来到杭州,留下了诸多诗篇,如:

西湖醉中谩书

湖光潋滟晴偏好,此语相传信不诬。

景中况有佳宾主,世上更无真画图。

溪风欲雨吟堤树,春水新添没渚蒲。

南北双峰引高兴,醉携青竹不须扶。

(《王阳明全集》卷二十九)

圣果寺

深林容鸟道,古洞隐春萝。

天迥闻潮早,江空得月多。

冰霜丛草木,舟楫玩风波。

岩下幽栖处,时闻白石歌。

(《武林梵志》卷二)

● 圣果寺遗址

在杭州万松书院重修落成之际,他作了著名的《万松书院记》,提出"书院之设"在于"明人伦",为明清书院的教育模式做出了明确的定位。这对后来的万松书院发展为明清时期杭城规模最大、历时最久、影响最广的浙江文人汇集之地,不能不说影响深远。

王阳明晚年有一个梦想,希望在西子湖畔修建一座传播心学的书院。后来,他的弟子实现了他的梦想,修建了著名的杭州天真书院。该书院流传数十年,盛况空前。后因历史原因,天真书院被毁,仅存遗址。

改革开放后,杭州是最早启动阳明心学研究的地方之一,成果颇为丰硕。清华大学国学研究院院长陈来教授评价道,阳明心学研究的"始条理者"在浙江,"终条理者"也在浙江。盖圣贤大道,有始有终,有本有末。知其始,明其终,究其本,穷其末,方能从头至尾,大彻大悟,有往有利。

李大钊曾有言"(中华文明是)为与自然和解,与同类和解之文明",这与王阳明"致良知"的价值观是相融的。中国现代历史学家、思想家钱穆先生评价道:"阳明思想的价值在于他以一种全新的方式解决了宋儒留下的'万物一体'和'变化气质'的问题……良知既是人心又是天理,能把心与物、知与行统一起来,泯合朱子偏于外、陆子偏于内的片面性。"

时逢盛世,阳明心学"知行合一""致良知"的思想已经广为人们所接受。阳明心学已经得到了应有的评价,这正如习近平总书记于 2015 年 3 月 6 日在与贵州省代表团代表一起审议《政府工作报告》时所指出的:"王阳明的心学正是中国传统文化中的精华,也是增强中国人文化自信的切入点之一。"

● 万松书院

作为阳明先生的故乡、阳明心学的发端地和传播地,绍兴市委、市政府联合国际儒学联合会、中国哲学史学会承担起了"为往圣继绝学"的使命,举办了一年一度的"阳明心学大会",投资修缮阳明先生墓、阳明洞天、阳明故居及稽山书

● 王阳明故居

院,并成立了由陈来、杨国荣、董平等一大批国内外顶尖的阳明心学研究专家组成的"浙江省稽山王阳明研究院",系统开展了阳明心学的研究及普及推广工作。

阳明心学帮助人们找到内心的光明,指引人们参悟宇宙和人生的奥义。可以期待的是,以阳明心学为代表的中国智慧必将再次走出国门,为构建人类命运共同体、推动世界和谐发展输送中国力量和中国模式。

杭州自古多英雄

◎ 徐小明

徐小明，中国香港人。编剧、导演，香港影视文化协会会长，2013年世界杰出华人。曾任有线娱乐有限公司执行董事、有线卫星电视营运总裁、英皇电影集团副总裁。执导《霍元甲》(1981)、《陈真》(1982)等影视剧，其中电视剧《霍元甲》获得"金鹰奖"、电影《木棉袈裟》获得"优秀故事片奖"。他的一曲《万里长城永不倒》，传颂至今。

从东方之珠香港，到人间天堂杭州，我来往两地数十年。这是一座温文尔雅的城市，西湖自古多佳丽，临堤台榭，画船楼阁，十里荷花，三秋桂子，四山晴翠。但我一直以来，都在细细寻找杭州的英雄情结、侠义壮举。

我投身于中华武术多年，尽心于中华武术的推广，弘扬"英雄与侠义"精神。不论是台前录制歌曲、拍摄电影，还是做幕后工作，武术中的那一股英雄侠义，让我的作品有了"灵魂"，使工作更有价值。"万里长城永不倒，千里黄河水滔滔"，而今距离《霍元甲》这部电视剧拍摄播映，已经过去30多年，能让大家记忆犹新的，恐怕只有那英雄侠义、热血沸腾的家国情怀。

爱国，是一个人的立德之源、立功之本，是中华民族的核心精神。多年来，我每到一处地方，每做一份工作，无论做公益，还是做节目，或拍摄影视作品，始终放不下心中的英雄侠义之情。

钱塘记忆

杭州自古并不缺乏民族大义之人,"西湖三杰"——南宋岳飞、明代于谦、明末清初张苍水,与杭州西湖结下不解之缘;清代抗英民族英雄葛云飞、"鉴湖女侠"秋瑾等,以身殉国,壮怀激越。他们的浩然正气荡漾在西湖的山水之中,彰显出杭州这座历史名城的英雄情怀。

● 岳飞像

"三十功名尘与土,八千里路云和月。"这是南宋军事家、战略家、民族英雄岳飞留下的《满江红·写怀》诗句。岳飞位居南宋"中兴四将"之首,治军赏罚分明,纪律严整,又能体恤部属,以身作则。他率领的"岳家军"获得了"冻死不拆屋,饿死不掳掠""撼山易,撼岳家军难"的崇高评价。毛泽东特别喜欢岳飞的《满江红·写怀》,曾在一次做眼部手术时聆听《满江红·写怀》弹词,以分散疼痛感。岳飞的爱国激情、民族气节及文韬武略,素为毛泽东所钦佩,也激励了一代又一代中国将领、仁人志士。

"粉身碎骨浑不怕,要留清白在人间。"爱民重义的明代民族英雄于谦在国家危难时挺身而出,率领官民打响了"北京保卫战"。战旗猎猎,金戈铁马,于谦披甲上阵,登高一呼,喊出"社稷为重、君为轻"的口号,誓死力战。于谦爱民、爱国、重义的高洁品格,为中华民族留下了一笔宝贵的精神财富。"愿移灾咎及予躬,免使苍生受憔悴""一寸丹心图报国,两行清泪为思

● 于谦祠

173

亲",更是张扬出于谦精神的光辉与不朽。

"国亡家破欲何之?西子湖头有我师。日月双悬于氏墓,乾坤半壁岳家祠。"这是南明儒将、诗人、民族英雄张苍水在狱中写下的大义凛然之歌。在抗击清兵十余年的战斗生涯中,张苍水出生入死,转战千里,被俘后拒不屈膝投降。"余生则中华兮,死则大明""余之浩气兮,化为风霆;余之精魂兮,变为日星。尚足留纲常于万祀兮,垂节义于千龄"。张苍水的另一首《放歌》,质朴悲壮,充分表现出诗人忧国忧民的爱国热情。

"秋风秋雨愁煞人,寒宵独坐心如捣。"这是近代民主革命志士、"鉴湖女侠"秋瑾在英勇就义前留下的一首遗言诗,充分表达了她对封建黑暗统治的不满,对吃人礼教的反抗,对国家和民族的深情;也表达了一位女革命家忧国忧民、壮志未酬的悲愤心情。她与"只解沙场为国死,何须马革裹尸还"的辛亥革命烈士徐锡麟遥相呼应,更与"赖有岳于双少保,人间始觉重西湖"的美丽杭州长相厮守,可歌可泣!

"可怜麟凤供枭脯,如此江山待被除。"这是"民国第一豪侠"陈英士遇刺后,孙中山先生写下的悼联。作为近代民主革命者,陈英士光复上海,砥定东南,为辛亥革命首功之臣。矗立在杭州西湖边孤山公园的陈英士铜像,怒马屹立,气势雄伟,再现英雄风采,令人敬仰。

青山有幸埋忠骨,英雄无悔护神州。他们在西湖边鸣响了英雄侠义的正气歌,他们为秀丽的西湖山水增添了厚重、深沉而伟岸的家国情怀,他们无声地激励

● 陈英士铜像

着一代又一代的西湖儿女为了实现伟大的中国梦，倾献出各自的满腔赤诚！

问我天有多高，海有多深，问我茫茫地界有几层，历经风雨雷电，日月星辰，问你可知宇宙乾坤。我们志气比天高、比海深，铁龙飞速不问到几层，蛟龙号天眼镜，北斗天问，认知深海扬威乾坤！

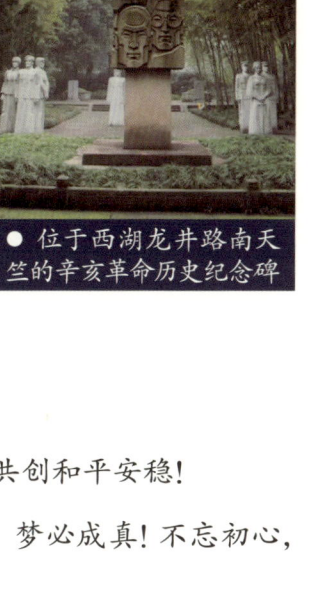

● 位于西湖龙井路南天竺的辛亥革命历史纪念碑

十四亿神州大地，十四亿中国红心，不怕困难，誓与宇宙通神！

十四亿神州大地，十四亿中国红心，无边力量，歼除各路瘟神！

十四亿神州大地，十四亿中国红心，世界携手，共创和平安稳！

十四亿神州大地，十四亿中国红心，不忘初心，梦必成真！不忘初心，梦必成真！

——这是我最新创作的《中国红心》，抒发我的赤子心愿，愿中华民族用无边力量歼除瘟神、战胜新冠肺炎疫情。我愿用与霍元甲、陈真一样的英雄气概、拼搏精神，尽绵薄之力与内地及香港影视界同行朋友，共同成就祖国一统的千秋大业。

十四亿中国红心，不忘初心，梦必成真！

岳庙

洞霄宋韵

◎ 俞树盛

俞树盛，浙江新昌人。现为高级经济师、中国计量大学兼职教授、浙江省健康系统工程研究院副院长兼秘书长，长期从事经济管理与教育工作。

杭州洞霄宫得天柱山、大涤洞之仙地境源，成为司马承祯《天地宫府图》描绘的洞天福地，远古修道神游至今约2200年的历史，见证诸多朝代帝王将相和一座城市、一种主流文化的密切关系。据《洞霄图志》记载："浙右山水之胜莫如杭，杭山水之胜莫如天目，天目之胜莫如大涤洞天，盖大涤山水发源天目，风气盘礴，冈峦纠缠，相望几百里。"天目山脉逶迤东展到临安与余杭交界，形成了林壑幽深、九峰锁秀的特殊地貌，洞霄宫就坐落于此。让我们穿越时空，寻回当年感悟性灵、冠绝天下的洞霄宫之胜境。

道家天都 西汉元封三年（公元前108年）乃于大涤洞前建汉宫坛，历代祈禳，悉在此处。许迈（字叔玄），为茅山上清派创始人之一。他与王羲之为方外之交，一起游山玩水，采芝茹石，在余杭天柱山、大涤山、悬霤山、临安西山等地留下了遗迹与传说，平添了诸多神秘的道教文化色彩。后人评说天柱山、大涤洞为道教之洞天福地，均与许迈白鹿山升仙有

钱塘记忆

关。据《洞霄图志》记载:"旧天柱观门外西阜,曾建有祠山张帝祠。"道教把洞霄宫列为三十四洞天,名"大涤玄盖洞天"。1012年,宋朝真宗赐改宫名"天柱观"为"洞霄宫",徽宗建本命殿,高宗建昊天殿通明馆,孝宗题诗,宁宗书匾,理宗御书"洞天福地"。南宋皇帝、大臣均在此圣地祭祀、议政、问道、避暑。道教三十六洞天、七十二福地,是神仙居住之地和道士修炼得道升仙的天都,这就构成了道教世界里地上仙境的主体部分,分布于中华大地各个区域。而集洞天福地于一地者,全国实为罕见。

皇家夏都 洞霄宫是宋时圣都,神仙的宫殿,南宋时期皇家的行宫。高宗、孝宗、光宗、宁宗、理宗、度宗、恭宗诸位皇帝,均有多次甚至每年巡幸洞霄宫,祭祀、议政、问道、避暑、尊祖礼,宋宁宗建"演教堂",宋理宗赐铸巨钟、建钟楼。洞霄宫在南宋不仅是道教宫殿,也是历任帝王的避暑夏都,在南宋达到鼎盛,御为圣地,在当时为杭州众多寺庙所不及。

提举官都 洞霄宫独特的治理体系——提举文化,主要用于安置辅相大臣之去位者。熙宁元年(1068年),北宋神宗赵顼已建立了提举洞霄宫机制。在首批提举洞霄宫官员中,正副宰相者多达百位以上。南宋定都杭州前,宋高宗赵构问根祖殿御驾亲临洞霄宫,至天柱山大涤洞祭祖祈祷。大凡提举洞霄宫的官员,很大程度上改变了自己的人生命运。南宋名臣李纲曾两次提举洞霄宫,大儒朱熹晚年仕途不畅,亦曾自请提举洞霄宫。朱熹曾

● 洞霄宫大涤洞

177

对这段生活通过写诗来记录。在提举期间,朱熹并未因此遭遇而愤懑不平,而是静心研读道书,品味幽远、超然之道。文献记载,洞霄宫曾有朱子祠,而且每年均有祭祀场景。

提举洞霄宫中,宰相有60余位,如左丞相李纲、吕颐浩、王淮、留正、范钟、谢方叔,右丞相赵汝愚、吴潜、程元凤、马廷鸾,吏部尚书江万里、徐荣叟,资政殿大学士范成大,工部侍郎杨时等。这些提举洞霄宫宰辅及官员不乏忠贞之士。一方面,他们忧国忧民,忠义报国;另一方面,他们顺天知命,知其不可奈何而安之若命,抱静守虚。这两种文化品格在洞霄宫提举官员身上自然呈现,形成了历史上奇特的提举文化。南宋半个朝廷的宰相与官员聚集于洞霄宫,历史上独一无二。

神仙府都　唐、五代、两宋以来,不仅帝王将相、国朝名公前来洞霄宫悟真祭祀、议政、问道、避暑,洞霄宫的自然名胜与人文古迹也吸引了众多名人隐士、文人墨客前来行游下榻,讲学修道。洞霄宫不仅成为他们养身问道之所,也成为他们心灵栖居之地。唐代的孟浩然、李白、司马承祯、罗隐,宋代的林逋、潘阆、苏轼、陈与义、朱熹、范成大,元代的赵孟頫、萨都剌,明代的黄道周、冯梦桢、颜渠、钱景湛,清代的朱彝尊、石涛等,均来到洞霄宫避暑问道。他们对洞霄宫的山水胜迹不断吟咏赞叹,3000余首诗篇留存于世。元代道士孟宗宝编辑《洞霄诗集》十四卷,余杭俞金生先生编注

● 元同桥

的《洞霄宫诗选》选录了历代吟咏洞霄宫的诗篇 400 余首。唐代山水田园派诗人孟浩然在开元年间游历洞霄宫天柱山、大涤洞，离开临安去天台时留诗一首《将适天台留别临安李主簿》。唐朝著名诗人、江东先生罗隐，在《玄同先生草堂》一诗中描述大涤山"杳杳洞天路，苍苍大涤山"。苏东坡在杭州任职期间，则四次到临安，三次进洞霄宫，对洞霄宫情有独钟，其诗题名为《洞霄宫》："上帝高居悯世顽，故留琼馆在凡间。青山九锁不易老，作者七人相对闲。庭下流泉翠蛟舞，洞中飞鼠白鸦翻。长松怪石宜霜鬓，不用金丹苦驻颜。"

爱国诗人陆游，在七十八岁的高龄，写了《洞霄宫碑》，并作铭文。他如此描述洞霄宫："临安府洞霄宫，旧名天柱观，在大涤洞天之下，盖学黄老者之所庐，其来久矣。至我宋，遂与嵩山崇福独为天下宫观之首。"因《富春山居图》闻名天下的黄公望修仙问道洞霄宫，观看雪景而绘出《九峰雪霁图》。元代书画大家赵孟頫也是洞霄宫的常客，曾作诗悼念挚友耕隐道人，题为《挽洞霄章耕隐》诗，称其"每于谈妙见高情"。来洞霄宫游览的文人墨客隐者，从流传下来的《洞霄诗集》中可见不一般，他们的心灵在洞霄宫变得宁静与通达，就连影响中国历史命运的百位女性之一陈圆圆，在清康熙十六年（1677 年）由杨学曾陪同在洞霄宫冲天观修道惠民十七个春秋。

期待新都 洞霄宫不仅是祭祀、议政、问道、修仙的文化圣地，更是古时候的战略兵家必争之地。由于这一特殊的历史地位而屡建屡毁。但是洞霄宫一直未被忘怀，因为这里承载着民族的历史与传统文化的记忆。忘记历史，就是忘本，更是身自轻薄；没有文化传承，就断了血脉与根基。品看洞霄宫四周，山峦环绕，奇峰屹立。宫观旧址与宫内巨像，使人感慨万千，俯仰心惊，惊叹其厚重深情的文化底蕴，感慨其几千年洞天福地的历史风韵。

20世纪初，余杭、临安政府对洞霄宫文化遗迹旧址进行保护和开发，多次协商并提出建议。近年来，省委省政府高度重视对历史文化遗迹的保护与恢复，出台相关优惠政策，推动所在地政府支持，加快相关文献资料研究工作，进一步挖掘和深化传统文化内涵，早日彰显洞霄宫文化遗产的辉煌。

2019年12月26日，浙江省道教协会对开展洞霄宫筹建工作，提出了请示。省民宗委复函同意浙江省道教协会开展洞霄宫重建工作。浙江大学庞学铨教授还向杭州市委写信提出："重建洞霄宫将彻底激活杭州西部的文化旅游与休闲资源，大大加快临安区、余杭区与杭州主城区的融合发展。"2020年，中国道教协会副会长、秘书长，全国政协委员张凤林联名向全国政协提交了《关于恢复重建道教杭州洞霄宫》的政协提案……由此，洞霄宫的恢复重建引起了各级政府和社会的高度重视。

洞霄宫根立杭州，情系世界，大涤洞、天柱山交相辉映，四周翠竹森森，灌木如织，洞内上下皆平如削，两旁崖石逶迤参差，偶有阳光射入，十分神秘，洞壁有珍稀的摩崖石刻，虽已湮灭模糊，但依旧彰显其历史文化价值。洞内钟乳石倒悬，史称"隔凡石"，过此"隔凡石"，便可进入"华阳仙境"。如此胜境和深厚的文化积淀，不仅激活文化价值，有着不可估量的影响力，同时加快相关文献研究工作，进一步挖掘和深耕传统文化、充实康养文化旅游的内涵，为打造提升宋韵文化金名片、深耕南宋文化，承担起新时代赋予我们的使命。

钱塘记忆

远眺杭州十大古城门

◎ 曹晓波

曹晓波,浙江杭州人。著有《杭州话》、《老底子的杭州话》、《百人口中的百年杭州》(上、下册)、《古人这么会生活》等。合著有《八百年前云和月——南宋王朝》、《杭州故事》("十大城门"系列)等数十部作品。

武林小广场的树叶,打着旋落下地来。四望,高楼林立,秋日亮丽,旧时城门,九曲城墙,只是想象中的事了。宋谚说:"东门菜,西门水,南门柴,北门米。"千百年来,城门里不断腾起的烟火气儿,凝成了一幅幅老杭州人的生活图景,也见证了这座古都的城市变迁。

以武林门为首,依次诉说的是元末以后老杭州十大城门。

武林门外通运河,每当后半夜,运鱼船往来不绝,鱼行灯火通明,"武林门外鱼担儿"也成了老杭州的烙印。那时,进武林门的路叫西大街,较其他城门而言,

● 《临安年市图》局部一(傅伯星绘)

181

● 武林门轮船码头

这条路最是显赫,有专人黄土铺地,清水遍洒,尽显"奉尊"二字。为什么?因为"朝廷恩泽自北而来"。

于是,康熙、乾隆两位爷来了,浩荡御船在卖鱼桥边霞湾港驻了跸,登岸换乘御舆。一路旌旗如云,净鞭开道,车轮辘辘,走的就是武林门。

东边的艮山门略次,但无论南宋,还是明清,"艮山门外丝篮儿"似乎没变。哪怕城门的位置变了,女子挽竹篮去河边浣洗煮炼后的蚕丝,蚕农在东街上奔走投售土丝,永远是一道街景。到了民国,春花四月,东街上从骆驼桥走到宝善桥,投售土丝的蚕农海了。近到笕桥、乔司("茧桥""缲丝"的谐音),远到南浔、湖州,蚕农们上午作价结账,下午返回,终日不绝。一时走不掉,吃住就在东河到护城河的船上了,无风时,船上的炊烟似逸出千万杨柳絮。

有的丝行,本身就是织坊,尤其纬成、庆成、虎林三大家,到了有电动洋机的民国初期,更是日进斗金。儿歌唱:"唱唱唱,洋机响,洋机开了五百张;角子铜板不算账,大洋钞票来进账。"城门外火车站旁的都锦生

丝织厂,也引进了法式织锦电力机,丝织画闻名天下。随着艮山门外电厂、铁路的兴建,近代的杭州工业,也在此一路勃勃兴起。

自艮山门向东转,是庆春门,有说是元末纷战中为"庆祝常遇春攻城得胜"取的名。但认真说来,此门应该得名于"迎春"的杭州风俗。

那是立春前的一天,杭州府,以及下属总捕、总理事、水利三厅,再加上仁

● 《临安年市图》局部二(傅伯星绘)

和、钱塘两县的爷们,都会在城门前执全副仪仗,迎请"勾芒之神"。神亭之后的鼓乐、抬阁、秧歌,历来是引人眼球的社火。秧歌过后,是活牛、纸牛各一头。活牛懒懒地走,扮作牧童的汉子那牛鞭闪电似的掠过,"啪!啪!啪!"

庆春门一年一度的"鞭春",也是一年农事的开始。

老杭州城真的不大,从庆春门往南,到清泰门,距离很短。杭谚"清泰门外盐担儿",说的是中古以来,那时,清泰城门外的钱塘江流域,是称得"海塘"的,是一片无边的盐田。北宋时的"盐榷"(盐专卖所),就在如今中河的盐桥(现联桥)东塝边。盐商盐贩,都要到此得了官府的确认,才能"称掣放行"("掣"就是抽取检查),"分行各地"。

那时,仁和、钱塘、余杭三县的"肩引"("肩"即挑夫,"引"即销盐凭证),挑了白花花的银子似的晶盐,委蛇行走,是清泰门外一景。

1949 年的 11 月 8 日,浙江省盐务局"改煎为晒"的 76 号文件,仍有对翁家埠盐场的政策要求。当然,这盐场与清泰门就远去了。

从清泰门往南是望江门,"望江门外菜担儿",南宋周密《武林旧事》就有"菜市"一说。那时候,这城门叫"新门",改称"望江门"是清初以后。可见,城门外的蔬菜基地,始终是杭州人一日三餐所依。

40 多年前的望江门直街,依然是一条菜农聚散的街市。如今拓宽成了望江路,印痕杳无。不过,出了城门遗址,到望江门外直街,还是能见到老街的影子。老街尽头的海潮寺,是早年进杭城的古码头见证。近年码头虽然已逝,寺殿仍在,传说中的梁山伯与祝英台十八相送的古井,也疏浚一新。

海潮寺码头,以前是钱塘江风浪最偏静之处,再往南,向西转,是江水西来的要冲。候潮门,就位于这要冲之地,当初筑城几次不成,就有钱王射潮的传说。南宋时,候潮门外的钱塘江汹涌如旧,此门倒也成了帝王嫔妃候潮观澜的胜地。

● 杭州鼓楼夜景

钱塘记忆

杭谚说"候潮门外酒坛儿",那是载了小山一般的酒坛的帆船,从产地绍兴府沿江来到杭州。帆船一进了城墙外的贴沙河,就优哉游哉起来,经保安水门进了杭城。这也是候潮城门几百年不变的风景。当然,比"酒坛儿"热闹的也有,那是上八府来了运猪船。民国初期,城门没了,赶猪上路的时段还是没变。几百头的猪猡总要在断垣残壁的瓮城中圈上一阵,嗷嗷叫到天黑。

运柴载茶的船一到,日夜卸货,码头一时应付不了,帆船就泊在远远的江上。这时候,有一种牛车,大大的木轮,车轮辘辘,从落潮后的帆船上驳下货来,拉过深陷的沙滩,拉进候潮门,叫"牛车渡"。

牛车、滩涂、天高、云淡,这一种日常的平淡,日复一日地在候潮门外。那时候,人们捎了包袱,去三廊庙船码头坐船,出候潮门要比走凤山门更便利一些。有句杭谚是"候潮门外包袱儿",说的就是这景象。

"东门菜,西门水,南门柴,北门米"虽然是宋时的说法,但候潮门历经千年,还是以"柴"为主题。直到近代,木材行依旧在此聚集。改革开放初期,杭州木材厂也建在此地。

老杭州城,南北长,东西狭,从候潮门到凤山门,正处在狭处。正南的凤山门外,本是南宋皇城,城墙被大火焚后,重建时居然莫名其妙地将这宝地排斥在城外了。当年皇城的北门"和宁门"的方位,也就成了凤山门城楼,面朝阳光,明亮和煦,又称正阳门。

● 《杭州古凤山门》(傅伯星绘)

● 雷峰塔（由曹晓波提供）

说"凤山门外跑马儿"，源自清代。那时，凤山门外有"大马厂"，是清军的骑兵营房，骡马成群，风啸马嘶，后来就成了几百年不变的地名。

"厂"，北方人用以称养马的棚舍。民国初期，马厂分割私营，拥有马舍的业主有官府颁发的执照，就像拥有轿子和黄包车的业主，从事马匹的租赁。民国初期，杭州的旅游亦有盛名。京沪的富商游客，在凤山门外租了马，从万松岭西去清波门，再骑游西湖山水。杭州的旅游交通，从轿到车的嬗变中，有骑马的一段。

从凤山门走万松岭路到清波门，距离不远，清波城楼在如今的铁冶路口。吴越钱王时期，此地有水门一座，水流从荷花池头往东去了流福沟，时称"涵水门"，也称"暗门"。后来陆游有诗《夜泛西湖示桑甥世昌》，就有"骑马出暗门"一说。

"清波门外柴担儿"的杭谚，后人皆知，最早也是宋、明时期的说法。清时盛世，杭州人口多了，烧火的柴也是从江边的上八府船中挑过赤山埠，进清波门的。太平军二攻杭州，焚烧了南山树林。再后来，日本人害怕抗日游击队，又将茁壮生长的山林砍伐殆尽。于是，南山成了荒山坟地，也有了"清波门外船盒儿"的说法。"船盒儿"，就是船型的食盒，多层，用于上坟祭祀。

还有一个"清波门外马保儿"的说法,倒是和"凤山门外跑马儿"相呼应。马保儿,是马舍派给租马人的随从,不善骑的游客大多由他牵引闲步。马保儿最怕客人有"半桶水"的骑术,那样他就要在马后狂奔了,这也是清波门外一景。

从清波门到涌金门,也近。涌金门临西湖,在如今的涌金池方位,没有瓮城。当时,城内人坐船游湖,出这城门最为便利。涌金门外的船埠头,杭州人称"第一码头"。60多年前,码头南侧还有"郭家湖头"村落,村民以划游船和打鱼为生。

从涌金门走去钱塘门,很近。当年,钱塘门依仗城门内的旗营,也没有折冲的瓮城。杭州人好说"钱塘门外香袋儿",是说春、秋两个香市,钱塘门外香客熙熙攘攘。

● 《回眸南宋》局部(傅伯星绘)

以前，杭州有三期香会：第一期是农历二月十九，第二期是农历六月十九，第三期是农历九月十九。这些日子，还有农历七月十五中元节，挎了香袋的烧香客，终日在钱塘门中挤挤挨挨地进出。

"白天看庙，晚上困觉"，这是后人的话语。古时晚上的钱塘门，很热闹。单说七月十五，沐浴着皓月，大家妇女斗丽争妍，小家碧玉分花拂柳。明朝张岱在《西湖七月半》中说到钱塘门外这景时，归纳了五种人，其中有一种是"亦船亦楼，名娃闺秀，携其童娈，笑啼杂之，环坐露台，左右顾盼，身在月下而实不看月者"。这话很有一点"你在楼上看月，我在楼下看你"的意思。

十大城门，数句谚语，随着时代的渐变，早已似风逝去。它透露出的故事，让后人看到了瑰丽的杭城旧梦，还有诗画一般的意境，留下了口口相传的民谣：涌金门外划船儿，清波门外柴担儿，武林门外鱼担儿，钱塘门外香袋儿，庆春门外粪担儿，艮山门外丝篮儿，清泰门外盐担儿，望江门外菜担儿，候潮门外酒坛儿，凤山门外跑马儿……

古艮山门

古今湘湖

◎ 柴海生

柴海生，浙江杭州人。历任杭州市古都文化研究会研究员、陈香梅文化中心研究员、萧山历史名人研究会常务副会长，长期从事文化研究工作。著有《贺知章传奇》《〈西游记〉大揭秘》《萧山与水浒》等书。

杭州的西湖和湘湖，面积大致相等，均因历史悠久和风景秀丽而著称。杭州西湖是世界文化遗产，湘湖则是国家风景名胜区，两湖中间的钱塘江，是"浙江"名称的由来。

习近平总书记在浙江任职时考察了湘湖后说："钱塘江就好比一条龙，湘湖和西湖是龙的两只眼睛，现在湘湖呈现出来的新面貌让人为之一振，和西湖一样，成为浙江的点睛之笔，简直是换了人间。"

湘湖一直有"赛西湖"的美名。明代文学家张岱在《陶庵梦忆》中把湘湖和西湖比作"姐妹湖"，清代诗人何尚贤的《湘湖云影》诗云："蟹舍渔庄入画图，何人不说赛西湖。"

"湘湖"名称的由来，具有传奇的色彩。北宋学者刘敞在收到萧山令刘和的书信后作诗："清酒肥鱼宴宾客，时时骑马临湘湖。湖波无风百里平，人道官心如此清。"更早的唐末道士杜光庭、南朝名士刘义庆在所书中也有湘湖的名称。从史料中得知,原来湘湖之名出于"湘妃"。湘妃是帝舜的妃子女英,在随舜南征中卒于湖南湘水,故称"湘妃",民间尊她为"湘水之神"。古人曾说:"若把西湖比西子,也将湘水拟湘灵。"唐朝章怀太子李贤注:"以湘灵为虞舜之妃。"相传虞舜在湘湖旁耕作渔猎,有功于民,人们为纪念他们,在湘湖中植水仙花,取名"湘湖"。湘湖旁边的萧山,也是美女西施的故乡,还有在湘湖边吟唱的美姑苏小小等,她们为湘湖之美增添了光彩。

湘湖历史久远,相关文物众多,最著名的是八千年前的独木舟,以及同时出土的木桨和席帆残片。木桨古称"舟楫",席帆用于远航,所以这条出土于萧山跨湖桥的独木舟,就是一条"航舟",是航渡浙江的交通工具。据清嘉庆《余杭县志》记载:"相传大禹治水(4000年前),会诸侯于会稽,至此舍航登陆,故名。"秦始皇祭大禹途经湘湖(2200年前),乘舟渡至杭州西湖北岸,今有"秦皇缆船石"遗迹。宋代姚宽《西溪丛语》载:"昔秦王舍舟于余杭,因曰杭州,不从舟而从木,以待'苇航'之意。"所以"杭州"早期的含义是"航州",出自大禹和秦始皇渡浙江的故事。

除了独木舟遗址,湘湖还出土了许多石器、木器、陶器、骨器,还有少量玉器、漆器,其中最重要的是陶片上的彩色太阳纹、陶釜里的草药、

● 杭州湘湖

木制的弯弓、骨制的缝衣针和口哨、石制的装饰品，以及稻谷和家养猪，还有干栏式房屋的构件等，文化类型比较独特，湘湖这片土地上曾存在过的是一个依水而居的母系社会部落，很像传说中的"有巢氏"，著名历史地理学家陈桥驿教授考定

● 跨湖桥遗址博物馆外景

为古"查浦"聚落。位于萧山湘湖中的跨湖桥遗址博物馆，参照"诺亚方舟"的外形特征设计，中心是独木舟遗址，两边桥廊上布满了图片和各种实物，几个展厅分别展出石器、陶器、木器和碳化稻谷等物。走进跨湖桥遗址博物馆，人们仿佛进入了远古的村落，一个崇拜太阳神的水上部落。

距今约5000年前后，湘湖一带的良渚聚落选择在这块风水宝地筑屋定居，他们以金山、眠犬山、傅家山、茅草山、郭母山等处为居地进行农耕和渔牧业活动，延续文明。4000多年前的虞舜五耕历山、网猎渔浦的传说就发生在湘湖边。

春秋战国时期，湘湖城山发生了吴越之战，越国以四万多水军从湘湖的固陵港出航伐吴，三万多越民乘舟筏出海远航。

公元前494年，越王勾践攻吴，与吴王夫差战于夫椒。传说越王的"勾践剑"战不过吴王的"属镂"宝剑，败退于湘湖城山顶，并修筑城池固守。吴军采取围而不攻的策略，以为越军绝粮断水必来投降，谁知越军送来了两条红锦鱼，吴军才知山上有水，无奈之下退兵而去，这就是"馈鱼退敌"的典故。

● 跨湖桥遗址博物馆内景

秦始皇三十七年（公元前 210 年），始皇从会稽（今绍兴市）祭祀大禹后欲从湘湖北岸造石桥渡浙江，传说方士徐福趁机奏请去海上求仙采不死药，但最终石桥没有造成，徐福出海后也没有回来，只好强渡浙江北上。

汉唐时期，萧山湘湖一带的居民增多，西汉东方朔的《神异经》及班固的《汉书·地理志》上均有"余暨县萧山"的记载。唐代天宝元年（公元 742 年），首次有了萧山的县名。在唐朝之前，百姓修筑了湘湖以利耕作，湮废百年后，北宋的萧山县令杨时复筑了湘湖。在保护湘湖的 10 多个世纪中出现了一批"湖贤"，最著名的是唐朝大诗人贺知章，他的家就在湘湖南岸，著名的《咏柳》诗就是一首歌颂湘湖景色的诗。

中晚唐诗人赞颂湘湖的诗就更多了，如孟浩然的《宿隆兴寺阁》等。不久，萧山有了"湘湖八景"，可见这里的自然景色十分旖旎，县令杨时就有"湖光写出千峰秀，天影融成十里秋"之句。南宋的陆游最有代表性，他在《渔父》中写道："湘湖烟雨长菁丝，菰米新炊滑上匙。云散后，月斜时，潮落舟横醉不知。"他还有一首《新晴马上》，也是赞美湘湖的诗。今知元明时的"湘湖八景"分别是跨湖春涨、湘湖秋月、越城晚钟、柴岭樵歌、湖中落雁、水漾蛙鸣、龙井双涌、尖峰积雪。至清代前后八景名目有所变动，近代又有了"湘湖新八景"：城山怀古、先照晨曦、览亭眺远、杨岐钟声、跨湖夜月、山脚窑烟、横塘棹歌、湖心云影。

钱塘记忆

● 杭州湘湖雪景

　　湘湖一带有20多座寺庙，如城山寺、复兴寺、隆兴寺等，每座寺庙景色各异、神名不同，大多有美丽动听的故事，如"卧薪尝胆""泥马渡康王""横塘棹歌""西施沼吴"等，充满着千年神韵。

　　湘湖还有许多特产，如莼菜、杨梅、茗山茶、樱桃、土步鱼、包头鱼、猫笋、菱藕等。湘湖莼菜，叶椭圆，制汤尤鲜美，南宋时被列为贡品。湘湖杨梅有黑白二种，以白色为佳，传说是西施父亲所种。《萧山县志》云："杨梅出湘湖诸坞者为胜。"湘湖南北出"茗山茶"和"云雾茶"。茗山茶被状元王十朋称为"茗山好斗"，就是专贡皇上臣子的斗茶。云雾茶鲜爽甘甜，沁人肺腑，是招待贵客的名佳。湘湖的土步鱼色褐肉嫩，味道十分鲜美，是萧山的一道名菜。湘湖老菱分两角绿色和四角红色，烧熟后香似栗肉，一家人常围坐而食。湘湖嫩藕脆而香，古称"西施藕"，湘湖荷花十里香，也是一道亮丽的风景线。

近十余年来，政府投入百亿元来提升湘湖的品质。恢复40余千米的湖周绿带，新造20多座各式桥梁，修复10余个老景点，新设一批仿古景区和游乐场馆，如杭州乐园、现代陶瓷馆、杭州极地海洋公园、城山广场、湖山广场、跨湖桥遗址博物馆等，湖中有各种游船以供观赏湖光山色。湖周交通便利、酒店林立，方便游客出行与住宿。总之，湘湖的面貌已焕然一新，简直是换了人间。

今天的湘湖是"国家级旅游度假区"，面积为35平方千米，以第一世界大酒店和世界旅游联盟总部为核心区块，欢迎全世界的游客到杭州湘湖尝鲜观景！

跨湖桥遗址

●《宋城千古情》剧照（李忠摄）

话说青瓷

◎ 马 佳

马佳，浙江杭州人。杭州市美术家协会会员。师从马玉如、高友林、闵学林学习素描、色彩、中国画。从事室内设计工作30年，并在大学教授室内设计课程。退休后近三年在景德镇学瓷、画瓷，各种瓷器画法都有涉猎，包括青花、釉里红、釉下五彩、新彩、粉彩、斗彩。

"东南形胜，三吴都会，钱塘自古繁华。烟柳画桥，风帘翠幕，参差十万人家。"这是宋代词人柳永赞美杭州的一首词，充分再现了杭州作为南宋首都的繁华景象。作为一个1956年出生于杭州的杭州人，我从小喜欢画画，对绘画艺术情有独钟，特别是瓷器的绘制。今天，我就以杭州人的视角来介绍一下杭州的瓷器文化。

说起杭州的瓷器文化，不得不提南宋官窑。南宋建都之后，生活用瓷和陈设用瓷的需要逐渐增多。为此，南宋政权延续北宋体制，建立起属于官府的窑场，设置了御用瓷窑，这就是南宋官窑。

● 南宋官窑瓷器

● 南宋官窑博物馆

南宋官窑烧制的青瓷追求玉的质感。玉，象征着才智和美德，它温润含蓄、柔和晶润的艺术特色深深吸引着当时的统治者。南宋官窑青瓷，包括薄胎薄釉和薄胎厚釉两类，无一例外都具备类玉的特征。尤其是薄胎厚釉类青瓷，丰厚的釉层、典雅柔和的粉青色泽，堪与碧玉斗妍，制瓷工艺达到了古代青瓷的顶峰。800多年前的南宋官窑青瓷，釉色青莹，线条婉转，一如自然山水，清风拂面；一如悠然古曲，余音绕梁。

瓷器表面网状裂纹的装饰亦是南宋官窑追求的特殊观赏效果。这种网状裂纹的产生，主要是由于器物釉的膨胀系数大于胎的膨胀系数。通常情况下，这是一种工艺的缺陷，而南宋官窑的工匠创造性地将之作为美化瓷器的手段，从而使产品流溢出一种古朴而奇特的审美意趣。在古瓷中，对釉面开片的不同状态，有鱼子纹、蟹爪纹、冰裂纹、百圾碎等妙称。

南宋官窑中有一批仿商周青铜器造型的器物，这些器物与青铜器相比，虽然体积不大，却也透着威严的气势。这是由于南宋初期以青瓷替代铜玉做祭祀礼器的特殊性，加之南宋皇帝好古，喜欢以仿古青瓷做陈设品。在中国古代，皇帝被称为天子。因此，祭祀天父的祭典是最重大的行事。南宋时代，祭典每三年举行一次。南宋郊坛建成后，规模宏大壮观，设祭器9250件，仪仗队12220人，官员上千人。由于祭祀用的礼器在宋室南迁时尽皆散失，祭器改用瓷器、木器。

● 南宋官窑博物馆藏品

据考证，南宋官窑一共有两处，分别位于皇城西南的乌龟山麓和万松岭一带。两处窑地附近都蕴藏着制瓷原料——瓷石和紫金土。烧窑所需木柴资源也十分丰富。平缓的山坡适宜建造龙窑，山岙平地便于辟建生产作坊，烧制瓷器的自然条件得天独厚。窑场距离皇城路途适中，既便于产品的运送，又不会对皇宫产生烟尘污染。据记载，由于这两处窑地分别与郊坛下和修内司相近，所以南宋官窑又有郊坛下窑和修内司窑之分。

南宋官窑继承北宋官窑原有的工艺和造型风格，又吸收了南方地区的青瓷生产技术，把青瓷烧造技艺提高到炉火纯青的境地，两处窑地都烧制出了碧玉般精美的玉瓷产品。郊坛下窑主要烧制祭祀瓷器，修内司窑主要烧制的器型有盘、碗、杯、碟、壶、罐、灯盏等，另有花觚、香炉、熏炉、花盆、器座、琮式瓶等陈设品。

南宋官窑青瓷以其端庄大方的造型、精美内蕴的釉色、独具匠心的开片、细致纯熟的工艺，树立起一座青瓷丰碑。它是中国古代陶瓷发展之路的一段经典。

在日本东京国立博物馆，有两件奇特的中国瓷器。一件名为南宋建窑天目盏，造型古朴质拙，釉色乌黑如漆，盏壁内外都施相同的黑釉，釉有垂流现象，釉层较厚，口沿里外有黄褐色细毛条状放射花纹。另一件名为南宋吉州窑梅花天目盏，墨黑的底色上散布着雨点般的花纹，还有十余朵小梅花均匀点缀其上，设计极为独特。这两件茶具都源自中国宋代，均为黑釉盏，被日本东京国立博物馆奉为镇馆之宝，极少拿出来展示。宋代生产的天目釉（即黑釉）品种繁多，以油滴、兔毫、星盏、黑定盏、鹧鸪斑、玳瑁、黄天目奉为上品，后来日本陶瓷界学者把中国生产的黑釉瓷器都统称为天目瓷。

说起天目瓷，又不得不提起风行宋代的斗茶艺术。斗茶又称茗战，是以竞赛来品评茶之优劣的一种风俗，技巧性强，趣味性浓，是宋代一种修身养性、怡情乐趣的生活时尚。斗茶时，将半发酵的茶碾成细末放入盏内，沏以初沸的开水，水面泛起一层白色泡沫，以茶汤颜色和汤花水痕判断谁人取胜。斗茶要看浮沫和击拂的情形，而浮沫是白色的，在黑釉茶碗里看得最清楚，所以斗茶者都提倡使用黑釉茶具，这促成了江西、福建民间黑釉瓷的兴盛。黑釉茶盏便于观察茶色、汤花，品其色、香、形、味。以天目茶碗为代表的宋代黑釉瓷传入日本、朝鲜，不仅丰富了中国外销瓷的品种、拓宽了海外市场，更发扬了中国博大精深的制瓷技艺，将以"习禅饮茶，明心见性"为精髓的宋代茶道一并传入东亚，成为推动中外文化交流的茶文化使者。

我幼时居住在吴山脚下，吴山就是古时候的城隍山，山上寺庙林立。宋仁宗赐诗"地有湖山美，东南第一州"赞美吴山有美堂，后由欧阳修写

记，并由蔡襄书碑。吴山是与南宋皇城相连的风水宝地。我初中毕业以后到农村插队，也来到了一个风水宝地——西天目。到了西天目就听说了关于诞生于此地的天目盏的种种故事，因此我对天目盏向往已久。之后，我在杭州市业

○ 南宋建窑兔毫盏

余科技大学艺术专业深造，于20世纪90年代前后在慈溪天元古玩市场收藏了不少清朝和民国时期的瓷器。

退休后，我开始深入了解瓷器，特别是瓷器画绘制。在三年多的时间里，接触了多个种类的瓷器，烧制了不少满意的作品，其中包括青花、釉里红、五彩瓷、斗彩、新彩、粉彩。我创作了以"敦煌飞天"为主题的一组瓷画，以及其他主体如山水、福禄寿、花鸟的瓷盘。同时创作了不少茶具。

在创作中，我深刻地体会到瓷器艺术需要古为今用，洋为中用，推陈出新，与时俱进。我先后前往景德镇20余次，拜访当地名家，虚心学习。我绘制的瓷胚都来自景德镇，因为景德镇有丰富的高岭土原料，而且这种原料烧制出的瓷器，釉面美轮美奂，白如雪，润如玉，声如磬。我认为艺术创作者不仅要生产美，而且要传递美。2021年1月，杭州市图书馆以"瓷器的自说自画"为题展出了我的部分作品，深受广大群众喜爱。

钱王故里看今朝

◎ 李赛文

李赛文，浙江杭州人。现任中共杭州市临安区委常委、宣传部部长。曾任临安市太阳镇党委副书记、镇长，临安市太阳镇党委书记、人大主席，临安市太阳镇党委书记，临安市於潜镇党委书记，中共临安市委常委、於潜镇党委书记，中共临安市委常委、统战部部长等职。

在中共中央纪律检查委员会网站上，你可以看到一篇题为《一代钱王千古家训》的文章，文章说的就是五代十国时期吴越国的建立者钱镠为后世留下的《钱氏家训》。

"千年名门望族，两浙第一世家"，千年来，钱王后裔人才辈出，近代以来更出现如钱学森、钱伟长、钱三强、钱穆、钱锺书等众多文坛硕儒、科技巨擘、国学大师。

临安灵秀的山水养育了钱镠，钱镠也馈赠给家乡众多弥足珍贵的历史文化遗产。

2017年，临安正式成为杭州的第十区。城市公交运营、地铁16号线开通、杭州第二绕城高速公路通车，交通的无缝对接，使临安百姓快速融杭。人们从这里出发，去看看功臣山上的功臣塔，看看西湖边的保俶塔、雷峰塔，看看钱塘江边的六和塔……这些都是著名的钱王文化遗产。

钱塘记忆

传统文化是一座城市的灵魂，也是一座城市区别于其他城市的重要标签。为了让沉寂的文物"活"起来，让厚重的历史来"说话"，让子孙后代从历史中学到更多、悟到更多、获得更多，临安区委区政府果断采取了一系列文物保护与传承利用的有力举措，着力突出文物保护、文化展示、文化弘扬、文化建设，高起点规划、高标准设计、高质量建设，全力打造展现山水园林特色的城市新地标、传承吴越古城风情的文化新高地。吴越国王陵考古遗址公园太庙山区块一期项目等一批具有吴越国钱王文化特色的城市地标华丽绽放。在不久的将来，临安还将全面建成吴越国王陵考古遗址公园功臣山区块、塔山路历史文化街、城址公园、吴越文化主题酒店等重要工程，精彩呈现"遗址＋钱王文化""遗址＋吴越佛教""遗址＋城市生活"的亮丽板块，努力打造全国唯一以吴越国文化遗存为主题的公园。

● 临安的钱王陵

● 位于杭州市临安元宝山上的钱王塑像

如果说钱王是临安的文化内核，是灵魂。那么生态与科技则是临安的双翼，是翅膀。81.9%的森林覆盖率，铸就了浙西的生态屏障，使临安成了一座会呼吸的森林之城。"大树华盖闻九州"的天目山，有"天然植物园"和"大树王国"之称。

● 临安天目山秋色

这里有举世罕见的大柳杉群落，有乾隆敕封的"大树王"，有被称为"活化石"的世界野银杏之祖。大明山滑雪，浙西大峡谷探幽，湍口温泉泡浴，河桥古镇访古，太湖源头寻迹，青山湖听雨，绿道骑行赏景……可人的项目举不胜举。近年来，临安的乡村旅游颇为火爆，白沙村、指南村、上田村、月亮桥村、龙门秘境等纷纷成了热点。临安"美丽乡村"的名片已经走出浙江，走向全国。

"两城夹一湖"，是临安城市发展的理念。"一湖"是指西湖的姐妹湖青山湖，"两城"中的一城指锦城，还有一城就是年轻的青山湖科技城。

● 临安青山湖科技城

青山湖科技城是浙江建设科技强省和创新型省份的重大工程，也是杭州城西科创产业集聚区的核心组成部分。规划面积达115平方千米，分为四大功能区（研发区、产业化区、现代服务和综合生活配套区、生态休闲区）。"十年磨一剑"，青

山湖科技城正努力建设成为国际先进、国内一流的科技资源集聚区、技术创新源头区、高新企业孵化区、低碳经济示范区,成为"科技新城、品质新区"。除浙江农林大学,杭州医学院、浙江警察学院、杭州电子科技大学等高校的落户更是为钱王故里增添了无穷的科技力量。

最近,青山湖科技城正在建设"科技三钱"(钱学森、钱伟长、钱三强)塑像,他们都是钱王的后裔。"科技三钱"的后代多次来临安祭祖,他们纷纷赞叹临安的进步,一年一变样,五年大变样。

"我们老祖宗真的伟大!钱王文化真的博大精深!"多次来临安祭祖的钱学森之子钱永刚先生在钱王祠前赞叹。作为"既古老又年轻、既广阔又狭小、既质朴又现代"的钱王故里临安,坚持高质量发展导向,以新型城镇化为主导,做强生态、科创和文化三张金名片,全力打造"城西科创新城·美丽幸福临安"。"见出以知入,观往以知来。"临安正以崭新的姿态,让吴越国钱王文化焕发出时代的光芒!

钱王故里看今朝,芝麻开花节节高。今天的临安,变化真大,不仅你,不仅我,钱王归来也难识途啊!

● 钱王祭

古镇梅城新史话

◎ 陈利群

陈利群，浙江建德人。现为浙江省作家协会会员，中国范仲淹研究会常务理事，严州文化研究院院长。曾任《建德日报》总编辑，建德市文联主席。著有散文集《守望真情》，研究专著《严州古城石牌坊》。主编《严州古今文丛》四辑。

梅城古镇，史称严州。她位于富春江、新安江、兰溪江的三江交汇处，北枕乌龙山，南临三江口，风光秀丽，历史悠久，人杰地灵。自三国东吴黄武四年（公元225年）置县以来，已有1700余年历史。此处历朝为睦州、严州州治及建德县治的所在地，文化积淀深厚，古典小说《三国演义》《水浒传》《儒林外史》《聊斋志异》《官场现形记》《金瓶梅》等都曾描述过梅城的人文山水。著名文人杜牧、范仲淹、陆游、刘长卿等都曾到严州为官，诗人谢灵运、李白、孟浩然、苏轼、王安石、司马光、周敦颐、黄庭坚、朱熹、李清照、江公望、范成大、杨万里亦都曾来梅城游历，留下了流传千古的诗文及史话。

"高风亮节"的严子陵

相传，梅城是为了纪念汉代高士梅福而命名的。西汉末年，王凤、王莽乱权篡政，梅福位卑未敢忘忧国，以一县尉之微职，上书皇帝：应广揽

○ 严州府城门旧址

贤士，虚心纳谏，并警惕权臣"势隆于君"。他因此被朝廷权臣斥为"边部小吏，妄议朝政"，险遭杀身之祸。于是，梅福挂冠而去，遁避尘世。

梅福的女婿严光，字子陵，少有高名，与刘秀（东汉光武帝）乃是同学兼好友。刘秀即位后，他改名隐居，后被征召至京师洛阳，授谏议大夫，不受，归隐于富春山，设馆授徒，著有《老子注》二卷、《老子指归》十四卷。

梅福、严子陵翁婿二人，均以节操高尚闻名于世。相传，严州是因纪念严子陵在富春山隐居而得名。元朝翰林编修、调杭州判官方道睿，在《思台文集》序中记载："吾郡山水闻天下，以严名州，子陵高节故也。"

北宋一代名臣范仲淹遭贬，外放睦州知州，为严子陵题写了《严先生祠堂记》，由衷感叹："微先生，不能成光武之大；微光武，岂能遂先生之高哉……从而歌曰：'云山苍苍，江水泱泱，先生之风，山高水长！'"于是，东汉高士严子陵便以"高风亮节"闻名于天下。

"先忧后乐"的范仲淹

● 范仲淹画像

范仲淹（公元989—1052年），字希文，北宋著名的政治家、军事家、文学家。他苦读及第，由寒儒成为进士，出仕广德军司理参军，掌管讼狱、案件事宜。而后他历任兴化县令、秘阁校理、陈州通判等，因天性秉公直言，屡遭贬斥。明道三年（1034年），范仲淹调任苏州知州，辟居所于南园之地，兴建郡学。其时，苏州水灾，范仲淹带领民众疏通河渠，兴修水利。因治水有功，他被调回京师，判国子监，转升吏部员外郎、权知开封府。范仲淹在京城大力整顿官僚机构，剔除弊政，开封府"肃然称治"，时称"朝廷无忧有范君，京师无事有希文"。

范仲淹被贬出任睦州知州期间，从不怨天尤人，其"治国先治学"的理念，在睦州得到了充分践行。他鼎力修复府学，拨公帑创办龙山书院，使睦州庠生大受进益。此后数百年间，睦州境域内人才辈出，科举及第者绵延不绝，出现了"十里三状元，一门五进士"的人文奇迹，为人津津乐道。

● 梅城古镇三元坊

范仲淹所倡导的"先天下之忧而忧,后天下之乐而乐"的思想及其仁人志士的节操,为儒家思想的进取精神树立了一个崭新的标杆,成为中华文明史上一道光彩夺目的人文胜景。

三世"同为严州知州"的陆游家族

南宋大诗人陆游,自幼聪慧过人,12岁即能写诗作文,被乡邻誉为"小李白"。他一生历尽宦海沉浮,时刻渴望着光复山河故土。然而,朝廷却对他数十年的奔走呐喊置若罔闻……陆游渐渐老去。

淳熙十三年(1186年),62岁的陆游出任严州知州,正逢饥荒,民不聊生,惨状目不忍睹。陆游未因官场失意而蹉跎岁月,依然心怀忧国爱民的满腔热忱,布衣草鞋,轻车简从,进村入户,访贫问苦,与民同吃同住,与官员、百姓共商赈灾大计。陆游提出了"农为四民之本,食居八政之先"和"为政之术,务农为先"的主张,采取减免税赋、扶贫济困等多项措施,大力发展农业生产。

陆游向严州百姓承诺:"太守亦当宽期会,简追胥,戒兴作,节燕游,与吾民共享无事之乐。"

据史料记载,陆游的高祖父陆轸是北宋一代名臣,曾赴梅城任睦州知州五年。140年后,陆游踏着高祖的足迹来到梅城出任知州。更有奇缘者,40年后,陆游的小儿子陆子聿也循着父辈的足迹来到严州——陆氏一门竟然出了三任严州知州,这是严州山水的幸运,也是严州百姓的幸运。而今,陆游早已远去;但他以真诚之心善待民众,赢得了严州百姓的衷心爱戴。

"助学扶贫"的共和国上将徐永清

中国古语有云：一方水土养一方人。梅城古镇，传颂着严子陵"高风亮节"、范仲淹"先忧后乐"、陆游家族三任严州知州的人文史话。耳濡目染，出生于梅城（古严州府）的共和国上将徐永清，亦在他此前80多年的人生历程中，默默无言、锲而不舍地践行着范仲淹"先天下之忧而忧，后天下之乐而乐"的思想，为家乡谱写了一段新史话。

●徐永清上将（由王济民提供）

徐永清于1938年出生于麻车乡长岗脚村（今大洋镇麻车村），16岁参加地方工作，18岁参军、入党，从一名普通战士成长为共和国上将。

徐永清将军的桑梓情怀被传为美谈。他帮助家乡防洪工程解决资金困扰，四方协调；他力推严州古城复兴，多次呼吁。他的心中怀有一颗热爱家乡学子的"暖暖红心"。

1951年9月，13岁的徐永清考入严州中学，但因为家庭贫困，读完第一学期就辍学了。

命运对他关上了一扇门，然而，也为他打开了一扇窗。他回乡后，在村办夜校、扫除文盲工作中做出了成绩，被选为回乡知识青年积极分子，参加了县里的表彰大会。1954年，他参加了麻车乡信用合作社的筹建工作，并在信用社成立后任会计，尔后又调到乡政府工作。1956年春，他被选调到县政府工作，年底应征入伍。戎马倥偬几十年，最终成为共和国上将。尽管如此，当年"因贫辍学"始终是他的一个心结。

钱塘记忆

他在工作实践当中，努力自学，读了不少书，又深深意识到在学校里接受系统教育的重要性。教育是国家复兴、民族振兴、社会进步的基石，也是一个人安身立命、谋事创业、有所作为的基础。1989年，国家发起"希望工程"时，他和爱人周清老师积极响应，踊跃参加。

将军虽身居高位，但收入并不高，始终保持着勤俭节约的本色。他把参展书法作品的润笔费、发表文章的稿费全部捐了出来。最大的一笔是在今年7月，将军把出版《徐永清书法集》的收入63.3万元，分别捐给了建德市希望工程办公室和严州中学。周清老师退休前供职于中国美术学院，擅长油画，作品偶有出售也拿出一部分捐给希望工程和残疾人、孤儿。

据不完全统计，31年间，夫妻两人的捐款总额达110余万元，使200多名贫困学生、孤儿、残障儿童受到救助，其中大部分是建德的孩子。将军捐款助学助残只求尽一己之力，不图虚名，不求回报，也从不让受扶助对象知道是谁在暗中帮助他们。

● 徐永清上将题写碑名（由王济民提供）

在《徐永清选书梅兰竹菊诗》的自序中,将军写道:"谦谦梅兰竹菊,占尽春夏秋冬。自古以来,其所以成为名士清流、骚人墨客感物喻志、寄情抒怀之象征,更因四君子之品性,或傲,或幽,或坚,或淡……梅之傲,剪雪裁冰,傲岸铮然;兰之幽,脱俗孤芳,幽雅淡然;竹之坚,虚心亮节,坚劲挺然;菊之淡,清贞洁身,淡定怡然。当下世间,物求奢华,人逐名利,几成风气,殊为堪忧。然梅兰竹菊之君子之风度,则弥足珍贵。"

言而总之,徐永清上将与周清老师以人类最质朴的"舐犊之情",回馈家乡的学子,谱写出了一段梅城古镇的新史话。

● 徐永清将军欣闻《杭州韵味》一书出版,为本书题写书名

钱塘记忆

运河舟来的塘栖

◎ 葛树法

葛树法，浙江杭州人。中国民主促进会会员，中国报告文学学会会员，作家、记者。现为浙江省传统文化促进会常务理事兼副秘书长，《中华传统文化》杂志编辑部主任，杭州市余杭区乡风民俗文化促进会会长。著有《运河揽胜》《径山佛教文化简史》《西溪洪氏文化探源与五常拾遗》《超山揽胜》《南湖胜迹》等。

塘栖，这个曾经富甲一方的古镇，给人印象最深的，莫过于古镇上的桥、廊檐、美人靠，以及那尊气势磅礴的御碑了。

有人说，塘栖是一座承载着千年历史的"桥"，这座桥，当然指的是广济桥。静卧于大运河之上，千年之久，看日落西下，渔歌唱晚，船儿穿梭，广济桥无不在诉说着它的与众不同。

"桥夜寂行舟，天影淡空水，独有无事僧，往来明月里。"一首释大香的《碧天桥》阐述了广济桥的"喜与哀"。这座连接着水北的古朴与水南的精致的古桥，日复一日、年复一年地安静屹立在这儿，孤寂地享受着阳光的洗礼，雨水的冲刷。

● 杭州塘栖古广济桥与水北街

踏上错落有致的石阶，抚摩石桥古朴的纹路，眼前转瞬即逝的光景让人置身其中，又恍若隔世。余晖照耀，仿佛为其镀上了一层古老而神秘的色彩。

夜晚的广济桥是神秘的，是安静的，它没有白日的庄严与沉重。在灯光的装扮下，它如同一个俏皮的精灵，河中倒映着它的身影，远远望去，如梦幻王国般神秘。

沿广济桥逐级而下便到了水北明清古街，它与世无争，只愿以千百年的修行来厮守塘栖。

明清古街约700米，一侧倚桥傍河，另一边则是古色古香的木板排门式古镇建筑，道路两旁间或有数十棵柳树迎风摇曳。历经岁月变迁，现如今它已成为一条塘栖水北风情特色街。

虽说塘栖不大，大运河两岸亦没有过往的商贾繁华景象，但至此，游客的脚步越来越多。买一份桂花糖年糕，浓郁的桂花香夹着香甜的嚼劲，江南水乡儿时的记忆会一涌而出。这里还有很多惊喜等着你，"聚源昌""藕粉""糖色"等白墙黑字引人注目，乾隆御碑、国家储备粮仓旧址

● 傍晚的广济桥

等古迹给这条古街冠上神秘色彩。

待日落西山、夜幕降临,河边红灯笼倒映在水中,煞是好看。人们吹着河风轻踏在这石板路上。挽着手的情侣,拿着风车嬉笑的小孩,三三两两的人群边走边聊,令这条古街弥漫着一种悠然自得的生活氛围。

● 傍晚的塘栖

千年运河和塘栖古街完美融合在一起,弯弯曲曲的河流,由北向南逶迤而来,像一条绚丽多彩的缎带。

一说起京杭大运河,古镇人都不陌生,它是祖先留给我们的宝贵财富,是人类文化的重要遗产。王同《唐栖志》云:"水陆通行,便于漕饷,而唐栖始为南北往来之孔道,于是,驰驿者舍临平由唐栖,而唐栖之人烟以聚,风气以开。"可见,京杭大运河对塘栖的发展举足轻重。

历经千年,现在我们所看到的京杭大运河是被多次整修过的,清澈的河水,还能看见漂浮其上的绿色植物。乘一叶扁舟,顺着河流行走,令人不禁想学古人泛舟游湖、饮酒作诗,那必是人生一大快事。

塘栖作为京杭大运河最南端的重镇,素有"运河南大门"之称。运河穿镇而过,河中船只穿梭,岸上商贾云集。与运河古道相依相辅的则是岸边那一个个紧挨着的河埠头。当年,由水路来杭的货物就是通过这些大大小小的河埠头登上岸来,同时,这些河埠头也是当地居民洗衣淘米的地方。

作为一个依托于运河而繁荣兴起的古镇，塘栖人对于运河、对于水有着深厚的情结。如今，古运河虽然不再熙攘，河水却依旧平静，默默承载着偶尔划过的小木船。真想如船中人一样，乘着小木船，感受运河的沧桑与宁静。

● 旧时塘栖街景

旧时塘栖沿河街道均建有廊檐，上有桥棚。廊檐是明代的建筑结构，造型简朴，线条舒展，上为过街桥，下为廊檐街，沿河的一面建有一张长木椅，人称"美人靠"，塘栖人俗称"米床"。美人靠，曾是塘栖沿河街道的独特一景。据说古时候的人家常倚栏远眺，看日出日落，望船来船往。河道两侧美人靠相望，记载着运河古镇的大小故事。

站在新的历史起点，古镇塘栖的未来大有可期。作为大运河国家文化公园（临平段）的重要节点，今后，塘栖将发挥优势，抢抓机遇，擦亮"名山、名湖、名镇"个性地标，打响塘栖"中国大运河南源首镇"品牌。

塘栖，一个具有悠久历史、独特风采的江南古镇，在习近平新时代中国特色社会主义思想理论指引下，将再涅槃出发。

杭州历史上的西方人

◎ 方 健

方健，浙江杭州人。现任杭州市档案馆一级调研员。曾任杭州市档案局(馆)局(馆)务会议成员、编研处处长。担任《杭州通鉴》《杭州古旧地图集》《民国浙江地形图》《杭州票证图录》《杭州历史上的外国人》等近30部专著的执行主编。

杭州凝聚了旖旎的江南秀美，涵纳了丰富的文化内涵，聚合着悠久的历史遗存。自隋唐以来，特别是连接南北的大运河开通之后，一些西方人士就出现在杭州古城的大街小巷。

1600多年前，天竺高僧慧理在杭州武林山麓结庐开禅，拉开了杭州对外交流的序幕。到了宋代，随着乱世的结束和经济的发展，来杭外国人的记载陡增。

然而，就向海外传播杭州的影响而言，那位来自欧洲水城威尼斯的旅行家马可·波罗，仍然是最为重要的人物。《马可·波罗行纪》的广泛流传，让欧洲世界的人们生发出对杭州这座城市的向往。一位又一位西方人，借着海上的帆樯，接连不断地踏进了这座被称为天堂的城市。

● 徐光启画像

● 马可·波罗塑像（胡鉴摄）

任何一部有关杭州的中西文化交流史，都会提到西湖山水所养育的两位杭州人：一位是李之藻，一位是杨廷筠。他们与徐光启一道，被称为天主教在中国明代的"三大柱石"。来自意大利的传教士利玛窦，得益于与他们的共同合作，编译了《几何原本》《同文算指》等影响中国的重要著作。

位于杭州北山街的西湖博物馆的展厅里，存放着数十张影印地图。这就是最早的关于中国的地图。在地图上，我们可以很清楚地看到杭州。这些地图出自300多年前由传教士卫匡国组织编撰的《中国新图集》。这是在欧洲出版的第一部中国地图集，成为欧洲人关于中国地理著作的范本，永载史册。1661年夏天，卫匡国长眠于杭州城西的大方井。这里也是继卫匡国之后来杭州的17位西方传教士的安息之地。

钱塘记忆

随后的岁月里，有无数西方人通过地图、书籍知晓了杭州西湖，也有一些人来到杭州实地旅游。其中就有英国国王派出的正式外交使团——马戛尔尼使团。这个使团以给乾隆皇帝祝寿为名，出使我国。他们离开北京后，沿着大运河南下，到达了杭州。使团的秘书兼副使斯当东在其行纪中写道："杭州是一个连接中国南北各省的大商业中心，城内主要街道上大部分是商品和货栈……"他们在游历了西湖后，特别提到了当时的雷峰塔："它建筑在突入湖面的一个险峭半岛的边沿，它的下面四层仍然屹立在那里，上面的几层都倾塌了。在它朽烂的飞檐上，还看得出规则的双道曲线，上面生满了小树、绿苔和野草……"

1876年，一个美国人出生在杭州天水桥一条叫作耶稣堂弄的巷子里，他的父母，都是早年从美国来的传教士。这个美国人在杭州度过了美好的童年时光，儿时的那一口流利而标准的杭州话是他终生难忘的又一种乡音。他就是司徒雷登。

1912年元旦，孙中山先生在南京就任中华民国临时大总统，司徒雷登是唯一在场的外国人。1919年，他任燕京大学校长，被誉为"燕大之父"。1946年，他被美国政府任命为驻华大使。1949年8月2日，司徒雷登悄悄离开了他生活50余年的地方。同月18日，毛泽东发表《别了，司徒雷登》一文，宣告了一个旧时代的结束与一个新时代的开始。

● 司徒雷登在杭州耶稣堂弄的故居前

历史的波涛澎湃，个人的力量显得微不足道，而这位美国人，虽历经了起伏跌宕，但他始终没有忘记他出生的杭州。他生前撰写的回忆录里，写下了许多杭州的风景人文记忆。2008年，阔别中国60年的司徒雷登之魂，再度回到了他魂牵梦萦的中国杭州，葬于杭州半山安贤园。

1972年2月21日，美国总统尼克松访华，其间他专程抵达杭州。他后来在回忆录中写下了对杭州的美好印象："杭州是环绕着大湖和花园建筑起来的……它当时就以中国最美的城市著称……后来帕特和我一致认为我们在杭州的逗留是这次旅行中最愉快的一段时间。"

尼克松述说杭州与西湖时的轻松而愉快的笔调，与当年的马可·波罗对于天城的描写，竟也有着相似之处。

西湖的一草一木、一桥一堤、一砖一瓦、一山一水，都流传着许多动人的故事。我在杭州从事档案史料的收集整理和研究工作，几十年来，耳濡目染，在我心中，花开花落，深深感受到杭州这座美丽的城市别样的精彩！

中外交流

从良渚古城到雅典卫城的遐想

◎ 华志刚

华志刚（Michael Hwa），美籍华人。在香港出生，在台湾长大，曾在台湾从事进出口贸易工作。1982年移民美国，在美国从事国际货物运输业务代理工作，往来世界各国港口城市。2009年定居杭州。

　　从我的家中临窗远眺，隐隐约约看得见良渚博物院藏在一片翠绿中，这里保存着实证中华五千年文明史的圣地——良渚古城遗址。2019年7月6日，在阿塞拜疆首都巴库举行的联合国教科文组织第43届世界遗产委员会会议通过决议，将良渚古城遗址列入《世界遗产名录》。"中华文明史，上下五千年"，从此，我们将说得更有底气。

　　作为一名定居杭州的华人，我与有荣焉。

　　出生于1946年的我，与时代浪潮同起伏，先后在香港、台湾度过青少年时期，后随家人移居美国，从事国际货物运输业务代理工作。当年岁渐长，思乡之情愈重，

● 良渚古城（效果图）

● 良渚玉琮

我想回到中国,落叶归根,回到一直和我血脉相亲的地方。当初,选择住在哪里,是我面临的一个问题,朋友向我推荐了多个城市,最后我选择了有"天堂之城"美誉的杭州,并在良渚附近择址安居,一住就是十多年。能够在杭州安享晚年,能够生活在世界文化遗产古城畔,对于漂泊一生的我来说,是一种莫大的欣慰与荣幸。对杭州,对良渚,我怀有深切的爱。

从家里步行至良渚古城遗址,我时时遥想它的风采,想象我们的先祖是如何在这片土地上创造出如此灿烂的文明。

5000年前,良渚地区出现高大的宫殿、完整的城墙和庞大的水利工程,以及数以千计象征权力与信仰的精美玉器,向世人呈现了一个文明古国的物质文明和精神世界。我们的先祖在这座拥有多个故宫那么大的良渚古城上繁衍生息。这座古城有皇城、内城、外城三重结构,有宫殿与王陵,有城墙与护城河。在这里,先人们修筑水利工程,种植水稻,发展手工业。他们刻画在陶制器皿和玉器上的符号、图案是那么简洁达意,这些"原始文字",被认为是中国成熟文字出现的前奏。

钱塘记忆

作为一个尚玉的考古学文化,良渚文化的玉器达到了中国史前文化的高峰。良渚先人们用玉制作成礼器、祭器和生活用品器物,其工艺之精湛令世人为之惊叹。与以往人们所喜爱的装饰玉器不同,良渚玉器不仅仅是美观的需要。这些玉器以玉琮为代表,并与钺、璧、冠状饰、三叉形器、玉璜、锥形器等组成了玉礼器系统,或象征身份,或象征权力,或象征财富。

良渚古城遗址所呈现的有秩序、重礼仪、具文明的早期区域性国家形态,打动了世界遗产委员会的专家们,他们认为:中国文明的曙光是从良渚升起的。

对良渚的着迷,催促着我不自觉地对世界文明加以思索。友人知我心意,特意送我美国专栏作家埃里克·韦纳《天才地理学》一书。该书聚焦见证人类成就巅峰的七座城市或地区——雅典、杭州、佛罗伦萨、爱丁堡、加尔各答、维也纳、硅谷,其中西方的雅典与东方的杭州位于前两位,这一巧妙的联结让我思绪为之开阔。

● 爱琴海

● 雅典古建筑

在美国工作生活近30年，西方文明对我的影响不可谓不深，它与流淌在我血液里的东方文明，一同塑造着我，成就着我。东西方两个文明如此不同，但又有其共通之处。正如习近平在访问希腊时发表的《让古老文明的智慧照鉴未来》一文中说的"伟大的古老文明都是相似的、相知的、相亲的"。

同为早期文明起源地，西方的雅典卫城与东方的杭州良渚古城，直线距离7625千米，在千年之前，在两个不同的国度，两个城市如同明珠，闪耀着令世人瞩目的光芒。

因工作需要，我曾经常年奔波于世界各地，非常有幸多次拜访雅典，这座城市所散发的古老文明气息给我留下了很深的印象。

雅典的伟大在于文化传承不衰，西方文明源自这里，延绵不绝。战火与风雨，让它断壁残垣，但造型生动的神像、浮雕和栩栩如生的廊柱，清楚地昭示着当时雅典人超凡的智慧。伊瑞克提翁神庙、帕特农神庙，是古代建筑史上的奇迹，从现在巍然屹立的廊柱和残存的雕像，仍能看出当年建筑者的别具匠心。古希腊人，在卫城辩论世界的本质与人在宇宙中的位置。他们的声音和我国孔子的讲学声、希伯来人约书亚的预言声等汇集在一起，共同敲响那个时代的春音木铎。

良渚文明和希腊文明辉煌一时，何时消失？为何消失？据专家考证，古希腊文明的湮灭与我国良渚文化的消失，在时间上非常一致，距今4100

年前左右,海平面上升,在西方毁灭了古希腊文明,在东方毁灭了良渚文化。两个文明之地,消失也如此相似。

然而,城池虽已成遗址,文化却传承不衰。现代文明之所以取得这么大的成就是因为站在了巨人的肩上。如今,人们仍可以穿越千年与圣人幸会,与贤者对话,与智者相逢,良渚古城和雅典卫城带给我们持久的精神滋养。

2022年,杭州将举办第19届亚运会,源于雅典的奥林匹克圣火必将在杭州这片文明的土地上绽放绚烂的火花。亚运精神在"心心相融,@未来"的赛事口号中被完美展现,文明与竞争,将在杭州钱塘江畔悄然上演。

我期待着这一天的到来!

● 本文作者(左)与夫人在良渚博物院

立马吴山第一峰

◎ 许坚强

许坚强，浙江天台人。浙江省书法家协会会员，浙江省楹联研究会常务理事，杭州市硬笔书法家协会理事。现任西湖风景名胜区吴山景区管理处原党委副书记、行政副主任。

西湖新十景的"吴山天风"，位于西湖东南面，自然风景优美，人文历史悠久，景观丰富，碑刻众多。自古至今，吴山一直是杭州历史文化的精华所在地，是唯一能完整体现"老杭州"历史风貌的地区。在这里游览，既可以领略天然石景的美丽，又可以欣赏摩崖石刻的魅力，还可以探究历史传说的故事。

吴山曾有"第一峰"之称，传说，当时北方的金主完颜亮读了北宋词人柳永描写杭州山水风光的《望海潮》一词，垂涎于"三秋桂子，十里荷花"的西湖美景，立志弯弓南下，命画工潜入临安（即杭州）偷绘了一张西湖图，并题诗其上："提兵百万西湖上，立马吴山第一峰。"现在吴山还留有"吴山第一峰"石刻。

● "吴山第一峰"石刻

钱塘记忆

● 吴山十二生肖石

"吴山天风"之名取自"天风海涛",即边缘的意思。因为吴山历史上是吴越两国的边界;"天风"也是古人写吴山所用:元代萨都剌有"天风吹我登驼峰,大山小山石玲珑"的诗句;辛亥革命烈士秋瑾《登吴山》有"老树扶疏夕照红,石台高耸近天风"两句。

若说吴山上的天然石景,一定绕不开十二生肖石。从吴山大观平台沿着山道向南走大约200米,在主道旁边有一组天然岩石,玲珑瘦削,奇状峭立。杭州百姓因这里的石头形似鼠、牛、虎、兔、龙、蛇、马、羊、猴、鸡、狗、猪等动物,合十二生肖之数,故称其为"十二生肖石"。十二生肖石占地虽说不大,岩石的形态却千奇百怪,要想找寻里面的生肖,一定要从特定的角度,还要发挥足够的想象力,才能感觉到相应生肖的样子。

吴山的摩崖石刻处流传着"感花岩"与苏东坡的故事。在紫阳山东腰宝成寺后的岩壁上,刻有苏东坡的《赏牡丹诗》:"春风小院初来时,壁间惟见使君诗。应问使君何处去,凭花说与春风知。年年岁岁何穷已,花似今年人老矣。去年崔护若重来,前度刘郎在千里。"这首诗中化用了两个典故,一个是"崔护求浆"的那首著名《题都城南庄》:"去年今日此门中,人面桃花相映红。人面不知何处去,桃花依旧笑春风。"另一个是"前度

刘郎"的故事,唐代刘禹锡《再游玄都观》:"百亩庭中半是苔,桃花净尽菜花开。种桃道士归何处,前度刘郎今又来。"明代杭州百姓感怀此佳事,便将苏轼诗刻于宝成寺后岩壁上,表达对苏轼这位"老市长"的深切怀念。

当然,除了现存的摩崖石刻,山上也有以前存在、现在却消失不见的"火牛劫"石碑。据记载,"火牛劫"三个大字,用朱红填满,异常醒目,既无款识,也无年月。据称,"火牛劫"三个字的含义:"火属丁,牛属丑,火牛就是丁丑,丁丑就是1937年。这一年,中国全面抗日战争开始。冬季,杭州沦陷。下面一个'劫'字,述说日本人在杭州的暴行。"其实,吴山上还有众多的奇特石景和摩崖石刻,每一处背后,都可能有着不同寻常的故事或传说。

另外值得介绍的是,吴山上有座阮公祠,位于吴山瑞石山顶。阮公祠是杭州人为纪念清代浙江巡抚阮元所建,因其在任职期间为当地百姓做了很多好事、实事。他主持疏浚西湖时,把葑泥堆筑成了一座岛,现在成了西湖著名的三岛之一。人们为纪念他治理西湖的功绩,命名该岛为"阮公墩"。除了疏浚西湖,阮元还主持修筑了海塘,创办了书院,编有《两浙金石志》等重要书籍,为杭州,乃至整个浙江做出了重要贡献。

千百年来,伴随着杭州城市的兴衰和演变,吴山积淀了不同时期大量的历史文化,不但风景优美,而且名城古迹众多,还保存了杭州的佛教、道教和民间祭拜的庙宇,如药王庙、东岳庙、宝成寺等。

● 城隍阁

城隍阁，作为杭州新"西湖十景"之一，位于吴山之巅。七层仿古楼阁式的建筑，高41.6米，炫煌富丽，融合元、明殿宇建筑风格，兼揽杭州江、山、湖、城之胜，可与黄鹤楼、岳阳楼、滕王阁相媲美，是游人登高揽胜的必到之

● 吴山庙会

地。二楼所挂"城隍阁"的匾额是由中国知名书法家沈鹏所书写，两旁的楹联"八百里湖山，知是何年图画；十万家灯火，尽归此处楼台"据说是明代徐渭所书写。三楼"湖山信美"的匾额是由知名老先生顾毓琇所写。四楼篆体书写的"风华竞茂"匾额是由陕西书法家协会原主席刘自椟所写。

自古至今，吴山一直延续着庙会、茶事、遛鸟等民俗。今日的吴山仍有众多茶室，雅俗皆宜。在这里，既可以登临城隍阁，眺望湖山佳景，听一曲江南丝竹，啜茶品茗，浮生半日；也可以呼来三两好友，谈天说地，消磨半天时光。在"大碗茶"附近，有一处别致的风景，专供养鸟人聚会，老杭州人给了个雅号——"雀儿茶会"。一大清早，养鸟人就带着鸟笼到周边山林，真有一种"百啭千声随意移，山花红紫树高低。始知锁向金笼听，不及林间自在啼"的场景，成为杭州休闲养生的好去处。

吴山沉淀了杭州的千年文化，犹如一座天然博物馆。如今，在吴山半山腰，矗立着一座杭州博物馆，馆藏丰富，涵盖了陶瓷、书画、玉石、印章、钱币、邮票等各类文物，浓缩了杭州历史文化，值得一看。

登吴山，一览无余湖山色；临高处，天风吹尽古今事；看今朝，杭城弄潮正当时……

访杭州不能不说胡雪岩

◎ 卢红军

卢红军，山东聊城人。中国政法大学民商法学在职博士生，军旅青年词作家。主要作品有《中国人民解放军战区进行曲》《长征之歌》《红领巾进行区》《祖国妈妈》《我和新时代同年岁》《中华儿女书锦绣》《红船》《大爱无疆》《爱人如己》等。

每当走到吴山脚下河坊街时，我总被白墙上的"胡庆余堂国药馆"七个大大的黑体字所吸引。关于国药老字号，"北有同仁堂，南有庆余堂"，享誉海内外。它曾经的主人，就是晚清第一"红顶商人"——胡雪岩。

到杭州不得不了解胡雪岩。胡雪岩一生充满传奇色彩。他曾帮助左宗棠西征，搜集情报准备药品，购买军火提供枪支，更筹措借款辅助朝廷收复新疆。为官须看曾国藩，为商必读胡雪岩，胡雪岩成了中国儒商的典范。

到杭州不得不到胡雪岩个人创办的胡庆余堂，它犹如仙鹤停驻在吴山脚下西子湖畔。清同治十三年（1874年），胡雪岩为"济世于民"着手筹建药堂庆余号，斥资白银三十万两，集结能工巧匠，摹江南庭院风格，历经四年终成

● 真不二价匾

大作。如今,创建之初雕刻在门楣之上的"实乃人心""真不二价"金字匾额仍高悬药堂之上,警醒着一代代庆余堂后辈秉执职业道德和质量追求。当年,胡雪岩为保证急救药"紫雪丹"质量而特制的金铲银锅现仍保存完好,成为佐证药品和人品的珍奇瑰宝。

胡庆余堂有很多匾额都是朝外悬挂的,唯独"戒欺"二字挂在药堂营业厅的背后,此乃胡雪

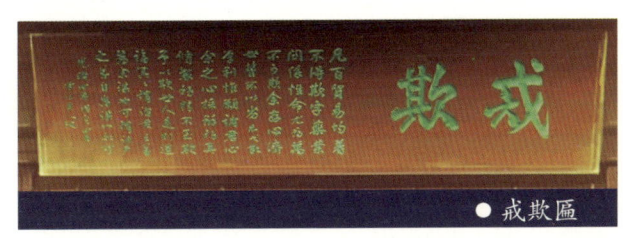

●戒欺匾

岩亲笔写就。胡雪岩立足长远,用意颇深,对胡庆余堂经营者的谆谆告诫,奠基胡庆余堂制药的铁定规则,更是胡庆余堂称雄制药界的灵丹妙药。"戒欺"二字使胡庆余堂在大江南北生意兴隆、声名鹊起,更为胡雪岩本人赢得了"江南药王"的美誉。至今,"戒欺"的行业精神和"医者仁心,积善行道"的理念仍备受推崇。

在悠久的历史中,胡庆余堂沉淀的丰富独特的文化,延续儒家一以贯之的仁者爱人之道,可以说是中国传统商业文化之精华。

到杭州不得不到与胡庆余堂比邻而居的胡雪岩故居。我每次去心情总是不一样,或探幽或追问或沉思……一代"红顶商人",从学徒发迹,到因时局变化受洋行挤兑破产。身处这位一生大起大落的"红顶商人"的栖居之所,不由令人驻足沉思。

抬腿迈进这座典型的具备明清时期江南建筑特色的院落,白墙石阶隔开了繁华闹市与宁静院落,仿佛一脚就踏进了另外一个婉约的世界,忘我地穿越现实与历史。故居建于清同治十一年(1872年),正值胡雪岩事

业的巅峰时期。豪宅工程用时三年，于1875年竣工。大门口的一副对联，"传家有道惟存厚，处世无奇但率真"，道出了胡雪岩坚守的为人与经商之道，值得今人深思。

看起来很普通，里面却别有洞天的府邸，引人入胜。穿行故居，最先看到头顶匾额"勉善成荣"四个大字，意思是说多做善事是一种良好的品质，这个思想与胡雪岩一生紧紧相随。跨过木质大门，眼前并没有豁然开朗，穿越小圆门，视野才逐渐开阔。据此可看出胡雪岩为人谨小慎微且善于藏锋的处世之道。当年朱镕基总理在参观胡雪岩故居时题写的"极江南园林之妙，尽吴越文化之巧"，高度概括了胡雪岩故居在杭州文化中的地位和影响。这座以江南的富庶为基础雕刻的时空建筑，使杭州具有了韵致古典的城市名片，反映了当时胡雪岩的诉求审美和价值取向，在一定程度上也引领了当下杭州人对工作对生活的向往和要求，最终体现出杭州人的生活理想和追求。

● 胡雪岩故居

钱塘记忆

胡雪岩在命运蜕变、功成名就的岁月，以杭州为家，亦官亦商地执业报国，为杭州留下了宝贵的物质财富和人文景观。杭州是他的家、他的城，是他的坚守拼打，是他的繁华遗梦……吴山是他的归宿，西湖是他的心海，风是他的倾诉，雨是他的情愫，他来了就再也没能远去，而杭州就是他永远挥之不去的牵挂。杭州的百姓，对胡雪岩同样也是善待和厚爱的，对胡雪岩终其一生最珍爱的故居和胡庆余堂，悉数保护、修缮、开发，让它以光彩焕发、熠熠生辉的姿态展现在世人面前。

● 鸟瞰胡庆余堂

胡雪岩无疑是成功商人的楷模，他顺应时代，仁心待人，苦心经营积累了富可敌国的财富。他认为，人不能太贪，利来之于民用之于民，多做善事好事，才是人生长久之计。他视财富为身外之物，从不挥金如土，反而乐善好施捐款赈灾，赢得了口碑。

胡雪岩已故去，但他的人格魅力和商道智慧至今仍被世人称道。风云际会，群英荟萃，数风流人物还看今朝。胡雪岩立于历史大潮之中，他的胡庆余堂和故居留在杭州，他的精神和理念永远值得人们铭记。

胡庆余堂

钱塘明珠铜鉴湖

◎ 袁长渭

袁长渭，浙江杭州人。中学高级教师。现任西湖区灵隐街道人大工委主任。曾任杭州市西湖区教育局副局长、蒋村街道办事处主任、转塘街道党工委书记和西湖区发改局局长。《杭州隐秘地图之浮山良户头》《18路车》等文章发表于《杭州日报》，《脚踏车》《露天电影》等文章被收入《杭州记忆》一书中。

杭州古称钱塘，铜鉴湖曾经是钱塘泗乡历史上最大的湖泊，湖面曾有好几平方千米。铜鉴湖的别名叫明圣湖或石湖，古籍中有众多记载。北魏郦道元在《水经注》中记载："明圣湖在县南江侧。"民国《杭州府志》中说："石湖，在定山南乡，石龙山下。汉时名明圣湖，宋时更名石湖，今名铜鉴湖。"《杭县志稿》记载："铜鉴湖在昙山东南。湖周围约三四里许，水清澈，产鱼极肥。菱芡之利，不可胜计，秋莼尤佳，埒于湘湖。湖藏山腹，境极

● 鸟瞰铜鉴湖

钱塘记忆

幽邃。"清代张道的《定乡小识》也专门考证:"田氏《游览志》及毛稚黄力辨之,则湖之在定南濒江处,信矣。"张道先生推论,在钱塘县,这样的湖只有铜鉴湖了。张道先生的《定乡小识》还专门描述了铜鉴湖的美丽风景:"湖藏山腹,境绝幽邃,烟鸥雪鹭,伊轧唉呷……茶歌樵唱,激响晴波,红树青林,一川如画。"

铜鉴湖边有一个定南公馆,那是古代杭富路上的一个驿站。定南公馆边上的山就叫公馆山,山边的村叫公馆村。万历《钱塘县志》记载,解头山"有解头寺,旁有定南公馆"。张道《定乡小识》亦有云:"(公馆村)至宋时尤为士大夫往来憩息之所……康熙时尚设门役。今廨宇久废,唯其地尚称公馆也。"唐代诗人周匡物路过铜鉴湖畔,曾在定南公馆小憩,写下了著名的《应举题钱塘公馆》:"万里茫茫天堑遥,秦皇底事不安桥?钱塘江口无钱过,又阻西陵两信潮。"

铜鉴湖畔有一座昙山,昙山上有一个清虚洞,宋明理学家朱熹曾三次率众弟子来此讲学,并且留下了在杭州仅有的朱熹题名石刻:"颓然见兹山,一一皆天作。信手铭岩墙,所愿君勿凿。"清代文人胡敬《定乡杂著》云:"仲晦(朱熹)铭传石上刊,数行蚀尽藓斓斑。青山一一天然在,只欠园亭似次山。"

昙山上的清虚洞里有一块棋盘石,钱塘泗乡有个与之相关的民间故事,讲的是樵夫砍柴时,因看仙人下棋而忘归。所以,昙山上的清虚洞也叫仙人洞,昙山也叫棋盘山。

昙山的西北面是湖埠村。明朝,胡埠村有位冯来聘,是明万历二十八年(1600年)举人,天启二年(1622年)进士,官至山东道御史。其时,

233

● 铜鉴湖畔一片金灿灿的向日葵

泗乡教育颇为发达,明末另有午山葛寅亮、双流陈之煌、浮山郑尚友也高中进士,光耀泗乡,与冯来聘并称"泗乡四才子"。清朝先后任宰相的父子俩董邦达和董诰是富阳新桐人,父亲董邦达曾经在湖埠教过书,并且把董家的祖上安葬在姚家坞,这就是"湖埠十景"之一的"董坟松涛"。

在古代,铜鉴湖畔的道路是杭州城通往富阳的唯一官道,当年白居易、苏东坡主政杭州时,常走此道去富阳,或者去云泉山风水洞、铜鉴湖和昙山会友赏景。

白居易逍遥于铜鉴湖风水洞边的恩德寺,与高僧慧日禅师交好而不思归,曾写下"云水埋藏恩德洞,簪裾束缚使君身。暂来不宿归州去,应被山呼作俗人"。

苏东坡游风水洞时,曾经下榻铜鉴湖畔定南公馆,写下了"追君直过定山村""风岩水穴旧闻名,只隔山溪夜不行""溪桥晓溜浮梅萼,知君系马岩花落"等诗句。苏东坡经常前来游览湖埠美景,对泗乡风土人情颇为了解,曾书有《风水洞二禽》:"春山最好不归去,惭愧春禽解劝侬。"

杭州太守范仲淹《风水洞》一诗云:"神仙一去几千年,自遣秦人不得还。春尽桃花无处觅,空余流水到人间。"

杨万里游杨村盐场,宿于铜鉴湖之畔,见帆收烟升,波碎灯影,作《晨炊泊杨村》:"沙步未多远,里名还异原。对江穿野店,各路入深村。

钱塘记忆

秋水乘新汲,春芽煮不浑。舟中争上岸,竹里有清樽。"诗里写到的沙步就是湖埠,也就是钱塘江边的杨村的江滩;"春芽煮不浑"的"春芽"指的就是铜鉴湖畔的茶叶。

昙山脚下的铜鉴湖有大片的莼菜田,那是正宗的莼菜产区,铜鉴湖牌莼菜曾经热销日本和韩国。杭州人食用莼菜有着悠久的历史,苏东坡、白居易都有诗纪念。苏东坡念念不忘莼菜:"若问三吴胜事,不唯千里莼羹。"白居易移官后,尚思湖埠之竹笋与铜鉴湖之莼鲈:"久为京洛客,此味常不足","犹有鲈鱼莼菜兴,来春或拟往江东",以志念想,堪比西晋张翰的"莼鲈之思"。他的"江南忆,最忆是杭州",忆的不乏铜鉴湖莼菜。相传乾隆皇帝下江南,每到杭州都必以莼菜调羹进餐,并派人定期运莼菜回宫廷享用。

铜鉴湖畔盛产九曲红梅茶,此茶因其色红香清如红梅而得名,滋味甜醇。早在1886年,九曲红梅茶就获得巴拿马万国博览会金奖,名气不逊于西湖龙井茶。

● 铜鉴湖畔春花烂漫

关于铜鉴湖名字的来历,有一个传说,这还得从唐太宗李世民和魏徵的关系说起。玄武门之变后,李世民当上了皇帝,开启了贞观之治。身为一个开明的皇帝,他对有才能的贤士广为任用,不计前嫌,连原先太子李建成的幕僚魏徵都愿意重用。魏徵是一个敢于向皇帝直言进谏的人,甚至多次因此触怒李世民,但最终李世民都以过人的气量容忍了魏徵,并励精政道,虚心纳谏,对魏徵倍加敬重。魏徵也进谏如故,君臣合璧,相得益彰,终于开创了大唐"贞观之治"的辉煌盛世。

魏徵去世后,唐太宗非常悲痛,感叹说:"以铜为鉴,可正衣冠;以史为鉴,可知兴替;以人为鉴,可知得失。今魏徵已死,吾亡一鉴矣。"

后来,钱塘人就取了唐太宗"以铜为鉴"之语作为湖名,以教育后人。人们逐渐把明圣湖和石湖的名字淡忘了,而铜鉴湖的名声越来越响亮。

站在铜鉴湖边远望石龙山,铜鉴湖如一个聚宝盆,如一把太师椅,左手靠着虎头山(公馆山),右手靠着花山,太师椅椅背靠着的就是石龙山,一派山清水秀。明如铜镜,鉴清如真。风和日丽的早晨,铜鉴湖的水如同一面碧绿的镜子;落日余晖中,铜鉴湖的水又确实像一面铜镜。春天新芽翠绿,夏天荷花粉红,秋天层林尽染,冬天银装倒映,铜鉴湖的春夏秋冬各有风味。

铜鉴湖有近三千亩水面,花山、公馆山、昙山环抱,湖中有一小岛名桃花岛,还有众多的田岛、花岛、果园岛。坐一只小船游湖,在铜鉴湖边的民宿里驻足,赏碧波荡漾;登昙山,观铜鉴湖日出,赏茱萸晚霞,听远处慈严寺传来的钟声;闲时采菱、摘莼菜,听朱熹讲学的故事,品九曲红梅茶,生活是何等的惬意啊。

探寻文学名著的杭州印迹

◎ 王燕燕

王燕燕,笔名微尘,浙江杭州人。浙江省摄影家协会会员。现为浙江一如文化艺术发展有限公司董事长,一如书院院长。

杭州,不仅是座历史文化名城,更是一部彰显东方韵味的人文经典。

良渚文化的发现,萧山跨湖桥新石器时代遗址的发掘,显现出早在七八千年前已有祖先在杭州居聚生息的印记。中华文明的发祥历史久远,两千多年前的秦代,杭州名为钱唐县,三面环山一面临水。隋朝,改钱唐郡为杭州,并开凿运河,杭州由此成为广通南北的便捷之地,趋向经济、文化的前沿之都。而后,杭州经历了唐代的繁盛及五代十国时吴越国的变迁;北宋后,宋室南渡,杭州升为临安府。据南宋耐得翁《都城纪胜》载,"今中兴行都已百余年,其户口蕃息,仅百万余家者,城之南西北三处,各数十里,人烟生聚,市井坊陌,数日经行不尽",可见当时杭城坊院之繁荣景象。

南宋时期,政治中心南迁,文人、手艺人也随之南下谋生;其间,南宋理学兴盛,文学、艺术、诗词、小说百花齐放。南宋话本(独特的说话表演艺术所用的蓝本)的出现,在文学史上产生重要影响。

● 冬日西湖

自那时起，民间说话的表演艺术迅速发展，话本小说开创了我国白话小说的全新时代。直至今日，我们读的古典名著、文学经典，某种意义上是涵盖了故事题材本身，并经历时间累积、社会发展进步，由民生思想、地域文化凝练融汇而成的。

作为新杭州人，我对这个城市近20年的生长气息感知得很真切。诚如明代钱塘人高濂所云："赏心幽事，取之无禁，用之不竭，跬步可得，日夕可观。"生活在此，春花、夏鸟、秋枫、冬雪，一季有一季的美好，十年有十年的新生。

虎跑品龙井茶，城隍阁上观景，西湖中泛舟，六和塔上观潮，宝石山下看塔灯，西溪风雨听芦……杭州美景，古今共情。闲来研读四大名著，有专家学者提出杭州乃文脉之地。鉴于其八朝古都的深厚历史底蕴，学界、民间和杭州市社会科学界联合会等组织对四大名著与杭州的渊源的猜想不断，研究从未停止。正因如此，杭州这座城市更有她无穷的魅力，有待时人探究。

尽管各方观点不一，但南宋临安瓦舍勾栏的繁华对《三国演义》《水浒传》《西游记》等名著的孕育与诞生有着极大的影响，是一项基本共识。对此，史学家重史实探讨，艺术家重演绎再现，文学家难免创新猜想，而民间则会融入文化情节。

钱塘记忆

《三国演义》 有观点认为,《三国演义》的故事采自宋元杂剧。各方对罗贯中的籍贯虽有争议,但根据浙江越剧发展史,元代,杭州成为继大都(北京)之后全国杂剧的创作中心。"元曲四大家"关汉卿、马致远、白朴、郑光祖先后来到杭州,与当地书会才人广泛接触,进一步推动了杂剧的发展。杭州涌现出罗贯中、杨梓、乔吉等优秀杂剧作家与演员。南戏在杭盛行达200余年,经过明、清两代发展,杭州古运河畔繁盛的水陆码头、拱宸桥一带成为戏曲演出的中心。

由杂剧衍生的《三国演义》,故事中的东吴大帝孙权,正是杭州富阳人。孙权在三国中成为彪炳史册的著名人物,他对长江流域和江南地区的发展影响深远。如今的杭州富阳,不仅是孙权相关文化研究中心,更是旅游探古的胜地。

● 孙权故里

《水浒传》 据说《水浒传》的作者施耐庵与罗贯中皆为杭州书会才人,这一身份让他们有可能将当时为杭州艺人广泛说讲的《大宋宣和遗事》讲史话本整理加工,再创作而成为《忠义水浒传》。此书署名"钱塘施耐庵的本,罗贯中编次"(见明代高儒所编的《百川书志》)。

《水浒传》最初由杭州艺人口头说书,经书会才人编辑和作家创新,是集体智慧的产物。关于杭州西湖的情景,小说原著中有张顺为宋江败后探敌的情节叙述:张顺身藏蓼叶尖刀,一顿酒食后来到西湖岸边,看见三面青山,一湖绿水,远望城郭,四座禁门,临着湖岸。今日,立有"浪里白条"张顺

● 西湖涌金门边的张顺雕塑

雕塑的涌金门便是其中一门，另有三门分别为清波门、钱塘门、钱湖门。

此外，六和塔景区内有鲁智深与武松的故事记载。

杭州西湖边，离苏小小墓不远处有一座武松墓，碑上题《宋义士武松之墓》。《水浒传》中的行者武松的原型，正是杭州历史上的义士武松。据《西湖大观》记载，武松本江湖卖艺者，"貌奇伟，尝使技于涌金门外"，被知州高权所见乐，意招之为都头。施耐庵就地取材，对武松的故事传说进行改编，写进了《水浒传》。

关于武松后来的经历，有人说，他在六和寺出家后，至80岁得善终；而《水浒传》中则描述，当金兵攻破杭城时，在六和寺出家的武松，为了救护杭州百姓，独臂抵抗金军而亡。后来，杭州百姓在离六和寺不远的赤山埠建了一座武松庙。

不仅如此，杭州西湖区还举办过"千古蓼洼忠义地——西溪与水浒故事展"活动，从历史故事中继往开来，实现文化的交流与互动。

《西游记》 关于《西游记》中的杭州元素，要从《大唐三藏取经诗话》说起。它同样缘起临安瓦舍勾栏，在杭州被人说讲了几百年，成为一部家喻户晓的经典。

作者吴承恩出身于明代一个由书香门第败落为小商的家庭，从小念私塾，爱读神怪小说。40岁时，他根据《大唐三藏取经诗话》和《西游记平话》创作出长篇小说《西游记》。

《西游记》里所叙述的随唐僧取经的孙悟空,其雏形最早可能源自南宋小说《陈巡检梅岭失妻记》中的猢狲精。观音菩萨的形象则一直在民间广为流传。南宋时,杭州有480余座庙宇,如上天竺、灵隐寺……观音菩萨的造像艺术随着历史变迁也发生了相应的变化。

● 《三打白骨精》剧照

《禅宗公案》中有记载,唐代,杭州有个喜于松上坐禅的鸟窠禅师,与知政白居易交往密切,他可能就是唐僧的师父。《西游记》与《大唐三藏取经诗话》有着千丝万缕的联系。其中写道:"却说那禅师见他三众前来,即便离了巢穴,跳下树来。"原来,《西游记》的源头里,能找到鸟窠禅师的身影。

《红楼梦》 名著《红楼梦》中,四大家族之一的王氏家族的创作原型,正是杭州织造孙文成的家族。孙文成与曹雪芹的祖父曹寅分别担任苏杭两地的织造一职。有学者研究认为,孙文成是曹寅母亲系亲,孙文成由曹寅推荐而出任杭州织造,江南织造与江宁织造休戚与共。

最初进行红学研究的周春、戚蓼生等都是浙西人。考证红学、索隐红学、探佚红学各家争鸣。土默热红学甚至认为《红楼梦》是明末清初杭州人洪昇所写的人生追忆。相传洪昇曾在康熙年间赴江宁织造府,归途中不幸溺水,书稿从此流落曹家。晚年的曹雪芹读到此稿产生共鸣,披阅十载,增删五次,完成了《红楼梦》的创作。这些研究结论仍有待考证,但已让更多文学爱好者对杭州这块土地产生了全新的文化视角和无限的探索动力。

● 西溪秋雪庵

　　罗贯中、施耐庵、洪昇都与杭州有不解之缘。杭州历来人文荟萃，历代文化名人在此留下名篇佳作。唐代白居易、褚遂良，宋代苏东坡、陆游，南宋院体山水画家李唐、刘松年、马远、夏圭，元代画家黄公望，清代剧作家李渔，晚清民国时期艺术大师吴昌硕，近代文学家鲁迅、郁达夫……这些古今大家使杭州充满浓郁的文化韵味。

　　杭州，是一座魅力之城。"江南忆，最忆是杭州。山寺院中寻桂子，郡亭枕上看潮头。"

　　杭州，是一座人文之城。"东南形胜，三吴都会，钱塘自古繁华。"

　　杭州，是一座开放之城。西湖胜名，文化悠远；西溪胜景，名人辈出；运河文化、钱塘江文化，交融并蓄。

　　杭州，更是一座创新发展之城。自信乐观，与时俱进，勇立潮头，联通世界，共建美好。

钱塘记忆

再现"德寿宫"

◎ 潘卓盈

潘卓盈,浙江嵊州人。媒体记者,扎根杭城深耕本土文化报道十多年,多次获得省市新闻奖。始终奔跑在新闻采编一线,坚持用脚步丈量杭城角落,遍访文化古迹,挖掘这座城市不为人知的秘史,用文字记录社会发展。

德寿重华,一眼千年。

杭州复建德寿宫,"德寿宫"再现宋韵之风。

德寿宫的"前世"

德寿宫是目前杭州城内已发掘出土的规模最大、规制等级最高的皇家宫殿建筑。它是南宋第一任皇帝宋高宗赵构禅位后的住所。

● 南宋德寿宫遗址博物馆德寿殿(陈中秋摄)

在宋高宗入住德寿宫前,这座房子的第一任主人,是当时权势滔天的秦桧。绍兴十五年(1145年)四月,绍兴和议签订后,宋高宗同意了秦桧的请求,把临安城望仙桥以东地区赏赐给他修筑府邸,并亲笔题了匾额"一德格天阁"。绍兴二十五年(1155年)秦桧去世后,这座盛极一时的相

府沉寂了八年。

绍兴三十二年（1162年）六月廿一，年仅56岁的宋高宗赵构主动退位，将皇位让给养子孝宗赵昚，入住德寿宫，自称"太上皇帝"。宋高宗虽然退位，但实际上仍掌有莫大的权力。所以，当时人们称凤凰山大内为"南内"，称德寿宫为"北内"。德寿宫特殊的政治地位由此可见一斑。

从绍兴三十二年（1162年）宋高宗入住德寿宫起，到开禧二年（1206年）德寿宫发生火灾不宜再居住为止，中间不过40余年。其间，德寿宫共迎来了4位皇室主人，分别是宋高宗和吴太后夫妇、宋孝宗和谢太后夫妇。

1189年，宋孝宗仿效宋高宗内禅，退居德寿宫，德寿宫改称重华宫。后又因宪圣吴太后、寿成谢太后居住，先后易名为慈福宫、寿慈宫。1206年，北内失火，两代帝王（后）生活过的宫苑，在延续了半个世纪的辉煌繁盛后，逐渐走向没落。到了咸淳四年（1268年）四月，原德寿宫北部改建为道观宗阳宫。

德寿宫的"今生"

2020年12月28日，南宋德寿宫遗址博物馆项目正式开工。历经近两年的修建，沉睡800余年的德寿宫，终于穿越时空，露出了冰山一角。

在南宋临安城的版图上，德寿宫位于城中偏南靠东位置，它在鼎盛时期占地面积约17万平方米。今天的德寿宫遗址，仅发掘了7000平方米左右。

新建成的南宋德寿宫遗址博物馆，主要包括重华宫正殿复原陈设展区、南宋历史文化陈列专题展区、重华宫正殿遗址本体及德寿宫遗址考古

成果展区、慈福宫正殿南宋临安城专题展区和慈福宫及相关苑囿遗址本体展示区。整个遗址区布设10个数字化"打卡点",通过3D互动装置、动态长卷、数字投影、交互AR增强现实和虚拟现实等多种方式,以科技赋能展示不同时期的德寿宫遗迹和皇家宫殿建筑园林风貌。

● 南宋德寿宫遗址博物馆(陈中秋摄)

站在博物馆遗址保护展示区,我们可以回望过去,借助水池、方亭、假山石、进水渠、水闸等园林景观遗存,以及排水沟、水井等日常生活设施遗存,来想象南宋王室生活的点滴。伴随着数字化光影技术,移步换景间,时光仿佛在一呼一吸间诉说遥远又如此真实的故事。

"这是一块有故事的地方。"要讲好杭州故事,德寿宫遗址是必不可少的关键一环。

德寿宫遗址保护与展示工作,最终创造了全省乃至全国的"五个首次"——首次原汁原味再现宋式宫廷建筑、首次大面积露明展示地下遗址、首次大规模数字化复原展示遗址、首次大面积开展南方地区潮湿环境土遗址保护、首次全面展示南宋历史文化与社会风貌。

一砖一瓦背后都有故事。也许,这就是德寿宫复原重现的意义,让我们无限憧憬的南宋风雅和追寻的宋韵精髓,终于有了实地的安放之处。

"德寿宫"再现

丝路杭州

◎ 郭园园

郭园园，浙江瑞安人。毕业于浙江大学。中国传统文化促进会会员。现为"一带一路"百家媒体浙江工作站站长。曾就职于《浙江日报》。被评为中国十佳青年诵读艺术家，最美中国生态文明建设引领者。获"话说千年塘河"诵读大赛最佳导演与最佳策划荣誉，"文化艺术贡献奖"，"运河听我说"语言大赛一等奖。

"千里迢迢来杭州，半为西湖半为绸。"这两句诗出自哪里已无从考证，但它准确描述出杭州的两张名片，一是风光旖旎的湖山胜景，二是优美华贵的人间造物，两者交织，勾勒出温柔动人的杭州。

细梳杭州的发展史，丝绸于杭

● 杭州丝绸展

州，是命脉里一直伴随着的因子，共荣共生。这块土地上的居民，无论生产、生活、商贸和审美都与丝绸有着千丝万缕的关联。"丝绸是江浙的命脉，亦是中国的富源"，借由这句首届西湖博览会的宣传语，我们可梳理出两个关键词："命脉"和"富源"。

杭州的繁盛，从丝绸开始，正式拉开帷幕。

钱塘记忆

    1929年6月,首届西湖博览会带着使命出发,盛况空前,吸引了近2000万人。在单独特设的第七馆丝绸馆的概说里我们看到这样一段话:"我国自黄帝时嫘妃教民养蚕,是为利用蚕丝之滥觞。嗣后文明日进,衣服体制愈出备,而丝绸之用愈大,数千年来流传世界,衣被全球。"嫘妃即教会人们种桑养蚕的嫘祖"西陵氏"。我们今人做了一次大胆推测,嫘祖的桑蚕技艺也许就源于杭州。

    这种推测并非空穴来风。近年来,随着湘湖(固陵)跨湖桥遗址的考古发掘不断深入,人们得知7800年前的杭州先民已经能够编织,会操作纺轮与织机。被誉为"实证中华五千年文明史的圣地"的良渚古城遗址,出土了目前所知世界上最早的丝织品实物"良渚文化绢片""丝线",丝绸的历史几与中华文明同步,共同构筑了杭州的历史纵轴。杭州早年的文明,已和丝绸交织在一起。

    杭州和丝绸的故事,在历史中一直有着浓墨重彩。丝绸之为江浙的"命脉",亦可从杭州的繁盛中得以体现。

●京杭大运河

247

杭州韵味

　　唐朝名臣褚遂良是享誉千年的著名书法家，因反对武则天立后，被贬潭州（今长沙），迁桂州（今桂林），再贬爱州（今越南清化），卒于任上。其后人褚载归乡时将改良后的丝织机引进杭州，大大改进了当时的丝织技术，被誉为"机神"。如今杭城还保留有"机神庙"的地名。白居易来杭城为太守时，就以杭城精湛的丝织技术为豪，欣然提笔留诗"丝绣织绫夸柿蒂"，盛赞杭州的贡绫。

　　唐末五代是中国历史上的乱世，国土四分五裂，百姓流离失所。在这种兵荒马乱之年，吴越王钱镠采用守土息兵、保境安民之策，在吴越大力发展经济，杨志玖《隋唐五代史纲要》记载他发展蚕桑、丝绸、茶叶、棉麻、纺织、煮盐、开矿、烧瓷器等，由此境内繁华富庶。丝绸与纺织成为这方水土不可或缺的宝藏，也为杭州成为宋仁宗笔下的"东南第一州"奠定了深厚的基础。

　　南宋定都临安，152年天下诸事皆汇于此，"机杼之声，比户相闻，漏夜不绝""都民士女，罗绮如云"，从此杭州成为"世界上最美丽华贵之天城"。

　　此后，"丝绸之城"传承不绝，明代专事织染的"红门局"打造了"习以工巧，衣被天下"的杭州。清代"红顶商人"胡雪岩建立的"胡丝"品牌享誉欧洲，民国艺匠都锦生首创了织锦风景画"九溪十八涧"……千年时光流转，织就杭州"丝绸之府"的天下美名。

　　"丝绸之路"美名得以天下传。俗话说"要想富，先修路"，路即"富源"。"丝绸之路"通常指的是古代中国连接亚洲、欧洲、非洲的贸易、文化交流路线。从广义上讲，它包含陆上丝绸之路和海上丝绸之路。

　　"陆上丝绸之路"萌芽于战国时期，在公元前138年汉代张骞出使西

域后得以贯通，西汉司马迁在《史记》中以"凿空"二字精辟形象地概括了通路建立的艰难。它是历代王朝对外交往的主要通道。因中国所盛产的丝绸是连接这条政治、经济、文化交往之路最重要的贸易载体，19世纪70年代德国地理学家李希霍芬将之命名为"丝绸之路"，作为以中国为根本的古代东西交往陆上通路的总称。

"海上丝绸之路"其实先于陆上丝绸之路出现，这条海上通道正式形成于秦汉时期，据《越绝书》记载，秦始皇从嘉兴"治陵水道到钱塘、越地，通浙江"，运河及运河文化由此衍生。

当今的京杭大运河是"南水北调"东线工程，与长城、坎儿井并称为中国古代的三项伟大工程，沿用至今。也正是京杭大运河，将两条丝路相互联结和沟通。2014年6月，"中国大运河"被列入《世界遗产名录》，它是京杭大运河、隋唐大运河、浙东大运河的总称，全长2700千米，是世界上最长也是开凿最早、规模最大的运河。

古越国人工运河百尺渎，经历代拓建东联到海，形成浙东运河。杭州钱塘江畔的西兴是浙东运河的起点，于是杭州就成为陆上丝绸之路和海上丝绸之路的唯一连接点。在杭州中河六部桥旁有一座"凤山水城门"，这是杭州唯一留存至今的古代城门，曾经，中国的火药、指南针、造纸术、印刷术等经由这里走向世界，香料、宝石、狮子、大象、棉花、番薯等经由这里传入中国。

现代的丝绸制品就如同旧时王谢堂前燕，已经飞入寻常百姓家，而且在不断运用中创新。1993年创办的杭州凯地丝绸，经过描稿、晒稿、调色、试样等工序，首创了世界上第一张彩印丝绸报；万事利丝绸设计的

● 凤山水城门遗址

"青花瓷"颁奖礼服，在北京奥运会上精彩亮相；世博合作伙伴身着丝绸"华服"，以最美姿态站在世界的舞台……实现了中国文化与现代丝绸的融合发展。

再看2016年G20杭州峰会上，齐聚杭州的各国元首都用"美轮美奂，诗情画意"来形容中国所展示的美学，称中国元素惊艳了世界：从邀请函到峰会纪念礼，从桌号牌、菜单到节目单都由丝绸印制；峰会为元首夫人们准备了主题丝巾套装；还有会场中布置的巨幅西湖全景壁画……整个G20杭州峰会期间，无不尽显以丝绸为代表的中国文化高贵典雅之韵味。

2013年，国家主席习近平面向世界，提出用创新的合作模式，共同建设"丝绸之路经济带"和"21世纪海上丝绸之路"的畅想，提出了"一带一路"的重大倡议。这也是古丝绸之路的延续和升华。这条商贸的便捷通途，不仅是各国间贸易往来的互利共赢，也是世界文化互补和爱的交流。丝绸柔软而又周密的力量，诠释了"友善、包容、互惠、共生、坚韧"的丝路文化。

轻盈的蚕丝在路上，优雅的旗袍在路上，绚丽的丝巾在路上，端庄的织锦在路上……在杭州这座丝绸织就的文化古城，丝绸成为一个标识、一个符号。杭州凭借其深厚的文化内涵和极具数字创新精神的特质，成为我国"一带一路"重要的枢纽城市。行者无疆，千丝成锦，丝绸与杭州，交相辉映，璀璨夺目。

钱塘记忆

杭州老字号

◎ 司马一民

司马一民，浙江杭州人。杭州市政协智库专家，杭州文史专家，浙江省民营经济研究中心专家委员会委员，资深媒体人。著有《天堂财富论》《解读经济密码》《诗里杭州》《遇见100个北欧》等。

阳光透过树叶间的缝隙，一团团落在青石板铺就的小路上，跳跃不止。千百年来，它对于这方水土的柔情想来是从未变更过的吧。风拂过路边的一个个招牌——张小泉、胡庆余堂、叶种德堂、状元馆、义源金店、羊汤饭店、王星记、万隆火腿栈、方回春堂、保和堂、王润兴、景阳观……这些杭州悠久历史底蕴的缩影依旧鲜亮。

说起杭州美食，大部分人首先想到的便是西湖醋鱼、龙井虾仁这样极富杭州特色的菜肴。说到美景与美食的最佳结合，便不得不说楼外楼了。这座位于杭州西湖孤山脚下的小楼，与平湖秋月、俞楼、西泠印社、浙江博物馆比邻而居，成了众多第一次来杭者的打卡地，每日人来人往，络绎不绝。

清朝道光年间，一位名叫洪瑞堂的落第文人从绍兴来杭谋生，他放下笔墨纸砚，舀起油盐酱醋，在西湖边开了一家小店。面对这片湖光山水，林升的一句"山外青山楼外楼"便不自觉地吟出了口。于是，清道光

● 杭州楼外楼

二十八年（1848年），一座名为"楼外楼"的小饭馆便在西湖边开张了。洪瑞堂为人好客，善于经营，关键是烹得一手以湖鲜为主的好菜，还喜欢与文人交往，生意日渐兴隆，名声逐渐远播。

1929年，杭州举办首届西湖博览会，当时使用的《最新西湖全图》上，就标画有楼外楼。菜品极佳的楼外楼成了众多与会者的用餐首选，就连当时西湖博览会董事局宴请中外商团的宴会，也是在楼外楼举行的。从1956年到1973年的17年里，周恩来总理更是9次在楼外楼宴请来访的外国元首、政府首脑以及各界名人，包括我们所熟悉的梅兰芳、盖叫天等，都曾在这里留下足迹。似乎自从楼外楼成为西湖的一部分后，杭州的盛会中总有它的身影。2016年G20峰会在杭举办，楼外楼再一次迎接各方来宾。

西湖醋鱼、大排面、叫化童鸡、油爆虾、干炸响铃、番茄锅巴、火腿蚕豆、火踵神仙鸭、鱼头汤、西湖莼菜汤……这些一听就让人垂涎欲滴的菜肴，便是1956年浙江省人民政府认定的杭州名菜，共36道，楼外楼独占这10道。百余年来，慕名而来楼外楼品尝美食者不在少数，章太炎、鲁迅、郁达夫、余绍宋、马寅初、竺可桢、曹聚仁、楼适夷……这些文人墨客都曾在这里谈笑风生，让美食与文化有了很多的融合。

从1992年开始，楼外楼连续举办了各种大型饮食文化和烹饪技艺的研讨交流活动。为了让更多的食客可以一品美食，楼外楼在保证传统名

菜风味特色的基础上,用现代工艺,规模化地生产加工叫化童鸡、东坡肉、蜜汁火方等传统菜肴。不断推陈出新是楼外楼保持自己"江湖地位"的秘诀之一,它通过对传统饮食文化的研究,创设了乾隆宴、东坡宴、仿宋宴、中华古都宴等传统名宴,还研发出了西湖十景宴、名茶宴、荷花宴、蟹粉宴、西湖船宴及婚宴、商宴、西湖风味宴等特色宴席。甚至早在2006年,它便研发了一炒就可食用的快捷菜——宋嫂厨艺,让以往只能在楼外楼里才能尝到的美味,渐渐端上了无数寻常百姓家的餐桌。

夜幕降临,灯火通明的楼外楼里,传出食客们的阵阵欢声笑语,与这片山水融为一体,诉说着属于它的历史……

说到楼外楼,很多人可能都会禁不住问一句:那是不是有山外山,它在哪?回答是肯定的,山外山位于杭州玉泉,是由1978年杭州园林文物局在此开设的满园春演化而来。但真正追溯起来,杭州山外山菜馆的前身应该是清光绪二十九年(1903年)开在杭州灵隐景区的名餐馆鼎园处,它在

●杭州山外山

1945年更名为山外山。后来,满园春启用了"山外山"的老招牌,自此山外山重登历史舞台,重现辉煌。

玉泉是杭州西湖的三大名泉之一,因泉水晶莹明净而得名。现在的玉泉总共面积为21亩,是清代西湖十八景之六,也是目前杭州植物园人气最旺的景点。此处是观鱼的好地方。池畔悬有明代书法家董其昌所书的"鱼

●杭州玉泉鱼乐园

乐园"匾额,池畔亭柱上刻有"鱼乐人亦乐,泉清心共清"的楹联。自宋代以来,玉泉池中就一直饲养着五色巨鲤,吸引四方游客。宋代文人郑清之便专门写有一首《玉泉观鱼》:"金鳞玉翅舞涟漪,雷雨休言变化迟。尺水能开千里润,看来端的是龙儿。"

山外山从其中得到启发,近20年来,一直致力于打造"鱼文化",在杭州餐饮业独树一帜。山外山最出名的菜肴是"鱼头王",经消费者口口相传,尤其是网络传播,引来众多海内外食客前去品尝。20年来,"鱼头王"已有六个"升级版",成为山外山餐饮的一张金名片。

说完鱼,再说说豆。大豆古称"菽",据《神农书》载:"大豆生于槐,出于沮石之峪中,九十日华,六十日熟,凡一百五十日成。"有着四五千年种植历史的大豆一直是重要的五谷之一,但由它加工而成的豆腐,历史却要短许多。

据传汉高祖十一年(公元前196年),淮南王刘安之母病重,不思进食。为人至孝的刘安想到母亲一贯爱吃黄豆,为方便进食,遂亲自将黄豆磨粉,又加盐调味,不料竟凝成豆腐,色如白雪,味道鲜美。刘母食欲大增,病愈。于是,盐卤点豆腐的技术流传于世,豆腐成为中国餐饮的重要组成部分。

钱塘记忆

杭州的豆腐业相当发达，到清咸丰四年（1854年），豆腐作坊有百余家，散布于杭州的浣纱河、中河、东河及运河的河畔桥头。历经岁月变迁，杭城百年来唯一延续的豆腐店唯有西子湖畔的余福兴豆腐店，这便是杭州鸿光浪花豆业食品有限公司的前身。

百年品牌传承的不仅是情怀，更是文化，杭州鸿光浪花豆业食品有限公司成立"杭州杭豆科学技术研究院"，聘请专家学者担任研究员，对大豆、豆浆、豆腐及其制品进行机理研究，为公司的生鲜豆制品、豆饮料、休闲食品等大类产品的优化和创新创造新的成果。讲好杭豆文化，传播品牌故事。该公司还将豆腐文化与文创结合，引领更多的人参加工厂体验活动。

一碗新鲜出炉的白嫩豆花，点缀翠绿的葱花，撒上酱油与香油……来到杭州，不能不在升起的氤氲里品一品这碗延续千年的美食。

除了美食老字号，杭州还有很多手工业老字号名声在外。

明朝万历年间，一个名叫张思佳的人在安徽歙县开设了一家剪刀店铺，号"张大隆"。1610年前后，店铺搬迁至杭州大井巷。到了1628年，店铺由其子张小泉接手，店铺之名也更改为"张小泉"，从此这个品牌便在杭州扎下了根。"张小泉"秉承着"良钢精作"的祖训，迅速壮大。为避免冒牌，后人在"张小泉"三字下添加"近记"二字，以示正宗。

相传当年，一位游客正在杭州游玩，不巧遇到阵雨，只得躲进邻近的一家店铺屋檐之下，看着店里

●张小泉剪刀铺

琳琅满目的剪刀，他随手买下一把。没过多久，张小泉近记剪刀铺就接到了浙江专为朝廷采办贡品的织造衙门的通知——进贡"张小泉近记"剪刀为宫中用剪，同时还收到了御笔亲题的"张小泉"三字。原来，这位游客正是第二次下江南的乾隆皇帝。自此，"张小泉"名声大噪，出现了"青山映碧湖，小泉满街巷"的盛况。

早在20世纪初，"张小泉"就走出国门亮相世界，参加各类国际赛事，并取得傲人业绩，在1915年获得了巴拿马万国博览会大奖。2006年，张小泉剪刀锻制技艺更是被列入第一批《国家级非物质文化遗产名录》。一把小小的剪刀历经百年，初心不改，继续创造着属于它的传说。"张小泉"不断突破，将新技术、新业态、新模式与传统刀剪产业深度融合，不断拓展产品品类，已发展成一家集设计、研发、生产、销售和服务于一体的现代生活五金用品制造企业，主要产品包含剪具、刀具、套刀剪组合及其他生活家居用品。2021年9月6日，张小泉股份有限公司在深圳证券交易所成功上市。听，那声清脆而坚韧的"咔嚓"声，时代变迁，此声未变！

剪刀之外，还有扇子。夏日的西湖，暑热难消，扇子便成了不可或缺的良品，而最佳的选择当然是与丝绸、龙井茶并称为"杭产三绝"的"王星记"扇子。位于西湖边的河坊街是很多游客来杭的打卡之地，走在这里的每一步仿佛都踏进了历史，"王星记"扇子便是这历史的一部分。

自古便有"杭州雅扇"之说，南宋以来，有不少制扇艺人会集于这座制扇名城。清光绪元年（1875年），制扇名匠王星斋在杭州扇子巷创办王星斋扇庄。靠着精湛的手艺，这个小小的家庭作坊经过十多年的努力，在1893年进军上海，开设门市部，将高档黑纸扇进献皇室，被冠以"贡扇"之誉。

钱塘记忆

"王星记"的扇子做工讲究，扇面通常采用临安于潜桑皮纸、诸暨柿漆、福建建煤，经过大小86道工序精制而成。而后，将它放在烈日下晒，冷水中泡，沸水中煮，各经10多个小时，取出晾干，不折不裂，平整如初，才算合格。这样做出来的扇子既可拂去暑气，又可遮阳避雨，因而亦有"半把雨伞"的美称。

扇子，既是日用品，也是工艺品。一把普通的扇子，一经名人书画点染，便身价百倍，雅趣横生。"王星记"有一批国家级、省市级非物质文化遗产代表性传承人、省市工艺美术大师和多才多艺的技术员工队伍，他们手法娴熟，技艺精湛。无论神话故事、人物形象，还是名胜风光、奇花异草、瑞鸟珍禽，皆能入画。书法上也是正书、草书、隶书、篆书，样样俱全。

杭州还有一个老字号不得不提，那就是乾宁斋。

在老底子杭州人的记忆里，杭州鼓楼望仙桥一带曾是商铺云集的热闹场所，老字号的中医药馆聚集于此，如胡庆余堂、方回春堂等。在这些高门墙、大门脸、金字招牌之中，乾宁斋显得秀气典雅。

始创于明代嘉靖年间的乾宁斋，创始人董氏系宁波慈溪三七市人。清道光年间，董家出了一名才女董宛真，蕙质兰心、饱读诗书，后来嫁给了宁波当地的一位中医世家传人。清咸丰六年（1856年），董氏夫妇南下温州发展，开设乾宁

● 王星记扇庄

● 乾宁斋中医馆

斋。当时大部分药馆是医药分离的，医生只负责开方子，而药管只负责抓药，有诸多不便。细心的董氏开创了医药合一的模式，乾宁斋声名远播，将分店一路开到了杭州、上海、无锡、南京等地。所有乾宁斋经营者秉承董氏乐善好施的品德，三伏天送凉茶，时常举行义诊，施粥赠药，推行养生之观念。乾宁斋在清朝末期、民国初期进入了全盛时期。

  1956年公私合营，乾宁斋并入温州国药联合制药厂，自此这家老字号便被历史的尘埃暂掩光辉。2000年以来，国家发展中医药事业的利好政策促使许多中医药百年老字号纷纷破茧而出，也将董氏后人要让百年老店"乾宁斋"重现辉煌的梦想再次点燃。董氏家族将目光锁定在了杭州，经10年谋划、精心筹备，浙江乾宁斋健康产业有限公司在杭州注册设立。秉承"仁医良药，乾宁惠世"的祖训，遵循"采制务真，品种务全"的经营理念，乾宁斋国医馆、乾宁斋国药馆在杭州钱塘江畔开业，紧接着久保馆、河坊街馆、台州馆等多个分馆陆续开业经营，蓬勃发展，为谱写属于杭商的新传奇迈出坚定的步伐。

乾宁斋

寻觅杭城小巷

◎ 武小侨

武小侨，安徽定远人。服装设计与形象设计专业毕业，先后在意大利米兰、英国伦敦游学。早年在深圳、香港从事奢侈品运营，后在广东省广州市创立服装设计公司，现在杭州成立飞创集团，任创始人兼董事长。

我是来自安徽乡村一个普通家庭的姑娘，从记事开始，我的耳畔经常响起老人们的一句话："上有天堂，下有苏杭。"也许正是因为这句话，我心中埋下了对"天堂"杭州的憧憬与向往。

中考结束，一个偶然的机会，我来杭州旅游。由于时间仓促，我和同伴与西湖匆匆相遇，又匆匆而别。无论三潭印月、花港观鱼、柳浪闻莺，还是苏堤春晓、雷峰夕照，无不暖风拂面、令人陶醉。但留在我记忆最深处的，还是那荷塘秋色钱王祠。

陌上花开缓缓归

钱王祠始建于北宋熙宁十年（1077年），是为纪念吴越国钱氏三世五王的历史功绩而建造的，古韵

● 钱王祠

浓郁,情趣盎然。有一对楹联,耐人寻味:

门前柳绿霏霏舞

陌上花开缓缓归

由此,清代湖北督粮道、盐运使、按察使金安清来杭游历时,为钱王祠续题了另一对楹联:

十四州一剑霜寒,辟门天子,闭门节使

三五夜群斐玉艳,陌上花开,江上潮来

●钱王祠雪景

为何后代文人对以武力占据两浙十三州的钱镠,总会提及"陌上花开"四个字?

我翻阅史料,发现"陌上花开"居然出自吴越王钱镠写给其"第一夫人"戴王妃的一封家信。

钱王的原配夫人戴王妃,是出生于临安横溪乡郎碧村的一位农家姑娘,她嫁给钱镠,跟随钱王南征北战。这位"草根"王妃,年轻时就离乡背井,总解不开悠悠乡情,丢不开父母乡亲,每年春天都要回娘家看望并侍奉双亲一段时间。钱王虽然是一介武夫,却十分眷顾他的结发之妻。戴王妃回家住久了,钱王便有书信给她:或是思念,或是问候,也有催促她回府之意。

有一年,钱王料理完政事后,走出王宫大门,见凤凰山脚、西湖堤岸已是桃红柳绿,万紫千红。他想到与戴王妃已有多日不见,便提笔写了一封家信:"陌上花开,可缓缓归矣!"这一封家信,仅九个字,平实温馨,

情愫尤重，戴王妃阅后，情不自禁，落下两行珠泪，当即启程，返回杭州。此事传开，便成为夫妻恩爱的一段佳话。

后有苏东坡出任杭州通判，欣然提笔，写下《陌上花三首》，第一首写道：

陌上花开蝴蝶飞，江山犹似昔人非。

遗民几度垂垂老，游女长歌缓缓归。

这一段吴越钱王的爱情史，让人如痴如醉，深深触动了我的心。于是，我忽然有了一个梦想，我要来杭州工作，要来杭州定居！

小楼一夜听春雨

近五年来，杭州的发展日新月异，渐渐成为新型大都市，也成为国内外时尚潮流的引领者。因为工作需要，我开始在杭州生活，住得离西湖很近，也离上班的地点不远。每天上班，我都要穿过孩儿巷。那是一条颇有历史底蕴的小街，曾是南宋时专门售卖儿童物品的地方，小贩聚集，各种小玩具均可在此买到，故名孩儿巷。另有说法是，孩儿巷原本叫砖街巷，由于巷内居住着一大批做泥孩儿的匠人，久而久之，便将砖街巷改名为泥孩儿巷；后人又把"泥"字也省了，直接叫孩儿巷。

孩儿巷位于杭州市中心，东起中山北路南段，与仙林桥直街相对，西贯延安路，与武林路南段连接。众多小巷与它纵横交错，店铺林立，商品琳琅满目，许多老店铺

● 位于杭州孩儿巷的陆游纪念馆

还保持着原汁原味的装饰风格。其中，孩儿巷98号尤为引人注目，它是陆游纪念馆。相传陆游62岁出任军器少监（监督兵器、旗帜、戎帐等物品的造作），住在孩儿巷的南楼。他在那不眠之夜，听到春雨绵绵，写下了一首传扬千古的不朽诗篇《临安春雨初霁》：

> 世味年来薄似纱，谁令骑马客京华。
>
> 小楼一夜听春雨，深巷明朝卖杏花。
>
> 矮纸斜行闲作草，晴窗细乳戏分茶。
>
> 素衣莫起风尘叹，犹及清明可到家。

"世味年来薄似纱，谁令骑马客京华。"陆游年逾花甲，入京述职，心生感慨，故而铺纸挥毫，作诗抒怀。

"小楼一夜听春雨，深巷明朝卖杏花。"此句描绘出江南春色之美，诗人静卧小楼，听细雨沥沥，如蚕食桑。雨既可"听"，自然是连绵细雨。"听雨"莫非体现了诗人怡然自得的心态？

不！陆游素来有志，要为国家统一、江山稳固出生入死；外放严州任职与他的志向不合，更何况觐见一次皇帝，不知要在客舍中等待多久。这样一来，陆游只能闲坐楼中，"矮纸斜行闲作草，晴窗细乳戏分茶。"诗人怅然若失，彷徨无措。

陆游的诗，多忧国忧民，情感真挚，他是我国文化史上一位颇具深远影响的诗人。其主要著作有《渭南文集》《剑南诗稿》等。此外，陆游亦工书翰，精通行草和楷书，自称"草书学张颠（张旭），行书学杨风（杨凝式）"。他的书法飘逸潇洒，秀润挺拔，晚年笔力遒健奔放。朱熹称其"笔札精妙，意致深远"。其中传世之作有《苦寒帖》《怀成都诗帖》等。

陆游纪念馆是木结构、三开间、两进双层回廊式建筑,院内有古井,井水清澈,整座建筑古色古香。除了陆游纪念馆,巷内还有张同泰药店等,常常令我遐想联翩,恍若情归南宋王朝。

寻觅雨巷醉枝头

近几年,我的事业发展较为顺利,也越来越忙,游历杭城古迹的时间变得越来越少。夜深人静时,我便时常翻阅书籍,品味杭城风韵。曾读过一首诗,深深触动了我的内心,它就是戴望舒的《雨巷》:

> 撑着油纸伞,独自
> 彷徨在悠长、悠长
> 又寂寥的雨巷
> 我希望逢着
> 一个丁香一样的
> 结着愁怨的姑娘
> ……

● 雨巷(由杭州博物馆提供)

戴望舒是中国现代著名诗人。他于1905年出生,曾就读于杭州皮市巷的宗文中学堂。1923年,戴望舒考入上海大学文学系,同施蛰存、杜衡创办《璎珞》旬刊,翻译法国诗人保罗·魏尔伦的诗作。就在这一时期,他的现代诗《雨巷》诞生了。

　　《雨巷》是戴望舒的成名之作,作于政治风云激荡、诗人内心苦闷彷徨的1927年夏天。《雨巷》中狭窄阴沉的雨巷,在雨巷中徘徊的独行者,以及那个像丁香一样结着愁怨的姑娘,都是十分经典的意象,分别比喻了当时黑暗的社会、在革命中失败的人和朦胧的时有时无的希望。这些意象又共同构成了一种意境,含蓄地暗示了作者既迷惘感伤又有所期待的情怀,并给人一种朦胧而又幽深的美感。

　　为了寻觅诗人的情怀,我曾经行走过这条"雨巷"(现杭州大塔儿巷),尽管没有遇上细雨绵绵的日子,却还是能够感悟到戴望舒的昔日情怀:

　　我希望逢着

　　一个丁香一样的

　　结着愁怨的姑娘

　　也许,那位姑娘就是我?但我不寂寞,也不彷徨。因为我正走在新杭州的时尚大道上,我是来创业,是来奋斗,是来寻找凄风苦雨后的灿烂阳光的!

杭州坊巷

诗书画印

起草"五四宪法" 赋诗绝美杭州

◎ 王伟华

王伟华,安徽安庆人。毕业于华东政法大学。现为浙江大学城市学院法学院实务导师,浙江泽大律师事务所律师、高级合伙人。获浙江省司法厅授予"浙江省服务中小企业优秀律师"荣誉称号。

毛泽东生前非常喜爱杭州。中华人民共和国成立后,他曾多次来到浙江,在西子湖畔工作。在杭州,他主持起草了第一部《中华人民共和国宪法(草案)》,召开会议,还在这里多次会见外国政府首脑和外国各界代表团。在杭州工作之余,他喜欢漫步于西子湖畔,喜欢攀登西湖周围的山,称杭州为他的第二故乡。

● 毛泽东雕像(由五四宪法历史资料陈列馆提供)

起草"五四宪法"

西子湖水，远山如黛，这一片钟灵毓秀的锦绣山河，曾孕育出无数家喻户晓的文化故事；也曾养育过如苏轼、白居易等名动千古的名家大儒；亦记刻下以西泠印社为基的中国金石篆刻艺术等国家级非物质文化遗产。而这片湖光山色也见证了"五四宪法"草案诞生的过程。

1953年12月，毛泽东在杭州北山街84号大院的一栋小楼，一住就是77天。这位伟人在这里主持起草了中华人民共和国第一部宪法。毛泽东指出："一个团队要有一个章程，一个国家也要有一个大的章程，宪法就是一个总章程，是根本大法。用宪法这样一个根本大法的形式，把人民民主和社会主义原则固定下来，使全国人民有一条清楚的轨道，使全国人民感到有一条清楚的、明确的和正确的道路可走，就可以提高全国人民的积极性。"经过起草团队的多次修改和审阅，1954年9月20日，中华人民共和国第一届全国人民代表大会第一次会议通过并公布了《中华人民共和国宪法》。自此，中华人民共和国第一部宪法正式诞生，又称"五四宪法"。

这是中国历史上第一部社会主义类型的宪法，是我国人民推翻了帝国主义、封建主义和官僚资本主义这三座大山之后，又胜利地进行生产资料所

● "西湖稿"起草期间，毛泽东使用的办公室（由五四宪法历史资料陈列馆提供）

有制的社会主义改造的产物,是100多年来中国人民革命斗争的经验总结,也是新中国成立初期我国社会主义革命和建设时期的经验总结,它还明确将"人民当家作主"写进治国总章程。《中华人民共和国宪法》倾注了伟大领袖毛泽东的大量心血,闪耀着他的智慧。杭州,作为中华人民共和国第一部宪法的起草地,也获得了一笔宝贵的精神财富。

随着历史的进程和社会的发展,"五四宪法"历经多次修订,现行宪法为1982年宪法,即"八二宪法"。今天,在杭州西湖边栖霞岭上的五四宪法历史资料陈列馆,详尽地展出了从"五四宪法"到"八二宪法"的演变历程。随着中国综合国力的增强,中国在世界舞台上的影响力持续提升,继承"五四宪法"精神内核的现行《中华人民共和国宪法》的中国特色社会主义法律体系,受到国际社会的广泛关注。

2012年12月4日,在纪念现行宪法公布施行30周年大会上,习近平总书记说:"宪法与国家前途、人民命运息息相关。维护宪法权威,就是维护党和人民共同意志的权威。捍卫宪法尊严,就是捍卫党和人民共同意志的尊严。保证宪法实施,就是保证人民根本利益的实现,只要我们切实尊重和有效实施宪法,人民当家作主就有保证,党和国家事业就能顺利发展。"

● 五四宪法历史资料陈列馆(北山街馆区)

拟宪法,在西湖,因而"五四宪法"草案也有"西湖稿"的雅号。可以说,"西湖稿"为新中国首部宪法的制定奠定了一个基础,它不仅在宪法史中留有重重的一笔,也给美丽的杭州刻下永远难忘的历史记忆。

据党史记载,"五四宪法"草案是新中国成立后毛泽东第一次来杭州时留下的历史文献。此后他又多次来到杭州,为杭州留下了众多的文化遗产。

赋诗绝美杭州

杭州有幸,青山绿水间,处处留有毛泽东的履印和美丽的诗篇。

毛泽东一生酷爱读书,他曾说过:"我一生最大的爱好是读书。饭可以一日不吃,觉可以一日不睡,书不可以一日不读。"

毛泽东尤喜欢梅花,也爱读咏梅的诗词。在杭州,毛泽东翻阅了明代

●西湖风光

高启的《梅花诗九首》,借阅过林逋的诗集。他赞赏林逋的诗澄淡高逸,造句精美,多奇句,可与白居易、苏轼的诗词媲美。

也是在杭州,毛泽东写出了《卜算子·咏梅》:

风雨送春归,飞雪迎春到。已是悬崖百丈冰,犹有花枝俏。俏也不争春,只把春来报。待到山花烂漫时,她在丛中笑。

此词成为革命诗词中的千古绝唱。

在杭州,毛泽东还留下了许多寄情山水的诗篇。他酷爱登山,曾三上北高峰。第一次是在1953年底,那天,汽车驶过灵隐寺,直达韬光寺下的石

● 北高峰

阶坡道，毛泽东下车后一路穿过竹树茂密的林荫路，进入地处北高峰山腰的韬光寺，观看了庙宇后，就沿着石阶小路登上最高处的吕纯阳洞府；第二次是在1954年2月15日，毛泽东由灵隐寺东边围墙的登山古道拾级而上，在经过北高峰的桃花岭时，记者还拍摄了他游览北高峰的历史镜头；毛泽东第三次登上北高峰，是在1955年4月上旬春暖花开的季节，那天，毛泽东游兴甚浓，登山路上，谈笑风生，直达山顶，在山上古寺休息片刻后，他由寺后的石板古道下山，慢慢绕到北高峰的西北部，经韬光寺前的道路下山。同月，毛泽东在杭州赋诗一首，诗名曰《看山》：

三上北高峰，杭州一望空。飞凤亭边树，桃花岭上风。

热来寻扇子，冷去对美人。一片飘飘下，欢迎有晚鹰。

1955年，毛泽东还写过两首七绝，一首是《莫干山》：

翻身复进七人房，回首峰峦入莽苍。

四十八盘才走过，风驰又已到钱塘。

另一首是《五云山》：

五云山上五云飞，远接群峰近拂堤。

若问杭州何处好，此中听得野莺啼。

还有一首《观潮》作于 1957 年 9 月 11 日，是毛泽东在海宁盐官镇七星庙观看钱江秋潮后写下的：

千里波涛滚滚来，雪花飞向钓鱼台。

人山纷赞阵容阔，铁马从容杀敌回。

诗中的"钓鱼台"是指钱塘江中段的富春江，相传为东汉严光（字子陵）隐居垂钓处。诗人用"铁马"借喻雄狮劲旅，因钱塘江潮来袭时，波涛汹涌，如闻"十万军声"。

毛泽东为西子湖、钱塘江、莫干山所作的诗篇，是留给浙江的文化遗产，成为流传甚广的经典佳作。

● 湖光山色

昆剧的西湖之缘

◎ 薛年勤

薛年勤，江苏南京人。出身昆剧世家，研究馆员，教授。现为浙江省传统文化促进会会长，《中华传统文化》社长兼总编，中国作家协会会员，中国戏剧家协会会员。著有《艺海行舟》《艺海无疆》《艺海勤缘》《剧坛精品》，发表散文和艺术评论文章100余篇，执导大型综艺晚会60余台，多次获省级导演一等奖、创作二等奖，多次荣获全国文学大赛一等奖。

今天的杭州，作为历史上的南宋都城，并未留下太多的古建筑遗存，更多的文明印记来自传世文学、绘画的记载。明代徐渭的《南词叙录》和晚清王国维的《宋元戏曲史》，都是研究中国戏曲的著作，从中可见南宋时代以后的杭州被深深地烙上了戏曲的印记。这让今天的杭州人了解这片土地上曾经拥有的戏文传奇。

● 昆曲扮相

作为中国最早的戏曲雏形，良渚文化时期的巫傩与歌舞起源于对鬼神的祭拜，其渊源可以追溯到5000年前。这从杭州良渚博物院展出的玉琮上所刻的神人兽面图像可见一斑。从戏曲艺术发展的角度看，这神人兽面图像就是脸谱的由来。

南宋的南曲戏文，诞生于浙江温州，比较早的戏文版本是《张协状

元》，这部戏文中的故事用一种嬉闹的形式来说一个严肃的社会题材。早期的南戏以嬉闹为调子，以人作道具，人作门，人作椅子、桌子，以此引发观众的笑声。

南戏在中国戏曲史上的意义、传播和发展，对后来的中国戏曲和元末明初的海盐腔、余姚腔、昆山腔、弋阳腔"四大声腔"的影响是深远的。如果说宋室南迁是被誉为百戏之祖的南戏得以诞生的契机之花，那么南宋定都杭州后的南戏，才正式从民间歌舞小戏发展成为影响全国的艺术形式。

从宋元杂剧到明清传奇，中国戏曲最为辉煌的近千年光阴，随着一座城市中的碧水静静流淌。随着南戏表演艺术形式的延伸与多样化，万历末年，昆曲流入北京，昆山腔便成为明代中叶至清代中叶影响最大的声腔剧种。

明代剧作家汤显祖是我国伟大的浪漫主义戏曲家，被称为"中国的莎士比亚"。《牡丹亭》是汤显祖的代表作之一，是世界艺术的珍品。

2004年9月，第七届中国艺术节参演剧目、"青春版"昆曲《牡丹亭》在杭州东坡大剧院上演，一举成功，剧院观众爆满、掌声不停，气氛热烈。昆曲走进高校，在西湖旁的浙江大学连续演出三场，场场爆满，连剧场走廊上都坐满了观众，年轻的大学生寻梦到剧场，观看"青春版"昆曲《牡丹亭》，引发了"昆曲热"。似水流年，湖光山色，昆曲和西湖结下的600余年之缘，正是中华传统文化历史之缘啊！

2009年秋天，杭城大街小巷张贴了很多海报，海报宣传的是由浙江昆剧团和西溪湿地公园联合举办的一个叫作"西溪寻梦"的活动。昆曲与旅游景点特殊的联姻，缘起300多年前一个叫作洪昇的杭州人。杭州西溪的洪钟别业，是剧作家洪昇的祖居。这位清代著名的戏曲大师，就是

《长生殿》的作者。杭州的洪昇和山东的孔尚任被世人称为"南洪北孔",洪昇的《长生殿》和孔尚任的《桃花扇》,是清初剧坛璀璨夺目的双璧。不过《长生殿》比《桃花扇》早了整整11年。然而,清代中叶后,昆曲一度从鼎盛开始衰退。至民国时期,昆曲已经奄奄一息。

中华人民共和国成立初期,时任浙江省昆苏剧团团长的周传瑛,和王传淞、朱国梁、周传铮、包传铎等坚守在杭州西湖旁的大世界剧场内艰难演出昆曲。1955年,在时任浙江省委文教部副部长黄源的关心指导下,成立了以黄源、郑伯永、陈静为核心,周传瑛、朱国梁、王传淞、包传铎、张娴等共同参与的《十五贯》整理小组,陈静为编剧,改编传统剧目《双熊梦》为《十五贯》,在杭州首演。该剧目次年4月到北京演出,受到毛泽东、周恩来的高度肯定。文化部和中国戏剧家协会在中南海紫光阁举行昆曲《十五贯》大型座谈会。周恩来出席座谈会,进行了约一小时的长篇讲话。他把昆曲誉为"江南兰花",并盛赞《十五贯》是"改编古典剧本的成功典型"。1956年5月18日,《人民日报》发表了田汉执笔的《从"一出戏救活了一个剧种"谈起》社论,昆曲开始走向复兴。

戏曲不仅是人们休闲时的娱乐方式,更是文化传递的重要方式,彰显了杭州的文化品质。古往今来,西湖边发生了许多故事,也许就是这些故事引导无数薪火相传的戏曲人,让他们在戏曲中将杭州的历史文化传播得更远。

● 昆曲《十五贯》剧照

昆曲风韵

丹青映湖山　笔墨绘春秋

◎ 曹　杰

曹杰，安徽亳州人。杭州丹青书画院院长，钱塘文化艺术中心副会长。有多篇艺术理论文字作品散见于各出版物。

西湖美术的历史，可以追溯到很远。

宋高宗赵构在政治上虽无多大建树，但对书画的钟爱出于徽宗无二。和父亲徽宗皇帝一样，赵构也是一位艺术大家。他们的书法融会贯通，独创一体，呈现出相当高的造诣。现在所说的宋体和瘦金体都是那时形成的。宋高宗不但挥毫泼墨，描山画水，而且在绍兴年间恢复了北宋就有的皇家画院。南宋画院集南渡画家和江南画家于一堂，使这一时期的宫廷画得到了空前的发展，李唐、刘松年、马远、夏圭便号称"南宋画院四大家"。与此同时，来自北方的许多画师都得到了宋高宗的大力奖赏。举国南迁、皇帝支持，带来了文化的发展，再加上江南特有的文化积淀、山川风物，这些共同创造了中国绘画史上的一个里程碑。

早于西方印象派画家莫奈600多年，中国南宋画家牧谿就已经在他的作品中成功地运用绘画艺术表现了大气与光影。"南宋画院四大家"之一

●《四景山水图》(局部)(南宋刘松年绘)

的刘松年是土生土长的杭州人,家居清波门,现存于北京故宫博物院的《四景山水图》一直以来被认为是他的代表作,画的正是西湖四季景色。

始于唐代王维的文人画也在这一时期得到了蓬勃发展,杭州的西湖山水、亭台楼阁,群山之间的村舍或府邸,都出现在画家的画卷之中。风吹落了牧童的斗笠,农夫与牛,背着艾草的村夫,穿越山川的卖炭郎……这就是画家们真实看见的南宋,成了时代的记忆画卷。我们今天所熟悉的"西湖十景":苏堤春晓、曲院风荷、平湖秋月、断桥残雪、柳浪闻莺、花港观鱼、雷峰夕照、双峰插云、南屏晚钟、三潭印月,就出自画作上的点题之句。十景的名字这样优美,这样恰当,完美得无法更改。而后,历朝历代的画家皆痴醉于西湖。

浙派画家大多是受浙江人文社会环境、自然环境的滋养和熏陶成长、成名的。同时,浙派画家中的大师级人物为后续的书画家指明了方向,以艺术思想作引导,以经典作品作参照,勉励他们开拓前行。中国近现代"传统中国画四大家"——吴昌硕、黄宾虹、齐白石和潘天寿中,除了齐白石(湖南湘潭人),其余三位都出自浙江。为了纪念他们的艺术成就,中华人民共和国邮电部分别发行了《吴昌硕作品选》(1984年)、《黄宾虹作品选》(1996年)、《潘天寿作品选》(1997年)特种邮票。

诗书画印

另一方面,浙派画家不断涌现,很大程度上得益于位于杭州的中国美术学院,她的前身是国立艺术院。

● 国立艺术院首任院长林风眠

1928年,在杭州西湖孤山山麓,国立艺术院成立了。艺术院初设绘画、图案、雕塑、建筑四个系,首任院长便是蔡元培非常赏识的林风眠。在开学典礼上,蔡元培发表了题为《学校是为研究学术而设》的演说。面对春天的西湖,蔡元培深情地讲道:"自然美不能完全满足人的爱美欲望,所以必定要于自然美外有人造美。艺术是创造美的,实现美的,西湖既有自然美,必定要再加上人造美,所以大学院在此地设立艺术院。"对于西湖与美术的关系,几乎是一语道出了其中的真谛。

中华人民共和国成立以后,国立艺术院改名为浙江美术学院,后易名为中国美术学院。西湖的南面,有今天的中国美术学院和浙江美术馆,据考证,南宋时期的皇家画院就在这一带。此后,浙江美术事业蓬勃发展,中国美术学院大师云集、人才辈出,作品颇丰,学院内的潘天寿纪念馆引人注目,在潘天寿先生身上,本身就凝聚着西湖美术与篆刻的双

● 林风眠作品

重因子。如今，中国美术学院又在转塘象山和良渚建立了新的校区。

  2006年2月23日，时任浙江省委书记习近平同志主持召开省委常委会议专题研究中国美术学院工作，明确提出全力支持中国美术学院"加快建设成为体现中国文化艺术研究和教学最高水平的世界一流美术学院"。中国美术学院始终牢记习近平同志的重要指示，以"创建世界一流大学"作为理想和奋斗目标，在全球视野中树立中国艺术学科的主体意识和文化坐标，在当代语境中激发中国传统艺术的创新活力，锤炼形成"国美模式"，推动和实现学校高质量发展。15年间，中国美术学院先后完成了上海世博会主题馆、浙江馆、杭州馆等展馆的设计和G20杭州峰会会标及相关主会场设计、世界互联网大会会标及永久会址设计、杭州2022年第19届亚运会会徽的设计等，为世界更好地了解中国，搭建有形有像的视觉感知桥梁，贡献力量。

国立艺术院

● 中国美术学院

乐器尺八传佳话

◎ 孙以诚

孙以诚，安徽蚌埠人。胡琴演奏家，篆刻家，中国尺八史研究专家，副研究馆员。中国音乐家协会会员，中国胡琴学会常务理事，中国音乐家协会雷琴研究会会员。现任浙江省长三角非物质文化遗产研究院研究员、浙江孙文明二胡艺术研究所所长。出版《中日尺八交流史话》《中国尺八考》等专著。

在杭州曙光路黄龙洞山门外，矗立着一座独特的雕塑，一根大型仿竹铜管斜穿刻有"护国仁王寺遗址"七字的巨石，无声地述说着一个绵延七百余年的中日音乐交流的故事。

这根大型仿竹铜管代表着"尺八"这一中国传统乐器。尺八，相传为唐代宫廷乐师吕才所制，形制及奏法类似洞箫，管身较短粗，声大于洞箫，有六孔，五孔在前、一孔在后。尺八是唐代乐部、乐府、乐舞中的重要乐器，因其管长一尺八寸而得名。尺八的音色低回深沉、幽邃苍茫，乐声中寓有禅意，深受人们的喜爱。

● 护国仁王寺遗址（由孙以诚提供）

279

● 尺八吹奏（由浙江音乐学院提供）

使中国尺八在日本流传至今的一个重要人物是日本僧人心地觉心。日本镰仓时代建长元年（1249年），也就是南宋淳祐九年，心地觉心来到南宋。南宋宝祐元年（1253年），在日本高僧圆心的介绍下，心地觉心投到杭州护国仁王禅寺的无门慧开禅师门下习禅。其间，心地觉心结识了慧开禅师的俗家弟子张参，张参是唐代张伯，即尺八曲《虚铎》的作者的后人。张参善吹祖传尺八，心地觉心便向他学习吹奏尺八的技艺。心地觉心归国后，建兴国寺，立普化宗，把中国尺八技艺传到了日本，从此尺八在日本得到广泛的传播，一直延续至今，成为日本最具代表性的民族乐器，称为"普化尺八"。

随着岁月的流逝，杭州护国仁王禅寺不复存在，幸运的是，其遗址仍保留在黄龙洞景区的浙江艺术学校（浙江艺术职业学院前身之一）内。

1994年春节前夕，在浙江艺术学校，我参与接待了来自日本福井县胜田市的72岁尺八吹奏家斋藤孝介，见证了感人一幕。那天，杭州雪花飞舞、天寒地冻，斋藤孝介来到原护国仁王禅寺大雄宝殿台阶下，缓缓从布袋中取出一根包浆发亮的尺八，并突然跪在雪地里，面向庙门，十分虔诚地吹奏起了幽幽的古曲，以示对祖庭的追念和崇敬之情。三首古曲毕，他深情地对人们说："这根尺八与我刚才吹奏的乐曲，都是南宋时期日本僧人到杭州学佛法后带回去的，由祖上传到我这一代，家里视作珍宝，这次特意带回祖庭所在地还愿。"

正是由于这次经历，我对尺八与杭州的历史渊源产生了极浓厚的兴趣。在省、市文化部门的重视下，我开始了漫长的调查考证之路。钻图书馆，跑资料室，询问专家学者，走访村民僧人，历时一年之久，我终于确认了杭州护国仁王禅寺是日

● 尺八表演（由浙江音乐学院提供）

本尺八的祖庭这一结论，写成论文《日本尺八与杭州护国仁王禅寺》。论文发表后，引起了中国、日本、韩国的音乐界学者、演奏家以及佛教界、考古界的重视，日本尺八爱好者和佛教界人士纷纷来杭州护国仁王禅寺遗址拜谒。经有关部门的批准同意，最终促成了1999年秋天在杭州举行的国际尺八学术研讨会。研讨会期间，参加会议的日本琴古流尺八演奏家特意到杭州护国仁王禅寺遗址上，举行隆重的拜谒仪式，并吹奏了七百余年前传承至今的《虚铎》名曲。古音绕梁，传颂着千百年来的中日友好之情。

中日两国是一衣带水的邻邦，有着友好往来的悠久历史。七百多年前，作为中日两国佛教文化交流和音乐交流的派生物，尺八在日本落地生根。七百多年后，在中国大地上许久未响起的尺八的美妙音韵，经由中日文化交流，回归到了故乡。

如今，杭州有越来越多的音乐专业人员吹奏尺八，乐器厂也开始制作尺八，曾经消失了的尺八在杭州重新焕发新的活力。我期待，尺八作为连接中日友谊的桥梁，会行走得更远！

湖山有佳音　杭州永流传

◎ 杜竹松

杜竹松，浙江东阳人。著名唢呐、古典吉他演奏家，教育家，浙江音乐学院教授、硕士生导师，国家一级演奏员。教育部学位中心评审专家，美国中田纳西州立大学中国音乐文化中心特聘教授。现为世界华人音乐家协会副主席、浙江分会会长。

没有一座城市，像杭州这样，将湖山与人文元素融合得如此完美。

湖山之畔，一个个故事在此上演，一段段旋律在此飘扬。杭州的山、水、江、湖、城，在乐声中更显韵味。《梁山伯与祝英台》（简称"《梁祝》"）、《送别》和《采茶舞曲》，是我的杭州音乐记忆中三朵最美的浪花。

《梁祝》

漫步西湖，仿佛总能听到那曲《梁祝》在湖山之间回荡，婉转多情的乐声与月光下微澜起伏的湖水交织缠绵，构成一幅绝美景象，走进每一个听众的记忆，引人遐思。

《梁祝》故事最早见于一千四百多年前的南朝，这一曲爱的挽歌打动了无数文人，又经由他们的演绎，流传得更远。自元代白朴以此为题材创作了杂剧，千百年来，从杂剧到越剧，从越剧到京剧，《梁祝》故事在乐声中被人们广为传唱，经久不衰。使《梁祝》故事与杭州结下缘分的是明末

清初李渔所创作的《同窗记》。在这个故事中,梁、祝二人在万松书院同窗三载,在长亭依依送别,杭州的山湖见证了他们的一往情深。

● 西湖长桥

1954年,周恩来参加日内瓦会议,将我国第一部彩色戏曲艺术片《梁祝》介绍给各国记者。从此,《梁祝》在世界范围内广为传播,其影响之大堪称中国民间故事之最。与此同时,由何占豪与陈钢创作、俞丽拿担任小提琴独奏的小提琴协奏曲《梁祝》首演,从此《梁祝》故事走上了国际舞台。

2013年,浙江小百花越剧团拍摄了新版越剧电影《梁祝》,扮演梁山伯的是当今中国越剧界最有影响力的演员之一——茅威涛。电影在杭州首映,获得了热烈反响,赢得了观众的喜爱。

《送别》

人们不会忘记,电影《一轮明月》中的弘一法师李叔同,更不会忘记电影中的主题曲《送别》:

长亭外 / 古道边 / 芳草碧连天 / 晚风拂柳笛声残 / 夕阳山外山

天之涯 / 地之角 / 知交半零落 / 一壶浊酒尽余欢 / 今宵别梦寒

情千缕 / 酒一杯 / 声声离笛催 / 问君此去几时还 / 来时莫徘徊

天之涯 / 地之角 / 知交半零落 / 一壶浊酒尽余欢 / 今宵别梦寒

天之涯 / 地之角 / 知交半零落 / 问君此去几时还 / 来时莫徘徊

问君此去几时还 / 来时莫徘徊

● 李叔同纪念馆

意蕴悠长的曲调响起，眼前浮现长亭、古道、夕阳、笛声等晚景，一派寂静冷落。淡淡的笛音吹出了离愁，幽美的歌词写出了别绪，在回环往复的韵律中，听来百感交集。

《送别》这首歌的歌词是李叔同（弘一法师）于1914年在上海送别挚友许幻园时所作，如今在中国已成骊歌中的不二经典。

1913年，李叔同在位于西湖边的浙江省立第一师范学校担任音乐和美术教员，写过流传甚广的《西湖》，编写的歌曲有七十多首，后又在西湖边的虎跑寺剃度，他对于音乐的贡献，为杭州留下了宝贵的艺术财富。

《采茶舞曲》

在G20杭州峰会文艺晚会中，一曲《采茶舞曲》赢得了中外贵宾的热烈掌声。这首浙江省传统民歌由著名作曲家周大风于1958年作词作曲，原为越剧《雨前曲》主题歌及舞蹈配乐，后根据歌曲改编成舞蹈小品《采茶舞曲》，在联合国教科文组织第十二届亚太地区音乐教材专家会议上入选亚太地区音乐教材。

1958年，周大风率团奔赴浙江泰顺山区巡回演出。在云雾缥缈的山峦，采茶人的欢声笑语与溪流的泉水叮咚嘤嘤成韵。周大风被眼前独特迷人的江南风光深深地吸引了，回去后他细细品味采茶女的歌声，有感而发，激情满怀地投入了《采茶舞曲》的创作中，并一鼓作气地创作了九场大型越剧《雨前曲》。

这首曲与杭州有关,更源于周恩来的关怀。周恩来和邓颖超在北京长安剧场观看《雨前曲》演出后,评价《采茶舞曲》曲调"有时代气氛,江南地方风味也浓,很清新活泼",还专门叮嘱周大风,"有两句歌词要改(原词'插秧插到大天亮,采茶采到月儿上'),插秧不能插到大天亮,这样人家第二天怎么干活啊?采茶也不能采到月儿上,露水茶是不香的"。周总理建议周大风到杭州梅家坞体验生活。在梅家坞,周大风一直思考如何才能改好词,奈何一直改不出来,后来还是周恩来亲自改了词:"插秧插得喜洋洋,采茶采得心花放。"这首具有浓郁浙江地方特色的《采茶舞曲》,深受人们的喜爱。

在历史长河中,《梁祝》《送别》《采茶舞曲》这三首风格迥异的乐曲,共同串联起人们对杭城历史文化的记忆。

《梁祝》悠扬的旋律带着我的思绪,飘飞到千百年前,脑海中不自觉浮现与这片山水纠葛在一起的爱与恨,百转柔肠之际,耳畔传来《送别》,

● 《最忆是杭州》之《采茶舞曲》(由杭州印象文化艺术有限公司提供)

● 采茶姑娘

蓦地咂摸出另一番难以言说的滋味，陷入对人生的深沉思索中，此时哼起清新活泼的《采茶舞曲》，又令人展颜一笑。

作为历史文化名城，杭州在音乐中传递着一脉相承的历史人文底蕴，显现出她独特的内在气质。音乐又经由世人传唱，融入人们的生活，渗入杭城的肌理，流传不息。

湖山佳音

诗书画印

天籁之音说古琴

◎ 杨豫光

杨豫光，浙江杭州人。中国民主同盟盟员，中国民族管弦乐协会古琴专业委员会会员，古琴师承天津音乐学院李凤云教授，后得上海音乐学院戴晓莲教授指导。创办古琴工作室"听雪斋"。著有词集《徽外集》。曾荣获中国琴会首届全国古琴大赛青年组银奖。

"人人尽说江南好，游人只合江南老。春水碧于天，画船听雨眠。"

江南，无数中国文人的精神栖息地，不止于一个地理概念。

它所包含的地域或许很广，然而杭州，却格外显眼。自唐代诗人白居易在此留下了古今传诵的"江南忆，最忆是杭州"的诗句后，杭州，便几乎成为江南的代名词，成为一个特别有温度、有画面的词。

提起杭州，哪怕没来过的友人，脑海中都不禁会浮现出西湖波静，钱塘潮涌，灵隐庄严，断桥秀美……还有那繁华的街巷，毓秀的山水，可口的美食，若不信，大可以拉一个街头路人来问，保不齐，他还能再给你说上几段关于杭州的传说故事。这就是杭州这座城市的魅力。

所有的这些美好，都有赖于一代一代文人墨客对杭州文化的精彩描绘和记载。

○ 古琴

然而，在这些文人墨客的身侧，有一件特殊的乐器，以其独特的音色、独有的韵味、独到的文化承载，令中国文人为之着迷。在2003年的11月7日，它从中国众多的文化传承和乐器中脱颖而出，成为中国首批入选的"世界非物质文化遗产"项目。

它，就是古琴。

"丝桐合为琴，中有太古声。"没有任何一种乐器像古琴那样，把中国文化理念都包含在内：琴身长三尺六寸五，象征一年的三百六十五天；琴面上的十三徽分别象征十二个月与闰月；琴音分三种，泛音、散音、按音，分别代表天、地、人三种不同的境界……

或许你还记得，在2008年北京奥运会的开幕式上，一幅水墨画卷缓缓打开，一张古琴，一位乐师，一曲《太古遗音》，七弦泠泠，跌宕悠远，韵味无穷，一刹那间，全世界的观众游走太古，领略了中国古琴的魅力。

东汉应劭《风俗通义》载："雅琴者，乐之统也，与八音并行，然君子所常御者，琴最亲密，不离于身。"作为"琴棋书画"之首，"君子以琴书自娱"，古琴可谓中国文人不离左右的伴侣，你若曾有观赏过中国古代文人画卷，那么携琴访友，便是传统水墨画卷里的经典场景。

青山高远、小桥流水、古琴野鹤，这水墨晕染的景致，是无数文人的精神家园。古琴之音安静而邈远，抚琴至妙处，会有无念忘我、心骨俱

冷、体气欲仙之感。杭州坐拥"淡妆浓抹总相宜"的西湖、"两岸青山相送迎"的群山,犹胜画卷。当古琴遇见杭州,则满足了文人心中所有的幻想!

所以,白居易笑着来了,苏轼捻着长须来了,就连梅妻鹤子清狂孤傲的林逋、放荡不羁才高命蹇的张岱也来了……这一位位享誉文坛的大家,都抱着古琴,徜徉在杭州这醉人的湖山里,手挥七弦。

如果你来到杭州,走过断桥,欣赏过"几处早莺争暖树"的白堤,那白居易一定会笑着建议你,去泛舟吧!他曾在月夜湖上泛舟弹琴,作诗《船夜援琴》,那可是人生乐事。

鸟栖鱼不动,月照夜江深。身外都无事,舟中只有琴。

七弦为益友,两耳是知音。心静即声淡,其间无古今。

如果你感受过柔橹轻波,穿行过绿柳连绵的苏堤,那么苏轼一定会笑着拉住你说,别着急,待得再迟一些,等到明月初升,再听着泠泠七弦,那滋味,呵!可不输给东坡肉,你读他的《西湖月下听琴》便可知一二。

我有凤鸣枝,背作蛇蚹纹。月明委静照,心清得奇闻。

当呼玉涧手,一洗羯鼓昏。请歌南风曲,犹作虞书浑。

隐居孤山的林逋也来了,唤着你说,所谓游山玩水,只赏湖不游山那怎么行,我在孤山有一片梅林,一间竹屋,一床古琴,一瓶老酒,喝着酒,弹着琴,对了,得听一下我创作的古琴曲《梅梢月》,再于山上纵览眼底湖光山色,那才是人生乐事,快哉!

"西湖之胜,晴湖不如雨湖,雨湖不如月湖,月湖不如雪湖,能真正领山水之绝者,尘世有几人哉?"张岱背过手,幽幽道,朋友,还是随我去湖心亭赏雪,温酒抚琴吧……

● 杨豫光（前中）和学生合影（由杨豫光提供）

"人事有代谢，往来成古今。江山留胜迹，我辈复登临。"这里是杭州，贵在自然与人文的融汇，妙在山水与琴音的贯通。山明水秀、荷红柳绿是这座城市的底色，故事传说、人文历史是这座城市的格调。移步其间，最好先翻阅西湖，聆听古琴，在古迹遗韵里寻觅它的人文历史，在诗词曲赋中叩访它的才子佳人，在风花雪月间品读它的故事传说，在七弦泠泠上，感受人文自然的天地和谐。

这里是杭州，令无数人魂牵梦萦，留下足迹和眷恋的杭州。那一城山水，不知吸引了多少古来贤者，又不知有多少后来人，循着旧时明月、踪迹追寻。无论是享誉宋明的"浙派古琴"，还是古琴雅集的"西湖月会"，虽已成过往，至今仍为人津津乐道。

幸的是，湖山依旧，琴音犹在。从未远去。

我把故乡唱给世界听

◎ 朱培华

朱培华，浙江杭州人。旅欧作曲家，中国音乐家协会会员，浙江省音乐家协会顾问，第十二届全国政协海外列席代表。早年师从人民音乐家施光南。创作《劳动托起中国梦》《故乡的莲》《九月杭州桂花香》等近百首声乐作品。其作品曾入选中宣部"中国梦原创歌曲"。2017年发行了第一张个人专辑。曾举办多场个人作品音乐会。

我从小就有一个梦想，要用音符，向世界阐述杭州的美。

"湖在城中央，花开家门旁，九月杭州桂花香，满城桂雨地金黄……"南宋古都杭州，就是我的故乡，一年四季风景如画，尤其是金秋九月，满城桂雨格外好看。就像这首喜迎G20杭州峰会之歌《九月杭州桂花香》写的一样，"湖在城中央，花开家门旁"。杭州的桂花，很多是种在家门口的，只要推开窗，就能闻到花香。

2016年9月4日，这首以小提琴作引子，穿插了中国传统越剧，融合中西方文化元素的《九月杭州桂花香》通过G20杭州峰会走到了世界中心，也让我儿时的梦想绽放开来。

● 桂花

做音乐先要感动你自己，才能打动别人。从我接触音乐开始便深知这个朴实的道理，也因此结缘恩师施光南先生。

1983年，我进入浙江歌舞团创作室担任专业作曲。1985年4月，杭州面向全国征集有关杭州风光的歌曲创作，我作为本地的青年创作者，投稿了《西湖情》《小木桨儿青青》《春江归帆》和《踩雨》四件作品。而这个比赛的评审之一，就是施光南老师。

记得那是八月炎热的一天，上午，词作家钱建隆跟我说："培华，施光南要找你。"得知这一消息，我激动得不得了！

● 朱培华和恩师施光南（右）于西湖湖畔合影（由朱培华提供）

要知道20世纪80年代初我在音乐学院读书时，施光南已经是全国知名的音乐家了。他的《祝酒歌》《打起手鼓唱起歌》等传唱了整个中国的大江南北。他是无数学习音乐的年轻人崇拜的偶像，现在，有人告诉你，你的偶像要见你，怎么能不激动呢？

见到施光南老师后，他很认真地跟我说："我给你透露一下，这次杭州风光歌曲评选里，总共评出七首优秀歌曲，其中三首是你作曲的。我为什么会这么惊讶呢？因为在我想象中，这些曲子应该是个跟我年纪差不多的，有经验有功底的作曲家创作的。"接着，施老师说了一句让我既兴奋又惶恐的话，他说："培华，我要跟你一起搞创作。"当时我受宠若惊，岂料施老师非常坚定地表示要一起合作，并掷地有声地说："要跟年轻人一起创作。"

从那以后，我就成了施老师来杭州作讲座或者工作时的小助理，也开始了师徒二人真情所至的忘年之交。1987年，我们为"向国庆献礼"大型活动一起创作音乐电影，他写了三首曲，我写了五首，最后署名时，施老师坚持要把我的名字放在他前面，他说："你创作的数量比我多，应该放在前面，而且这是你故乡搞的大型活动，对你今后的发展很有益，你的名字要放在我前面。"

20世纪90年代初我出国谋生，而随着施光南老师突如其来的逝世，我的艺术创作也就此中断；但恩师高贵的品格和高尚的艺术情操，一直深深影响和激励着我。我知道，施光南老师能创作出那么多脍炙人口的经典歌曲，是因为他深爱着这片多情的土地。因为爱，激发了无穷的潜力。

对于我的故乡杭州，我也爱得无比深沉和热烈。

记得在欧洲卢森堡生活时，最眷恋西湖的美景，以前在曲院风荷看湖面野鸭成群，落日余晖，美不胜收，总能带来很多创作灵感。离家越远，思乡越浓。对于我们这些海外游子来说，故乡就像母亲，在海外打拼三十多年，每每提到杭州这两个字，总是让我魂牵梦萦。

2013年底，我带着音乐梦想回到杭州，重新拿起乐谱创作。所幸功底还在，而旅欧几十年的经历，不仅丰富了我的人生，更彻底激发了我要把故乡唱给世界听的心愿。

《九月杭州桂花香》就是我对故乡最深的记忆与感味。

"这是座迷人的城市，湖上荡双桨，林中听鸟唱。吴刚捧来桂花酒，嫦娥端上桂花糖，亲朋好友聚一堂，共叙情谊长，共享明月光……"这是我创作耗时最长的一部作品，从谱曲到成品，前后花了大半年。谱曲和作词，都精雕细琢。歌曲作词者竺泉，是位哲学博士、诗人，也是我的好友。为了让歌词更接地气，我们反复推敲。作品出来后，由浙江歌舞剧院歌唱家郑培钦演唱，上海歌剧院合唱团伴唱，杭州爱乐交响乐团伴奏。

白居易有首妙词："江南忆，最忆是杭州。山寺月中寻桂子，郡亭枕上看潮头。何日更重游！江南忆，其次忆吴宫。吴酒一杯春竹叶，吴娃双舞醉芙蓉。早晚复相逢！"诗人竺泉突得灵感，桂花是杭州的市花，但如今还没有以桂花为主题的歌。"山寺月中寻桂子"之句，既点出了杭州桂花，又是其最忆之处。于是他提笔创作出《九月杭州桂花香》，可别小看了这二十四句歌词，那可是诗句的高度凝练。词中没有一句"G20"，却又那么真实地展现出了这样一幕：来自月宫的"吴刚"和"嫦娥"飞舞着水袖，牵引着世界各地的亲朋好友，相聚在杭城的桂花树下。花开的时候，静静地泡一杯清茶，望着月亮，品着花香，心里也慢慢充满芬芳。

当竺泉把这首"比较满意"的作品交到我手中时，我的创作灵感涌动了。杭州是吴越之地，越剧是吴越之音，歌曲从典型的江南婉转旋律开始，用音阶式的发展，将杭州的秀美娓娓道来，将吴越的风情舒展吟唱。歌曲的副歌部分是高潮，在高音区用合唱、独唱和伴唱的形式向人们展示杭州不仅是秀美之城、文化之城、历史之城，同时也是现代之城、激情之城、大气之城。

● 用音符向世界阐述杭州的美（由朱培华提供）

随着G20杭州峰会的成功举办,《九月杭州桂花香》被刻录成音乐光盘,赠送给各国元首;《人民日报》、中央电视台纷纷报道,老百姓们也说:"好歌,好听!"歌曲广为传唱,还成为最受杭州人欢迎的广场舞曲之一。

对于音乐,我觉得最开心的事,莫过于我既写出了自己的所爱,同时我的所爱也被大家所喜欢。

故乡这片土地如此多情,总带给我无限灵感,《你好,杭州》《最爱你清清的浙江》《富春江》《故乡的莲》《桂花又飘香》等和好友、词作者杨晓光合作创作的歌曲,无不是我对故乡涌动的真情。

作为一名艺术工作者,未来,我将继续用音符记录杭州的美好,让杭州行走得更远。

心中的歌

女承父愿传国粹

◎ 宋飞鸿

宋飞鸿，浙江杭州人。旅美京剧艺术家，已故著名京剧表演艺术家宋宝罗之女。曾任杭州第十四中学骨干英语教师。在美国费城创办了美国第一家中文简体新华书店及文化中心。多次在国内外举办个人演唱会，获京剧名家和观众的高度评价。

在 2005 年鸡年中央电视台春节晚会上，我的父亲宋宝罗作为嘉宾，登台画了一幅《金鸡报春》，借此向全世界的中国人致以新年祝福，一时传为佳话。

父亲的画之所以能得到人们的关注，很大程度上是因为父亲唱的那一出《朱耷卖画》。

1962 年 12 月 26 日，那一天恰巧是毛主席的生日。凌晨，在杭州汪庄，父亲为毛主席演唱了自编自导的《朱耷卖画》。由于父亲潜心修习过书画，又得到张大千、齐白石、于非音等名家指点，是以练就了一般的京剧演员不具有的一项绝技：边唱边画。当时，父亲边唱《朱耷卖画》，边画了一只引颈长啼的大公鸡。毛主席对父亲的画称赞不已，并建议将此画题作《一唱雄鸡天下白》。毛主席很喜欢这幅画，把它带回了北京。从此，父亲边唱边画的绝技渐渐传遍全国。

父亲擅画公鸡,众人皆知,但其实父亲首先是一个京剧表演艺术家。父亲出生于梨园世家,7岁登台献艺,轰动北京,被称为"神童";8岁与孟小冬同台;15岁自组班子,巡演中原;后与梅兰芳、程砚秋、周信芳等大腕儿同台共演。1949年后,父亲在浙江京剧院工作,多次为毛泽东、周恩来、叶剑英等国家领导人演出,名声又享誉新中国。

● 宋飞鸿的父亲宋宝罗(由宋飞鸿提供)

然而,虽从小耳濡目染,年少的我对京剧却并不热爱,哥哥姐姐们也无意于此。恢复高考后,本着对教育事业的热爱,我考取了杭州当地的师范院校,并在毕业后顺利当上了一名英语教师,开始了我十几年的教学生涯。再后来,我追随丈夫去了美国费城,人生起起伏伏间,更无暇接触京剧。

我知道,子女无一人继承京剧,是父亲心中的刺。每次与父亲通电话,我都能从他的话语中感受到这一点。人生阅历的增加,也让我对父亲多了一份理解与愧疚。在美国的生活渐渐稳定下来后,我就暗暗下决心,要从零开始学京剧,给父亲一个惊喜。可是,父亲却先病倒了。

2010年,已近九旬的父亲,在国内突然因身体不适被推进了医院。我坐不住了,连夜飞回国内。看着病床上面容憔悴的父亲,我情难自已,用京剧唱腔唱了一段《爹爹给我无价宝》。唱完以后,几天没有说话的父亲突然有了反应。这让我下定决心"女承父愿",接棒父亲的京剧梦想,为父亲"唱下去"。

到今天，我投身京剧界已有十余年，对京剧的热爱已是刻骨铭心，对我们国家的传统文化更有了深深的认同感。我在费城京剧社做起了京剧老师，教授京剧知识，并在中美各地举办演出。在我开办的费城新华书店中，随处可见中国元素：书架上陈列的是简体中文书，墙上挂的是中国传统乐器，耳边流淌的是中国民乐，当然也有父亲和我所热爱的京剧。在这间中国味十足的书店里，在"唱念做打"的京剧表演里，众多外国人为中国文化的魅力所深深吸引，这让我感到十分自豪，也让我在不自觉中踏上宣传中国文化、传播中国国粹之路。

● 宋飞鸿演唱京剧（由宋飞鸿提供）

几年前，我看到了G20杭州峰会宣传片。如诗如画的西湖，一如我记忆中的那般美丽动人。此后，我一直寻思着，用京剧给西湖唱一曲颂歌，让更多人了解西湖这颗中国文化中璀璨的明珠。

我对西湖的深厚情感，源于儿时跟随父亲出入西泠印社的记忆。在父亲的影响下，我很小就开始学中国书画。我的小楷作品还曾在西泠印社展示了很多年。长大后，我所任教的杭州第十四中学就在西湖边上，抬腿就能走入这张名为西湖的"画卷"中。我喜欢站在办公室窗前，眺望近在咫尺的西湖：春天桃红柳绿，夏天接天莲叶，秋天满眼金黄，冬天湖山皆白。每天放学后，我就用自行车载着年幼的女儿，从湖边一路骑回家。我们一路观赏着西湖的美景，讲述着西湖的故事。

后来我们旅居美国,女儿又将其对杭州对西湖的热爱,延续到了下一代身上。她不仅教孩子中文,也教他那些颂西湖的诗词。在我们眼里,西湖就是杭州的灵魂。旅居美国这些年,我们从没有一刻忘记过杭州,而西湖更是让我们魂牵梦萦。

西湖是有名的诗湖,众多赞美它的诗中,最有名的莫过于东坡先生那首《饮湖上初晴后雨》:"水光潋滟晴方好,山色空蒙雨亦奇。欲把西湖比西子,淡妆浓抹总相宜。"我非常喜欢这首诗,便决定借由它来传达我对家乡杭州和西湖风光的无限情怀,并将曲名定为《颂西湖》。演唱时,我仰承父亲边唱边画的绝技,尝试边唱边写,将古诗词、书法、京剧唱腔糅合于一体,让人们感受东坡先生笔下的西湖之迷人,以及京腔墨韵中的西湖精致大气之意境。

《颂西湖》的表演获得了很多人的喜爱,在美国各个城市的艺术节,在中国的春晚和传统文化日,在北京、江苏等地都留下了我表演墨香京韵《颂西湖》的身影。我多想有机会回到我的故乡,为西湖举办一场音乐会。

● 宋飞鸿演唱会(由宋飞鸿提供)

西湖真是一个美丽如画的地方。那些诗文,那些故事,那些角色,渐渐走进普通人的内心,融汇成一座城市和一个地域的气质。

我为西湖赞美,更为家乡自豪!

百年名社——西泠印社

◎ 江　吟

江吟，浙江淳安人。编审、一级美术师。西泠印社出版社社长、中国教育学会书法教育专业委员会副理事长、规范汉字书写专业委员会理事长、中国书法家协会会员、浙江省书法家协会主席团成员、浙江省人民政府参事、浙江省人大代表。曾被评为中宣部文化名家暨"四个一批"人才、全国新闻出版广播影视系统劳动模范、浙江省"五个一批"人才。

自古以来，杭州就是人文荟萃之地，明清时期，金石篆刻更是蔚然成风。到了清代光绪三十年（1904年），浙派篆刻家丁仁、王禔、吴隐、叶铭在西子湖畔的孤山，本着"保存金石，研究印学"的宗旨，创建了西泠印社。四人被尊称为"西泠四君子"。

当初，社长的位置一直空缺，应该说，创社的四位同仁中，任何一位都可以担当此任。然而，他们还是请来了隐居上海的吴昌硕。此后数十年间，西泠印社在"四君子"的带领下发展壮大。在杭州孤山路31号社址内，昔日痕迹仍历历可寻。

西泠印社首任社长吴昌硕先生有着很高的社会名望，当时堪称海

●西泠印社

派绘画的领袖。此后担任社长的亦都是在海内外有影响的大家：马衡、张宗祥、沙孟海、赵朴初、启功、饶宗颐。而能成为西泠印社社员者，都是著名的学者，亦均为精擅篆刻、书画、鉴藏、考古、文史之卓然大家。目前，西泠印社共有社员 500 余人，分布海内外。

● 西泠印社一角

　　进入圆洞门，一座江南园林便呈现在眼前。往左边走，有一条石径直通山顶。此径名为鸿雪径，取自苏东坡诗句"人生到处知何似，应似飞鸿踏雪泥"。穿过前山石坊，拾级而上，沿途可见仰贤亭、山川雨露图书室、四照阁，最终到达最高处题襟馆。这些多由"四君子"主持建成。此外，还有文泉、印泉、闲泉、汉三老石室、遁庵、丁敬像、邓石如像等，整座园林景致幽绝，人文景观荟萃，摩崖题刻随处可见，有"湖山最胜"之誉。

　　这里不得不说印社中的三老石室。这座汉代的石碑，自浙江余姚出土，后被人辗转卖到上海。石碑被外国人谈高价准备成交，西泠同仁无不焦急。为了让石碑免遭外流的厄运，吴昌硕与印社同仁发起募捐活动，其中包括他们的作品义卖。最后，西泠印社终于以 8000 元巨款将石碑赎回。

　　作为一个以金石篆刻为中心的现代社团，西泠印社坚守传统，并将其发扬光大。每年春秋两季，社员齐聚孤山，公祭印学先贤，举办社员作品和藏品展览，开展学术研讨和交流活动。逢五、逢十周年时，西泠印社会举行盛大庆典，社员们笔墨酬唱、赏鉴珍藏、品茗清谈，延续传统文人的气质。近年来，除了举办篆刻作品评展、国际篆刻书法作品展等大型专业赛事，西泠印社还举办了"百年西泠·中国印"海选、"孤山证印"西泠印社国际印学峰会等大型国际性艺术选拔和创作、展览、研讨活动，在海内外印学界产生了广泛影响。

除了对篆刻艺术的传承、普及和推扬，西泠印社在文物收藏与研究、编辑出版、文化交流等领域均有重要建树。建社初期出版的大量印谱和印学理论著作，为当今的印学研究提供了重要范本。位于孤山西泠桥畔的中国印学博物馆，是我国唯一的印学专业博物馆。西泠印社印学图书馆则专收考论金石、古器、书画之书籍，供同仁鉴赏研究之用。得益于海内外社员与各界贤达的帮助，西泠印社库房旁搜博采各类文物遗存，不定期举办社藏文物展览，向社会展示金石篆刻艺术的魅力。如今的中国印学博物馆，能观赏到国家级的印章文物，如战国铜印、秦汉玺印以及明清两代的经典之印，是印章流变的缩影，也是篆刻的艺术长廊。

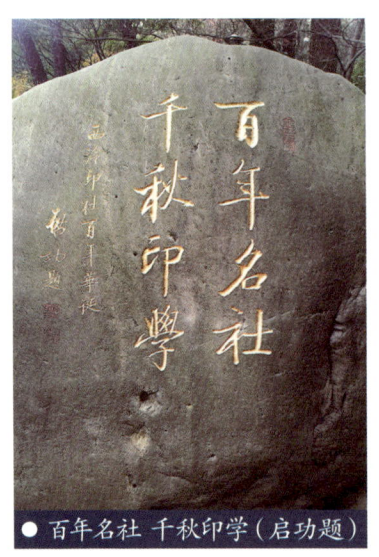

● 百年名社 千秋印学（启功题）

已载入史册的那枚 2008 年北京奥运会会徽的"中国印"，它来自远古的殷墟，化作今天的标识，并成为五千年悠久文明的符号，这是中国篆刻的光荣，也是西泠印社的光荣。

2006 年，"金石篆刻（西泠印社）"成为首批国家级非物质文化遗产项目。自此，"方寸之间，气象万千"的篆刻艺术走向更广阔的大众视野。2009 年，由西泠印社领

衔申报的"中国篆刻艺术"成功入选联合国教科文组织《人类非物质文化遗产代表作名录》，进一步确立了西泠印社作为篆刻传承代表组织和国际印学中心的地位。

时至今日，西泠印社融诗书画印于一体，已成为海内外研究金石篆刻历史最悠久、成就最高、影响最广的艺术团体，在国际印学界享有崇高地位，有"天下第一名社"之盛誉。它是镶嵌在西湖上的一颗耀眼宝石，更是杭州这座历史文化名城的一张闪亮的金名片。

● 西泠印社潜泉

西泠印社

西泠印社历任社长

吴昌硕
（1844—1927）
1913年当选西泠印社
首任社长

马　衡
（1881—1955）
1947年当选西泠印社
第二任社长

张宗祥
（1882—1965）
1963年当选西泠印社
第三任社长

沙孟海
（1900—1992）
1979年当选西泠印社
第四任社长

赵朴初
（1907—2000）
1993年当选西泠印社
第五任社长

启　功
（1912—2005）
2002年当选西泠印社
第六任社长

饶宗颐
（1917—2018）
2011年当选西泠印社
第七任社长

丹枫红叶传佳话

◎ 姜书凯

姜书凯，浙江杭州人。从事农药行业管理工作。1985年任浙江省农药工业协会秘书长，直至退休。在《农药》等全国性刊物上发表多篇论文。2009年获中国农药工业协会"建国60周年中国农药工业突出贡献奖"。

20世纪50年代末60年代初，在杭州凤起桥的一座丹枫红叶楼上，居住着一位留着白胡子的长者。平时，常有社会名流，尤其是文艺界的知名人士前来拜访、求教。这位精神矍铄的白头老翁，就是我国现代美术教育创始人之一、美术理论家、画家和诗人姜丹书，他就是我的父亲。

父亲字敬庐，别号赤石道人，1885年出生于江苏溧阳，1910年毕业于南京两江优级师范学堂图画手工科，与吕凤子、李健、汪采白、沈企桥等成为我国第一批艺术教育人才。辛亥革命前夕，他应聘到杭州，在浙江两级师范学堂任教，与最早留学日本归来的李叔同（弘一法师）分担图画手工课和音乐课，共同服务于艺术教育事业。

● 姜书凯的父亲姜丹书（由姜书凯提供）

● 姜丹书作品（由姜书凯提供）

1912年，在"西学东渐"的时代背景下，教育部颁行《师范学校课程标准》，要求在图画课程内设美术史科目，因为这个课程是新创办的，根本没有现成的教材，也没有此类的师资，教育部苦于现状，只得标明"得暂缺之"。父亲认为自己是美术教师，编写教材责无旁贷，于是迅速着手查找资料、编写讲义，苦干了好几年，终于完成了《美术史》一书，这本书堪称中国现代艺术教育的第一本美术通史，中国书法家协会副主席、浙江省文联副主席陈振濂曾表示，姜丹书的努力，决定了近现代中国美术史的基本出发点与大致方向，是第一位当之无愧的披荆斩棘的开拓者。

解决了美术史理论教材的问题，父亲又开始忧心艺用解剖学了。艺用解剖学不是纯粹的自然科学，它是从造型艺术的角度研究人体结构的科学，揭示人体的外形变化规律，是西方人物绘画的基础。当时，虽然也有人讲授艺用解剖学知识，但关于此类的书本确实半本都没有。为此，上海美术专门学校和西湖国立艺术院邀请父亲来编著此类教材。于是，他搜集资料，起稿，试用，修正，再修正，一直努力了长达两年，才编成了《艺用解剖学》一书，并于1930年正式出版。1933年，他又出版了《透视学》。中华人民共和国成立以后，他总结了一生的教学经验，写成了《艺用解剖学三十八讲》，于1958年由上海人民美术出版社出版。不管是《美术史》

《艺用解剖学》还是《透视学》，在当时都是开创性的，奠定了近代中国美术教育发展的基调。

除了醉心于理论研究，父亲还是美学的践行者。1921年，父亲与几个朋友共同出资成立中华教育工艺厂，设计生产教具和教育玩具，该厂最突出的成绩，就是父亲亲自创制成功的"地理模型"——"西湖模型"。1924年，印度诗哲泰戈尔来杭州讲学，父亲曾赠其一个"西湖模型"作为纪念，泰戈尔欣然受之并携归印度。杭州藏家李加文家现藏有一个"西湖模型"，为目前国内仅见，弥足珍贵。

在当时，说父亲是一位理论、创作、教育三栖型代表人物，实在是不为过誉的。他的山水画、花鸟画有着清朝末年民国初年难得一见的专业风范。他早年以画西洋画为主，不时带着学生在美丽的西湖边写生，中年以后则专研国画，擅画山水、花鸟、蔬果。他是画柿名手，在杭州时，他几乎每年秋天都要到西溪两岸观赏朱果累累的柿林，眼中有红柿，心中更有红柿，千姿百态，随意挥洒，质量感、色感乃至味感油然而生；此外，父亲还常与画友合作国画，并利用假期与邵裴子、潘天寿、朱屺瞻、吴茀之等人游历名山大川。

父亲有一幅《丹枫红叶图》卷，长卷上留有四十多位名流的墨宝，为一时佳话。它是父

● 姜丹书作品（由姜书凯提供）

亲与母亲爱情的见证。当时,父亲和我母亲朱红君定亲的过程一波三折,因父亲的身世际遇、师友交往与南宋著名文学家、书法家、音乐家姜夔(号白石道人)颇为相似,而我母亲的小名叫"小红",艺林同道便戏喻他俩"白石重生小红陪"。父亲画了《丹枫红叶图》,广征画友题字留画,最后成了纵高32厘米、横长1722厘米的《丹枫红叶图》卷。

潘天寿是父亲执教浙江省立第一师范学校时的学生,他在图卷上留下了一幅诗意画,画面以大片西湖水面为背景,一叶扁舟在湖中荡漾;湖面右上方有一座小桥,象征着苏堤六桥;画面的正前方为一排枫树,红叶悦目。画面简洁,寓意深远,令人见而生爱;张大千画作上的西湖三面环山,一叶扁舟上,一个舟子在划桨,白石道人和小红在欣赏西湖美景;郁达夫则在长卷上留下"难得多情范致能,爱才贤誉满吴兴。秋来十里松陵路,红叶丹枫树几层"的题诗……

1958年,父亲74岁时由南京艺术学院教授职退休回到杭州,可他退而不休,"夕阳无限好,挥笔献余晖",孜孜不倦地致力于诗画和著述创作,并积极参加浙江省政协和美协组织的各项活动,直到1962年6月8日心脏停止了跳动。

2007年,为支持浙江美术馆藏品建设,我把近百件父亲的书画、艺术理论著作等交给浙江美术馆寄存代管。2019年5月,我再次整理父亲的藏品,与之前寄存的作

● 姜丹书作品捐赠活动现场(由姜书凯提供)

品，共 423 件一并捐赠给浙江美术馆。这批捐赠的藏品，包括父亲的文稿、诗稿、著作、照片、遗物、绘画作品，还有师友赠送的书画作品及名人书信，种类繁多，数量可观，许多藏品填补了浙江美术馆的空白，具有较高的艺术和文献价值。2019 年 8 月 9 日至 9 月 8 日，浙江美术馆在三个展厅展出了这批捐赠物，赢得书画界和广大书画爱好者的赞誉。

　　父亲的一生经历了晚清、民国和新中国三个时期，作为历史的见证者和参与者，父亲在教学、研究和创作上，做出了卓越的贡献，后人将不会忘记这位"白胡子老园丁"。

海峡两岸一幅画

◎ 孙一平

孙一平,浙江杭州人。孙权第五十九代孙。职业媒体人,长期从事传统中国书画、古文化研究,中国美术学院田源花鸟高研班成员。现任世界华人企业家协会浙江省分会副主席、世界艺术家联合会浙江省分会副会长、国际新星网络电视台中国区执行副主席、孙中山海外基金会杭州分会会长、孙中山文化交流专业委员会杭州分会执行官。

说到富阳,《富春山居图》便是绕不开的话题。

《富春山居图》是元代大画家黄公望历经七年方画就的旷世名作,呈现了中国南方富春江一带的秋天景色。这条漫长的江水,在千年的历史里,流过浅滩、激流、高峰。

600多年前,元朝统治岌岌可危,黄公望对政事心灰意冷,弃官后以卖卜为生,游走各地江河山川。行至富春江畔的时候,黄公望为富春江的奇丽景色所吸引。站在亭台之前,欣赏着富春山的恢弘气势,我想黄公望内心不免追溯起自己年少时科举中第、金榜题名的风光时刻,接着看到山间抖落的碎石,必定会联想到自己仕途不顺,遭人排

● 黄公望塑像(亦鸣摄)

挤,最后无人问津的辛酸,此情此景使其矛盾不已。

然而,视线一转,大自然的山水、村舍、渔舟等尽收眼底,黄公望便也释然了,人生最重要的并不是名与利,而是寄情山水、融于自然时内心获得的那份悠闲与平静。在此种心境之中,方能真正领略人生的真谛。至此,黄公望隐居于富春山林,潜心学习山水画。成名时,他已年逾古稀。

● 黄公望纪念馆中的《富春山居图》碑文(亦鸣摄)

扎实的文化功底、坎坷的人生经历以及对人生真谛的感悟,让黄公望全身心融入绘画创作中,呕心沥血,历时数载,终于在年过八旬时,完成了这幅被后人称为山水画"第一神品"的长卷——《富春山居图》。

画面峰峦岗阜起伏,河滩沙渚逶迤,杂树参差不齐,村落或隐或现,笔致密而有韵,淡而有致。自问世后,历来为藏者喜爱。

● 黄公望隐居地一角(亦鸣摄)

明代末年,《富春山居图》辗转流传到了收藏家吴洪裕手中。吴洪裕一生将此画秘藏,从不示人,临死前,他想仿效唐玄宗用《兰亭序》陪葬,便将《富春山居图》焚烧殉葬,被后辈从火中抢出。两丈来长的画,被烧成了一大一小两段。吴家后人重新装裱后,前段较短者51.4厘米,称《剩山图》,后段较长者长636.9厘米,称《无用师卷》。1933年,为避日军战火浩劫,《无用师卷》随故宫重要文物南迁,15年间辗转四川、贵州、江苏等地,最终被运至中国台湾,藏于中国"台北故宫博物院"。而《剩山图》也在几经流离后,于1956年走进了浙江省博物馆。

从此,《富春山居图》分藏在海峡两岸的两个博物馆。

2010年3月14日,十一届全国人大三次会议闭幕后中央领导答记者问时,提出了海峡两岸《富春山居图》合璧展出的倡议,"两岸同胞是兄弟,'虽有小忿,不废懿亲'""不要因为50年的政治而丢掉5000年的文化""几百年来,这幅画辗转流失,但现在我知道,一半放在浙江省博物馆,一半放在中国'台北故宫博物院',我希望两幅画什么时候能合成一幅画。画是如此,人何以堪"。情深至此,令人动容。

2011年1月16日,浙江省博物馆和中国"台北故宫博物院"签订了相关协议。同年6月1日,在海峡两岸爱国人士的努力下,"山水合璧 黄公望与《富春山居图》"特展在中国"台北故宫博物院"正式开幕。长逾10

米的巨幅《富春山居图》笔墨清润,意境简远,富春江两岸初秋的秀丽景色呼之欲出。在这"团圆"的幸福时刻,这幅传世巨作似乎也有了生命,焕发出难以言传的神采。那应该是自焚裂起360余年间,《剩山图》与《无用师卷》唯一一次重逢。

"山水合璧"折射出中华文化对"圆满与和谐"的不懈追求。正如领导所言:"希望经过海峡两岸人民的共同努力,终有一天会实现一个更高的愿望,就是让一个完整的、统一的中国的河山得以实现,让一个完整的《富春山居图》永远合璧在一起。"

以画为媒,山水传情。一幅传奇画作,折射出中国历史的变迁。离散百年的画卷终有合璧,海峡两岸同胞相向而行、融合发展,祖国必须统一,也必然统一,就像钱塘大潮奔涌、之江江水一往无前,势不可挡。

● 《富春山居图》(局部)(由黄公望纪念馆提供)

西湖楹联知多少

◎ 吴亚卿

吴亚卿,号未立斋,浙江德清人。学者,诗联辞赋家,书法家。中国羲之书画艺术院研究员,浙江社科院词学研究中心研究员,中华诗词学会发起人,浙西词派传人,中国楹联学会书法艺术委员会委员,浙江省辞赋学会名誉会长,浙江省楹联研究会会长,浙江省传统文化促进会清音诗社专委会主任。曾获"世界书画艺术名人""当代书画艺术名人"等称号。

杭州西湖既是诗词之大观园,亦是楹联之大观园。

说到西湖楹联,首推"西湖天下景"之名联:

水水山山处处明明秀秀,

晴晴雨雨时时好好奇奇。

"西湖天下景"位于孤山南麓中山公园内。"西湖天下景"匾额与此联均为老同盟会会员黄文中于1932年寓杭时所撰书。楹联内容与立意取自苏轼《饮湖上初晴后雨》"水光潋滟晴方好,山色空蒙雨亦奇"二句。其组词采用叠字之法概括西湖水秀山明、晴好雨奇,无处不佳、无时不妙之优美风光,避免了通常概括易于呆板之弊病,使之格外活泼生动,意趣盎然。由于近百年间,人们对传统文化尤其是对楹联声律规范知识之欠缺,此联开头"水水山山"四字在传抄、引用过程中经常被误作"山山水水"。须知这一误,于意思虽无大碍,于格律则成致命伤,使佳联顿成病联。

位于孤山南麓之俞楼，有一副由俞楼主人、清末朴学大师俞樾（号曲园居士）创作之楹联：

合名臣名士为我筑楼，不待五百年后，斯楼成矣；

傍山北山南沿堤选胜，恰在六一泉边，其胜何如。

俞楼本系俞樾弟子徐花农等集资，并获清代长江巡阅使彭玉麟赞助，为便于俞樾在杭州诂经精舍讲学而建。此联上联即叙述此事，赞扬"名臣名士"之义举。下联描述俞楼所处环境之优美，尤其因之位于苏轼任职杭州时，为怀念六一居士欧阳修而命名的六一泉边，而更加显得非同一般。

● 西湖天下景

但此联之"山北山南"常被人误书成"山南山北"，"泉边"被误书成"泉侧"，"何如"被误书成"如何"。

在孤山上有一座专为贮存"汉三老讳字忌日碑"而筑之石室。石柱刻有多副楹联，其中一副云：

西泠印结千秋社，

东汉石传三老碑。

成立于1904年、以"保存金石，研究印学，兼及书画"为宗旨之西泠印社即位于孤山之上。此联上联即指西泠印社，下联言石室所保存之文物"汉三老讳字忌日碑"。此碑系东汉建武年间原件，清咸丰三年（1853年）出土于浙江余姚客星山，碑额虽已断缺，碑文基本完好。1921年，此碑由西泠印社先贤重金赎买保存。

西泠桥畔有南齐钱塘歌伎苏小小墓,墓上建有慕才亭。六根亭柱共镌刻楹联十二副,其中一副云:

湖山此地曾埋玉,

花月其人可铸金。

此联由陈曾洛撰句,马世晓重书。上联由景及人,湖山秀美,更兼有佳人如玉而增色。下联借勾践铸范蠡金像于座侧之典,喻花容月貌之苏小小亦足以为人们所纪念。

此联下联之"花"字,于20世纪末一度被误改为"风"字,导致有直言苏小小系风月场中人之嫌,至21世纪初再次重修慕才亭时才得以纠正。

平湖秋月,系"西湖十景"之一,位于白堤西端、孤山南麓临湖一侧。其湖天一碧楼有楹联云:

万顷湖平长似镜,

四时月好最宜秋。

此联将景名"平湖秋月"四字嵌入其中,浑成自然而绝无雕琢之痕。"万顷"言湖面之宽,"似镜"言湖水之明,"月好"言此景之核心,"宜秋"言此景最胜之时令。

三潭印月,系"西湖十景"之一,位于西湖水面中心之小岛。苏轼知杭州时在湖中立三塔,以示三塔范围内湖面不种菱藕。亭台掩映之间,有楹联多副。其中静月轩一副云:

天赐湖上名园,绿野初开,十亩荷花三径竹;

人在瀛洲仙境,红尘不到,四围潭水一房山。

● 杭州"西湖十景"之一：三潭印月

此联由清代程云俶撰句，沙孟海书。作者对湖上胜境之陶醉之情溢于言表。三潭印月又称"小瀛洲"。"名园"是"天赐"，自是瀛洲仙境。满眼绿野、青山、潭水、荷花、翠竹，岂非远绝红尘、令人心旷神怡之地！其实，联中之"绿野"典出唐代裴度绿野堂，"三径"又典出东晋陶潜《归去来兮辞》。

曲院风荷，系"西湖十景"之一，位于西湖西侧、岳庙对面。南宋时有官家曲院取金沙湖之水以酿酒。且湖中因多植莲荷，夏季风送荷香，令人心旷神怡、爽心悦目。其中风荷御酒坊有联云：

宋酒溯千年，宛若皇宫开御宴；

清风来四面，依然曲院沁荷香。

此联由吴亚卿撰句并书。上联点明御酒坊酿造之酒，至今已有千年之久。下联写今日置身其间，感受清风习习，风中渗透着阵阵荷花清香。眼中所见与鼻中所闻乃至身心俱洽之情，洋溢于字里行间。

● 杭州"西湖十景"之一：曲院风荷

花港观鱼，系"西湖十景"之一。南宋时，因有小溪自花家山经苏堤第一桥与第二桥以西之绿洲处流入西湖，故名"花港"。有联云：

选胜到里湖，过苏堤第二桥，距花港不数武；

维舟登小榭，有奇峰四五朵，又老树两三行。

此联系俞樾所撰。上联写景点地理环境，下联写游目所见景物。全联记叙形象生动，概括风趣得体，语言通俗自然，犹如面对游人娓娓道来，弥感亲切。尤其称奇峰为"朵"，乃匠心独运，出神入化，锤炼至极而又毫无斧凿之痕。

进入灵隐景区，有冷泉亭。相传唐代白居易来游，题亭额"冷泉"二字；宋代苏轼来游，于其后续书"亭"字。明代董其昌撰得一联云：

泉自几时冷起，

峰从何处飞来。

此联紧扣冷泉、飞峰，以设问为句，点明胜迹之奇特，不同凡响。既切题，又引发游人遐想联翩，回味无穷。故而又有联云：

泉自冷时冷起，

峰从飞处飞来。

此联由清代石治棠撰句,李铎书。此乃对董其昌设问联之回答,然而又似并无答案,恰如佛家之机锋,俏皮而不离题。此后又引出"泉自有时冷起,峰从无处飞来"与"泉自禹时冷起,峰从项处飞来"等对语,有如脑筋急转弯,然均合乎楹联之格律规范,可谓各擅胜场。

西湖以西风篁岭上有山涧名"龙井",亦称"龙泓"。泉水自山岩中流出,水味甘洌,终年不涸。人们以为其泉与海相通,故以"龙"名。其地有一联云:

诗写梅花月,

茶煎谷雨春。

此联选取诗、茶、梅花、月、春等极富韵味之事物,寥寥十字便引人入胜,陶醉于名山胜境之中。

玉皇山,又称育王山、玉龙山,北俯西湖,南枕钱塘江,海拔239米。玉皇飞云,系"西湖新十景"之一。有一联云:

雨树晴山分画谱,

白云红叶尽诗材。

此联由杨度撰句。上联选取"雨树""晴山"两幅图画来赞美玉皇山之优美景色。下联则选取"白云""红叶"作为玉皇山之代表性景观进一步展开联想,生发诗意。表达上则采用互文见义之修辞手法,完整理解应是:雨树、晴山、白云、红叶分画谱,雨树、晴山、白云、红叶尽诗材。

葛岭在宝石山西,海拔166米,相传因东晋著名学者葛洪在此结庐炼丹而得名。葛岭朝暾系"钱塘十景"之一。有联云:

江痕斜界东西浙,

山色都收里外湖。

作为浙江省第一大江之钱塘江，发源于安徽，经浙江的开化、常山、衢州、金华、淳安、建德、桐庐、富阳、杭州、海宁等地而流入东海。以钱塘江为界，其东南侧称浙东，其西北侧称浙西。此联上联即是对此地理形势之精辟概括。杭州西湖方圆三十里，因白、苏二堤而划分为外湖、里湖、西里湖等部分。从葛岭俯瞰，环抱于西湖周围之起伏群山，全都倒映在湖水之中。此联下联即是对此一景象之精辟描绘。

灵峰与孤山、西溪并称杭州三大探梅胜地，景区内有漱碧亭、芸香亭、品梅苑、笼月楼、来鹤亭、补梅庵等建筑。其补梅庵楹联云：

小住为佳，梅鹤有情联眷属；

大观在上，云山经用始鲜明。

史载灵峰栽梅始于清道光年间之固庆将军。咸丰年间陆小石绘成《灵峰探梅图》，一时好事者纷至沓来。宣统年间周庆云（别号梦坡）又补植梅树三百株，筑补梅庵。此联由戴启文撰句。上联借宋代林逋（谥号和靖）梅妻鹤子之典故以表现"小住"补梅庵之清高格调。下联由《灵峰探梅图》转而赞美灵峰胜景。

杭州岳王庙之后的栖霞岭麓有岳墓，系埋葬岳飞遗骸之处。墓前有楹联云：

青山有幸埋忠骨，

白铁无辜铸佞臣。

● 岳庙对联

相传此联为清代松江一徐姓女子所撰,由今人陆维钊书。上联化自苏轼《予以事系御史台狱,狱吏稍见侵,自度不能堪,死狱中,不得一别子由,故作二诗授狱卒梁成,以遗子由》(其一)中的"是处青山可埋骨"之句。上联用"有幸"二字将"青山"与"忠骨"相连,便突显青山因埋有岳飞忠骨而荣幸之感。下联以"无辜"表示"白铁"为秦桧、王氏、张俊、万俟卨四奸佞所牵累,被铸成跪像置于墓前遗臭万年。上联褒至极点,依然合情合理;下联贬至极点,尤觉大快人心。

杭州吴山俗称城隍山,山上原有城隍庙。2000年,于城隍庙遗址建成七层仿古楼阁城隍阁。其中有联云:

　　大好湖山,正宜画阁留云、琼台邀月;
　　无边风景,还待雄文纪胜、绝唱传神。

此联由吴亚卿撰句,马世晓书。上联赞美城隍阁处于大好湖山之中,恰如画阁琼台之仙境,白昼有云霞萦绕,夜晚则可把酒邀月。下联由风景转入,以雄深雅健之文章与精妙绝伦之诗词予以纪胜传神之呼吁。

画笔下流淌的运河

◎ 吴理人

吴理人，浙江杭州人。原名理仁，字娄石，室曰寒碧轩。运河画派创始人、中国民俗风情画家、吴理人民俗艺术馆馆长、隋唐大运河文化研究院顾问、杭州自然文化遗产保护促进会顾问、浙江省图书馆文澜讲坛客座教授、杭州市历史学会理事，被誉为"画说杭州、运河第一人"。

2014年6月22日，来自卡塔尔首都多哈的声音传递至杭州上空，多少人的心愿在这一刻梦想成真。在这场第38届世界遗产大会上，中国大运河被正式列入《世界遗产名录》，成为中国第46个世界遗产项目。据不完全统计，全世界大约有500余条运河，中国大运河成为继法国的米迪运河、比利时的中央运河、加拿大的里多运河、英国的旁特斯沃泰水道桥与运河、荷兰阿姆斯特丹的17世纪运河环形区域后的第六条列入《世界遗产名录》的运河。其中，中国大运河里程最长，工程量最大。

作为世界上里程最长、工程量最大的古代运河，也是最古老的运河之一的中国大运河，与长城、新

● 京杭大运河

●《拱墅自古繁华》（吴理人绘）

疆坎儿井并称为中国古代历史上最伟大的三项人类工程。中国大运河主要包括京杭大运河、隋唐大运河和浙东大运河，全长2700千米，沟通了海河、黄河、淮河、长江和钱塘江五大主要水系。作为中国大运河重要节点的杭州段，共有包括富义仓、凤山水城门遗址、桥西历史街区、拱宸桥、西兴过塘行码头和塘栖广济桥在内的6个遗产点被列入大运河申遗内容。申遗成功当天的庆贺晚会上，我受特邀创作《拱墅自古繁华》画作，以此见证中国大运河成为世界文化遗产，该画作被中国京杭大运河博物馆永久收藏并制作成大型铜雕陈列于展馆内。

很多人认为京杭大运河始建于隋朝，其实不然。它早在春秋时期便因为军事行动的需求而进行开凿，当时的吴王夫差为了运送军队北伐齐国，利用长江与淮河之间湖泊密布的自然环境条件，命人把几个湖泊打通连接起来，使长江与淮河贯通，开凿出一条从扬州到淮安的邗沟，这就是被世人认可的中国大运河的开端，距今已有2500多年历史。

隋王朝在统一天下后即做出了贯通南北运河的决定，大幅扩修并贯通至都城洛阳且连涿郡，开通了隋唐大运河北至涿郡南至余杭（今杭州）的航线，历史传说为此演绎出了多个版本。晚唐诗人皮日休站在汴河边也写下了"尽道隋亡为此河，至今千里赖通波。若无水殿龙舟事，共禹论功不较多"（《汴河怀古》）这样的诗句，为传说添砖加瓦。

事实上，当时的开凿动机很大一部分是经济方面的。中国古代有很长一段时间，经济中心都在黄河流域，北方经济比南方好。但到了魏晋南北朝时期，400多年的混战使北方的经济一直没法得到恢复，南方的经济发展就好于北方。隋朝定都长安，需要对南方加强管理，也需要将南方的粮食等物资运送至北方，大运河的开凿，直接形成了以洛阳为中心的政治、经济和文化格局。

时间来到元朝，为了沟通南北方，元朝翻修运河时，弃洛阳而直取北京，南下直达杭州，比隋唐大运河缩短了900多千米，从此京杭大运河修建完成。明代又对京杭大运河进行了多次大规模整治，使之成为全国商品流通的主干道。600多年来，大运河成为真正实际意义上的南北交通要道，两岸商贾云集。大运河的开通，成就了聊城、济宁、枣庄、淮安、扬州、镇江和杭州等沿河数十座文化商业名城，对古代经济的贡献无法估量。

就像世界遗产委员会认定的那样：中国大运河是世界上最长的、最古老的人工水道，也是工业革命前规模最大、范围最广的土木工程项目，它的成功促进了中国南北物资的交流和领土的统一管辖，也反映出中国人民超常的智慧、决心和勇气，以及东方文明在水利技术和管理能力方面的杰出成就。历经2000余年的持续发展与演变，大运河直到今天仍发挥着

重要的交通、运输、行洪、灌溉、输水等作用，是大运河沿线地区不可缺少的重要交通运输方式，自古至今在保障中国经济繁荣和社会稳定方面发挥了重要的作用，符合世界遗产标准。

杭州历史上最早的人工河叫上塘河，俗称秦河。据《越绝书》载："秦始皇造通陵南，可通陵道，到由拳塞，同起马塘，湛以为陂，治陵水道到钱塘、越地，通浙江。"真正开凿杭州运河，还是隋炀帝时期"敕穿江南运河越水道与陵水道，贯通成为江南运河一段"。元至正十九年（1359年），大周政权建立者张士诚因军船往来苏杭旧河为狭，便开浚武林港口，打通北新关，又南至江涨桥，广二十余丈，遂成大河，此河道叫"新运河"。

明宣德四年（1429年）开始设关，常有不少商船滞留在关外。滞留商船曾绵延到现在的拱宸桥一带。当地举人祝华封见此状况，便动员当地居民建桥，经过几年努力，至明崇祯四年（1631年）建造了杭州运河段最大的一座拱桥——拱宸桥，它是杭州现存最古老的三孔石拱桥。

杭州是京杭大运河最南端的城市，是大运河的起讫点，是一个典型的"因河而生，因河而兴，因河而名"的城市。如今的运河沟通钱塘江，连接西溪湿地，与老城区的中河、东河，新城西的"四港四河"连线成网，衍生出独特的依水而居的"枕水人家"。

走在运河边，仿若一脚踏进历史。"天下粮仓"重要生命线的见证者——富义仓，始建于北宋太平兴国三年（公元978年）的杭州香积寺，京杭大运河现存唯一的七孔石拱桥——广济桥，乾隆下江南所留下的御碑……由桥梁、码头、货栈、仓库、船闸、驿站等组成的运河景观，真切地诉说着运河的故事。

杭州的四季从来不缺美，运河的四季也自有她的独特魅力。这些年来，杭州市十分重视对大运河的保护，提出的目标是"打造东方塞纳河"。来杭州，不妨坐一次运河的水上巴士，白天去看看那些被青藤遮盖的古老码头，去寻一寻那些别具特色的桥墩，看看那左手拿鱼叉、右手搭凉棚向着河道张望，时刻监视着是否有妖魔兴风作浪，保佑着往来船只安全的潮王塑像。夜晚则来感受一下由世界顶尖大师罗杰·纳博尼亲自操刀的"水墨丹青，蓝绿泼墨"的中国元素运河夜景图。

●《遇见大运河》剧照

为了将运河的美传递得更远，也为了配合"中国大运河"申报世界文化遗产整体项目，向中国、向世界宣布中国人保护运河的决心。2014年5月，杭州大剧院上演了一场以大运河为题材的文化遗产传播舞剧《遇见大运河》。该剧是来自不同地域、不同文化观念的艺术家和文化遗产保护工作者，向人类文明的共同致敬之作。如今，申遗工作早已完成，但《遇见大运河》的世界巡演却一直在路上，带着"一部开口说话的舞剧 一部没有句号的史诗"这样的主题，走过三大洲，行程超过20万千米，践行着"保护大运河——一人、一票、一行为"的口号，展现大运河的历史风貌，表达对真实、完整的文化遗产现实命运的思考和判断。

我是一名土生土长的杭州人，从小听着运河故事长大，润物细无声，中国传统文化就是这样植根于我的少年童心。运河的水、运河的船、运河的树……一点点融进我的生活，不可分离。其实，我画运河一开始完全是无意的，因为我从小就喜欢画画，运河作为我最熟悉的场景，自然成为我创作内容的首选。

● 《半道春红》（吴理人绘）

一画几十年，不承想几十年后我会在中国京杭大运河博物馆内设立"吴理人运河民俗风情画家工作室"。2017年，我在拱宸桥桥西直街17号又开设了"吴理人民俗艺术馆"。由浙大学子拍摄的关于我的故事——《老底子杭州人》微电影，于同年在首届"讲好中国故事"创意传播国际大赛上获得一等奖。

在这河畔来来回回走了无数遍，也画了40年的运河，而今我仍在埋头创作，画不尽运河景，更画不尽运河情，我将大运河与我今生的缘诉诸笔端，一一展现给世人，将融入血脉的运河之美讲述给更多的人听。大运河的故事，需要有人传唱！

西泠相遇

◎ 陈新民

陈新民，上海人。著名金石篆刻家、收藏家。研究邓散木的《篆刻学》等专著，学习吴让之、赵之谦、邓石如、吴昌硕等清代大家的篆刻精髓，专攻齐白石的冲刀法。开创紫砂名家百壶篆刻艺术，将吴派、浙派、齐派的篆刻艺术和传统的碑刻艺术刀法运用于壶刻上。

西湖、孤山、西泠，吴昌硕、沙孟海……这些地方，这些人，曾经距离长于上海的我很远，但没想到的是，通过书法、篆刻的方寸艺术，我与杭州、与西泠密切地联系起来了。退休后，我多次来到杭州，信步西子湖畔，登上美丽的孤山，循径而上，尽管不是刻意寻找，却还是发现了牌匾上镌刻着"西泠印社"四字的百年建筑。伫立良久，关于美术，关于书法，关于印章……这些我此生所钟爱的记忆从脑海涌现。

● 西泠印社

"涛声听东浙，印学话西泠"，自古以来，杭州就是人文荟萃之地。明清时期，金石篆刻蔚然成风，到如今，篆刻已然成为杭州文化中不可磨灭的印记。1904年，西泠印社由浙派金石书画家丁仁、王禔、吴隐、叶铭四人发起创建，以"保存金石，研究印学，兼及书画"为办社宗旨。时光飞转，西泠印社历经百年发展，其学术地位和社会声誉在国内外印学界和书画界独树一帜。

● 汉三老石室

顺着历史河流向前追溯，不难发现为何杭州能成为篆刻之都。本来，明清印学的中心是在皖南一带，到了清代乾隆年间，杭州后来居上，继丁敬之后，黄易、蒋仁、奚冈、陈豫钟、陈鸿寿、赵之琛、钱松七位名家先后出现，一时独步印坛，因为他们全部都是杭州人，所以被称作"西泠八家"。这些大家艺术素养很高，许多都有印外之功，因为篆刻艺术是集史学、美学、文学等为一体的学问。书画大师邓石如、吴让之、赵之谦、吴昌硕、齐白石等，莫不是自研究篆刻入手，继至书画印相融的艺术巅峰。

我一生致力于金石碑刻艺术、篆刻艺术、书画艺术及鉴赏收藏工作。我艺术生涯的启蒙始于家中藏书和客厅不定期的文化沙龙，耳濡目染，书法篆刻艺术的基因从幼时就融入我的血脉，此后虽经人生浮沉，但我始终磨炼不辍。冥冥之中，我的人生信仰与西泠的办社宗旨契合在一起，这不得不感谢对我学习书法篆刻艺术产生深刻影响的丁敬、邓石如、赵之谦、吴昌硕等前辈，正是他们的艺术精华成就了我的艺术之路。

总之，我的艺术创作与西泠密不可分，我与西泠"志同道合"，且始终未曾变过。

● 本文作者带其书法作品《畅神》在巴黎卢浮宫参加展示活动

多年以来，我一直致力于国际文化交流，将书法、篆刻等中国优秀传统文化带到世界各地。2017年，我参加了法国卢浮宫第23届国际文化遗产展览会，我的书法作品《畅神》有幸被卢浮宫收藏展示。展会上，我把书法《凝香》赠予法国的香水大王，"凝香"出自李白的诗句"一枝红艳露凝香"，正适合指称西方的香与东方的香在此相会。

在对外交流中，我感受到外国友人对于探索中华文化的热情，也为能让更多的人了解中国、爱上中国文化而深感荣幸。

我与西泠印社在碑刻上还有一段渊源。1989年，西泠印社第四任社长沙孟海老先生为上海宝冶机械设备安装公司亲笔题词厂牌，厂牌石碑的雕刻工作由我完成，作品受到广泛赞誉。我与沙孟海老先生这次艺术上的密切合作，实现了我与"西泠人"艺术上的神交。

今天，受到社会文化大环境与时代审美新观念的影响，篆刻艺术在新的历史条件下又呈现出新的风貌。它不仅用于艺术欣赏，也在现实生活中被广泛运用，如在瓷器、茶壶、邮票、建筑标识上经常出现篆刻艺术作品。2008年北京奥运会会徽"中国印"就是以篆刻艺术的形式呈现的。"中国印·舞动的北京"积聚了大量的历史信息和丰富的文化精髓，难怪1996

年亚特兰大奥运会会徽主设计师、2008年北京奥运会会徽设计参与者之一布雷德·科普兰德先生,在众多会徽设计方案中一见到"中国印·舞动的北京"便当即脱口而出:"她是中国的!"印章还可以成为友好的见证。20世纪80年代,我篆刻的一方印章作为中日人民友好的礼物,被送给时任日本内阁官房长官二阶堂进先生,成为促进对外交流的小小使者。

  刀走凌云志,字形流云姿。从清朝的"西泠八家"到民国乃至如今茁壮成长的西泠印社,杭州这座富有人文气息的篆刻之都更懂得如何去传承文化,延续历史。

● 华严经塔及西泠印社碑刻

  在杭州,在上海,不论是我的篆刻艺术,还是此刻我所在的西泠印社,都是一种机缘。金石之韵,在西泠相遇。

  我辈之愿:推书法篆刻、推中华文化走向世界。

西子湖是诗的湖

◎ 董培伦

董培伦,笔名董特,山东诸城人。中国作家协会会员,中国诗歌学会理事,世界华文爱情诗学会会长,《伊甸园》诗刊创刊总编辑,浙江图书馆文澜讲坛客座教授,西子湖诗社社长,《湖畔诗刊》主编。著有诗集《沉默的约会》《董培伦爱情诗选》等多部作品。

湖泊是城市的眼,有了湖,这座城就有了灵气。与城市交融共生的湖,不胜枚举,与湖有关的诗,亦多如繁星。

有这么一片湖,无数诗人为之倾倒,它也因诗闻名遐迩,那就是又称为西子湖的西湖。明末清初人施闰章云:"地有为诗助者,宜莫若杭之西湖。"盖西湖之美,使诗人诗思泉涌,以至成为"诗助"。

● 1922年出版的《湖畔》诗集

1922年,受五四运动革命精神的感召,四名青年在西子湖畔成立了我国第一个写爱情诗的现代诗派——湖畔诗社,以"唯美浪漫的情感或对未来的憧憬"作为诗歌主题。这四人便是冯雪峰、应修人、潘漠华、汪静之。在他们以《湖畔》为名结集出版的第一本诗集的扉页上,他们题写道"我们歌笑在湖畔,我们歌哭在湖畔"。

他们的诗洋溢着对爱与美的讴歌,满是赤子纯真,犹如一股清新的风吹入文坛,一经出现就引起文艺界的广泛关注,鲁迅、胡适、周作人、朱自清等文坛大师无不赞赏有加,尤以汪静之一首《蕙的风》流传甚广。

是哪里吹来,这蕙花的风——温馨的蕙花的风?

蕙花深锁在园里,伊满怀着幽怨,伊底幽香潜出园外,去招伊所爱的蝶儿。

雅洁的蝶儿,薰在蕙风里,他陶醉了;想去寻着伊呢。

他怎寻到被禁锢的伊呢?他只迷在伊底风里,隐忍着这悲惨而甜蜜的伤心,醺醺地翩翩地飞着。

● 汪静之题字

战火蔓延,诗人不得不褪下天真与稚气,投身革命,湖畔诗社也随之停止活动,但对爱与美的向往却不曾消逝。

时光荏苒,1980年,湖畔诗社四诗人中唯一健在的汪静之先生,也是我的恩师,在浙江省作协诗友们的要求下,恢复了湖畔诗社的活动。汪静之先生亲自担任社长,由我担任理事。

恢复诗社活动后,开办新诗创作讲习班、建立湖畔诗社纪念馆、创办《湖畔诗刊》,成为汪静之先生的三大夙愿。

在精心筹备下,1983年初秋,湖畔诗社发出招生通知,共有1000余人报名。经严格筛选,100人幸运地成为新诗创作讲习班的成员,学员差不多都是二三十岁的文艺青年。在开学典礼上,八十多岁高龄的汪静之先生给学员讲话,鼓励学员学习新诗、写作新诗,以推动新诗的创作与发展。

● 汪静之与董培伦（左）

新诗创作讲习班先后共办了三期，从1983年秋天开始至1986年春天结束。三期讲习班一共培养了约500名新诗爱好者。除了汪静之先生，讲习班还邀请骆寒超、丁芒、雷霆等著名诗人、诗评家前来授课。学员们的学习热情十分高涨，创作了许多诗歌作品。有些作品由学员王志香送交汪静之先生审阅。作品中的佼佼者由任课老师推荐并发表于报纸、播出于电台。我当时在浙江人民广播电台工作，又在新诗班里授课，经常能读到学员们稍显稚气而又天真烂漫的诗作，那段日子真是令人难忘。

对青年诗歌创作者，汪静之先生总是不遗余力地倾囊相授。在他的影响下，我积极投身于爱情诗的创作，先后出版了《沉默的约会》《董培伦爱情诗选》《蓝色恋歌十四行》等多部爱情诗集。其中，诗集《沉默的约会》荣获"杭州市1988—1998年文学奖"，诗集《太空之吻——柯平选评董培伦爱情诗58首》荣获"2006年浙江省文学奖"，诗集《蓝色恋歌十四行》荣获"2010年《中国作家》金秋笔会全国评比一等奖"。

1984年初，汪静之先生着手准备纪念馆建馆事宜。在他的积极倡议下，经多方努力，历时8个春秋，"湖畔诗社纪念馆"于1992年11月8日在杭州湖滨六公园建立。浙江省政协原副主席厉德馨同志为纪念馆的建立给予了关怀与支持。汪静之先生于1996年10月10日仙逝，湖畔诗社便停止了活动。虽然如此，但湖畔诗社的诗风，仍然鼓舞着后来者。

到了21世纪初,为继承与弘扬湖畔诗社的诗风,再现西子湖畔的诗意文化,我同陈继生、蔡官富、蔡力平、李牧童等诗友商量成立一个新社,即西子湖诗社。为此,我们做了许多准备工作。2016年10月15日,西子湖诗社正式成立,由我担任社长。

从古至今,西子湖都有爱情诗篇的传承,宋代苏轼、近代郭沫若等都写下了有关西湖的爱情诗。西子湖诗社与百年前汪静之先生创建的湖畔诗社是一脉相承的。

今天的西子湖诗社,不仅在朗诵上一枝独秀,在爱情诗创作上更是青出于蓝,诗社同仁的许多作品都发展和丰富了爱情诗的内涵与外延。新时代的诗人们,拥有更加自由的精神,对爱情诗也有更多元的理解,这不能不让人感到欣慰,同时也更加坚定了我们创办一流诗社的信心。

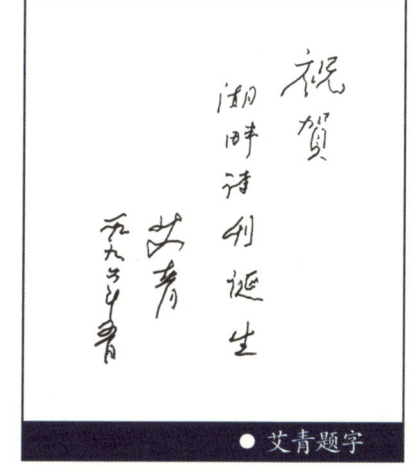

● 艾青题字

2020年10月,我的新诗集《西子湖恋歌》出版,收录了100余首歌唱西子湖的山水诗,其中,爱情诗就有60多首。

2021年4月,春光明媚,繁花似锦,西子湖诗社首发《湖畔诗刊》,终于实现汪静之先生生前未曾实现的梦。刊名用汪静之先生的手迹呈现,以表达我们对汪静之先生的爱戴之情,感谢他以晚年的

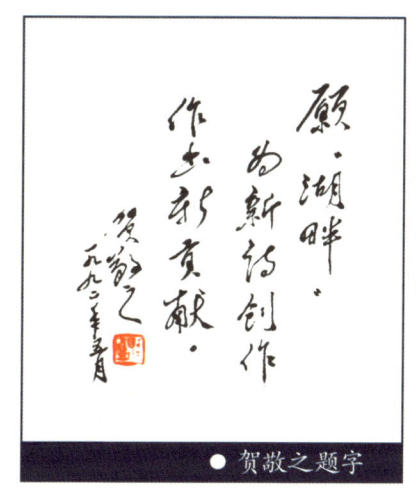

● 贺敬之题字

霞光为诗歌照亮。首刊遴选了28位诗社同仁的爱情诗100余首,有很多爱情诗就诞生于西子湖的怀抱。

在西子湖边,在钱塘江畔,在凤凰山脚,在纯真年代书吧,西子湖诗社同仁与文艺界名人、诗歌爱好者欢聚一堂,诵读经典,交流创作。风一吹,爱与美的因子,便穿林拂叶,点水掠波,传遍杭城街巷的角落。

能在西子湖畔读诗、写诗,是件幸福的事。西子湖的山光水色,总能激荡我的心灵,令我找到精神的归宿。

啊,西子湖是爱的湖!西子湖是诗的湖!

● 西子湖湖畔的林徽因纪念碑

诗人徐志摩

◎ 罗烈洪

罗烈洪，浙江慈溪人。成立"徐志摩——新月读书会"，创办徐志摩纪念馆和馆刊《太阳花》，举办首届新月诗会和七夕诗会，与广州鲁迅纪念馆合作主办大型展览《鲁迅·徐志摩——呐喊和歌唱的人生》。

轻轻的我走了，正如我轻轻的来。我轻轻的招手，作别西天的云彩……

1928年，徐志摩从英国剑桥归国，途中，面对汹涌的大海和辽阔的天空，诗人展纸执笔，写成了这首传世之作《再别康桥》，记录了这次重游康桥的切身感受。

徐志摩曾在其散文名篇《丑西湖》中说"我也算是杭州人"。1897年1月15日，徐志摩出生在浙江海宁硖石镇（现海宁市政府所在地），海宁历来属于杭州府管辖或浙江省直属，在20世纪50年代才归嘉兴市代管。故有此一说。

● 诗人徐志摩（由徐志摩纪念馆提供）

1910年,年满14岁的徐志摩离开家乡来到杭州,经表叔沈钧儒介绍,考入杭州高级中学,与郁达夫、厉麟似同班。他爱好文学,并在校刊《友声》第一期上发表论文《论小说与社会之关系》,这是他人生第一篇作品。同时,他对科学也饶有兴味,发表了《镭锭与地球之历史》等文。1922年,徐志摩留学归国后,先后在北京大学、北京女子师范大学、上海光华大学、大夏大学、南京大学等高校任教。

● 徐志摩主编《新月》杂志
（由徐志摩纪念馆提供）

在此期间,徐志摩加入文学研究会,后组织创办了著名的文学社团——新月社,该社主张以诗歌之名演绎平凡人的诗意人生。徐志摩主编《晨报副刊》《剧刊》《新月》《诗刊》等重要文学杂志,创办新月书店等,逐步成为中国现代文学史上一位有影响力的诗人、散文家。他的诗作《再别康桥》《翡冷翠的一夜》等,是新格律诗的代表作,他也因此被称为"中国的雪莱"。

徐志摩这些建树,和杭州这座历史文化名城对他的滋养和影响,是分不开的。

在杭州求学的五年里,徐志摩的学习兴趣浓厚,涉猎极广。他不但与友人出游,也常与友人下棋博弈或拍球为戏,还主编校刊《友声》并发表自己的文章。同时,他成绩优异,担任班上的"级长",算得上是绝对的"学霸"。当年的同窗郁达夫曾撰文回忆说:"那时的志摩身短、头大、脸长,长得有点'怪'且十分顽皮,似乎也不怎么爱读书,手里总是捧着小说看。

但志摩很聪明,虽然看起来不用功,却总是考第一,写的作文也总是被老师当作范文。"当时学校规定,级长由考第一的人担任,徐志摩在杭州这所当时浙江省最好的高中里,连续五年担任级长,真是非常了不起。

在杭州的求学生活,真正锻造了徐志摩的品格,培养了他独立生活、交友、思考的能力,加之他天真热情、活泼好动的天性,最终成就了一个充满人性关怀、性灵智慧的天才诗人和社会活动家徐志摩。

1924年4月14日,徐志摩陪同印度诗哲泰戈尔到访杭州,下榻西湖饭店。15日,他陪同泰戈尔游览西湖、西泠印社及灵隐寺等地。16日,泰戈尔应邀在浙江省教育厅发表题为《从友爱上寻光明的路》的演讲,现场观众达3000多人,极一时之盛。在这次演讲中,泰戈尔着重强调了源远流长的中印友谊和文化交流,以及双方所需要共同承担的面向世界普及和发扬东方文明的责任。

2016年9月4日的G20杭州峰会欢迎晚宴上,习近平主席还提到了泰戈尔九十多年前访问杭州的历史佳话。现场还朗诵了泰戈尔在西湖所写的诗:"山站在那儿,高入云中,水在他的脚下,随风荡漾,好像请求他似的,但他高傲地不动。"

在徐志摩的心里,杭州始终是他魂牵梦绕的家乡。在他的《西湖记》中,多次出现清和坊、大方伯、

● 徐志摩、林徽因与泰戈尔一行(由徐志摩纪念馆提供)

西湖、灵隐、孔庙、岳庙、彭公祠、孤山、城隍山、三潭印月、西溪、秋雪庵等杭州人耳熟能详的地名,而西湖醋鱼、龙井茶、叫花鸡等杭州传统美食和诸多饭庄、茶肆、精美茶点亦如落英缤纷、珍珠翡翠般地倾泻、镶嵌于他独有的诗意谈吐和优美文字里。

"西溪的芦苇,年来已经渐次的减少,主有芦田的农人,因为芦柴的出息远不如桑叶,所以改种桑树,再过几年,也许西溪的'秋雪',竟与苏堤的断桥,同成陈迹!"

徐志摩回到杭州后,创作了很多至今仍脍炙人口的优美诗文,如《今晚天上有半轮的下弦月》《烟霞洞看桂》《天目山中笔记》《再不见雷峰》《梅雪争春》等。他还曾给林徽因写了一篇英文诗《月照与湖》。岁月的流逝,留下了历史的记忆。如今,林徽因的青铜剪影像矗立在西湖边的花港观鱼

● 西湖初冬(韩丹摄)

公园里,巧笑倩兮、美目盼兮,徐志摩却是再也无从寻觅了。1931年11月19日,徐志摩搭乘飞机参加林徽因举办的中国建筑艺术的演讲会,当飞机抵达济南南部党家庄一带时,忽然大雾弥漫,难辨航向,导致飞机失事,天才诗人不幸蒙难。

徐志摩短暂的一生,为中国现代文学留下了一份独特的遗产,他作为新月派的主要旗帜和核心成员,取得了非凡的诗艺成就,在中国现代新诗史上具有不可替代的地位。

● 西溪雪景

把西湖山水带到法国

◎ 任　逸

任逸，浙江杭州人。艺术家、策展人、设计师。法国艺术家协会会员，中国钱塘江文明研究中心副主任、研究员。作品曾获第十三届全国美术作品展览优秀奖、浙江省银奖，获英国伦敦设计中心优秀奖等。

"未能抛得杭州去，一半勾留是此湖。"

千年来，历史山水涵养，人文风光渊薮。三秋桂子，十里荷花，西子烟波……杭州是北宋诗人称赞为"天堂"的东南第一州，是意大利旅行家马可·波罗眼中的"世界上最美丽华贵之天城"。

作为一个土生土长的杭州人，我自幼秉承家风，对经史典章、唐宋诗词、元曲杂剧、明清小说、民艺民俗有过诸多阅览研习。记得幼年父亲给

● 油画《西湖梦寻 宝石流霞》（任逸绘）

我的第一本散文集,便是明代散文家张岱的《西湖梦寻》,在书中,首篇就记载了唐代大诗人白居易的诗作《春题湖上》。我恍如走入西湖的时光隧道,领略到由历朝历代先贤造就的文化景观。

也许,白居易轻吟浅唱的西湖诗词在我少年时期的心中埋下了一枚神秘的种子,那诗中如梦如幻的西湖美景,指引着我走进中国美术学院,走进巴黎卢浮宫学院,走进巴黎高等社会科学研究院,师从法国绘画大师德布雷与法国研究中国近现代的思想专家杜瑞乐。

赴法国留学求艺的十年间,最难相忘的是对故乡家园的守望,是一如白居易吟诵的"湖上春来似画图,乱峰围绕水平铺。松排山面千重翠,月点波心一颗珠"的西湖美景。

由此,我开始创作我"梦西湖"的绘画作品,因一切皆从《西湖梦寻》起,故而将系列作品定名为《西湖梦寻》。

当我创作完成第一批《西湖梦寻》系列,这批作品很荣幸地被选入2003年中法文化年"今日巴黎—中国艺术家大展"。时任中国驻法国特命全权大使赵进军、法国总理拉法兰、法国著名评论家让·路易、著名旅法艺术家赵无极、朱德群等出席了画展开幕式。

● 油画《西湖梦寻 雷峰夕照》(任逸绘)

●《空山》（2019年第十三届全国美展作品）（任逸绘）

赵进军大使仔细观赏了《西湖梦寻》系列作品，赞誉有加："任逸画出了一个不一样的西湖！这是我第一次在法国见到我们年轻的、杰出的中国当代艺术家在巴黎展示中国杭州的西湖山水。说到杭州，我曾亲手在大使官邸里种植下两棵桂花树！"我当即兴奋相告："是的，赵大使，桂花就是我们杭州的市花啊。"

法国著名评论家让·路易如是点评："出众的画技与创造力，其画是对人性意义既深刻又深沉的疑问。在她于2000年开始的《西湖梦寻》系列作品中，任逸再次成功地使各种困扰人物精神世界的因素变得诗性与灵动。"

我的导师杜瑞乐则点评："《西湖梦寻》系列绘画作品，从美学的角度，切入到城市空间及其湖山精神，多维度分析了杭州的城市精神与世界现代性之间的辩证关系。探索、归纳湖山精神与西湖美学的特点，是对杭州城市形象和非遗文化做了深层次的梳理，让历史文化融入现代文明。这种艺术创意与天赋，非常了不起！"

导师杜瑞乐先生曾长期出任法国驻中国大使馆的文化参赞，是一位中国通。我猜想，大多数读者，也许无法了解我导师这一番语意深奥、从人类学与社会学的高度来解读艺术学与美学理论的精彩评述。

由此，不妨让我告诉广大读者，我是如何把唐代大诗人白居易、明代散文家张岱笔下的杭州西湖山水，带到了法国巴黎的艺术殿堂。

西湖原名"钱塘湖",拥有独特的"三面云山一面城"的空间格局。从地质学角度来讲,西湖具有古潟湖、褶皱山的特色;从美学角度来讲,她以"灵、秀、逸"而著称。低缓的群山呈马蹄形环布在西湖的南、西、北三面,层叠而舒展,天际线柔和委婉,群山环抱中的湖水盈满平静。这旖旎的湖光山色,激发了中国古代文人无限的创作灵感,成为中国山水画的重要题材,也是历代诗词文学的描述对象。在中华文明的发展史上,西湖自然山水与堤岛、桥涵、亭台、楼阁等人工景观交融渗透,共同构成了杭州西湖山水秀美、人文荟萃、内涵丰富的独特价值。

● 陶艺作品《雄浑》
(2017年陶溪川美术馆"青瓷草意"个展作品)

一身江南的我,青年时远赴欧洲留学求艺,得导师德布雷、杜瑞乐蒙启。凭借对艺术学、人类学、社会学的深刻阅读与理解,我感悟出杭州西湖是中国美学的一种"景观现象"。西湖之美是"中国美"的典范。如何让西湖美学与杭州城市精神中的历史、文化和艺术特性得以传承、活化?这正是我创作《西湖梦寻》系列作品的艺术来源。

● 2007年在浙江省展览馆举办FIFA国际足联中国艺术首展(由任逸提供)

回到故乡杭州后，我在钱塘江畔的独立工作室无逸阁继续创作《西湖梦寻》系列作品。我曾先后接待了诸多来自欧洲的朋友，并出色地在杭州FIFA国际足联中国艺术首展中担任总策展。他们都曾在法国看过《西湖梦寻》系列作品与展览，对杭州十分向往。画中的湖和湖中的景，给他们留下了美的享受，他们纷纷评论道：

"真让人匪夷所思！这青黛的杭州山水，动人的、超现实的色彩变幻，如谜一般，太美妙了！"

"逸，你呈现的是当代绘画，却让我回到了中国古代，感受到这是宋代的西湖！"

我的《西湖梦寻》系列作品把西湖山水带到法国，而后又把法国友人带来杭州。

也许，是自幼耳濡目染，家学中对中国传统文化的敬重与践行；也许，是冥冥中历代先贤的指引，在我心中埋下了这枚神秘的种子。如今，它已发芽成长，绽放出上百幅寄托着我西方理想与东方精神的《西湖梦寻》，开出花来！本来兹土，一切自成。

我爱这朵莲

◎ 陈 岚

陈岚,浙江杭州人。专业画家,毕业于中国美术学院油画专业。中央国家机关美术家协会理事,中国画院特聘画家。从事以莲为主题的油画作品创作20余年。出版《中国油画名家:陈岚》等8本个人油画集。举办睡莲主题个展40余次。

在钱塘江边,有一座并蒂莲花造型的体育场馆,格外醒目,在这里,即将举办2022年第19届亚运会。

这座造型动感飘逸、美中不失大气的体育场馆,被人们亲切地称为"大莲花"。作为画家的我,对莲

● 杭州奥体中心莲花馆

情有独钟。每当我经过钱塘江边,总情不自禁地注视、观赏"大莲花"的风姿,心中更加激荡着对莲的向往。

杭州这座因水的灵动而闻名的城市,无处不与莲息息相关。杭州的里西湖、孤山、西溪湿地、曲院风荷、花圃、茅家埠,只要有水的地方就有莲花。"四面荷花三面柳,一城山色半城湖",水和莲合成绝美的佳境。

莲与绘画、诗词、戏曲相互渗透,构筑出许多哲理。历代赏莲、颂莲的名人雅士数不胜数,创作的有关莲的作品更是文化艺术长河中一朵朵色彩绚丽的奇葩。唐玄宗与莲花池,白居易与白莲,周敦颐与《爱莲说》,乾隆与荷花造景,朱自清与《荷塘月色》,笔墨大师李苦禅、吴昌硕、潘天寿、齐白石、张大千等更是尤为青睐莲。

北宋周敦颐在《爱莲说》中赞美莲"出淤泥而不染,濯清涟而不妖",乃"花之君子者也"。莲的洁身自好,正彰显我国士大夫追求的君子之德,莲在佛教中也备受推崇,在许多寺庙中都有种植。莲融入了悠久的佛教文化,与佛教结下了亲密的因缘,成了杭州这个"东南佛国"的象征与圣花。

诗人杨万里在杭州写下的咏荷诗已成为人们传颂的佳句:"毕竟西湖六月中,风光不与四时同。接天莲叶无穷碧,映日荷花别样红。"曲院风荷

●西湖荷花

作为南宋"西湖十景"之一,也是赏荷的胜地。在曲院风荷,人们能观赏到大片的荷花,有红莲、白莲、粉莲,千姿百态。每到夏日,莲叶田田,菡萏妖娆,色彩艳丽,浓香四溢。曲院风荷只是赏荷的一个景点,西湖的水域大多都种植了大片荷花,且品种众多,盛夏时,整个西湖便是一个放大版的曲院风荷。

● 杭州"西湖十景"之一:曲院风荷

值得一提的是,与岳飞齐名的于谦,他的诗名却被英名所掩。"涌金门外柳如烟,西子湖头水拍天。玉腕罗裙双荡桨,鸳鸯飞近采莲船。"于谦的这首咏荷诗展现了赏荷的生动细节——展翅的鸳鸯,荡动的船桨,风拂的柳树,起伏的涟漪。诗人让荷花与西湖都灵动起来,更让人赏心悦目。

雅致美丽的荷花,以其亭亭玉立的风姿、沁人心脾的幽香、不染浊泥的品格,博得古今文人墨客的赞颂。荷花在杭州拥有如此鲜明的特色,又被赋予了丰富的文化内涵,难怪杭州2022年第19届亚运会把"莲莲"定为吉祥物之一。

受传统文化的浸染,我自小就喜欢莲。看着她亭亭立于水面,我就想象自己躺在水上随波荡漾,自由自在。长大后,这份遐想便成为我笔下的《自在莲莲》。

睡莲是我创作了20多年的永恒主题。我笔下的莲千朵万朵,有含蕾孕蕾的《莲之初》《莲之夭夭》,身披霞露的《西子莲》,竞相绽放、压倒群芳的《水中莲》《莲花西来》《莲花心》;有金色的《金莲映日》,月光中

《藕荷》(陈岚绘)

翩翩起舞的水中女神《舞跳睡莲》，凌波仙子《埃及白莲》；还有蓝调的《九九青莲》《蓝莲花》《菊石莲隐》，有淡然禅意的《莲中禅境》《自在莲莲》……

莲中处处有禅境。她随性，静卧素水，半浮面上，半沉心田，宛若一沙一世界，一花一天堂，以平实的心态安然处之，不过度也不牵强，不慌乱也不忘形，在纤尘不染中竟成"水中女神"；她随缘，月光下不失高贵的矜持，烈日下不失怒放的自在，不经意中便将种种污浊轻轻地挡在纯洁之外。

从爱莲到画莲，我让每一朵不同主题的莲花，盛开在各地水域空间。碧波荡漾的水面是莲花的背景墙，时而光影闪耀，时而倒影婆娑，岸边挺水植物丛生，花园香草，四季轮转，人在莲中游，画在景中寻。

莲是盛开在我生命中的一朵洁白的花。

禅茶一味

多教共融　和而不同

◎ 莫幸福

莫幸福，浙江杭州人。杭州大学历史学学士、中国社会科学院宗教学博士。现任浙江省民族宗教事务委员会巡视员，曾任浙江省民族宗教事务委员会党组成员、副主任。长期从事宗教管理和研究工作。主编《浙江通志·宗教志》《浙江通志·少数民族志》《浙江宗教史》。

西湖让周边水系合流，也让宗教多派共存。

在杭州，道教、佛教、伊斯兰教、天主教、基督教等多种宗教比邻而居，相处千年。

作为本土宗教，道教在杭州的历史远比我们想象的要久远。位于杭州余杭和临安交界处的洞霄宫，是浙江最具知名度的道教宫观，西汉元封三年（公元前108年）即建宫于大涤洞旁。

据明代张正常《天师世家》记载，东汉道教"五斗米道"创始者张道陵"生于吴之天目山"，幼年随父亲迁居西天目山，青年时在天目山一带讲学。在今杭州市临安区天目山镇，有天然岩屋张公舍，传为

● 葛岭抱朴道院

禅茶一味

张道陵修炼处。东汉桓帝年间,著名道士魏伯阳在西天目山炼丹,撰《周易参同契》二卷。晋代著名道士、道教学者、炼丹家、医药学家葛洪长期在杭州的南屏山、天竺山、灵隐、龙井、宝石山等处结庐炼丹。

两宋以来,杭州出现许多高道著书绘画,北宋钱塘著作佐郎张君房编辑大型道教类书《云笈七签》;南宋画家刘松年专画道释人物;元代画家黄公望在富阳创作了传世名作《富春山居图》;明代吴山道士冷谦善音乐绘画;清代徐国祥居洞霄宫,善画兰竹,冠绝一时。现代著名的道士有李理山,曾任杭州福星观监院和上海市道教协会理事长;陈理实,曾任中国道教协会副会长、浙江省和杭州市道教协会会长。

虽然道教落脚杭州要远比佛教早得多,但历史往往出人意料。有人说杭州西湖具有文气、灵气、秀气,这自然十分确当。但实际上,西湖还有一种气,便是僧气。正是有了这种僧气的存在,才让红翠沾衣的西湖之美,有了一种异样的色彩。定都杭州的吴越国,有着"东南佛国"之称,杭州与佛教的渊源之深,不言而喻。"民国四大名僧"之一的弘一法师曾在《我在西湖出家的经历》一文中说,"杭州这个地方,实堪称佛地;因为那边寺庙之多,约有两千余所,可想见杭州佛法之盛了"。

如今,佛教寺庙在杭州已成为城中之景、景中之城。佛塔、经幢、造像亦成为杭州的文化地标,如保

● 灵隐寺一角(由灵隐寺提供)

俶塔、六和塔、雷峰塔、灵隐寺双塔、白塔、飞来峰造像、慈云岭造像等。杭州存留至今的路名、巷名，如香积寺路、弥陀寺路、潮鸣寺路、姚国寺巷、水陆寺巷、戒坛寺巷等都有佛教的踪影。

杭州佛教历史上出现了许多高僧大德，正如中国佛教协会前会长赵朴初所言"千八百年，圣贤相继"。杭州高僧道标，为唐代"僧中十哲"之一，与吴兴皎然（名昼）、越州灵澈同为中唐时期有名的诗僧，当时有"雪之昼，能清秀；越之澈，洞冰雪；杭之标，摩青霄"的说法。同一时期，道林禅师在西湖边的大树上巢居四十年，人称"鸟窠禅师"。五代至宋，法眼宗的创始人法眼文益是浙江余杭人；净慈寺僧人、人称"济颠和尚"的济公以独特的方式弘扬佛法，劝导众人；吴越国永明延寿禅师的《宗镜录》和《万善同归集》，对后世佛教影响深远；宋代灵隐寺云门宗僧人契嵩著述丰富，其《传法正宗记》《传法正宗论》《传法正宗定祖图》《辅政篇》等在佛教历史上产生了很大影响。

历代文人与杭州高僧的交往更成为文坛佳话。诗人白居易有诗句"山寺月中寻桂子"，南宋画家梁楷《八高僧图卷》中那位向林下高僧躬身下拜的高士，正是香山居士白居易。苏东坡任杭州太守时，每逢政务之暇，总会去寻访僧侣。有一次，他到龙井拜访八十多岁的辩才法师，谈兴甚浓，以至过了时辰。辩才法师轻易不送客出门，但对苏东坡一直送过了寺院门前的小溪，童子便唤"已经过了"。因为这个传说，后人在此修建了亭子，叫"过溪亭"。民国初年，杭州出现许多著名的佛教居士，如思想家、文学家章太炎、夏丏尊以及被称为"儒释哲一代宗师"的马一浮和中国画大师潘天寿等。

公元13世纪末至14世纪初，世界著名的三大旅行家马可·波罗、鄂多立克、伊本·白图泰先后访问了杭州，在他们的游记中，都谈到了杭州的宗教多元化现象。

● 杭州凤凰寺

唐宋时期，随着沿海通商的发展，伊斯兰教开始传入杭州，阿拉伯商人和波斯商人在杭州留居、经商，围绕"蕃坊"聚集并进行宗教活动。到了元代，穆斯林建立了聚居的社区，并修建了清真寺。位于杭州上城区南宋御街的凤凰寺，是我国最早修建的伊斯兰教清真寺之一，被列为东南沿海四大清真古寺之一。

杭州是中国最早传入天主教、基督教的地区之一。元代，基督教聂斯脱利派和天主教方济各会传入杭州，时称"也里可温教"，建有大普兴寺和掌教司衙门。明末，天主教正式传入杭州，我国天主教最早的丛书《天学初函》，就是由李之藻于1630年在杭州辑刻的。基督教（新教）则于鸦片战争前后传入杭州。

● 杭州天水堂

杭州的天主教、基督教场所众多。明天启七年（1627年）秋，与徐光启、李之藻合称为中国天主教"三大柱石"的杭州籍在京官员杨廷筠在天主教耶稣会士利玛窦处受洗入教，回到杭州后，杨廷筠捐资在武林门观巷建造了杭州天主教第一座圣堂。1868年，美国南长老会派遣司徒尔等来杭州。1874年，司徒尔与玛丽·霍顿成婚，在杭州耶稣堂弄安家落户。同年，新建礼拜堂，正式命名为基督教天水堂。两年后，他们的儿子，长大后任燕京大学校长、美国驻华大使的司徒雷登出生于此。此外，杭州的鼓楼堂、思澄堂、笕桥堂、城北堂等基督教堂也有百年左右的历史。天主教、基督教组织在杭州办了许多学校、医院、育婴堂、福利院等，在传入西方宗教文化的同时，也将西方现代教育、医药和社会慈善救济制度传入了杭州。如之江大学就是一所教会大学，司徒雷登的弟弟司徒华林曾任校长，其旧址被国务院批准列入第六批全国重点文物保护单位名单，现为浙江大学光华法学院和浙江大学沃森基因组科学研究院所在地。

杭州地处东南沿海，海陆交通发达，宗教在对外交流中有着特殊的贡献。唐代鉴真法师东渡日本前，就在余杭一带的寺院传戒。唐天宝年间，安南（今越南）僧人澄观法师来杭，住天竺山，翻译经卷。吴越国时，国师德韶僧人向吴越王钱弘敬建议，遣使致书向高丽求取天台宗典籍。次年，高丽光宗王昭遣高僧谛观奉教典前来，这对天台宗的复兴意义巨大。宋元丰六年（1083年），高丽王子义天两次入宋求法，跟随杭州慧因寺僧人净源法师研习佛学，回国后，义天创立朝鲜天台宗，慧因寺也因此被称为高丽寺。明末，杭州永福寺僧人东皋心越于1677年应邀赴日本，一边传教，一边授艺，求教者接踵而来，声名远播，他被奉为日本"篆刻之父"和"琴学之祖"。东皋禅师东渡日本时，携带七弦古琴三张，其中"虞舜"一琴现存东京博物馆。

禅茶一味

改革开放以来，有关宗教团体先后在杭州开办浙江省基督教神学院和杭州佛学院，培养宗教教职人员。

宗教信仰自由，是中国共产党对待宗教问题的一项基本政策。据最新的数据统计，杭州市已经登记的宗教活动场所达800多处。广大信徒和宗教职业者心情舒畅，精神焕发，高举社会主义、爱国爱教旗帜，积极投入社会主义现代化建设事业中，为社会公益慈善事业做出贡献。

2006年4月，浙江省举办以"和谐社会，从心开始"为主题的首届世界佛教论坛。论坛于13日在杭州开幕，来自世界上37个国家和地区的400多位佛教高僧出席。时任浙江省委书记习近平应邀出席论坛开幕式并致辞。论坛在舟山市普陀山闭幕，并通过《普陀山宣言》。宣言提出：世界和谐，人人有责。和谐世界，从心开始。

● 世界佛教论坛

多教共融

茶、禅，在杭州

◎ 林谷芳

　　林谷芳，中国台湾人。禅者，音乐家，文化评论人，台北书院山长，佛光大学教授。长期从事两岸文化观察与评论。著有《茶·禅》《谛观有情——中国音乐里的人文世界》《禅·两刃相交》《春深子规啼》《画禅》《观照——一个知识分子的禅问》《茶与乐的对话》等。

　　因缘不可思议，在悟者，是处处都能有如此的领略，而寻常人则有赖特殊的缘分才得以触动此思。这特殊因缘，有些是从未想过之事降临，有些是不敢想象之事出现，有些更乃从梦境走向真实。而我与杭州的不可思议因缘，则是由故事、历史走向了实然。

　　杭州最为大家熟知的是西湖。谈来，常也就像在说自己的生活场景一般。

　　但虽说谈来宛然如真，在过去，台湾人要亲临西湖，毕竟是个遥不可及的梦。也正如此，20世纪80年代末，我第一趟神州之旅就到了西湖，之后年年也总有数趟到此。2000年之后，我主持佛光大学艺术学研究所，每年3月也总带着几十位艺术家至江南地区教学，西湖就是其中从未漏过的一站。因为在这里，谈人文、谈美学、谈历史、谈生活态度，总如此自然。而为了使大家面对美景能"山川福地，不必在我"，出发前我也总以一句看似玩笑的话告诸同行："去看看托管的千顷家园，今年是否安好。"但

真想不到,这戏语中的家园,竟跟自己就有了类似家的缘分——后来因杭州的文化建设因缘,我竟住进了西湖!

这住,不是短暂旅居的住,是真在"花港观鱼"处的苏堤边有了个家——一栋深藏于马一浮纪念馆旁,原题"自然居",现名"忘禅小筑"的一百四十平方米的小楼。楼虽小,却是天下孤品。因杭州的文化气度,它于无用中有大用,既不负担"有形"的文化责任,也无文化圈常见的雅集,既没有士大夫时兴的议论,也无知识分子萦绕的情思,更没有艺术家凸显的个性,就仅仅只是个道人的居所,于此独在,应对有缘。

正如此,对我来说,谈杭州,西湖之外,更得谈及杭州的茶与禅。

谈茶,杭州龙井举世闻名。它是绿茶的一种,绿茶是中国六大茶系中产量最大、茶种最多的一类茶,而杭州龙井则几乎就是它的代称。其味清新,世人多晓,但饮龙井,在茶味之外,它更将你带入一片山川人文。

这山川人文,真要说,简单一句,乃"杏花、烟雨、江南"。

杏花,是春天之花。江南的花多,冬天的梅花后,就是春天的桃杏,总一树或粉或红,直现的是青春的浪漫。

烟雨,是江南春天多雨。春雨,正带来了生机;江南多山多水,有雨就有烟岚,最能启人诗情;而杏花烟雨中,也总有几只白鹭点缀,这时就真让人"斜风细雨不须归"了。

有这春天的景色,就有多少浪漫的情事,所以"江南"一词,在中国不只是地理名词,它说的更是人文,而这人文,更多的是才子佳人的韵事,它寄寓了人生命中最纯粹的诗情,是中国人文化情怀里的原乡。

● 灵隐寺一角（由灵隐寺提供）

　　有这样的山川，才有这样的人文，而这人文，就凝聚在龙井的茶香叶貌中。啜饮一口龙井，其沁人之茶香，其于水中叶片逐渐舒展所映现的青绿，正是江南。

　　就因为江南的人文情思，就因为龙井的直陈江南，所以在我创建的茶会——"茶与乐的对话"中，就常以杭州龙井与台湾乌龙做茶性的参照，以凸显各自映现的中国人文特质。而每年研究所的游学，不仅没漏过江南，也必在西子湖畔啜饮一杯龙井，让同行者直接领略山川人文如何凝聚在一片茶叶、一口茶香之中。

　　而也因这"茶与乐的对话"的创建及与杭州音乐家的因缘，才有了由灵隐寺于2009年主办的海峡两岸"禅茶乐对话"的活动。为期四天的茶会，不仅将杭州、台湾的茶与不同音乐进行了对应，从而开启了往后数年间风起云涌的江南雅集之风，也因在灵隐寺主办，因我的主持，而以禅作为茶与乐的连接，让整个品茶聆乐在美学特质、生命境界上有更深的观照。

　　说更深的观照，是因禅乃是在中国形成的生命智慧，其影响更及于日韩。谈东亚文化，说及生活、美学、修行，都避不开它。

　　禅，盛于唐宋，宋时传入日本，影响更及于扶桑文化之诸相，而溯其源，就更不得不提及杭州的禅。

　　禅在宋，于江南独盛，有"五山十刹"之说，而杭州的径山寺、灵隐寺、净慈寺，就是"五山"中的前三所，可见杭州当时的禅风之盛与地位之高。其间，净慈寺与禅僧永明延寿有直接关联。他是五代禅门巨匠，著有《宗镜录》一百卷，合禅、教、净于一炉。净慈寺的"南屏晚钟"为"西湖十景"之一，正以杵杵三千，发人深省。

○ 雷峰映辉

杭州最出名的寺院是灵隐寺，由于有飞来峰与济颠和尚的传说，民间信仰者众，香火旺盛，而寺中高僧辈出，在禅史上亦有独特地位。汇集诸家语录的禅宗灯录《五灯会元》就是南宋灵隐僧人普济所编撰，弘扬"看话禅"最著名的大慧宗杲亦曾住持于此。

而民间信仰的济公——济颠和尚，也是真实的灵隐僧人，他"浮沉市井，诸显异，不可殚述"，应化红尘，直现禅门所举的"游戏神通"，民间流传着他的许多故事，但最能体现其禅家风光的，却是刻在虎跑泉旁的辞世偈：

六十年来狼藉，东壁打倒西壁；

如今收拾归来，依旧水连天碧。

虎跑泉被公认为是泡龙井最好的泉水，而在此泉旁，有禅门高僧的垂语，这茶与禅的相接，是杭州本有的风光。

茶在禅寺中有一定地位，平时作为僧人提神之清饮，而在寺中安事接人，如升座、普茶等活动中，则作为"茶礼"，以承载典礼活动的进行。也因这日常与仪式兼具的角色，禅门示法时，就常以茶相喻，如此留下不少问答，最出名的就是赵州的"吃茶去"。

● 虎跑梦泉

而也正因茶在禅门的角色,禅寺历来常种茶,最出名的就是余杭的径山寺。

径山寺不仅是大慧宗杲的寺院,是临济宗的重镇,南宋时日本名僧圆尔辨圆、南浦绍明更先后在此从无准师范、虚堂智愚学习,也将"径山茶宴"继中国茶经、茶具之后传回日本,其后逐渐衍化为"抹茶道",所以径山寺也是日本茶道的祖庭。

可惜,这合禅与茶为一体的祖庭,却在抗日战争时为炮火炸毁。而我与茶既素有因缘,禅更是自己的本家风光,径山茶与龙井相比,又另有一种山林意味,20世纪90年代开始,我就关注径山寺的状况,因此也对其后的重建发挥了一点建言的功效。

宋时的禅宗,其修行主要分成两个脉络——"看话禅"与"默照禅",分别以杭州径山寺与宁波天童寺为核心而弘扬。两者的宗风恰成对比,前者开阔大度、峻烈严厉,后者默观独照、直体当下。一开一阖,一放一收,弘于两地,却风泽四方。而有意思的是,两寺的地理环境与宗风亦恰成对应。天童寺位于山中,正好默照澄观,径山寺则居于山巅,纵览四围,正"一带青山万水潮"。也因此,种于其间的径山茶,与龙井虽同为绿茶,风味自然有别。真要说,则龙井近于文人,更多情思;径山近于禅家,更多逸远。

这就是杭州,在举世闻名的西湖外,还得看到它的茶与禅。而这两者的交会,何止在灵隐、在净慈、在径山这些禅寺,它更是南宋杭州的总体氛

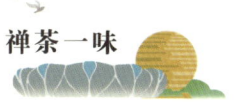

围，也是当时文人与禅家往来、世间情性与参禅悟道相接的结果。而近些年，以径山、灵隐、净慈为核心，茶与禅的文化也在积极地重建与创发中。

正因此，真说到底，要谈杭州，这茶与禅，这文人与禅家，这世情与悟道的交会，较之唯美的山川，就该是有心人更可以寻思之处。而我又何其有幸，不只生命有此茶与禅，更就在杭州的西湖之居以及一些文化活动中接续了这茶与禅的因缘，以此，在杭州2022年第19届亚运会到来之际，书就这《茶、禅，在杭州》一文，也算是对这不可思议的因缘的一点回报了。

禅茶一味

● 杭州径山雪景

东山禅寺今又在

◎ 释慧缘

释慧缘，四川资阳人。1997年在宁波芦山寺剃度出家，2014年起担任杭州富阳东山禅寺住持。一直专心研究法眼宗精神，以"般若无知""一切现成"的宗风思想管理寺院日常事务，有序开展东山禅寺的重建工作。

杭州市西南处有一座历史悠久的古城，古称"富春"，境内有一条富春江斜贯穿，风景秀丽。梁代大文学家吴均在《与朱元思书》中曾这样描绘过富春江的风景："自富阳至桐庐一百许里，奇山异水，天下独绝。"而此处便是元代画家黄公望的名画《富春山居图》的取景之地。在这片富有灵性的山水之间，蕴藏着历史的足迹。

"风烟俱净，天山共色"，在富阳的奇山异水之中，坐落着许多寺院。据明代吴之鲸《武林梵志》记载，富阳有法相寺、净居寺、偃松寺等十余座寺院，《富阳县志》记载的寺院更是有数十座，足见当时富阳佛教之兴盛。其中，有一座始建于晋代的千年古刹，名为东山禅寺。

东山禅寺最初由显禅师建立。这位显禅师在历史上几乎找不到其踪迹，既不知其生平，也不知其法脉传承，但凭一人之力能建立一座寺院，足见其在当地的号召力。东山禅寺历史上可考的另一位僧人是晓荣禅师，其俗姓邓,浙江温州人,自幼在瑞鹿寺出家,后受法于德韶国师门下。德韶国师为禅宗法眼宗开创者清凉文益法嗣弟子,晓荣禅师算是法眼宗第三代传人。作为中国佛教禅宗五家之一的法眼宗是禅宗衍生出来的最后一个宗派,在宋初影响很大。据记载,晓荣禅师于"淳化元年(公元990年)庚寅八月二十九日于秀州灵光寺净土院归寂……寿七十一,腊五十六"。按此推算,晓荣禅师应该生于公元919年或公元920年,即五代十国吴越贞明五年前后,早于天福八年(公元943年),圆寂早于治平二年(1065年)。

东山禅寺原称净居寺,其留存的史料并不多,具体的可确定的只是在宋末毁于兵灾,元代至顺年间重建。据《富阳县志》记载,"明洪武二十四年立丛林新纂",说明元代重建的寺院保存到了明代,至少在明初该寺还是一座禅宗寺院。根据《武林梵志》记载,该寺在元代重建:"归并于此曰崇善院,在县南四十里;曰真如院,在县东南一百二十里;曰禅寂院,在县南八十里。"从吴之鲸这段描述中,似乎能看到东山禅寺(当时称净居寺)当时的规模与地位。

富阳县境内的崇善院、真如院、禅寂院三座寺院归并于净居寺,三座寺院基本都在县城的南部。净居寺成为富阳县南部寺院一个小区域的管理机构,说明净居寺在当时有一定地

● 东山禅寺规划图

●东山禅寺

位和影响力,这也可能是净居寺由"院"到"寺"转变的一个重要原因。

到清代,寺院又有了新的建设。光绪年间的《富阳县志》引用康熙年间的《钱令旧志》言"今呼东山禅寺",僧智慧重修大殿,改名南屏净居院,因没必要在净居寺名下再修建净居院,所以推测最晚在康熙年间净居寺就已经更名为"东山禅寺"。近现代以来,该寺一直存在,后寺院损毁。

改革开放以后,当地群众开始陆续修复东山禅寺,并于2006年经当地民宗部门登记审核批准开放,近年来重建工作卓有成效。东山禅寺也不例外。

但凡古寺,总有一些相关的传说,比如杭州的虎跑寺,就有老虎为隐居的大慈寰中禅师(唐代禅僧)刨地出泉的神迹故事。东山禅寺也不例外。

●富春江南岸全景

禅茶一味

　　一个"韦陀出逃"的传说为东山禅寺披上了神秘的外衣。东山禅寺的对面原有座西山寺，相传西山寺被毁的时候，一个沙弥背着西山寺的韦陀菩萨在现在的东山禅寺建造了一个观音殿，且灵验异常。这则故事很简单，背后却有着丰富的历史文化。佛教历史当中这样类似的神迹故事比比皆是，而它们往往成为一座寺院独有的特色。

　　弘扬"农禅并重、禅净双修"的寺院文化，是东山禅寺目前恢复该寺禅宗文化的一个重要举措。相比于众多的名山大寺，东山禅寺也许不算特别出名，但依靠自身的历史文化，仍可以展现自身的特色，且浙江天目山的韦陀菩萨的道场、普陀山的观音菩萨道场，都可与东山禅寺联系起来。

　　千年的时光积淀，成就了古刹的古朴幽静。午后的阳光轻柔拨开植被的阻挡，照在岁月的痕迹上，斑驳成影。深山藏古寺，在富阳这片灵动的山水间，东山禅寺隐于其间，不骄不躁，青灯古佛，讲述着自己的过往，延续着自己的历史。

弘一法师与丰子恺：文艺以人传

◎ 吴浩然

吴浩然，山东汶上人。中国民主同盟盟员。现为韩国漫画协会特约漫画研究员、浙江省漫画家协会副主席。曾任丰子恺纪念馆馆长。因痴迷丰子恺艺术，2004年定居浙江桐乡，跟随丰一吟研究丰子恺，出版编著作品五十余部。

"我脚力小，不能追随弘一法师上三层楼，现在还停留在二层楼上，斤斤于一字一笔的小技，自己觉得很惭愧。但亦常常勉力爬上扶梯，向三层楼上望望。"于丰子恺而言，老师李叔同像菩萨那样有后光，引他崇仰，更引他追随。

先生学子一场，回望杭城五年求学，丰子恺留恋的不只是西湖的春天，还有老师李叔同的人格和学问。于是，他绘景写人，笔下点墨山水尽显杭州风情，赓续先生"文艺以人传"的高洁风骨，终成蜚声中外的一代艺术大师。

● 丰子恺

先器识而后文艺

出生于距离杭州一百多里的桐乡石门，丰子恺从小就对"间株杨柳间

株桃"的西湖心驰神往。1914年,17岁的丰子恺如愿考入浙江省立第一师范学校(以下简称"浙江第一师范"),在这里遇到了教他音乐和绘画的李叔同。

和丰子恺的踌躇满志

● 《人民的西湖》(丰子恺绘)

不同,彼时的李叔同经历了人生的重大转折。李叔同出身优渥,从小衣食无忧,受到了良好的教育,诗书画印样样精通。然而1911年,李家因经营不善,家道中落,孑然一身的李叔同于次年来到杭州,受聘为浙江第一师范的图画和音乐教师。家族的变故没有拖垮李叔同的意志,"看从今,一担好山河,英雄造!"他带着一股重整河山的豪情,希望以自己的言传身教,为国家培养一批音乐、美术方面的人才。

当时的浙江第一师范将图画、音乐两科看得比英文、国文、算术还重,不仅开辟了两个图画专用教室,还购置了许多石膏模型、两架钢琴、五十多架风琴。学生们也很用功,每天要花一个小时练习图画和一个小时以上的时间练习钢琴。"因为李先生的人格和学问,统治了我们的感情,折服了我们的心。"丰子恺后来在《我与弘一法师》中回忆,即使李叔同从来不骂人、不责备人、态度谦恭,但学生们却个个真心地怕他、学习他、崇拜他,而丰子恺认为自己的崇拜更甚于他人。

在杭州求学期间,丰子恺常常去老师李叔同的寓所汇报学业,对老师案头放着的一册《人谱》印象深刻。那是明代刘宗周的著作,书中列举了先贤们的嘉言懿行，凡数百条。师生们常常在此共读《人谱》。有一次，读到文中"先器识而后文艺"时，李叔同对学生们解释：这是要文艺家首重人格修养，次重文艺学习；要做一个好文艺家，必先做一个好人；要使文艺以人传，不可人以文艺传。

正如在《人谱》书封上写下的四个字"身体力行"那样，李叔同当教师不为名利，而是为当教师而当教师，用全副精力去当教师。他的国文比国文先生更高、英文比英文先生更高、历史比历史先生更高、常识比博物先生更富，他还是书法金石的专家、中国话剧的鼻祖……一个如此博学多能之人，不是只能教图画、音乐，他只是拿许多别的学问为背景而教他的图画、音乐，既教学生绘画、音乐等文艺修养，更教他们"道""德""器识"修养。

"一个文艺家倘没有'器识'，无论技术何等精通熟练，亦不足道。"这是丰子恺从老师李叔同身上学到的，他将其奉作信条，坚信"艺术不是技巧的事业，而是心灵的事业"，更用一生践行之。

做一样当像一样

教学之暇，李叔同常和夏丏尊、经亨颐、吴昌硕等好友优游湖山，西湖的不少景致都留下了他们诗词唱和的印记。1914年，35岁的李叔同加入西泠印社，并于课后集合学生组织"乐石社"，从事金石研究与创作。后又借佛寺陈列古书、字画、金石等。在艺术的瀚海中畅游愈久，李叔同于佛教的感悟也渐深：艺术的精神，正是宗教的。朋友们并没预料到，此时泛舟湖上、吟诗篆刻的李叔同，4年后会选择皈依佛门，成为世人口中的"弘一法师"。

起初,李叔同来到杭州虎跑定慧寺,试验断食17日。这17天里,他受到了香火的熏陶,看到了出家师父的日常生活,感觉像是找到了与这个世界相处的一种方法,找到了与自己内心相处的一种心法。后来,他拜了悟和尚为其在家弟子,取名演音,号弘一。1918年农历七月十三日,李叔同在定慧寺正式出家,时年九月,入灵隐寺受比丘戒。至此,世间少了一位李叔同,多了一位弘一法师,1918年的杭州,也成为他人生下半程的开始。

● 弘一法师

在丰子恺看来,李先生不是"走投无路"才遁入空门,他是真正地做和尚,是痛感于众生疾苦愚迷而要彻底解决人生的根本问题,是要"行大丈夫事"的。对于人生的境界与真谛,丰子恺有自己的见解,他将人的生活分作三层:一是物质生活,二是精神生活,三是灵魂生活。

在丰子恺看来,"人生"就是这样一个三层楼,懒得或无力走楼梯的,就住在第一层,把物质生活过好,满足于锦衣玉食、尊荣富贵、孝子慈孙,这样的人占了世间的大多数;高兴或有力走楼梯的,就爬上二层楼,这是专心学术文艺的人,他们把全力贡献于学问的研究,把全心寄托于文艺的创作和欣赏,这样的人也不少,譬如知识分子、学者、艺术家等;还有一种人,"人生欲"很强,脚力很大,要爬上三层楼去看看,这就是宗教徒了。丰子恺认识到,第三种人不肯做本能的奴隶,必须追求灵魂的来源、宇宙的根本,才能满足他们的"人生欲",他的老师李叔同,或者说弘一法师,就是这样的人。

● 弘一法师画像（丰子恺绘）

据丰子恺回忆，弘一法师在生活的细节中也时刻遵守佛的精神指导，持戒不疏些微。例如邀请弘一法师来家中做客时，为免走路时东张西望，弘一法师要求丰子恺将誊写的门牌号贴于门框侧面，以确保"不左右顾视入白衣舍"；入座前，他会俯下身子摇摇木藤椅，驱散藏身于小缝隙中的小虫子，避免杀生。可见，李先生做和尚，是真的像个高僧的。

"做一样，像一样"也是夏丏尊先生对李叔同的评价：少年时做公子，像个翩翩公子；中年时做名士，像个风流名士；做话剧，像个演员；学油画，像个美术家；学钢琴，像个音乐家；办报刊，像个编者；当教员，像个老师；做和尚，像个高僧。"这是因为他做一切事都认真地、严肃地、献身地'做的原故。"

护生者实护心也

出家之后，弘一法师抛却红尘俗事，将自己的小爱舍去，融入大爱中，于佛法造诣上更为精进。而艺术的最高点与宗教又极相近。艺术家看见花笑、听见鸟语，举杯邀明月，开门迎白云，能把自己当作人看，能化无情为有情，这是"物我一体"的境界，而更近一步，便接近"万法从心""诸相非相"的佛教真谛了。换言之，艺术的最高点与宗教相通。在"三层楼"上，弘一法师一边参悟佛理，一边升华艺术，跃升至新的境界。

禅茶一味

其实早在15岁时，仍是李叔同的弘一法师就敏锐地意识到，每个人的富贵繁华都终将离去；26岁时，他又深刻地体悟到挚爱的亲人也终会离自己远去，这种痛苦足以令人痛彻心扉。于是，他早早地领悟了"爱就是慈悲"这一佛理，将一生中最感动最悲伤最繁华的瞬间留在了盛大的尘世里，将自己的心埋在杭州这座城市里，继而开出花来。"……天之涯，地之角，知交半零落，一壶浊酒尽余欢，今宵别梦寒。"一曲《送别》之所以传唱逾百年，正是因为寥寥数语道尽了人生悲苦，震撼着人的心灵——我们每个人的人生都是如此，都处在不断告别的过程中，与自己告别、与身体告别、与亲人告别，而面对这些缘聚缘散，我们是无可奈何的。

"去除残忍心，长养慈悲心，然后拿此心来待人处世。"这便是"护生者，护心也"的要义。勤修佛法的弘一法师秉持着"盖以艺术作方便，人道主义为宗趣"的理念，发愿流布护生画。其初集于1927年开始策划，1928年得以出版。后来丰子恺接过老师的画笔，并承诺凡世寿所许，定在老师七十、八十、九十、百岁节点，作护生画续集，以全护生画功德圆满。故此，即便在新中国成立之初的艰难岁月，丰子恺仍不忘承诺、选材作画，将画作集资刊印，更在预感到自己世寿无多时提前绘制，全了自己和老师的心愿。

丰子恺与弘一法师合作的《护生画集》（全六集），共收录450幅图、450首诗文，创作至今近百年，非平常任何一部书可比。其倡导的"护生旨在护心"的理念也影响深远。仁者的护生，不是惺惺相惜，亦非护物的本身，而是护人自己的心，故仁者有"仁术"，不拘泥于事物、知权变、能活用、能爱人。

弘一法师

春有百花秋有月

◎ 张　铭

张铭，浙江杭州人。高等学校音乐教学学会理事，浙江大学、中国美术学院、上海复旦大学等院校客座教授。获杭州市文化艺术突出贡献奖、全国高等学校音乐教师器乐比赛二等奖（小提琴）。创办杭州张铭音乐图书馆，举办西方古典音乐欣赏讲座5200余次。曾赴希腊、梵蒂冈、奥地利等地游学。

　　古代文化灿若星河，诗词便是那颗最璀璨的星。很多文人骚客吟诵的千古佳句流传至今。文人中有一类诗人身份特别，被称为诗僧。他们的诗词悟道人生，充满禅意，受人热捧。在杭州的黄龙洞藏着宋代诗僧无门慧开禅师的《平常心是道》一诗，流传千古，禅理中道尽人生最好的状态。

　　这首诗脍炙人口、富有哲理："春有百花秋有月，夏有凉风冬有雪。若无闲事挂心头，便是人间好时节。"

　　无门慧开禅师，宋代杭州钱塘人，俗姓梁，字无门，世人多称其为无门慧开。早年间，慧开禅师一直在寻师访道的路上，后拜月林师观禅师为师，废寝忘食六载，青灯古佛痴求。一天，天淡云闲列长空，丽日高照大地，慧开

● 位于黄龙洞的慧开无门关偈颂

看到此情此景,高唱偈颂:"青天白日一声雷,大地群生眼豁开。万象森罗齐稽首,须弥勃跳舞三台。"自此,大彻大悟。

参禅成功后,慧开禅师将历代禅宗重要的公案精心编纂,从而有了《无门关》一书。《平常心是道》便是书中二十八箴言中的一则,对世人如何为人处世、安身立命做了一个很好的开示。

我在前不久才知道,慧开禅师曾在杭州黄龙洞建寺修行。相传,他刚来杭州不久,就遇上了大旱,理宗皇帝请他求雨,神奇的是,他只在皇帝身边默坐了一会儿,竟就大雨滂沱。慧开谢绝了皇帝的挽留,还说这次下雨,黄龙的功劳最大。慧开仍回黄龙洞修行,黄龙被封为"灵济侯",百姓也把黄龙洞称为"无门洞"。

我曾专程到黄龙洞寻访慧开禅师的遗迹。沿着上山的石阶小道,一路寻寻觅觅,一直走到半山坡的"卧云洞",可惜洞口被封了。在工作人员的指引下,我看到了山岩上镌刻着"黄龙禅师慧开"碑文,字迹虽油漆剥落,但还清晰可见。那块刻着"春有百花秋有月"的石碑也终于出现在眼前,我眼前一亮,忙抢上前去细细观摩、摄影,为此行满满的收获而感叹不已。

这一发现给了我很大的震动,我不由得陷入了回忆。

2002年,在庆祝雷峰塔重建的音乐大典上,著名作曲家何训田将慧开禅师的偈诗与江南民歌《孟姜女》的曲调结合在一起,再造了一部现代意义上的佛歌经典《春歌》。

《孟姜女》是一首典型的江南民歌,是民歌里小调体裁的代表作,两千年的情感传承、延续、沉淀其中,起承转合,结构严谨,曲调富于变化、细腻、委婉、哀怨、凄凉、柔美、舒展,情真意切,耐人寻味。

● 庆祝雷峰塔重建音乐大典

在何训田神来之笔的极简点化下，在慧门禅师博大精深的佛教文化的加持下，在数千年历史长河里民族音乐文化的积淀中，《春歌》大气磅礴、淋漓尽致，达到了一个精彩绝伦的、全新的高度。

生逢盛世，我是庆祝雷峰塔重建音乐大典的亲历者，当时参加音乐大典演出的有千余名演员。

"春有百花秋有月，夏有凉风冬有雪。若无闲事挂心头，便是人间好时节。"在朱哲琴《心经》的虚无缥缈的吟唱声中，800多人的合唱团演唱的《春歌》一共八段，音乐力度逐段增强，大鼓震耳欲聋，摄人魂魄，恢弘的气势感人至深，表达了人与自我的和谐、人与人的和谐、人与自然的和谐，表达了"天人合一"的思想。

此时此景，回想起那场旷世空前的音乐大典，我心中感慨万千。

春百花，秋夜月，夏凉风，冬风雪，四季美景的更迭交替如同我们生老病死的一生，若能将生老病死与宠辱得失看淡看轻，不挂心头，就能感受夏花的绚烂、秋叶的静美，有了超然的平常心态，便是人间的好时节了。

茶为国饮说杭州

◎ 王思源

王思源，浙江绍兴人。现任中国佛教慈善基金会副秘书长，中国管理科学研究院教育标准研究所客座教授，北大博雅佛教文物考古专家，香港国际商会联合体名誉主席。主要研究佛教文物考古及其文化传承。

君子之交，其淡如茶，一杯在握，清风徐徐。

中国是茶的故乡，也是世界茶文化的发源地。茶之为饮，发乎神农氏，闻于鲁周公，兴于汉唐，盛于宋，绵延元明清，振兴于当代。以丝、瓷、茶为代表的丝绸之路，为人类文明进步树立起辉煌的丰碑。

人们常说的茶禅一味也好，禅茶一味也罢，都充分说明茶禅与杭州这座城市的历史文化紧密相连。

说到禅，我印象最深的是杭州，因为杭州史称"东南佛国"；说起茶，我还是想到了杭州，因为杭州是"茶圣"陆羽的故乡，《茶经》首篇即言"南方之嘉木也"。从神农时代开始，就有史籍记载，是神农氏最早发现了茶。

● 陆羽雕像

● 唐代古刹径山寺

● 天竺寺僧人采茶去（由姚国坤提供）

杭州素为"江南福地"。从东晋到唐朝，正是杭州佛教从无到有、寺院从少到多的开山时期。吴越国时，杭州为国都。钱氏三代五王笃信佛教，建寺造塔200余所，开创了"东南佛国"的誉称。

创建于唐天宝四年（公元745年）的杭州径山寺，是中国著名古刹之一，被列为禅宗东南"五山十刹"之首，居灵隐、净慈等江南名寺之前，成为"东南第一禅院"。相传禅宗初祖达摩面壁修行九年，饮茶以解渴提神，渐成佛门风尚。从此，大凡名山古刹之僧人，都劈山植茶以供饮用。径山僧人常年饮茶参禅、以茶待客，逐渐形成一套礼仪规范，是为"茶宴"。佛门高僧盘膝打坐，饮茶论经，鉴评茶叶，逐步形成"点茶法"。僧人还将径山的"茶宴"礼仪传到日本，形成今日日本茶道的一个重要流派，借此参茶悟道。

天宝十五年（公元756年）起，"茶圣"陆羽周游各地以考察茶事，并长期隐居径山，耗费数十年心血，完成了传世专著《茶经》。陆羽也被誉为"茶仙"，尊为"茶圣"，祀为"茶神"。陆羽《茶经》的问世，开创了中国的茶文化。

禅茶一味

南宋定都临安，杭州佛教进入极盛时期，杭城内外、湖山之间梵宫佛刹随处可见，大小寺院庵堂达480余所，涌现了一大批高僧大德，成为引领佛学风尚之地。

在此，不得不说起历史记载的两位高僧。一位是释延寿禅师，开宝八年（公元975年），钱王钱弘俶向禅师问及国是，禅师反复说了八个字：舍别归总，纳土归宋。杭州从此进入"东南第一州"时代。宋代开始，在佛国里的高僧们都认识一位通判（太守）苏东坡，苏东坡与杭州的高僧也结下了深厚的友情。据说，苏东坡有一次拜访辩才老和尚，请教治理良策。辩才法师当时已经80多岁了，与苏东坡在龙井寺交谈到天黑，辩才送苏东坡出了门，还破例过了门前的小溪。后人在此建了一个"过溪亭"。

● 龙井茶鼻祖——辩才法师像

这里还记载了寺院栽种龙井茶的历史，至今还留有龙井"十八棵御茶"的史迹。相传在清代乾隆年间，五谷丰登，国泰民安。乾隆皇帝下江南来到杭州。一天，在饱览杭州湖光山色之后，他带领随从巡游狮峰山，沿着清澈的龙井泉水，走过碧绿的茶园，来到山下的胡公庙，与老和尚品茗。乾隆看那茶汤色碧绿，芽芽直立，回味甘甜，便

● 杭州龙井十八棵御茶

● 中国好茶（由《茶博览》杂志社提供）

向和尚了解狮峰龙井采摘、炒制的过程，为其采制之劳、技巧之精深深感动，并下旨将狮峰山下胡公庙前的一片茶园（共十八棵茶树）列为"御茶"，这里从此被称为"十八棵御茶"。

杭州山水之间，孕育了"茶禅一味"，杭州的茶香与寺庙的禅意萦绕出浓浓的茶之韵味。

其实，茶并不只是茶叶，也不只是一种饮品，它具有博大精深的文化内涵。在今天，茶具有生态、经济、社会、文化的功能，以及"茶和天下"的普世价值。茶道注重"精行俭德，淡泊明志""俭则约，约则百善俱兴；侈则肆，肆则百恶俱纵""和谐相融，兼容并包""积力之所举，众智之所为""善于舍得，拿得起放得下""客来敬茶，礼仪之道"。

杭州的茶文化历史悠久，底蕴深厚。西湖龙井茶，位居全国四大名茶之首；径山茶、天目青顶、雪水云绿、千岛玉叶、千岛银针等名茶，都受到世人的赞誉。

国家还在杭州设立了中国国际茶文化研究会、中国农业科学院茶叶研究所、中国茶叶博物馆、国家茶叶质量监督检验中心、茶文化教育培训基地等。杭州已成为名副其实的茶文化、茶产业、茶科技的研究中心。

● 杭州露天茶室（由姚国坤提供）

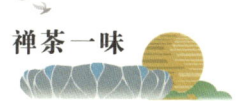

禅茶一味

    2005年,"中国西湖国际茶文化博览会"在杭州召开,会议的一项重要成果是发表了杭州宣言:茶为国饮,杭为茶都。浙江省还倡导每年谷雨为"全民饮茶日"。每逢谷雨前后,杭州乃至全省出现"万民共饮茶"的盛况,全民饮茶之风欣然兴起。茶文化的知识已普及到机关、企业、学校、社区及茶馆等,杭州城乡茶楼茶馆林立,杭州本地名茶有西湖龙井、九曲红梅、径山禅茶等。

    杭州人有去茶楼喝茶的习惯,约上三五好友,可在茶楼待上一天。在杭州的龙井村、满觉陇、龙坞、大清谷等,品茶休闲已成为一种时尚,茶产业也随之发展。"茶为国饮"和"以茶惠民"正在形成新的发展趋势,茶文化的复兴和茶产业的振兴,是"健康中国"建设的一种养生方法,为小康社会和休闲生活的到来发挥着独特的作用。

    偷得浮生半日闲,吃茶去!

● 杭州龙井茶园(由姚国坤提供)

杭州味道

◎ 胡忠英

胡忠英,江西分宜人。国家中式烹调师高级技师。擅长杭帮菜。曾任中国菜创新研究院院长、杭州杭菜研究会常务副会长。荣获"杭州市劳动模范""国际烹饪艺术大师""中国十佳烹饪大师""中国烹饪大师"等称号,布拉格"国际烹饪大赛"双金牌得主,获首届"中国烹饪世界大赛"金牌等。

一盘盘食材用料讲究、摆盘精美的菜肴,仿若升起袅袅香气,勾得游客唇齿蠢蠢欲动,不再满足于视觉的享受,这大约便是很多人在参观中国杭帮菜博物馆时的第一感受。这座博物馆位于杭州南宋皇城大遗址旁的江洋畈原生态公园里,是我国唯一一座展现地方菜系的博物馆。

这里最具特色的景观便是用"活菜浇筑"而成的模型菜。当时,馆方专门请了杭州味庄的老总亲自下厨,根据历史资料恢复出这些菜的样貌,烧出来之后,再请专门制作食物模型的公司将菜冷冻、固定、拍照之后倒模、成型、上色。

作为饮食文化的一个载体,杭帮菜博物馆追溯了杭帮菜数千年的发展史。珍贵历史图片、文物及仿真菜色模型等展览方式,将杭帮菜自宋朝以来的历史与典故,直至清代杭州人袁枚的《随园食单》,民国世博会,最后到G20杭州峰会的西湖国宾馆宴一一呈现。下至民间百姓餐饮故事、

上达国家级盛大宴席，通过随时代变迁的由黑白向彩色过渡的老照片娓娓道来，令人处处感受老杭州饮食文化的气息，以及杭帮菜迈向世界餐林的雄心。

作为中国八大菜系之一——浙江菜系的杭帮菜，"清淡"是它的一个象征性特点。在杭州，你可以吃到两种"菜系"——杭帮菜和杭州菜，这在全国来说可能都是独一份的。两者只有一字之差，却有着天壤之别。为大家所熟知的西湖醋鱼、龙井虾仁、鱼香肉丝、宋嫂鱼羹、东坡肉、叫花鸡、西湖莼菜汤……这些打上了杭州地名、人名标签的菜往往属于杭帮菜；而老杭州人爱吃的杭州菜，名字就显得朴实了许多，比如油爆虾、腌笃鲜、桂花糖藕、醉虾、炒甜豆等。所以杭帮菜并非等同于杭州菜。

民以食为天，好风景要是不配点美食，也似乎缺少了点什么。西湖边常年满座的各大餐馆云集着来自全世界各地的食客。

● 中国杭帮菜博物馆

● 杭帮菜展示（由中国杭帮菜博物馆提供）

其实很久以前，根本没有"杭帮菜"的概念，杭州当地的菜肴，最早来自隔壁的宁绍平原和苏南地区。京杭大运河的开凿，使杭州地域与外界文化、餐饮的交流日渐繁荣，在隋唐时期，"杭州菜"形成了南北交流的第一次高峰。南宋定都临安，让杭州成为当时世界上最大的城市，有 120 万人口，这在当时是很夸张的数字。大量外地人口的涌入带来了丰富的物产和杂糅的食俗，杭州的饮食为之一振。马可·波罗曾盛赞杭州为"世界上最美丽华贵之天城"。因为以往京都都在北方，这次迁都，就将北方名厨与名菜都带到了江南。杭州人对于本土菜式的开发，向来都是满怀激情的，既能包容天下，又爱自主创新。南料北烹以及南宋人对品质生活的追求，使杭州菜独树一帜。现在的江南菜是不是完全地道的南方口味？也不尽然，像知名的糖醋里脊、西湖醋鱼，糖醋口味其实就是那时候从北方传进来的。丰富的物产，让杭帮菜成为全国餐饮界一座难以逾越的"里程碑"，此后许多朝代更迭，也难以撼动这座高峰。

到了元朝，设江浙行省，省会便是杭州，一下子提升了杭州的行政地位，也为杭州带来了"饮食自信"，杭州开始不满足于满桌的"外来货"，尝试开发本土菜式。民国时期出现的杭帮菜、扬帮菜等，相当于"菜系"的雏形；直到 20 世纪 80 年代，才有了"五大""八大""十大"菜系等朗朗上口的饮食分类概念。

禅茶一味

在我的案头常年放着一本看上去有些年头的《杭州菜菜谱》，闲暇时，我就翻动看看。《杭州菜菜谱》里记载着许多杭帮菜的做法，对用材、佐料、火候都做了详尽的记录。看着看着，会发现有个有趣的现象，杭州的"名菜"，除了爱用地名、人名作为"噱头"，更喜欢附会名人如苏轼、济公、乾隆的轶事……翻看的过程中，仿佛有种阅读地方县志的错觉。

许多人提及杭州菜，有一道菜是必点的，那就是东坡肉——红得透亮，色如玛瑙，引得人唾液加速分泌，是杭帮菜中的代表作。现在我们都用猪肉做，好像就应该是这样子，其实当时这可是一道创新菜。要知道，宋朝时，餐饮主要用的肉类是羊肉，百姓不太爱吃猪肉，所以才有了苏东坡《猪肉颂》一词，里面写道："黄州好猪肉，价贱如泥土。贵者不肯吃，贫者不解煮。"

当时苏东坡任杭州知州，在疏浚西湖时，为了犒劳工人，让人买来猪肉，亲自烹调。他将肥瘦相间的猪肉切成小块，姜垫锅底，加酒、酱油、糖、水，用文火焖熟。他与众不同的烹调手法，制作出了软而不烂、肥而不腻的美味佳肴，香气扑鼻，引得河工们都大快朵颐。用最简单的方法做出最好吃的肉，引得人们争相效仿，并且将之亲切地称为"东坡肉"，为杭州的菜单添加了一道独特的美味。"东坡肘子"也是苏东坡发明的，这相当于东坡肉的一种衍生菜品。

● 杭州酒家

● 1921年，芥川龙之介临湖坐在楼外楼菜馆的一张桌前

杭帮菜里不仅有文化，更有历史。杭州的西湖边建有岳庙，更有与岳飞相关的小吃。传说南宋定都杭州后，岳飞多次领军出征，沿途老百姓送上米粉做的糕点，上面印有"定胜"二字，盼着将士们胜利归来。

老百姓们做梦也没想到，岳飞将军没有战死沙场，反倒被自己人害死，于是杭州的街头又出现了一道特殊的小吃——葱包烩。当时岳飞被杀害于杭州风波亭，老百姓无不痛心疾首，但奈何权臣当道。其中有位点心师傅，用面粉捏成象征秦桧夫妻的面人，将它们拧在一起丢进油锅，以解心中之恨，称之为"油炸烩儿"。一时之间，百姓争相购买，恨不得一口吞下"油炸烩儿"。为了避免秦桧起疑，百姓将木字旁的桧改成火字旁的烩。有人觉得这样还不解恨，又用春饼裹住"油炸烩儿"，放在平锅上又压又烤，放上葱段，蘸着调料，一口一口咬着吃，于是"油炸烩儿"就变成了"葱包烩儿"。近千年来，葱包烩一直在杭州人民的油锅里煎压着，秦桧也一直在岳庙前跪着，提醒着世人为人之道。

2016年，杭州举办G20峰会，我特意北上到钓鱼台国宾馆讨教经验和方法。带着"要巧妙地将杭州传统名菜融入进去，要有故事，取名还要结合西湖美景"的理念，一碗宋嫂鱼羹，一盘龙井问茶，出现在了盛宴之上，成为点睛之笔。

禅茶一味

传说宋淳熙六年（1179年），春光明媚，宋高宗赵构登御舟闲游西湖，遇到一位在西湖边以卖鱼羹为生的妇人，名为宋五嫂。高宗吃了她做的鱼羹，十分赞赏，并念其年老，赐予金银绢匹。一句夸赞，让她做的鱼羹从此声名鹊起。其实古代的杭州人是很爱吃羹的，而且鱼羹算是档次高的。总统宴要大气，夫人宴要精细，刚巧宋嫂鱼羹选材重精细，主材只用鳜鱼或鲈鱼，烹调时先将鱼蒸熟并剔去皮骨，以保证鱼肉的色泽。而这鱼羹是酸辣味，是南料北烹的典型代表。不过给总统夫人吃，口味不能太辣，所以放了胡椒……龙井问茶，杭州人一听就明白，就是龙井虾仁的变形，只是这菜更直接了，龙井茶泡上，吃了虾仁，再品一口明前龙井，那滋味实在妙不可言。

事实上，因为食材互通，调味互通，现在所谓的八大菜系，菜色与菜品也都在相互融合，渐渐失去了明显的边界。有些人认为这对餐饮业是一种打击，其实不然。杭帮菜就是在这个大环境中的集大成者，还要走出自

●满汉全席

己的特色。我们要明白一个道理：南拳和北腿都是厉害的，学功夫就是要学拳脚一套，所以南北特色的互通，其实是对餐饮文化的又一次发展和提升。

如今，杭帮菜已走出国门，成为世界性的"韵味"菜。这些大大小小的杭州餐饮故事，连同杭州丰厚的历史文化底蕴，势必将杭州打造成世界餐饮者们"打开话匣子，滑溜舌尖子，口咽哈喇子，面泛红光子"的"舌尖上的杭州"。

杭州味道

蓝桥风月

◎ 江 亮

江亮,浙江温岭人。成功复原宋酒"蓝桥风月",获国家发明创新专利。中国红曲酒保护与传承人,第四届杭州工匠,杭州市"五一劳动奖章"获得者。

宋朝在中国的黄酒发展史上有着举足轻重的地位,酿酒工业更是达到了中国酿酒的成熟期。在我国古代酿酒历史上,学术水平最高、最能完整体现我国黄酒酿造科技精华的著作,就是北宋末期成书的《北山酒经》。这部著作是由北宋朱翼中在杭州经营酒坊时,根据实地观察、亲身体验而写成的。

《北山酒经》中详细记载了制曲法和酿酒法,其中就有红曲制造的记录。南宋时期,名酿迭出,达官贵人开始自酿家酒,完美运用红曲工艺的"蓝桥风月",就是宋高宗吴皇后娘家的家酿酒,是最能代表南宋时期杭州的酒。"御酒库选到

● 风荷御酒坊酒坛子

有名高手酒匠,酿造一色上等秾辣无比高酒,呈中第一"这句话,足以说明"蓝桥风月"酒在当时的地位。

"蓝桥风月"的酒名出自宋代著名诗人吴儆《送张丞归平江》的"蓝桥风月两相忘",在《西湖老人繁胜录》以及《武林旧事》中均有记载,《水浒传》第三十九回"浔阳楼宋江吟反诗　梁山泊戴宗传假信"中也有惊鸿一瞥:

宋江看罢浔阳楼,喝彩不已。凭阑坐下。酒保上楼来,唱了个喏,下了帘子,请问道:"官人还是要待客,只是自消遣?"宋江道:"要待两位客人,未见来。你且先取一尊好酒,果品肉食,只顾卖来。鱼便不要。"酒保听了,便下楼去。少时,一托盘把上楼来,一樽蓝桥风月美酒,摆下菜蔬时新果品按酒,列几般肥羊、嫩鸡、酿鹅、精肉,尽使朱红盘碟。

多年来,出自工作的需要,也源于难以舍弃的爱酒情结,我们遍尝了大江南北的名酒佳酿,也曾多次往返于葡萄酒的新旧两个世界,徜徉在波尔多的葡萄架下,流连于苏格兰的蒸馏塔边,沉醉在拉斯维加斯的觥筹交错之中。所有的经历都给了我一个强烈的信号,那就是:越是民族的就越是世界的;越是本土的就越是全球的。我深深地意识到,我们中国,尤其是杭州,也应该有一支能续接千年文化、承载百姓情感、体现本土特色的酒品。

你不能想象白居易"江南忆,最忆是杭州"的诗情中会缺少美酒的芬芳;你不能想象"红泥小火炉"的旁边能缺少"绿蚁新焙酒"的陪伴;当然,你更难想象苏东坡在不曾喝酒的状态下就能发出"明月几时有,把酒问青天。不知天上宫阙,今夕是何年"这等千古绝唱。

禅茶一味

● 曲院风荷秋意浓

作为曾经在酿酒行业里讨过生活，而今又成为新杭州人的我们，感到有一种天赋的使命，那就是挖掘千年古都酒文化，还原南宋美酒，为杭州这个历史文化名城注入一缕灵动的酒魂，为杭州这座美丽的城市锦上添花。

为了还原千年南宋御酒"蓝桥风月"，我们翻遍古籍找寻古法，采用中国传统酿酒工艺——根霉白药与红曲的完美结合，将其精髓贯穿于浸米、制曲、蒸饭、开耙、堆醅、压榨、煎酒等整体工艺过程之中。

经过数年的研究，2008年，我们终于让"杭州宋酒·蓝桥风月"这支具有千年历史的名酒重现江湖。其协调的甜酸比，特有的植物芳香和古朴典雅的包装，受到了平时喝惯了葡萄酒、不习惯喝黄酒的西方人士的喜爱。更值得一提的是，"杭州宋酒·蓝桥风月"有一股自然的花香味。将南宋时期流行的"雪泡梅花酒"融入其中，这是在古法之外我们团队的创新制作，通过冷冻技术萃取绿萼梅、金桂等花的香味，自然融入酒体之中。

2018年，"杭州宋酒·蓝桥风月"带着南宋饮食文化生活，首次以东方美酒的形象亮相国际舞台，受到了数百位海内外爱酒人士的品尝与关注。如果说绍兴加饭酒是黄酒之牡丹的话，那么"杭州宋酒·蓝桥风月"便是那"疏影横斜，暗香浮动"的山园小梅。诚如毛会长在评价"杭州宋酒·蓝桥风月"时所说的那样："我为振兴黄酒事业后继有人而欣喜；也为'俏也不争春，只把春来报'的'蓝桥风月'而感动；更为终将到来的黄酒事业的'山花烂漫'而充满希冀。"

千年古酒重现光彩，"杭州宋酒·蓝桥风月"蕴含着南宋传统文化。酒中藏深意，希望每一个人都能来品一品这杯千年古酒，追忆南宋文化。

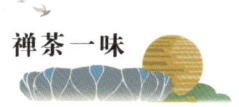

四季养生看杭州

◎ 麻浩珍

麻浩珍，浙江温州人。乾宁斋国医（药）馆传承人，中国中医药研究促进会理事兼副秘书长，浙江乾宁健康产业有限公司、杭州正岚文化创意有限公司董事长。

"上有天堂，下有苏杭。"杭州的美，自古便被下了定义，"杭州"也成了宜居之地的代名词。杭州的美，不是张扬的，而是闲适的，捧一杯虎跑泉水泡就的龙井茶，静静地坐着，看着鸳鸯在西湖中嬉戏，看着松鼠在林间穿梭，看着鸟儿掠过水面……心中纵有万般烦忧，仿若都能随风而散，无愧其"东方休闲之都"的美誉。

古人说，一方水土养一方人。杭州这方水土，自古以来便是居住养生之福地。杭州山水养生，似乎也净化了人的心。西湖、富春江、新安江、千岛湖、天目山、清凉峰、西溪国家湿地公园等众多风景秀丽之所，引得游客争相前来。得天独厚的山水资源，为杭州的休闲养生增添了独特的魅力。四季分明的杭州，是养生的适宜之所，其养生文化也是源远流长的。

杭州养生文化的历史传承，可以追溯到东晋道教葛洪。葛洪号抱朴子，生平好炼丹，西湖边北山街的葛岭，就因其曾在此炼丹修道而得名。山上

● 《林和靖梅鹤图》（华嵒绘，由司马一民提供）

有座抱朴道院，建有"葛仙祠"，为世界道教主流全真道的圣地。世人大多只当葛洪是一个炼丹家，殊不知他其实是个养生专家，强调生活起居的节制，认为人的寿命取决于自身而非天命。葛洪不仅精通道教的学术经纶，更精通医学领域祛病养生之法，被世人称为"小仙翁"。他修道时主张兼修医术，认为"古之初为道者，莫不兼修医术，以救近祸焉"。葛洪将道法和医学巧妙结合，取两者之精华，所创的"葛洪养生法"被称为千古奇法，流传至今。

葛洪觉得，生活中任何一些我们容易忽视的微小伤害如果积累起来，到了一定程度就会影响我们的寿命。据此，他制定了"不伤身"养生法之三十条："目不久视，坐不至久，久卧不及疲，先寒而衣，先热而解，不欲极饥而食，不欲极渴而饮，食不过饱……"日常做好这些生活细节，久而久之就能养成良好的生活习惯，健康长寿。

葛洪的这份闲适不禁让人想起居住在与他修习之地相隔不远处的北宋诗人林逋。和靖先生自幼刻苦好学，通晓经史百家，但他性格孤傲、洒脱，不追逐名利，作诗随就随弃，从不留存。40余岁后，他隐居西湖边的孤山下，相传20余年足不及城市，只着布衣。他终生不仕不娶，只喜好种梅养鹤，自诩"以梅为妻，以鹤为子"，人称"梅妻鹤子"。他带着这份

禅茶一味

恬淡在西湖边活至60余岁,在当时也算是高龄了。他的故事流传后世,吸引众多文人墨客选择杭州为休养生息之所。

说到养生,有两本书也是不得不说的。第一本就是明代范立本的《明心宝鉴》,而另一本便是明代高濂的《遵生八笺》。

《明心宝鉴》作为中国历史上译介到西方的第一本古籍,成书于元末明初。《明心宝鉴》主旨是劝善劝学、引导人心,内容网罗百家,收录了明代以前的文、史、哲包括儒、释、道诸家的格言警句,荟萃了明代以前中国先圣前贤有关个人品德修养、修身养性、安身立命的论述精华,是当时最流行的一本通俗读物。

如果说《明心宝鉴》养的是心,那么杭州人高濂所撰写的《遵生八笺》则是一本养生专著。据说,高濂年幼时患有严重的眼疾,为了治病遍寻奇药秘方,最后竟然完全康复了。正所谓久病成医,为了保养自己的身体,他在养生方面花了很大的力气。他将这些养生之法记录在案,便汇集成了此书,内容广博又实用。全书分为《清修妙论笺》《四时调摄笺》《却病延年笺》《起居安乐笺》《饮馔服食笺》《灵秘丹药笺》《燕闲清赏笺》《尘外遐举笺》八笺。

在中国传统文化中,一年有春、夏、秋、冬四季,四季当中又分为二十四节气。《黄帝内经》就记载"必先岁气,无伐天和",讲究四季、节气与养生的关系。高濂对季节性养生就有独到的见解,他的《四季却病歌》中写道:"春嘘明目木扶肝,夏至呵心火自闲。秋呬定收金肺润,肾吹唯要坎中安。

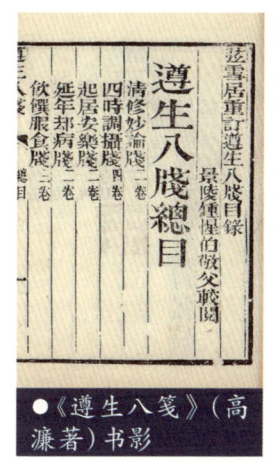

● 《遵生八笺》(高濂著)书影

395

三焦嘻却除烦热，四季长呼脾化餐。切忌出声闻口耳，其功尤胜保神丹。"他还在《遵生八笺》中提出冬月宜服枣汤、钟乳酒、枸杞膏、地黄煎等药物，以养和中气，还可对症服用药粥类调补，如杏仁羊肉粥、红枣粥、参芪鸡汁粥及萝卜粥等。如今，冬日来临，倒是不妨试试。除食补外，高濂还非常重视药补和药疗。

最为有趣的是，高濂还将"西湖十景"与季节时令结合起来，春有桃花绿杨柳，夏有荷花秋有桂，冬有踏雪寻梅处。将身心与自然完全地融合，倒也不辜负杭州这片富有灵性的山水。这样的景色，怎能不让人身心舒畅呢！

据说这本书还是张学良、宋美龄两位长寿名人的案头书，想来确实值得一阅。

其实很多文学大家也都是养生专家，好几位还与西湖渊源颇深。很爱杭州的苏东坡不仅在文学上造诣颇深，据说对中医理论及养生学说也颇有研究，后人还据此整理了一本《东坡养生集》。清朝末年民国初年的余杭著名学者章太炎先生，除了国学方面的造诣为世人所称道，还为后人留下了中医养生的研究与实践的文集——《章太炎医论》，流传至今。

今天，杭州市人民政府正在将杭州打造成休闲养生之都、创造品质生活之城、幸福宜居城市，在衣食住行的方方面面为市民提供保障和便利。

在这片风景如画的山水间享受着这份闲适，养身更养心。

● "全民健身·共享亚运"活动

爱在杭州

寻爱杭州

◎ 孙昌建

孙昌建,浙江杭州人。中国作家协会会员,浙江省作家协会诗歌委员会主任,杭州市作家协会副主席。出版个人作品三十余部。

杭州是一座爱之城,有的人爱得执着,有的人爱得偏执。

今天,在这座爱之城,想象在一个春夜中穿过时间的长河,来到1500多年前的南齐,去那里寻找一个生活在杭州的叫苏小小的女子。关于这个不寻常的女人,有诗云——

妾乘油壁车,郎骑青骢马。何处结同心?西陵松柏下。

如果你在西湖边的西泠桥上走走,熟悉的人会告诉你,这里有一座苏小小的墓。关于一代名伎苏小小,有多少传说多少故事,又有多少文人墨客为她留下诗篇。而西泠桥边,曾有一慕才亭,几经反复,现在终于可以看到一副对联了——

湖山此地曾埋玉,花月其人可铸金。

穿凿附会一下,你看,"花月"就是"风花雪月"中的两个字。目光稍稍放远一点,湖心亭上一碑上书"虫二"二字,让不少外地人感到莫名其

妙,这时杭州人或导游就会骄傲地告诉他们——风月无边!"虫二"就是把繁体的"風月"两字去掉边啊。文字游戏玩到此,可见文化底蕴之深了。

同样是在西湖边,有一个隐者的故事。故事的主人公叫林和靖,人称"梅妻鹤子"。林和靖终生未娶,但是他把诗写得很美,特别是写梅花写得极为清寒凄美,"疏影横斜水清浅,暗香浮动月黄昏",这是一种功夫。梅花离开了雪离开了水,自然没什么感觉了。不过现在也有人说,林和靖的独善其身是因为失恋失望乃至绝望的缘故。寄情于山水梅花,说明人仍是有七情六欲的,只是跟心爱的人已经分别了。孤山后的放鹤亭,是西湖周围最幽静之处。

杭州的不少地方,单听名称就很风花雪月,尤其是西湖一带。比如白堤上的平湖秋月,绝对是中秋赏月的最佳之处。关于月亮,"月上柳梢头,人约黄昏后",也是属于杭州的佳句,传说是女诗人朱淑真在杭州写下的。

除了朱淑真,还有李清照。写诗词的人总是风月无边的。至于两任太守苏东坡和白居易的故事,则更是美谈了。苏东坡的宠妾朝云是杭州人,曾跟东坡远走广东惠州。2003年,杭州某部门评选"西湖十大佳人",最后当选的是西施、白娘子、祝英台、李清照、李慧娘、王朝云、苏小小、方百花、琴操和花魁女。看看这份名单,有三位跟杭州的"老市长"苏东坡有关,西施是因苏东坡写了"欲把西湖比

●《苏小小》剧照

西子"，而王朝云和操琴都跟苏东坡有密切的关联。苏东坡为我们留下了太多故事，故事也是生产力。

你看梁山伯与祝英台，其故事的发生地，好像各地都在抢，但是杭州万松书院这个地点是错不了的。所谓草桥十八相送，即是在江干的码头上了。而被冯梦龙写进故事的白素贞和许仙的断桥相会，则是杭州流传最广的爱情故事，如果你让全国的文人墨客写杭州故事，一万人中也许会有七千人是写许仙和白娘子的断桥相会的。所谓千年等一回，人妖相恋，引出了雷峰塔的传说。物质的塔，实际上也是精神之塔，包括保俶塔，更是信仰之塔。

两百多年前，杭州还出过一个才女陈端生，她写了一部长篇弹词《再生缘》，创造了孟丽君这么一个形象。后来陈寅恪、郭沫若两位大师评点此书，陈寅恪认为其堪比印度和希腊的史诗，而郭沫若认为陈端生的写作技巧"比之十八九世纪的英、法大作家们，如英国的司考特、法国的司汤达和巴尔扎克，实际上也未遑多让"。

让我们把目光再放回到1936年的杭州六和塔，回到钱塘江畔。如果我们从六和塔出发，再往南走一站路，那里就是之江大学的旧址，红墙，青草，教堂，花坛，煞是洋派，这里曾经是教会大学。在1932年的9月，一对才子佳人曾经在这里开始他们的初恋。才子是嘉兴人朱生豪，佳人乃常熟人宋清如。他们历经十年的爱情长跑，终于在上海结婚，一代词宗夏承焘给他们的结婚题词是——才子佳人，柴米夫妻。这所之江大学，后来成为浙江大学三分部，是现在浙江大学法学院的所在地；其旧址还是国家文物保护单位，此地也被杭州的文青们誉为最适合谈情说爱之地。

近现代杭州的风月高手中,当推作家无名氏(卜乃夫),他自己的爱情故事就跟小说一样生动。但是1949年后的中国文坛根本不知此人一直住在杭州,直到20世纪80年代初他才探亲离境去了港台。无名氏写过《北极风情画》《塔里的女人》等堪称不朽的作品。20世纪80年代北京出过一批中篇小说精选,其中《初恋的回声》这一集子中就收录了他的《北极风情画》。无名氏的不少小说都是以杭州西湖为背景的,主人公就是在西湖上谈情说爱的,如长篇小说《海艳》。而他在西湖边与赵无极的妹妹赵无华的恋爱故事,后来通过他的文字广为人知。

所以有人说了,在杭州这个爱之城,情人们享受这里的空气,而文人们则从这里吸纳清新灵动之气,如作家无名氏及画家林风眠、赵无极,包括再早些时候的诗人汪静之等,都是领风气之先的。

爱之城中有好多谈情说爱的地方,其中灵隐寺往天竺去的路上,有个地方叫三生石,简简单单的三块石头,却是代表了"前世、今世和后世",令人特别容易触景生情。

而杭州最适合谈情说爱之处,或者说最易触景生情之处,应该还是西湖边。触景生情,小时候学作文总是学不会,总是假生情或生假情。但一长大一有中意的女孩,就会想带她到西湖边转转。可能女孩并没有这意思,但一到西湖边看风景,也等于摊牌一样了。何况,湖边的公园里还有双双对对呈现爱情的情景表演。但也不要以为,看了人家的情景剧自己就会表演了,不是的。用今天的观点来说,爱情是需要经营的。不过在杭州西湖边经营爱情,难度更要大一些。因为这是爱情之都呀,大家都擅长风花雪月,你一不小心就成土老帽了。

就爱情之地来说，杭州的西湖不大不小正适宜，太大的风浪受不了，太小则闷得很。山也是这样，太高则高不可攀或高处不胜寒，太低则一蹴而就。西湖周边的山也都不高，有点野气野趣。这一点，郁达夫等众多名士留下的文字就可证明。虽然经过半个多世纪的沧海桑田，但西湖的野趣仍存留着，这是值得欣慰的。在杭州不怕找不到恋爱的地方，就是在二三十年前，也不会像上海人那样都去外滩"插蜡烛"，凡是恋爱的人都有经验，都想找灯光暗一点的场所，但又不能太暗，而整个西湖一圈包括四周的山，正符合这个要求。爱之城不可能建在沙漠之上，这就是杭州的独特之处。杭州的美在于一种常态，四季皆宜，淡妆浓抹总相宜。

爱之城的另一个条件，那就是需要本地产的"人力资源"，即杭州美女，这几乎是有口皆碑又难免以讹传讹的一件事。不是说不是美女就不恋爱了，只是杭州的山水自然造就了一代又一代的美女，正如"上有天堂下有苏杭"的说法一样，这件事被全中国人民所默认了。

民国时期，杭州的本土资源中有浙江女子师范学校，20世纪二三十年代，不少名人之妻都出自该校，如毛彦文、杨之华、王映霞、符竹因等。30年代初，杭州的笕桥曾有中央航空学校，这也是八一四空战的发生地，当时不少的空军将士皆以找杭州女生为荣，而杭州女生也以嫁空军将士为荣，因此当年有一首流行歌曲就叫《西子姑娘》，曾由周璇演唱。

● 西湖风光

爱在杭州

爱之城当然也出多情之才子,这也是一个本土资源。像20世纪二三十年代著名的鸳鸯蝴蝶派,几位主将中就有杭州人陈蝶仙、毕倚虹等。就文人地理的话题来说,穷山恶水往往是能出大作品的,而歌舞升平之地,必然也是出歌舞升平之作品的,歌舞升平之作品当然也是好作品大作品。陈蝶仙、毕倚虹不仅自己写小说,而且还创办实业。陈蝶仙后来办牙粉厂,振兴民族工业,是中国化妆品之父,把日本的产品给打败了。而毕倚虹则是中国画报、中国晚报之父,只是后来的文学史都以革命和现实主义为主线,因此他们的名字被埋没了。

爱之城,恋爱天堂,有太多的美丽传说,有太多的倾国倾城,也有太多的伤心欲绝。我们生于斯,长于斯,萌情于斯,结庐于斯,然后我们在花开花谢、蝴来蝶去中渐渐变老。

老了,如果有可能,就在西湖边走走,看着西湖的柔波,想着陈年往事,我们会把眼睛眯起来,深深地吸一口空气中的桂香。可能因为阳光太艳,我们需要闭上眼睛才能好好地幻想一番。突然一队少男少女"嗖"地滑过身旁,他们的身影很快消失在桃红柳绿之中。

● 西湖婚礼(卢宝泉摄)

苏小小与茶花女的邂逅

◎ 朱显雄

朱显雄，浙江杭州人。作家、编剧、电影制片人，浙江省作家协会会员，浙江省电影家协会会员。1993年10月创作拍摄喜剧电影《电脑选妻》，为国内第一代独立电影制作人。已创作出版《谢灵运》《英雄岳飞》等长篇历史小说，另有《东晋淝水之战》《竹林遗韵》等，获得浙江省电影文学剧本"凤凰奖"，《虞山凤凰琴》获得首届江苏省"钟山奖"优秀电影剧本奖。

1848年，一本名为《茶花女》的作品横空出世，讲述了贫苦的法国乡下姑娘玛格丽特来到巴黎后，为了生计沦为妓女。由于生得花容月貌，她成了红极一时的"社交明星"。她随身的装扮总是少不了一束茶花，人称其为"茶花女"。后来，她邂逅了税务局局长杜瓦先生的儿子阿芒·杜瓦，两人陷入爱河。茶花女为了保全阿芒而与之绝交，最后带着阿芒的误解与冷落远离了人世。在法国文学史上，这是第一次把妓女作为主角的作品，作者是亚历山大·小仲马，其父亲便是大名鼎鼎的大仲马。而"茶花女"是小仲马根据自己的亲身经历而塑造的文学人物……

小仲马是大仲马的私生子，其母亲卡特琳娜·拉贝是一位美丽善良的缝衣女工。小仲马在7岁那一年，才和父亲确立父子关系，但大仲马拒不接纳卡特琳娜为妻，致使小仲马的童年与少年时代受尽世人讥诮；成年后，他痛感法国社会的淫靡之风，造成了诸多像他们母子俩的悲剧人生，

决心通过文学创作，直面屈辱与怨恨，以求改变法国的社会道德。

1844年9月，21岁的小仲马与23岁的巴黎名妓玛丽·杜普莱西一见钟情。玛丽出身贫苦，流落巴黎，被逼为娼妓。她很珍重小仲马的真

《茶花女》剧照

挚爱情，但为了维持生计，依旧与寻花问柳的富豪们保持关系。小仲马隐忍不住，写了一封绝交信，即独自外出旅行。

当1847年小仲马返回法国巴黎后，惊悉玛丽已经不在人世。在她病重时，昔日的追求者都弃之而去，死后送葬者只有两个人。玛丽一生贪图奢华，遗物拍卖后才得以还清债务，余款留给了她一个穷苦的外甥女，但其条件是继承人永远不得留驻巴黎！

现实生活的无奈悲剧，深深触动了小仲马的心魂，他满怀悔恨与思念，将自己囚禁于郊外，闭门谢客，开始了文学创作的历程。一年后，命运坎坷的小仲马写出了这部凝聚着永恒爱情的《茶花女》，玛格丽特就是那向往上流社会生活的巴黎名妓玛丽·杜普莱西，而男主角则是他自己。

有文学家将苏小小冠上了"中国版的茶花女"的说法，其实按时间来算，虽不知苏小小具体的生卒年份，但她的名字早在南朝陈徐陵所编的《玉台新咏》中便出现了，早于小仲马的创作时间约千年。但若说茶花女是法国版的苏小小，好像亦无不可。类似的身世，让两个相距千里的人物有了联系。

在杭州西子湖畔，有三座"情人"桥。断桥，演绎了许仙与白娘子的人蛇之恋；长桥，讲述了梁山伯与祝英台的化蝶传奇；西泠桥，则埋葬了

苏小小的浪漫爱情。苏小小其人，史料均无记载，身世亦不可考，她的形象建立在文化记忆与文学想象中。

苏小小生活在5世纪末的南齐王朝，出生于风景优美的钱塘，也就是今天的杭州一带，是中国历史上著名的歌伎。她在历代才子的笔下，美若洛神。苏小小原本家境殷实，自小能书善诗，文才横溢，奈何家道中落，父母相继离世后，她变卖城中家产，带着乳母贾姨移居到城西的西泠桥畔。

西湖边历来不缺才子佳人的戏码，苏小小在此与西陵"结同心"的阮郁一见钟情，后两人如胶似漆，形影不离。但阮郁的父亲得知后便立即派人把阮郁叫了回去，严加看管，不许他外出半步。在恋人相思的漫长等待中，苏小小又邂逅了落魄书生鲍仁，慧眼识英才，慷慨解囊，助其赴京赶考。情人未归，书生离去，苏小小励志奋进，将那美妙的歌舞才艺，献给了钱唐的湖光山色，献给了吴郡的酒肆茶楼，留下一个又一个千古佳话。鲍仁金榜题名，出任滑州刺史，赴任时顺道经过钱塘，专门赶到西泠桥畔答谢苏小小，谁料却正赶上苏小小的葬礼。佳人年纪轻轻便香消玉殒。鲍仁白衣白冠抚棺大哭，按照她的遗愿将她葬在离西泠桥不远的山水极佳处，墓前立碑，上刻"钱塘苏小小之墓"，留下一对千古楹联："湖山此地曾埋玉，花月其人可铸金。"后来，当地人又加盖了慕才亭，为来吊唁的众多文人骚客遮蔽风雨，亭上题着一副楹联："千载芳名留古迹，六朝韵事著西泠。"

● 苏小小画像

　　这位大多是生活在世人想象中的苏小小，其实并不像人们所想象的那样只是一位弱女子。据说当时的上江观察使孟浪因公事来到钱塘，他早就仰慕苏小小，但身为官员不好登苏小小之门，于是派人请她来府中。没想到一连请了几次才请来。孟浪有些生气，决定难为她一下，就指着庭外一株梅花让她即席赋诗。不料苏小小从容不迫地信口吟出："梅花虽傲骨，怎敢敌春寒？若更分红白，还须青眼看！"孟浪听后也不得不由衷佩服，知道这位外表柔弱的女子内心却是非常坚强的。也许正因为此，著名学者曹聚仁先生把她说成是茶花女式的唯美主义者，其实苏小小比茶花女活得更为潇洒也更有风骨。比起那些道德低下、一味向强权卑躬屈膝的无耻文人，苏小小的形象不知要高出多少倍了！

　　无论是玛格丽特还是苏小小，都因一些不得已的原因沦落风尘，一生的命运都绕不过一个"情"字。身虽不自由，却从未将心拘束，对待爱，她们是大胆的，是执着的。特别是苏小小，在中国封建礼教的环境里，她显得叛逆，却活得自我。她的美、她的性情与才情确实值得白居易、刘禹锡、李贺、权德舆、张祜、李商隐、罗隐、温庭筠等众多诗人倾注感情。上天让她们品尝了爱情的滋味，却又残忍地剥夺，她们虽然坚强地活着，但最终都在病与思的交织下，年纪轻轻便孤独地死去。走得决绝，却也没有辜负这红尘一遭。但两者又有着差别，茶花女向往奢华的生活，坠落红尘，烟消云散，而苏小小追求纯真的爱情，长伴名胜，流芳千古！

　　文学让两个女人建立了联系，从现实变成虚构，又从文学走向大众，延续着属于她们的魅力。

杭州也有罗密欧与朱丽叶

◎ 顾建武

顾建武，浙江杭州人。杭州市作家协会会员。主要作品有散文、随笔、杂文、回忆录、诗词等。

在2000年杭州西湖博览会开幕式文艺晚会上，我曾听过那首带着沧桑摇滚嗓音的歌："梁山伯、祝英台，罗密欧、朱丽叶，是忠贞的爱；梁山伯、祝英台，罗密欧、朱丽叶，是千年的爱……"

罗密欧与朱丽叶的故事主要讲的是意大利贵族凯普莱特的女儿朱丽叶钟情于另一个贵族蒙太古的儿子罗密欧，罗密欧也真心爱恋着朱丽叶，但朱丽叶的父亲反对他们的婚姻，逼着她嫁给身为亲王的亲戚帕里斯伯爵。万般无奈之下，朱丽叶去寻求劳伦斯神父帮助，神父想出了一个喝药让朱丽叶假死、过24小时会自然苏醒的计策，但这个计策没有及时告诉罗密欧。

成婚之日，婚礼变成了葬礼。罗密欧心痛欲绝地赶到坟场，掘开墓穴，亲吻了美若天仙的朱丽叶，之后喝下毒药，倒在了恋恋难舍的朱丽叶身旁。朱丽叶醒来后，见心爱之人已经为她殉情，就拔出情人身上的佩剑刺向自己，成就了一段"在天愿作比翼鸟，在地愿为连理枝"的悲剧故事。

爱在杭州

梁山伯与祝英台的故事同样悲剧，同样凄婉动人，被已故总理周恩来誉为"中国的罗密欧与朱丽叶"。

1954年4月20日，周恩来率中国代表团参加日内瓦会议。出国前，他让随行人员带上刚刚拍摄完的彩色越剧片《梁山伯与祝英台》，以便在电影招待会上播出。为了让外国友人了解剧情，他特意关照熊向晖及随行人员，在请柬上写上一句话：请您欣赏彩色歌剧电影——中国的"罗密欧与朱丽叶"。

梁山伯与祝英台的故事主要讲的是很久以前，浙江上虞祝家庄有位美丽的千金小姐祝英台，女扮男装前来杭城求学（据明末清初剧作家李渔《同窗记》和民国时期张恨水长篇小说《梁山伯与祝英台》所叙，求学之地在杭州凤凰山旁万松岭上的万松书院）。进入钱塘县城途中，她巧遇同样赶赴杭城求学的淳朴青年梁山伯，两人一见如故，相谈甚欢，便在草桥亭结拜为"兄弟"。

三载同窗，谈诗论道，英台渐渐萌生了对山伯的爱慕之情。由于家信催返，英台不得已惜别山伯，山伯依依不舍十八里相送，英台则暗示"梁兄花桥早来抬"。

后来梁山伯到祝家庄拜访英台时，恍然大悟，原来朝夕相处、情同手足的"好兄弟"，竟是一位亭亭玉立的小家碧玉，于是向祝家提亲，但祝员外不喜欢梁山伯，执意将女儿

○ 《梁山伯与祝英台》剧照

● 《梁山伯与祝英台》剧照

许配给有财有势、门当户对的太守之子马文才,心心相印之人只能依依不舍,楼台惜别。

梁山伯含恨而归后,相思成疾,吐血而亡。英台闻讯,悲痛欲绝。马家前来迎亲时,她说,如果不能身穿素服前去祭拜山伯,我宁死不上轿不嫁人。父亲和马家人无奈应允。在山伯坟前,她情真意切地哭诉:"我和你生前不能成婚配,死后也要化作蝴蝶成双对。"天,为之哭泣;地,为之动容。坟墓在风雨闪电中裂开,英台声泪俱下,大喊一声"梁兄啊,不能同生求同死,小妹随你来了",便纵身跃入坟中,和梁山伯化作一对彩蝶,双双飞离尘世。这一跃,跃出了又一出"天长地久有时尽,此恨绵绵无绝期"的千古绝唱。

我真正了解《罗密欧与朱丽叶》是在1981年。之前一直以为,这部作品是莎士比亚的四大悲剧之一,后来在杭州大学中文系系统学习了西方文学,才知道《罗密欧与朱丽叶》熠熠生辉,鹤立于莎翁的四大悲剧之上。而我接触《梁山伯与祝英台》则是在童年时期。

我母亲是个越剧迷,同一剧本同一剧团来家附近的红星剧院演出,她可以连续看许多遍。那时候我还小,剧院规定,不足1.2米的小孩不能入内。每次进场前,母亲都会提醒我,测量身高时别忘了踮脚。记得当时的剧目中就有《梁山伯与祝英台》。长大后,我也爱上了越剧。2015年12月19日,我在杭州的浙江省人民大会堂观看了上海越剧院袁派掌门方亚芬饰祝英台、浙江绍兴小百花越剧团范派传人吴凤花饰梁山伯的袁范版越剧《梁山伯与

祝英台》。有资料表明,《梁山伯与祝英台》是越剧公演场次最多、演出时间跨度最长的传统剧目,是新中国成立后由上海电影制片厂拍摄的第一部彩色戏曲艺术片,也是我国第一部在法国戛纳国际电影节上放映的新中国影片。

罗密欧与朱丽叶的故事,发生在 1562 年前后的意大利维罗纳,据说真有其人其事,市内至今还保存着一幢建于 13 世纪的古老建筑,门前竖着朱丽叶的青铜塑像,游客们可以观光罗密欧曾经爬上去和心爱之人幽会的"朱丽叶阳台"。

○《罗密欧与朱丽叶》剧照

梁山伯与祝英台的故事,发生在公元 377 年前后的中国杭州,据说也是真有其人其事,梁祝读书的万松书院前,火红的凤凰花依旧满枝满丫,邂逅相逢的草桥亭似乎仍在向人们诉说着昨天"初识君时便慕君"的爱情故事……

如果说罗密欧与朱丽叶的故事是西方文艺复兴时期悲剧的扛鼎之作,那么,梁山伯与祝英台的故事则是中国封建社会悲剧之巅峰。它们是世界文苑的奇葩,是爱情悲剧的代表作,都通过一波三折催人泪下的情节,表达了男女青年最纯洁最忠贞的爱情,向后人诠释了"生命诚可贵,爱情价更高"的永恒真谛。

2019 年 3 月下旬,国家主席习近平对意大利进行了国事访问并见证了杭州市和维罗纳市签署《中国杭州市与意大利维罗纳市在各自被列入联合国教科文组织世界遗产地名录的遗产地之间进行推广、开发和共享的友好

关系协议》。9月上旬，两市又签署了《中国杭州市—意大利维罗纳市友好合作备忘录》。双方商定，以杭州市梁山伯与祝英台、维罗纳市罗密欧与朱丽叶爱情故事为文化交流切入点，通过"文化＋空间＋国际交流"的模式，缔结友好，因爱牵手。同年，梁祝初次相见的"草桥亭"按古代营造法则，在望江路266号复建而成，其中的楹联、横匾、重修草桥亭碑记特邀名家书写，还恭请河坊街朱炳仁铜雕博物馆设计制作了含情脉脉的梁山伯、祝英台铜像。

杭州是个历史悠久，文化底蕴深厚，民间故事和历史传说资源丰富的"书香城市"。梁祝故事诞生1600多年以来，晋隋演义、唐宋诗词、元明戏剧、清代散文，以及现代戏曲、影视、小说、音乐、舞蹈等，都在用不同的表现形式演绎着同一个故事。梁祝故事流传久远，已经深深扎根于民间，当之无愧地被列入第一批《国家级非物质文化遗产名录》。可以毫不夸张地说，梁祝的悲情故事，已经浸入了平民百姓的骨髓，成为杭州古典民族文化之瑰宝。

陈钢、何占豪将交响乐与民间戏曲音乐结合起来，创作了誉满全球的小提琴协奏曲《梁祝》。"蝴蝶女王"、小提琴演奏家谢楠，在国家大剧院舞台上、在维也纳金色大厅里用细腻感人、摄人魂魄的演奏，催落了无数痴男怨女伤感的眼泪。杭州爱乐乐团演奏的小提琴协奏曲《梁祝》，音符中充满江南韵味，洋溢着乡音和真情，让草木听了也情不自已。全球1000首极品音乐第114首是《梁祝》，全球999首典藏音乐第35首是《梁祝》。浙江省省歌《美丽浙江》也少不了梁祝故事，"梁祝情沈园恋千古诗篇，乌篷船采桑女黄酒飘香"。

爱在杭州

西子湖潋滟之地，黄龙洞幽径之处，到处可以听见市民们用二胡、古筝、排笛、陶笛、手风琴、曼陀铃、萨克斯等乐器，深情演奏《梁祝》。杭州翻翻动漫与台湾霹雳国际多媒体联手打造的布袋戏《梁祝之西湖蝶梦》，受到了年轻人的喜爱。

● 长桥不长情意长，十八相送蝶成双

张艺谋策划的《印象·西湖》，在星月交辉、灯光璀璨的湖面上重现了梁山伯与祝英台柔情蜜意的爱情故事。杭州武林广场、西湖文化广场和湖滨三公园湖面上的几处激光喷泉，千变万幻的水精灵，在缠绵柔婉的梁祝音乐中翩翩起舞。大大小小的广场上，民族舞、扇子舞、形体舞、弹跳舞、拉丁舞、探戈舞、曳步舞，伴舞的梁祝音乐余音袅袅，不绝于耳。婚姻介绍所的所名是梁祝，路名也是梁祝，甚至连夏天的棒冰也融进了梁祝同窗共读的书生形象和化蝶形象。

杭州西湖被世人誉为情人湖。西湖东南角有座长桥，东面之路连着万松书院。长桥很短，却留下了梁山伯与祝英台"长桥不长情意长"的佳话，与白娘子、许仙同舟借伞的断桥，苏小小"妾乘油壁车，郎跨青骢马"的西泠桥，并称为"西湖三座爱情桥"。据说梁祝二人因不忍分别，恋恋不舍，硬是在这座桥上你送我，我送你，来来回回走了十八趟，但是，送君千里终须一别。

西湖的碧水啊，水光潋滟美，山色空蒙亦美。梁祝的传说啊，十八相送美，化蝶双飞更美。只有西湖的水啊，才不会辜负他们那份至柔至美的执着之爱。

梁祝

在水一方

◎ 王志香

王志香，笔名香叶子，浙江杭州人。现为西子湖诗社执行秘书长，业余编剧。诗歌代表作有《我的春天》《做您的女儿最幸福》等，散文代表作《青青荷叶情》《娘家的蔷薇花香》等曾获奖；《花儿社区的英语角》《广场舞之争》《楼道里那些事儿》等情景剧受到观众的好评。

蒹葭苍苍，白露为霜，所谓伊人，在水一方。

西湖，这又被称为西子的一湖碧水，自古以来，不知留下多少女子寻爱的身影。有词名远播的李清照，有江南才女苏小小，有《再生缘》的作者陈瑞生，有"鉴湖女侠"秋瑾，有史量才夫人沈秋水，有建筑大师林徽因，有"富春江上神仙侣"的王映霞，等等。

● 西泠桥

生长在西子湖畔，我听惯了柳浪闻莺的鸟鸣与断桥白娘子的故事，也走过见证梁山伯与祝英台爱情的长桥；看过岸边的杨柳慢慢被斜阳染红，也听过湖面上飞翔的小鸟啾啾谈笑。

爱在杭州

那天,阳光灿烂,秋意正浓,友人来杭,我携着她手,沿着保俶塔下北山街慢步而行。

来到苏小小墓(慕才亭),我们不由得驻足欣赏亭柱上那首脍炙人口的诗:"妾乘油壁车,郎跨青骢马。何处结同心,西陵松柏下。"

这一首朴实无华的小诗,道尽了初恋相遇的无限风光。美丽的油壁车,高大的青骢马,一对少男少女邂逅于西湖,一见倾心,永生难忘。苏小小的19年人生是一个美丽的梦——她编织了一个"何处结同心"的美梦,被后世文人广泛吟咏。

告别苏小小的慕才亭,跨越青石护栏的西泠桥,我指着前方的雕像,对友人介绍那便是"鉴湖女侠"秋瑾。

那尊身高2.7米的汉白玉雕像,悄然立于一片青绿之中。秋瑾上穿大襟唐服,下着百褶散裙,左手叉腰,右手持剑,英姿飒爽,豪气盖天。墓作正面是孙中山先生苍劲有力的题词"巾帼英雄",先生曾为秋瑾撰写楹联"江户矢丹忱,感君首赞同盟会。轩亭洒碧血,愧我今招侠女魂"。

没落的晚清,封建礼教仍在苟延残喘,秋瑾以女子之身,大声疾呼:"女学不兴,种族不强;女权不振,国势必弱。"她加入同盟会,发起共爱会,创办《白话报》《中国女报》,公开发表《演说的好处》《敬告中国二万万女同胞》《警告我同胞》等文章,在那个动荡的时代,挥洒热情,不吝牺牲,巾帼不让须眉。

● "鉴湖女侠"秋瑾汉白玉雕像

● 位于杭州北山路的秋水山庄

青山有幸埋忠骨。面对故国湖山,埋骨西泠,这是秋瑾生前的遗愿。伫立湖边,我与友人谈论着秋瑾的侠与义,满怀崇敬之余,又为她的慷慨就义生出些悲叹。

隔湖相望,对面的秋水山庄被夕阳镀上了一层暖色,别具韵味。在那座山庄,记载着一代报业巨子史量才与红粉佳人沈秋水的凄美爱情故事。

所谓"说中国报业必说《申报》,说《申报》必说史量才,说史量才必说秋水夫人"。这位秋水夫人原为上海滩名妓,善诗书琴曲,"秋水"乃是史量才为她取的名。从卖身四马路,到订婚富家公子又悔婚;从被政界军阀强抢入门,到摆脱约束重获自由身,随时代浪潮起伏的沈秋水终于得偿所愿,嫁给了史量才。

婚后,沈秋水全力支持史量才的事业,20余年来,两人情深甚笃。如果不是史量才又娶了第三房姨太太,那么沈秋水和史量才之间琴瑟和鸣的故事也许就只属于上海滩了。伤心欲绝的沈秋水住进了史量才为她建造的秋水山庄,开始了她与西湖水月相伴的生活,从此再也没有离开过。一年

后,目睹史量才被杀,沈秋水将山庄捐给国家,孤身一人在葛岭度过人生剩余 22 年寂寞的岁月。唯一陪伴她终老的,是一把古琴。

夕阳缓缓坠下,撒下了披在秋水山庄上的轻纱,徒留一地寒凉。

伊人有情,湖山亦有情。花开花落,岁月流长,伊人跌宕的一生,终于在此停留。眼前的西湖湖水,波静无纹,给人魂灵以安慰。

回望慕才亭与秋瑾墓,我与友人不禁感叹万分。三位伊人,时代有别,身份有异,经历更是迥然不同,其芳魂却出现在同一片西湖水中,共同成为西湖不可缺少的一部分。伊人在水,她们因才情而为世人所识;伊人已去,西湖边却尽是她们美丽的踪迹。她们的情与爱、侠与义,也终将随湖山永远流传。这不能不让人感悟到杭州这片土地的多元与包容!

秋瑾

杭州为什么如此吸引我

◎ ［德］卡尔-因戈·施密特　程煜天　译

卡尔-因戈·施密特（Karl-Ingo Schmidt），德国人。曾任德国拉文斯堡大学客座教授，德国汽车工业协会质量管理中心成员，德国质量协会地区学会主席。曾获德国材料科学学会颁发的 Masing 卓越研究奖，自 2007 年至今已在《青年研究》杂志上发表了 40 余篇文章。

我在德国一家有名的汽车公司工作大约 30 年，兢兢业业。我有大量的机会和可能性去成就我的职业生涯。当然，我也抓住了这些机会，在不断晋升的领导岗位上担负着相应的职责。因此，我也有机会到世界各地出差，为我们的公司（世界 500 强企业之一）做出了贡献。我出差频率最高的地方是中国，它同时也是令我最兴奋的差旅之地。我曾到过很多城市，如长春、大同、武汉、十堰、重庆、苏州、南京、上海、深圳、杭州、西安、成都、桂林、北海等。但凡能多逗留几日，我都会抓紧机会参观当地的景点。在这些城市里，我最喜欢杭州。一个偶然的机会，我被公司派遣到位于杭州萧山的加工厂任总经理，所以，2010 年我便定居杭州，并不断地拓展业务。

● 德国康斯坦湖

爱在杭州

　　杭州是我最爱的城市，它的景致总会让我想起我的故乡。我的故乡位于德国南部慕尼黑附近，是一个群山环抱的地方，树木葱郁，那里有欧洲最大的湖泊——康斯坦斯湖，每年都会吸引很多世界各地的游客慕名前来参观。比起我的故乡，杭州要大得多，产业更发达，景色更多，文化历史底蕴也更丰厚。

　　杭州，是中国政府确定并公布的"历史文化名城"之一，历史悠久，文化繁荣。其历史可以追溯到2200年前的秦朝。自连通了南北两地的中国大运河诞生，杭州便翻开了辉煌的新篇章。全长超过2000千米的中国大运河是世界上最长的人工河，并在2014年被列入《世界遗产名录》，真是名不虚传！我最爱的一处运河景点是拱宸桥。杭州还有那迷人的西湖，早在2011年就被联合国教科文组织列入《世界遗产名录》。

　　我最爱西湖，爱那闹与静奇妙的碰撞。那肆意生长的山峦静静地矗立在西北一角，遥望着西南方向喧闹的城市。走在西子湖畔，时常能遇见历史的痕迹、古代名人的风流。我很喜欢寻找一处静谧，坐下喝一杯龙井，看看这山这水。浙江西子宾馆便是这样的好去处，它也是G20杭州峰会领导人晚宴所在之处。我也很喜欢漫步于"好是苏堤才晓"的苏堤（张艺谋《印象·西湖》的演出地点）和"寻到白堤呼出见"的白堤（著名景点"断桥残雪"）。杨柳依依（象征着死），桃花漫漫（象征着生），生与死的界线让我深深地沉浸在自然之中、文化之中、历史之中。（西方文化中垂柳象征着死亡和悲伤，而在中国传统文化中，垂柳寓指顽强的生命力，也可指勤劳朴素的中国人民，东西方文化差异，导致欣赏风景时有不一样的感受）

● 美丽的京杭大运河

苏堤是以宋代著名词人苏轼也就是苏东坡的姓氏命名的。苏轼任杭州知州时，组织老百姓疏浚西湖，清除了葑草和淤泥，并用挖出的葑草和淤泥修筑了南起南屏山麓、北至栖霞岭下这一条2800米长的堤道。

白堤是以唐代诗人白居易的姓氏命名的。白堤原名"白沙堤"，是白居易任杭州刺史时修建的。堤道近1000米长，两旁种着李树和垂柳。它是西湖的内湖和外湖的分割线，东起于断桥，止于平湖秋月，把孤山和北山连接在一起。

杭州的美景不胜枚举，尤其是西湖周边。但其中吴山的城隍阁值得一提！它按照元、明时期宫殿的建筑风格，于1999年重建，是祈福、祭祀和举办其他活动的场所。城隍阁里供奉的神像不同程度地代表着善与恶、礼与德的对立面。历史上许多受人尊敬的著名官员或军官在死后曾被当作城市的神供奉于此。从这个意义上来说，它是一座具有象征意义的建筑。我曾多次游览这个美丽的地方，作为一名生活在杭州的外国市民，我十分享受这种文化氛围，即湖上美景、群山和城市本身完美融合的感觉。

爱在杭州

除了杭州市中心,不得不提的是杭州的茶园,主要有龙井和梅家坞两处。我住在六和塔附近的九溪玫瑰园,从酒店出发,走过一段优美的山间小路,翻过五云山,就置身于梅家坞茶园的群山之间了。山间秀美的风景和偶尔传来的采茶姑娘动听的歌声都可以温暖你的心灵。

除了悠久的历史、深厚的文化底蕴和风景名胜之外,杭州还是一座充满着包容性的多样化的城市。在杭州,我从没有被异样的眼光关注过,也不会因为自己是外国人而感到不适。我感受到的是中国人的热情,他们和蔼可亲,乐于助人,也善于交际。老实说,作为一名德国人,每当看到繁华的杭州街头驶过大众、奥迪、奔驰和保时捷等德国品牌的汽车,我确实会忍不住地开心。我也由衷地感叹:这是一座发展得多么好的城市啊!在杭州,人们很早就开始不带现金出门了。支付宝和其他移动支付应用程序在中国广泛普及,在这方面比欧洲国家更为发达。这也是我喜欢中国,尤其深爱杭州的一个重要原因。

我对杭州的印象,用一句老话来形容最为贴切,那就是"上有天堂,下有苏杭"!我也很荣幸地获得了杭州市人民政府提出并经杭州市十三届人大常委会第十三次会议批准通过的"杭州荣誉市民"称号。生活在杭州是一件让我感到十分高兴与自豪的事情。

人间天堂

● 城隍阁

从贝加尔湖到西湖

◎ ［俄］娜斯佳

娜斯佳，俄罗斯人。诗人，翻译家，媒体人。2018年获得"收获·中国"第七届留学生朗诵比赛冠军。2019年获得"杭州生活品质行业点评文娱生活年度人物奖"，"我的西湖记忆"全球征文三等奖。2019年华语诗歌春晚公益推广大使。

从学习中文开始，我就听说了一句话："上有天堂，下有苏杭。"对杭州的憧憬和好奇，就与我对中国文化的憧憬与好奇一样，扎下了根。

第一次来中国，我还是个学生，囊中羞涩，只能穷游几个城市，由于离杭州太远，就带着遗憾离开了中国。可是杭州美景在我心中一直挥之不去。我来自西伯利亚，有时来到贝加尔湖畔，我也会想，西湖的样子是否也是如此。

终于有机会可以再次来中国学习，我选择了浙江大学，也顺利通过了申请。还记得那时的我，刚下火车，就急忙打车来到了西湖边。正值傍晚的西湖，华灯初上，我睁大眼睛，尽力

● 贝加尔湖

想把这美景全部收入脑海。就这样看着西湖倒映出的灯光、山影、楼景，我边走边享受，这一切都是如此的新奇。我尽力拍照去留住每处景色，尽力去触摸每个湖边的有趣细节，直到街灯熄灭，直到蚊虫让我痛痒难耐。

作为一个生长在湖边的孩子，我对湖的感觉是不一样的。小时候每次在贝加尔湖边游玩，我都会幻想，其他的湖是否也是如此，每个季节的颜色都不同，尤其是冬天的时候，湖水会结出厚厚的冰层，人甚至车都可以来到湖中央。如镜面一样的冰面，让西伯利亚这个冰雪世界多了一份纯洁的美，加上周边的山川都被大雪覆盖，更是一个银装素裹的冰雪世界。但是，每次在冬天的贝加尔湖边漫步，我又会有一种复杂的情感，更像是岁暮天寒、天凝地闭的遗憾，心里忍不住会期待夏天的热烈，给这片湖水带来生机，又会怀念清澈的湖水从指尖划过的温柔感。

我经常会给俄罗斯的朋友展示西湖的美景，却发现照片和视频承载的西湖是乏味的。这总是让我感到疑惑。我如此费力地去介绍西湖之美，但是照片和视频能呈现的，也只是一处处"看起来不错"的景色。这个问题困扰了我很长时间。但是当我把朋友邀请到西湖时，他们的感叹和赞扬，让我满心欢喜和自豪。为什么会有如此强烈的反差呢？我后来才慢慢发现，原来西湖给我带来的感觉，确实是另一番景象。如果说大自然的鬼斧神工造就了贝加尔湖的美丽，那西湖就是历史人文的精华。那被人津津乐道的传说，记载着一段段刻骨铭心的爱情。那闻名中外的"西湖十景"，都有人文历史的积淀。西湖的美，离不开人，更确切地说，是离不开文化。这世界上美丽的湖很多，却有几个湖有如此厚重的文化去映衬美景？但是有历史文化加持的西湖，却是那么独一无二。

杭游韵味

很多外国朋友都想体验中国的传统文化，而他们在好奇和期待了解中国传统文化的同时，又想拥有一个现代化的生活场景。这种复杂的矛盾，却在杭州得到了满足。杭州既是一座有中国传统文化浸润的历史名城，又是一个现代化程度发达的科技之都。这就像西湖湖畔的景色，一半是青山古楼，一半是高楼大厦。两者浑然天成，一点违和感都没有。杭州的魅力，就是这样一种和谐。既可以在湖边细品龙井茶的清香，又可以在高楼俯瞰钱塘江的伟岸。两种生活状态切换自如，成为独有的杭州生活。

杭州就是这么一个幸运的城市，保留了如此多的名胜古迹，还有那么多的现代化设施。这种结合，很难在世界其他地方找到。我曾经不仅一次地学习南宋的历史，仅为了解更多的中国传统文化。

随之而来的问题，又让我陷入沉思。为什么是杭州，仅仅是幸运吗？居住在这里很多年，我也认识了很多杭州的朋友。他们来自天南地北，都带着梦想来到杭州。我慢慢找到了答案。那么多名胜古迹，又如此日新月异地高速发展，杭州的特殊，是因为这里的人民都在努力奋斗着。无论是茶馆还是咖啡厅，都会听到人们在讨论商机，交换信息，研究策略，畅想未来。那办公楼里还未熄灭的灯光，一定是某一群年轻人还在为未来奋斗

● 西湖夜景

爱在杭州

着。这种奋斗的精神，一直支持着杭州发展。也许千百年前的杭州人，也是来自四面八方，也是这样一直努力奋斗着，直到今天，这片土地还是这样影响着来到杭州的人们，在这里寻找梦想，在这里实现自我的价值。

　　我突然发现，杭州正需要一个契机，来展现这个城市独特的一面。每个人通过不同的视角，来感悟杭州。每个人也通过不同感悟，来描述杭州。这美丽的西湖，不只是每个人年假或周末时的后花园。这充满清香的龙井，应该让全世界知道。钱塘江的壮丽与蜿蜒，也不会和仅仅存在于照片背景的千百条河流一样平庸。那这个契机到底是什么？我曾经作为G20杭州峰会的志愿者，帮助外国朋友认识杭州。确实有更多的外国朋友在听到我提及杭州时，表示出愿意游玩一趟的兴趣。像G20峰会这样的世界级盛会，杭州需要再举办一次。那么多得天独厚的自然条件因素，构成了这个城市的自然之美。那么厚重的文化底蕴，托起了杭州生活的一幅巨型风景画。我听过中国一句古语："有朋自远方来，不亦说乎。"我也多次感动于中国朋友的热情好客。我相信，如果世界的八方来客汇聚杭州，一定会对这座城市，这个我的第二家乡赞不绝口。

● 西湖三月美如画

当我听到杭州要举办2022年第19届亚运会时,我觉得这是亚运会最好的选择。杭州是一个可以完美展现中国的城市,可以包容海外来客的城市。我又想到了那三面云山一面城的西湖。这正像杭州一样,既能完美地展示中国传统文化,又能体现中国的现代化。更重要的是,可以展示这里人民的热情好客。

首先是这里的名胜古迹,任何一个景点,都是一本中国历史教科书,可以给你讲述一段古老的故事。东方文化本来就在外国朋友的心中有一种神秘感。但是,这种神秘感与美感、厚重感还有一定的差距。如果外国游客可以来灵隐寺感受一下禅意,一定能从这座千年古刹中感悟到一种心静之美。如果外国游客可以到钱塘江畔体会一下两岸的灯光秀,对杭州的生机勃勃就会有新的理解,进而对中国的生机勃勃有更深的体会。还有很多外国朋友对丝绸、对茶文化、对中国美食的理解,都还停留在表面,杭州可以借着举办亚运会的机会,迎接各方朋友们。

我出生在贝加尔湖畔,感到非常幸运。湖水的清澈和周边自然环境的亮丽,让我这个西伯利亚人倍感自豪。我居住在西湖畔,也倍感自豪。能在杭州这样一个自然与人文完美融合的城市实现我的梦想,我深感骄傲。亚运会,这是一个把我的第二故乡介绍给全世界的完美机会。当全世界的朋友们来这里相互交流、学习和竞赛时,他们的脚印和风姿的剪影,会全

部留在杭州，而杭州印象也会被他们带回自己的家乡，告诉他们的亲朋好友。就像我经常告诉我西伯利亚的亲友们，杭州是一座美丽的城市，你们应该来看看；就像我经常站在贝加尔湖畔，想念西湖一样。作为中俄文化交流的桥梁，我一直努力向双方介绍各自的文化。我相信这次亚运会之后，也会有更多的外国朋友们，通过他们的方式，连接两个国家，介绍两个国家的文化。更多的友谊，会这样被连接起来；更多的爱与包容、更多的尊敬与沟通会在彼此之间实现。亚运会，就是杭州送给世界的礼物，杭州，也是中国送给亚运会的礼物。

● 遥望城隍阁

杭州，我的第二故乡

◎ ［韩］鲁玄九

鲁玄九，韩国人。博士毕业留在中国杭州创业。现任杭州吉赫科技有限公司总经理。获"浙江省政府来华留学生奖学金A类奖学金"。2013年创立浙江大学首个由外国留学生组成的校友会——韩国浙江大学校友会，任首任会长至今，每年举办中韩校友交流活动。

我与中国的渊源始于1992年赴台湾学习中文，后成为台湾大学法律系第一位获得学位的外国人。本科毕业回到韩国后，韩中之间的经贸、文化、教育交流、合作如井喷之势发展，而我对中国文化的眷恋也始终没有减退。硕士生阶段继续学习中文，作为任职公司的代表派驻上海工作，兜兜转转，2007年我以博士生的身份进入浙江大学学习，从此就再也没有离开过杭州。13年来，我在这里成家、生子、立业，杭州已经成为我的第二故乡。

虽然中国的北方由于地理位置的关系，与韩国交流更为紧密，但杭州却与韩国有着极其特殊的关系。秦朝时，徐福东渡为秦始皇寻

● 济州岛西归浦市的徐福展示馆

爱在杭州

找长生不老的仙丹，第二次航行从宁波起航航行至济州岛西归浦市，上岛后，在海边的岩石上刻下了"朝天"二字，这个地方如今被称作北济州郡朝天邑朝天里。徐福一行从山上下来，经过正房瀑布，惊叹于那里的美丽景色，便又在该处岩壁上刻下了"徐福过之"。徐福离开济州岛时留下了"向西回家"的话，尽管最终去了扶桑国，但人们仍把他离开时的那个渡口称作"西归浦"，西归浦市也因此得名。韩语中至今使用的"어서"，不但与杭州话"熬烧熬烧"（快点快点的意思）发音一模一样，连意思也一模一样。闻名韩国的济州岛柑橘（귤），据称来源于浙江温州。2015年，我们全家去济州岛西归浦游玩时，发现习近平总书记在任浙江省委书记期间，于2005年也曾到此访问，并惊叹于浙江与韩国交流历史的久远。

沿着历史的脉络，位于杭州的慧因高丽寺（古称慧因寺，俗称高丽寺）始建于公元927年，1085年高丽国王子僧统义天远涉重洋入住慧因寺求法，并捐经、捐资，使之名声大振。2007年，该寺参照《古高丽寺图》重建，一方面，由于北宋时期净源法师的大力弘扬与海东法子义天的捐资献经，它成为华严宗的中兴重地和教藏中心，对中国佛教史和对韩半岛（朝鲜半岛）佛教有着重要的影响；另一方面，它也是中国大陆与朝鲜半岛长久的友好历史的见证。而我的汉字名字"玄"，最早则见于中国的甲骨文。《说文解字》中将"玄"字解为"幽远也"。《说文解字注》中则将"幽远也"注为：老子曰："玄

○ 位于杭州的慧因高丽寺

之又玄，众妙之门。"高注淮南子曰："天也，圣经不言玄妙。至伪尚书乃有玄德升闻之语。"而我对中国《易经》的特别喜爱和研究，也体现在了对杭州玉皇山下八卦田的喜爱和我对公司名称的命名、公司标志的设计上。

近代，日本军国主义对中韩发动野蛮的侵略战争，吞并朝鲜半岛，侵占中国半壁江山，使中韩两国生灵涂炭、山河破碎。在抗日战争如火如荼的岁月中，中韩两国人民生死相依、倾力相援。从在中国各地辗转27年的韩国独立元勋金九先生，到出生于韩国的近代中国作曲家郑律成，再到"大韩民国临时政府杭州旧址"，两国人民友好交往、相扶相济的传统源远流长。在杭州的三年时间里，韩国临时政府召开国务会议，发行独立党机关报，保存了抗日力量，成长为国际反法西斯阵营中的重要一员。他们的抗日斗争得到了杭州人民的同情、支持和帮助。为了纪念这段历史，杭州市政府历时五年，拨巨资在原韩国临时政府用作办公处的长生路55号湖边村修建了大韩民国临时政府杭州旧址纪念馆。我和我太太于2007年认

● 杭州市长生路55号湖边的大韩民国临时政府杭州旧址纪念馆

识,并开始正式交往,第一次同游的地点就是"大韩民国临时政府杭州旧址"纪念馆。女儿记事后,我们也带女儿一起过去。结婚多年,太太多次对女儿提起此事,希望女儿了解中韩之间的友谊经过战火考验,今天的幸福生活来之不易。

● 大韩民国临时政府杭州旧址

2013年,我创办了浙江大学首个以外国留学生为主组建的校友会——韩国浙江大学校友会,并出任首任会长。韩国浙江大学校友会从2014年以来,每年8月定期在国立首尔大学举办活动,其中的原因就是首尔大学与中国之间的特殊联系,希望通过在此举办活动让在中国留学的后辈们真正成长为韩中友谊的桥梁,续写两国人民友好交往的新篇章。

2014年7月4日,习近平主席访问韩国,并在国立首尔大学发表了《共创中韩合作未来 同襄亚洲振兴繁荣》的演讲。30分钟的演讲,习主席平易近人、热情洋溢、思想深邃的讲话,在韩国师生之间引起了强烈反响。同时,习主席向首尔大学赠送了1万册介绍中国情况的图书和影视资料,给该校用于教学和学术研究。2015年10月13日,首尔大学中央图书馆"习近平书斋"正式开馆,介绍多彩中国。

2019年8月18日,亚太区浙江大学校友会第五次联谊会暨第五届浙江大学全球校友创业大赛在首尔大学湖岸教授会馆举行,浙江大学党委副书记叶民率学校一行到会祝贺,中华人民共和国驻大韩民国大使馆教育参赞力洪先生等嘉宾出席会议,来自韩国、日本、澳大利亚、泰国、马来西亚、新西兰、新加坡7个国家以及中国香港、北京、深圳、江苏、江西、杭州、宁波等地的校友代表共约180人相聚一堂，盛况空前。通过浙江大学的海内外校友，杭州在实现中韩关系"更上一层楼"方面发挥着重要作用。

2016年9月4日至5日，G20杭州峰会举行。G20杭州峰会作为全球经济合作主要平台，对中国来说，是一个难得的机遇。新华网杭州2016年5月26日电（雷曼赞誉）："G20对杭州来说，无疑是重大历史机遇，我们要利用大事件机遇进行大发展。"峰会期间，艺术晚会《最忆是杭州》在西湖举行，《天鹅湖》一改往日传统编排，创造性地利用科技加舞蹈成分，在西湖中央完成。张艺谋导演说："在西湖上跳天鹅湖还是很有特点的，我们就开玩笑说，这也许是《天鹅湖》这个剧目创建以来，第一次在湖上跳。"这个节目通过创新科技，让想象的画面像现实般呈现在我们的眼前，也预示着我生活的杭州，将通过文化引领和第四次产业革命，不断使我们想象的画面变成现实并传播向全世界，而我将有幸在杭州见证这一切。

1999年11月，韩国临时政府主席金九先生的儿子金信将军将一棵无

● G20杭州峰会期间，艺术晚会《天鹅湖》剧照（由杭州印象文化艺术有限公司提供）

爱在杭州

穷花（韩国国花）从韩国水原市带到嘉兴市载青别墅的小花园里。在金九先生革命生涯最艰苦的时期，嘉兴南北湖畔的村民保护了他。金信将军在载青别墅挥毫留下"饮水思源，韩中友谊"八个字，表达感恩之情。

● 无穷花（木槿花）

转眼，我也在杭州生活、工作、学习了13年，杭州已经成为我的第二故乡。杭州对我的影响已经融入了我的血液，成为我身体、生活的一部分。我和我的家庭一起，也要像金信将军一样，不忘"饮水思源，韩中友谊"八个字，为杭州的发展添砖加瓦。杭州，我的第二故乡。

我与杭州结缘

◎ ［奥］玫 瑰

玫瑰，奥地利人。维也纳美术学院油画硕士，后就读于中国美术学院中国画系山水画专业，并获得博士学位。著有《西湖边，我书我画》等。

从我第一次来杭州求学，到我在杭州安家生活，一晃20多年过去了。杭州已经是我的家，这里的山水与我同呼吸、共命运。除了每年回一趟我老家——奥地利待上几个月外，我一年中主要生活在杭州，与西湖为伴。

学习中国水墨山水画，是我来杭州的缘起。之前，我已游历过大半个地球，再之前，我在维也纳艺术学院 Fine Art 分院获得油画硕士学位。我是带着奥地利国家奖学金来中国的，选择在杭州的中国美术学院留学，从中国画本科专业一直读到山水画博士毕业，我整整学了12年，现在想来，都诧异当时是怎么坚持下来的。除了吸引我的艺术，中国丰厚博大的文化底蕴让我沉淀。我想，在这里找到了我的爱人，也是能让我留在杭州的根本原因——我拥抱了这片土壤，生活与艺术打成了一片。

早年我就矢志献身于艺术。刚到中国那会儿，我忙于学习中国绘画，根本没打算找对象。读博那年，我停下绘画，为过汉语关，我专门在浙

大学习语言一年,那时,我开始意识到艺术之花是需要丰厚的生活土壤来培植的。

他在浙大给留学生班上汉语写作课,同班有12名外国留学生,他讲的课让我大开眼界,什么移步换景的散点透视,什么一个包孕了故事可能的含蓄画面,什么叙事的线性时间在一个停顿点上的可能转向以及展开的平行叙事……生活不就是我的故事吗?我没想到对中国文化的学习可以以这样一种有活力的方式呈现出来。我受到启发,也开始平生第一次跃跃欲试地探索起写作来。我的目的很直接,就是要吸引他的注意,在全班那么多出色的同学面前。

我的目的达到了,我没想到自己还有讲故事的天分,这些故事后来都先后在《都市快报》和《文汇报》上发表了。我和他成了朋友。他后来对我说,我不仅把他感动了,他父母亲看了我的故事小品,也被感动了。

求学时,我不考虑卖画,只单纯地在学海里徜徉。我俩的相处也很单纯,有聊不完的话题。我们欣赏彼此不同的文化上的交流碰撞,感受共通的人性,欣赏简朴淡泊的生活,欣赏人类共有的伟大精神财富。每次分别,都有意犹未尽之感。那时,我住在景云村租来的房间,他带着一把吉他来,教我唱中国的情歌,他自己弹着吉他。

他教我唱会汉语歌《月亮代表我的心》,杭州的山水成了我们爱情的见证。夜晚,只在皎洁的月光下,我俩探索无人的西湖。20年前,杭州的公园大门9点后都上了锁,公园里面有许多静谧的空间,盛夏时节,我俩悄悄翻身越过大门,泡在西湖里游泳,月光真是把我俩的身心洗透了一样。抬头看月,我暗暗把心许给了他。

每周去爬山，好像是我俩例行的功课，有一周没去，就感觉没充上电。我们常去万松岭。经过梁山伯和祝英台的"双义亭"，我觉得我们比梁祝幸运多了，他们要死后化蝶才能朝夕相处，而我和他，则可以爱到相守，可以把梦想变成现实。

自然是免费的，且杭州还留下了那么多自然美景，与人文旅痕、传说佳话相映成趣，它们为我们活出每个当下的精彩创造着条件，是我俩感情日益笃厚的见证。我俩都喜欢闹中取静，更喜欢远离尘嚣，每到一处胜地，我们聆听天籁，澄怀味象——春天，在清晨雾霭的西湖边漫步，观杨柳拂动下的远山淡湖，鹭起云飞，感叹苏小小的风韵和苏曼殊的痴情；夏天，静坐在万松岭的石佛脚下，任天光暗淡夜幕渐起，如莲池禅影，过而不住，空灵万象；秋天，在五云山山顶真际寺遗址空地喝茶，体会银杏染熟的岁月，以秋爽高气节，以旷达练世心；冬天，到灵隐天竺于三生石边踏雪闻梅，千岁雪岩上见苔绿，凛寒霜而越心香……杭州的山水胜地，多了我俩的足履，多了我俩的情怀，在风景中，我们流连忘返，我画画他写诗，诗情画意也孕育其中。我的西湖绘画系列也由此而来。

以前，我总在纷繁的外部世界流浪、奔波，现在，我终于有了依止处。艺术上，我有了师法自然的水墨之根，生活上，我有了水墨江南的韵

● 西湖风光

爱在杭州

味。我俩除了一起弹琴唱和，还常一起在西湖边打太极，一起走龙井品茶道，一起学习讨论东西方的经典文论，一起在旅行回来后把玩着淘来的艺术纪念品，拾起美好的记忆……爱融合了山水和情趣，艺术和生活，东方和西方。我就像画纸上的墨色，点染成那个光晕展开的斑斓世界。

在中国的土壤和空气中，我渐渐成了普通中国家庭的一员，我有了中国的父母，更从普通中国人身上学到很多东西，他们的坚韧、耐劳、乐观给我留下深刻印象。我自己时常会忘了自己是个老外，会情不自禁地用中国人用的口头禅，了解中国的习俗。日常生活中，我的厨艺也在长进，汉语也像是我的母语一样流利。只要在杭州，我每周都会和我爱人一起去见中国父母，和他们谈心，帮他们做些家务。我在中国出的每一本书或画册，我的中国父母都会仔细翻阅。只要我在杭州办画展，他们不顾高龄，一定会来仔细观摩，他们每次来，我都很感动。他们热爱中国文化，为中西方的融合而高兴，更欣慰中国文化走向世界。

每次回到我老家奥地利，见到亲戚朋友都像是过节一样。我父亲很喜欢他，我家人因为有了中国的亲戚而骄傲。我们得到他们的理解和祝福。

我们彼此都欣赏对方的文化背景，能敞开心胸去拥抱世界的文明财富。中国文化一直有着强大的生命力，作为西方人的我，有幸在这篇土地上沉潜学习，得益于许多良师益友，其中，他给我的帮助就很大。而我对中国文化的热爱也影响了他。

● 本文作者与丈夫合影

中国人很早就已经有放眼世界、向世界学习的胸襟了。现在，政府要建设新的丝绸之路，让人振奋。我们结婚的那年，住在栖霞岭，与黄宾虹故居相毗邻，虽然我无缘于黄宾虹生活的那个时代，但我能从他留下的作品中感受其华滋韵味，因其兼容并蓄而显得浑厚。那个时代，无数的中国人走出国门，向西方学习，中国美院的奠基者林风眠先生，就是从国外学成归来，再结合自己的艺术传统，探索出自己独特的艺术道路的。傅雷、刘海粟、赵无极等莫不在世界文化的语境里打开了中国人的艺术视野。现在，我们要走新的丝绸之路，更是要把文明交流的效益推陈出新。

虽然中国的大门向世界打开着，但很少有西方人比较系统地来学习中国文化。我刚来中国美院时，也只有三四个外国人在学习中国水墨画。现在，中国文化已经越来越得到世界的认同。在开放的文化交流中，我是幸运的受益者。每次回到老家，面对很多人对中国文化的好奇，我俩都会很高兴地把中国文化的点点滴滴介绍给他们，杭州的丝绸和绿茶、西湖藕粉、王星记扇子、张小泉剪刀等，都是他们的所爱。在维也纳大学和我所住的当地家乡，我还举办过以中国书画为主题的展览，展示我在中国学习的心得收获，都受到了欢迎。

在东西方的友谊之桥上，我俩彼此相遇，我由西向东，他由东向西，求大同，得互补，融合在文化和自然的全景中。杭州有"三不"——孤山不孤，断桥不断，长桥不长。因桥与山通，湖河连脉，人与景通，移步有景，湖山相应，相得益彰，小中见大，气象浑成。故文化取其象，也是开放萦回，流转不息的，即便看似远异，实则大化演绎，气脉贯通，万象大同。G20峰会在杭州召开后，杭州融入世界的脚步加快了。我们在杭州越

来越能感受到出入世界的便利。

老杭州走了，新杭州来了，或者说，老杭州以新的姿态示现在世人面前。一次，我俩经过万松岭，恰巧望到山下庆祝雷峰塔重建音乐典礼，鼓乐齐鸣，祥光显瑞，雷峰塔又回来了。我不禁感怀我们的成

● 雷峰塔

长是伴随着杭州的发展的。当我写下、画下"杭州再见"时，老杭州还在整顿，一些逝去的人文古迹已在我遗憾的记忆中。可接下来，杭州却以更大的手笔在书写它的传奇，许多新城区拔地而起，我们也渐渐由景云村搬到栖霞岭，又先后搬到滨江、钱江新城、富阳银湖，一次又一次，我们在闹中取静的住宅选择和移居中——一个大杭州在我们面前站立起来。

和杭州一样，我们也在新老过渡之间。我已近乎半生在中国，见证着杭州的变化，我们的世界也随着我们的目标在扩大，我们想让世界看到和欣赏我们的中国梦——中西方文化在我们的作品中和谐共融，分享我们爱在杭州的精神果实。诚然，艺无止境，人文流长，从历史长河看，我的故事只是白驹过隙的一闪，大千世界之一葩，但我希望，它闪亮的瞬间，能让人回味。

未能抛得中国去，一半勾留是杭州。在杭州，我为梦而来，为爱而留，为收获而回味，为展望而憧憬……

我的杭州，说之不尽，欲说还休……

后记：号声，钟声，一往情深

◎ 王济民

王济民，安徽太湖人。浙江省人民政府参事。曾任中国人民解放军杭州警备区战士、排长、指导员、宣传科长，浙江省军区司令部副团职秘书（授中校军衔），《浙江青年报》副总编，《浙江政报》总编。出版《杭州人手册》《杭州印象》《杭州韵味》《我的健康我做主》等书。被浙江省传统文化促进会聘任为专家成员。

杭州清波门下柳浪阁，是我的居所。清晨，省军区大院的号角声轻柔地掠过小区上空，汇成一支永不忘怀的"起床号"，飘传窗边。

人生的每一步，都有迹可循，每一个当下，都曾有伏笔。

那年冬天，沿着弯弯曲曲的山路，年少的我从家乡大别山来到杭州，正式开启 20 年的军旅生涯。月轮山下，钱塘江畔，在英雄守护过的岗位上，我手握钢枪，为民放哨，可谓"人生之路，大桥起步"。自此，受无常机缘的青睐，我对杭州的情愫，逐渐绕成了不解的情结。

从杭州警备区（杭州军分区）到浙江省军区，我一直从事文化、新闻报道和宣传教育工作。其间，我参加了中国美术学院的培训，加入省市两级摄影协会。对摄影和美术的热爱与

● 本文作者在蔡永祥烈士雕塑前留影

钻研，让我从镜头中窥见杭州的美，再经由笔端定格在纸上。从杭州出发，我多次前往北京、南京以及广西等地学习、培训、采风，又调往北京《解放军报》《解放军画报》实习、工作近三年。工作之余，我自学完成了杭州教育学院汉语言文学专业和浙江广播电视大学首届汉语言文学专业的学习，均顺利获取大专毕业证书，学以致用，得以进一步提升自己，后又被浙江日报社评定记者中级职称。正是不断地学习与积累，才有我之后数百篇文字、美术和摄影作品见诸国内外报端与展览，并多次荣获奖项，在部队立功受奖。

部队这所大学让我脱胎换骨，培养、造就了我，奠定了我人生的底色。我在这里求知求学，更由此结识师长，受益匪浅。

我不会忘记，在编辑采访的实践中，众多师长给予我关爱和指导，他们一直是我前进的标杆。尤其难忘的是时任全国政协副主席、中国佛教协会会长的赵朴初先生，他不仅是我尊敬的同乡长者，更是给我启迪的人生导师，他永远在我心中。

我更不会忘记，1979 年，我以战地记者的身份赴中越边境前线采访，目睹战士亲历生死、舍己救人，留下不可磨灭的记忆。

1990 年，一个特殊的机会，我从浙江省军区司令部办公室调任浙江团省委，参与创办《浙江青年报》，这是军旅生活对我的照见，更是组织上给我的信任。告别时，时任省军区政委徐永清将军对我一番叮嘱，并书赠寄语——"路漫漫其修远兮，吾将上下而求索"，希望我

● 本文作者（左）与赵朴初先生

● 本文作者（左）与邵华泽先生

不负所托，做出成绩，为部队争光。其言辞之恳切，教导之谆谆，一直鼓舞我前行。

为创办好《浙江青年报》，我专程请教了时任《人民日报》总编辑的邵华泽先生，他热心给予指导并为《浙江青年报》题词"做青年人的良师益友"，殷切寄予期望。办报期间，我担任报社支部书记、副总编，积极参与采编工作，对我的业务能力有很大提升。此后，我正式办理转业手续，调入浙江省人民政府办公厅，先后担任《浙江政报》副主编、主编，直至退休后被省人民政府聘为参事。

如今，我已在杭州工作、生活近五十载春秋。杭州，已然成为我的第二故乡，我对杭州也早已一往情深。

家住清波门，门口是柳浪闻莺，从阳台望去，雷峰塔与吴山城隍阁矗立两侧。信步所至之处，一砖一瓦有故事，一堤一桥留传说，一山一水是奇迹，一草一木皆文化。长桥不长，山伯英台情谊长；断桥不断，白蛇许仙肝肠断；孤山不孤，梅妻鹤子君山孤。每逢迎新年，南屏晚钟敲响，在喀斯特地貌的加持下，浑厚悠长的钟声回荡在湖面，绵延不绝，像极了积淀几千年的西湖文化底蕴。

● 本文作者（左）与作家贺敬之先生

循着号声，我"走进"杭州，见证这座城市的变化，与她共成长。听着钟声，我"走近"杭州，为这座城市的文化内涵所深深吸引。

号声，钟声，声声总关情！

从西湖时代到钱塘江时代，杭州的变化日新月异，杭州西湖、中国大运河、良渚古城遗址先后被列为世界遗产。历史文化名城、创新活力之城，杭州以她的品质和独特魅力引起了全世界的关注。2016年，G20杭州峰会召开，我主编了《杭州印象》中英文两册图书配合宣传。作为新杭州人，我深感荣幸。

● 本文作者摄影作品《渔家儿女》（1976年）

杭州2022年第19届亚运会来临之际，在师友的鼓励与支持下，我萌发了编纂《杭州韵味》一书的想法，从不同的角度来展现杭州的历史文化，与此前的《杭州印象》互为映照。

"杭州是历史文化名城，也是创新活力之城，既充满浓郁的中华文化韵味，也拥有面向世界的宽广视野"，这是2015年习近平总书记关于杭州的赞誉。据此，经与作者、友人及出版社多方商讨，本书确定了编写思路，即从世界视野出发，结合杭州古今相承、中外交融的文化发展脉络，将杭州今天的创新活力与历史轨迹相照应，为读者打开一扇窗，从当下回顾过去，展望未来，以期达到"由人化文，以文化人"的效果。

● 本文作者美术作品《奔向现代化》（1978年）

书中的作者有领导，有专家，有学者，有外国朋友，有新杭州人，等等。他们从自己独特的视角，表达了对杭州这座城市历史文化的认知。书中还有丰富的数字资源，珍贵的老照片、精彩的视频，用视觉、听觉的世界语言，让杭州的发展与远古相连，与世界相会。相信读者阅读本书，能在享受文字的同时，对杭州有更立体的了解。

不同的人，在不同的阶段，以不同的角度，会看到不一样的杭州，就好比一千个读者眼中有一千个哈姆雷特。本书呈现的就是编者和作者眼中的杭州。

承蒙领导、师友鼎力相助、奉献良策，本书得以顺利出版，作为主编，实不胜感激！在此致以真诚的谢意！

书不尽言，言不尽意，本书难免有欠妥之处，敬请读者海涵，并予以指正。二〇二一年九月记。

杭州韵味

● 西湖风光